高等院校园林专业系列教材

"十二五"普通高等教育本科国家级规划教材·国家级精品课程

园林规划设计(第3版)

LANDSCAPE PLANNING AND DESIGN(3rd Edition)

主编　汪　辉　　主审　王　浩

编著　　　谷　康　严　军　汪　辉
　　　　　孙新旺　李晓颖　赵　岩

东南大学出版社·南京

内 容 提 要

　　城市园林是城市中的"绿洲",不仅为城市居民提供了文化休憩等活动的场所,也为人们了解社会、亲近自然、享受现代科技带来种种便利。园林绿地在丰富市民生活、美化市容环境、平衡城市生态等诸多方面均有着积极的作用,在城市用地规划中占有重要的地位。

　　本书分为总论、各论两篇,共 12 个章节。在总论中概述了园林绿地的发展历程、功能作用、类型及相关指标,介绍了园林规划设计的内容、步骤及设计方法等;在各论中,依据我国最新城市绿地分类标准,概述了综合公园、社区公园、专类公园、游园、城市广场、居住用地附属绿地、单位附属绿地、道路绿地、城市防护绿地 9 类城市绿地的内涵、特征等,并结合国内外典例论述、评析各类绿地的规划设计理念、手法及过程。

　　全书图文并茂,理论结合实际,内容更充实,更易于教学理解,适合高等院校园林、风景园林专业及相关专业教学使用,亦可供从事园林规划设计、环境艺术设计、城市规划、旅游规划等相关专业人员学习参考。

图书在版编目(CIP)数据

园林规划设计 / 汪辉主编. —3 版. —南京:东南大学出版社,2022.4(2023.8 重印)
 ISBN 978-7-5766-0013-1

Ⅰ. ①园… Ⅱ. ①汪… Ⅲ. ①园林—规划 ②园林设计 Ⅳ. ①TU986

中国版本图书馆 CIP 数据核字(2021)第 279129 号

责任编辑:姜　来　　责任校对:韩小亮　　封面设计:余武莉　　责任印制:周荣虎

园林规划设计(第 3 版)Yuanlin Guihua Sheji(Di-san Ban)

主　编	汪　辉
出版发行	东南大学出版社
社　址	南京四牌楼 2 号　邮编:210096　电话:025-83793330
网　址	http://www.seupress.com
电子邮件	press@seupress.com
经　销	全国各地新华书店
印　刷	南京玉河印刷厂
开　本	889mm×1194mm　1/16
印　张	15.25
字　数	609 千
版　次	2022 年 4 月第 3 版
印　次	2023 年 8 月第 3 次印刷
书　号	ISBN 978-7-5766-0013-1
印　数	6101～7600 册
定　价	32.00 元

本社图书若有印装质量问题,请直接与营销部调换。电话(传真):025-83791830

高等院校园林专业系列教材
编审委员会

主任委员　王　浩　南京林业大学

委　员　（以姓氏笔画为序）

　　　　　　弓　弼　西北农林科技大学

　　　　　　井　渌　中国矿业大学艺术设计学院

　　　　　　成玉宁　东南大学建筑学院

　　　　　　李　微　海南大学生命科学与农学院园林系

　　　　　　张　浪　上海市园林局

　　　　　　何小弟　扬州大学园艺与植物保护学院

　　　　　　陈其兵　四川农业大学

　　　　　　周长积　山东建筑工业大学

　　　　　　杨新海　苏州科技学院

　　　　　　赵兰勇　山东农业大学林学院园林系

　　　　　　姜卫兵　南京农业大学

秘　书　谷　康　南京林业大学

出版前言

推进风景园林建设，营造优美的人居环境，实现城市生态环境的优化和可持续发展，是提升城市整体品质，加快我国城市化步伐，全面实现小康社会，建设生态文明社会的重要内容。高等教育园林专业正是应我国社会主义现代化建设的需要而不断发展的，是我国高等教育的重要专业之一。近年来，我国高等院校中园林专业发展迅猛，目前全国有园林专业点近150个，风景园林专业点近200个，但园林专业教材建设明显滞后，适应时代需要的教材很少。

南京林业大学园林专业是我国成立最早、师资力量雄厚、影响较大的园林专业之一，是首批国家级特色专业。自创办以来，专业教师积极探索、勇于实践，取得了丰硕的教学研究成果。近年来连续3次荣获国家教学成果奖、4次江苏省教学成果奖，成果覆盖人才培养模式、课程体系、实践教学体系与教材建设等专业建设最核心的环节。囊括"'十二五'综合改革试点专业"和"卓越农林人才培养计划改革试点专业"两大国家级教学改革项目。拥有省级以上园林专业精品课程近20门，包括国家一流课程、国家精品在线开放课程、国家精品资源共享课程、国家精品视频公开课、江苏省在线开放课程等，类型和数量均名列前茅。拥有全国最全面的园林专业系列教材，2014年获国家教学成果奖二等奖，2021年获首届国家教材奖全国教材建设先进集体称号，教材成果包括国家级规划教材3部、省级重点教材4部，社会影响力全国领先。拥有两个国家级、一个省级园林专业实践教学平台，包括全国第一个"园林国家级实验教学示范中心"和全国第一个"园林国家级虚拟仿真实验教学中心"。拥有全国唯一的"风景园林规划设计"国家级优秀教学团队、"园林植物应用"江苏省高校"青蓝工程"优秀教学团队。

为培养合格人才，提高教学质量，我们以南京林业大学为主体组织了山东建筑工业大学、中国矿业大学、安徽农业大学、郑州大学等十余所院校中有丰富教学、实践经验的园林专业教师，编写了这套系列教材，准备陆续出版，不断更新。

园林专业的教育目标是培养从事风景园林建设与管理的高级人才，要求毕业生既能熟悉风景园林规划设计，又能进行园林植物培育及园林管理等工作，所以在教学中既要注重理论知识的培养，又要加强对学生实践能力的训练。针对园林专业的特点，本套教材力求图文并茂，理论与实践并重，并在编写教师课件的基础上制作电子或音像出版物辅助教学，增大信息容量，利于教学。

全套教材基本部分为15册，并将根据园林专业的发展进行增补，这15册是《园林概论》《园林制图》《园林设计初步》《计算机辅助园林设计》《园林史》《园林工程》《园林建筑设计》《园林规划设计》《风景名胜区规划》《城市园林绿地规划原理》《园林工程施工与管理》《园林树木栽培学》《园林植物造景》《观赏植物与应用》《园林建筑设计应试指南》，可供园林专业和其他相近专业的师生以及园林工作者学习参考。

编写这套教材是一项探索性工作，教材中定会有不少疏漏和不足之处，还需在教学实践中不断改进、完善。恳请广大读者在使用过程中提出宝贵意见，以便在再版时进一步修改和充实。

高等院校园林专业系列教材编审委员会
二〇二一年十二月

第3版前言

近年来,我国风景园林行业发生了较大发展,一些与园林规划设计紧密相关的规范有了较大调整,如《城市绿地分类标准》(CJJ/T 85—2017)《公园设计规范》(GB 51192—2016)等,因此我们以教材的第2版为基础再次修编,主要修编内容如下:

一、章节结构调整。根据最新版《城市绿地分类标准》并结合园林规划设计工作中的实际情况,对教材章节进行了重新编排。修编后,全教材共12章,仍然分为总论和各论两部分。前三章为总论部分,主要介绍了园林规划设计的一般性原理与方法;后九章为各论部分,分别对综合公园、社区公园等不同类型绿地的规划设计进行了详细介绍。

二、知识点内容调整。根据最新版的园林规划设计规范以及行业发展对教材部分内容进行调整与修改。如去掉了城市生产绿地、带状公园等内容;把街旁绿地内容替换为游园;对城市园林绿地分类、城市园林绿地指标等内容根据最新版规范进行了更新;增加了韧性景观等前沿热点知识内容;根据章节调整,增删了一些实际案例介绍及课后习题。

本教材由第一版主编南京林业大学王浩教授主审,全书编写分工如下:

谷康(第1章,第2章2.1节,第3章3.1~3.3节);

汪辉(第2章2.2节,第3章3.4~3.6节,第4章,第6章6.1~6.3节,第9章,第10章10.5节);

赵岩(第5章);

孙新旺(第6章6.4节,第10章10.1~10.4节);

严军(第7章,第8章);

李晓颖(第11章、第12章)。

编者
二〇二一年六月

第 2 版前言

本教材自 2009 年出版以来,经有关院校教学使用,反映较好,并于 2012 年入选国家"十二五"规划教材。根据各院校使用者的建议,我们对本教材进行了修编,以切合风景园林学科近年来较大的发展和变化。在保持初版教材风格的基础上,着重从三方面进行内容调整及补充:

一、章节结构调整。根据实际教学要求并参照城市绿地分类相关标准,对本教材章节进行了重新编排,使内容更加系统化,逻辑性更强。修编后,全教材共 6 章,分为总论和各论两部分。前三章为总论部分,主要介绍了园林绿地规划设计的主要内容与方法;后三章为各论部分,分别对公园绿地、附属绿地、生产绿地、防护绿地等不同类型绿地的规划设计进行了详细介绍。

二、补充部分知识点。根据近年来各行业的发展以及园林规划设计实际工作需要,增加了园林规划设计的专业分工、快速园林设计方法、设计的相关法规与图集、社区公园设计等知识内容。

三、增加实际案例介绍。园林规划设计是一门实践性很强的课程,因此,本书修订中针对不同类型的园林绿地,增加了实际项目案例介绍,同时也配以课后设计练习,以使教学中更加注重理论联系实际,提高学生的设计实践能力。

本教材由原主编南京林业大学王浩教授主审,全书编写的分工如下:汪辉(第 2 章 2.2 节,第 3 章 3.4—3.6 节,第 4 章 4.1、4.3 节,第 5 章 5.1 节)、谷康(第 1 章,第 2 章 2.1 节,第 3 章 3.1—3.3 节)、严军(第 4 章 4.6、4.7 节)、孙新旺(第 4 章 4.4、4.5 节,第 5 章 5.2 节)、李晓颖(第 5 章 5.3 节,第 6 章)、赵岩(第 4 章 4.2 节)。由于时间仓促,加之作者水平有限,在书中定会有一些疏漏之处,恳望大家指正,以期共同进步。

编　者

二〇一五年六月

第1版前言

随着我国社会、经济发展的不断深入,综合实力不断增强,"园林"越来越显示出其在城乡建设中的重要性。园林是指在一定的地域内运用工程技术和艺术手段,通过改造地形(或进一步筑山、叠石、理水)、种植树木花草、营造建筑和布置园路等途径创作而成的美的自然环境和游憩境域。它不仅为城市居民提供了文化休憩以及其他活动的场所,也为人们了解社会、认识自然、享受现代科学技术带来了种种方便。同时在美化城市面貌、平衡城市生态环境、调节气候、净化空气等诸多方面均起着积极的作用。

一个好的园林作品需要一个漫长的综合建设过程:规划设计→建造施工→养护管理,其中园林规划设计是整个建设体系中的基础,也是最重要的一环。设计为先,决定成败。所以在园林专业教学中,园林规划设计是最重要的专业必修课程之一,占有极其重要的地位。作为江苏省优秀教学团队,我们在多年的园林规划设计教学和实践中积累了大量经验,被评为园林规划设计国家级精品课程。我们一直期望对这些经验进行梳理和总结,今天终得如愿,期望此书对园林规划设计教学工作有所帮助。

全书分为6章。第1章主要介绍园林绿地基础。包括园林绿地的发展、功能与作用、城市园林绿地的类型及相关指标,并对园林绿地规划设计的步骤、内容及方法做了阐述。第2章介绍公园绿地规划设计。从城市公园的起源与发展谈起,并对各种类型的城市公园进行分类阐述,其中结合了近年来的实践案例,图文并茂、内容丰富。第3章主要介绍城市生产与防护绿地规划设计。第4章和第5章分别介绍居住绿地规划设计和单位附属绿地规划设计。第6章介绍道路绿地规划设计。

本书图文并茂,系统性强,并结合实际案例讲述,在作为高等院校园林、风景园林及相关专业教学用书的同时,也可供从事园林规划设计、环境艺术设计、城市规划、旅游规划等相关专业人员学习和参考。

由于时间仓促,加之作者水平有限,在书中可能会出现一些疏漏,望大家不吝指正,以期共同进步。

编者
二〇〇九年六月

目 录

总论篇

1 园林绿地概述 ··· 1
  1.1 园林绿地的发展 ·· 1
    1.1.1 古代园林 ··· 1
    1.1.2 近现代园林 ·· 1
    1.1.3 现代园林设计的几个方向 ·· 3
  1.2 园林绿地的功能与作用 ·· 12
    1.2.1 园林绿地的生态环境功能 ·· 12
    1.2.2 园林绿地的使用功能 ·· 14
    1.2.3 园林绿地的美化城市功能 ·· 14
  1.3 城市园林绿地的类型和相关指标 ·· 14
    1.3.1 城市园林绿地分类 ··· 14
    1.3.2 城市园林绿地指标 ··· 17
    1.3.3 城市绿地与城市绿地系统 ·· 19

2 园林规划设计的内容与步骤 ·· 20
  2.1 园林规划设计的内容与专业分工 ·· 20
    2.1.1 园林规划设计的内容 ·· 20
    2.1.2 园林规划设计的专业分工 ·· 20
  2.2 园林规划设计的步骤 ··· 21
    2.2.1 规划设计前期阶段 ··· 21
    2.2.2 规划设计阶段 ··· 23
    2.2.3 后期服务阶段 ··· 33

3 园林规划设计的方法 ··· 35
  3.1 园林规划设计的原则 ··· 35
    3.1.1 相地合宜原则 ··· 35
    3.1.2 以人为本原则 ··· 35
    3.1.3 生态原则 ··· 35
    3.1.4 美学原则 ··· 35
  3.2 基地的调查和分析 ·· 35
    3.2.1 基地现状调查的内容 ·· 35
    3.2.2 基地分析 ··· 36
  3.3 立意构思与用地规划 ··· 36
    3.3.1 立意构思 ··· 36
    3.3.2 园林用地规划 ··· 36
  3.4 园林构成要素设计 ·· 36

- 3.5 快速园林设计的方法 ··· 44
  - 3.5.1 快速设计的重要意义 ·· 44
  - 3.5.2 快速设计的特点 ·· 45
  - 3.5.3 快速设计的方法 ·· 45
  - 3.5.4 应试快速设计 ·· 45
- 3.6 园林规划设计相关法规及标准图集 ·· 46
  - 3.6.1 相关法规 ·· 46
  - 3.6.2 相关标准图集 ·· 46

各论篇

4 综合公园 ·· 47
- 4.1 综合公园概述 ·· 47
  - 4.1.1 综合公园概念 ·· 47
  - 4.1.2 面积和位置的确定 ·· 47
  - 4.1.3 项目与活动内容 ·· 47
- 4.2 综合公园规划设计 ·· 48
  - 4.2.1 规划设计原则 ·· 48
  - 4.2.2 条件分析 ·· 48
  - 4.2.3 方案构思及定位 ·· 53
  - 4.2.4 出入口的确定 ·· 57
  - 4.2.5 分区规划 ·· 59
  - 4.2.6 交通系统规划设计 ·· 63
  - 4.2.7 地形规划设计 ·· 65
  - 4.2.8 水景规划设计 ·· 67
  - 4.2.9 植物配置 ·· 69
  - 4.2.10 游人容量计算 ·· 72
  - 4.2.11 公园用地比例 ·· 72
- 4.3 案例分析 ·· 74

5 社区公园 ·· 89
- 5.1 社区公园概述 ·· 89
  - 5.1.1 社区的概念 ·· 89
  - 5.1.2 社区公园概念 ·· 89
  - 5.1.3 社区公园功能作用 ·· 89
- 5.2 社区公园规划设计 ·· 89
  - 5.2.1 规划设计要点 ·· 89
  - 5.2.2 规划设计步骤和内容 ·· 90
- 5.3 案例分析 ·· 92

6 专类公园 ·· 95
- 6.1 植物园 ·· 95
  - 6.1.1 植物园概述 ·· 95
  - 6.1.2 植物园规划设计 ·· 95
  - 6.1.3 案例分析 ·· 97
- 6.2 动物园 ·· 100
  - 6.2.1 动物园概述 ·· 100
  - 6.2.2 动物园规划设计 ·· 101
  - 6.2.3 案例分析 ·· 102

6.3 儿童公园 ·· 104
6.3.1 儿童公园概述 ·· 104
6.3.2 儿童公园规划设计 ·· 105
6.3.3 案例分析 ·· 106
6.4 城市湿地公园 ·· 107
6.4.1 城市湿地公园概述 ·· 108
6.4.2 城市湿地公园规划设计 ·· 111
6.4.3 案例分析 ·· 115

7 游 园 ·· 128
7.1 游园概述 ·· 128
7.1.1 游园概念与类型 ·· 128
7.1.2 游园功能与特征 ·· 128
7.1.3 国内外游园发展概况 ·· 129
7.2 游园规划设计 ·· 131
7.2.1 游园硬质环境设计 ·· 131
7.2.2 游园软质景观设计 ·· 135
7.3 案例分析 ·· 136

8 城市广场 ·· 142
8.1 城市广场概述 ·· 142
8.1.1 城市广场相关概念 ·· 142
8.1.2 城市广场类型 ·· 142
8.1.3 城市广场历史沿革 ·· 143
8.2 城市广场规划设计 ·· 152
8.2.1 城市广场规划设计的原则 ·· 152
8.2.2 城市广场规划设计的要求 ·· 153
8.2.3 城市广场空间尺度的设计 ·· 154
8.2.4 城市广场硬质景观的设计 ·· 155
8.2.5 城市广场软质景观的设计 ·· 156
8.2.6 城市广场人文景观设计 ·· 158
8.3 案例分析 ·· 159

9 居住用地附属绿地 ·· 164
9.1 居住区及其附属绿地概念 ·· 164
9.1.1 居住区概念 ·· 164
9.1.2 居住用地附属绿地概念 ·· 164
9.2 居住用地附属绿地规划设计 ·· 165
9.2.1 设计条件分析 ·· 165
9.2.2 立意构思与布局 ·· 166
9.2.3 居住用地附属绿地各组成部分规划设计 ·· 168
9.3 案例分析 ·· 174

10 单位附属绿地 ·· 178
10.1 工厂企业绿地 ·· 178
10.1.1 工厂企业的用地组成 ·· 178
10.1.2 工厂企业绿地的作用 ·· 178
10.1.3 工厂企业绿地的特点 ·· 178
10.1.4 工厂企业绿地的规划原则 ·· 178
10.1.5 工厂企业绿地规划设计 ·· 178

10.1.6　工厂企业绿地树种选择 …………………………………………………………… 180
　10.2　公共事业单位绿地 ………………………………………………………………………… 181
　　　10.2.1　教育机构绿地规划设计 …………………………………………………………… 181
　　　10.2.2　医疗机构绿地规划设计 …………………………………………………………… 186
　　　10.2.3　体育场馆绿地规划设计 …………………………………………………………… 187
　　　10.2.4　博物馆、展览馆、图书馆等绿地规划设计 …………………………………… 188
　10.3　行政办公及研发机构绿地 ………………………………………………………………… 189
　　　10.3.1　行政办公机构绿地规划设计 ……………………………………………………… 189
　　　10.3.2　研发机构绿地规划设计 …………………………………………………………… 189
　　　10.3.3　软件园附属绿地规划设计 ………………………………………………………… 190
　10.4　酒店宾馆、商业设施绿地 ………………………………………………………………… 190
　　　10.4.1　酒店宾馆绿地规划设计 …………………………………………………………… 190
　　　10.4.2　商业设施绿地规划设计 …………………………………………………………… 191
　10.5　案例分析 ……………………………………………………………………………………… 191

11　道路绿地 …………………………………………………………………………………………… 198
　11.1　道路绿地概述 ………………………………………………………………………………… 198
　　　11.1.1　道路绿地的功能 …………………………………………………………………… 198
　　　11.1.2　道路绿地的类型及构成 …………………………………………………………… 198
　　　11.1.3　道路绿地的发展概况 ……………………………………………………………… 201
　11.2　道路绿地规划设计要点 ……………………………………………………………………… 203
　　　11.2.1　道路绿地规划设计的基本原则 …………………………………………………… 203
　　　11.2.2　道路绿地规划设计的调研 ………………………………………………………… 204
　　　11.2.3　道路绿地规划设计的风格定位 …………………………………………………… 204
　　　11.2.4　道路绿地规划设计的布局 ………………………………………………………… 205
　11.3　各类型道路绿地规划设计 ………………………………………………………………… 206
　　　11.3.1　城市对内交通道路绿地 …………………………………………………………… 206
　　　11.3.2　步行街道绿地 ……………………………………………………………………… 210
　　　11.3.3　对外交通绿地 ……………………………………………………………………… 212
　11.4　道路绿地规划设计的植物配置 …………………………………………………………… 216
　　　11.4.1　城市道路绿地的植物选择 ………………………………………………………… 216
　　　11.4.2　植物的种植与工程管线的关系 …………………………………………………… 217
　11.5　案例分析 ……………………………………………………………………………………… 217

12　城市防护绿地 …………………………………………………………………………………… 222
　12.1　城市防护绿地概论 …………………………………………………………………………… 222
　　　12.1.1　防护绿地的概念 …………………………………………………………………… 222
　　　12.1.2　防护绿地的分类 …………………………………………………………………… 222
　　　12.1.3　防护绿地的功能作用 ……………………………………………………………… 223
　　　12.1.4　防护绿地的布局形式 ……………………………………………………………… 223
　　　12.1.5　防护绿地结构类型 ………………………………………………………………… 223
　　　12.1.6　国内外防护绿地发展概况 ………………………………………………………… 224
　12.2　城市防护绿地规划设计 ……………………………………………………………………… 225
　　　12.2.1　防护绿地规划设计的原则 ………………………………………………………… 225
　　　12.2.2　各类防护绿地规划设计 …………………………………………………………… 225

参考文献 …………………………………………………………………………………………………… 228

1 园林绿地概述

> **【导读】** 园林是经过特定培养而成的人工"绿洲",不仅为城乡居民提供了文化休憩以及其他活动的场所,也为人们了解社会、认识自然、享受现代科学技术带来了种种方便。此外,城市中的园林绿地对美化城市面貌、平衡城市生态环境、调节气候、净化空气等均有积极的作用。园林绿地既可以体现某个国家或地区的建设水平和艺术水平,同时也是展示当地社会生活和精神风貌的窗口。

1.1 园林绿地的发展

从诞生城市的农业社会到工业革命前的几千年人类历史中,城市的发展一直是缓慢而平稳的。工业革命后,城市的发展速度大大提高,城市人口激增、城市规模扩张迅猛,人类开始肆无忌惮地向自然索取,甚至破坏了自然界的生态平衡。人类的社会结构与自然环境之间长期保持着的相对稳定的关系也在工业革命之后被打破。直到近代,人类才重新认识到保护环境、与自然和平共处的重要性。园林绿地也随着城市的发展,从过去长期处于为少数人服务的、封闭的、小规模的状态逐步转向今天为公众服务的、开放的、大规模的状态。

1.1.1 古代园林

在西方,无论是旧约全书中的"伊甸园",还是可考的、建于公元前600年的巴比伦空中花园(Hanging Gardens of Babylon),均与公众的现实生活无关。在古希腊、古罗马的城市中,公众的户外游憩活动常常开展于集市、墓园、军事营地等城市空间。

中世纪的欧洲城市多呈封闭型。城市基本上通过城墙、护城河及自然地形与郊野隔离,城内布局十分紧凑密实。城市公共游憩场所除了教堂广场、市场、街道,常转向城墙以外。

文艺复兴时期,欧洲各国的不少皇家园林开始定期向公众开放,如伦敦的皇家花园(Royal Park)、巴黎的蒙梭花园(Parc Monceau)等等。

1810年,伦敦的皇家花园摄政公园(Regent's Park)的一部分被用于房地产开发,其余部分完全向公众开放。

中国的古代园林同样历史悠久。据《诗经》记载,早在周文王时期就有了早期的"苑囿"建设活动。春秋战国时期,我国的园林已经开始营构自然山水园林,对土山、水体等景观元素有了进一步的组合。秦汉时期的"上林苑"是中国历史上最负盛名的苑囿之一,其规模雄伟、气势恢宏,堪称是古代的园囿之冠。

魏晋南北朝时期,佛教的传入及老庄哲学的流行,使园林转向崇尚自然的造园热潮。园林中的私家园林逐渐增加,自然山水园林形成。

唐宋时期,中国古代的园林建设达到成熟阶段,不但有帝王修建的皇家苑囿,也有众多达官富豪的私家园林,其中文人雅士将诗情画意用于经营所建的园林之中,写意山水园林在体现自然美的技巧上取得了很大的成就。

明清时期是中国古典园林发展的最后一个高峰,江南的私家园林与北方的帝王宫苑在设计和建筑上都达到了巅峰。现代保存下来的园林大多属于明清时代,这一时期的园林代表有颐和园、圆明园、苏州园林等。

1.1.2 近现代园林

欧洲兴起的工业革命带来前所未有的科学技术和社会经济的发展,使许多城市在短时间内发生了剧变。传统城市的功能开始退化,城郊地区开始发展。随着农村人口迅速向城市集聚,城市人口激增和城市规模膨胀,打破了原有城市环境的平衡状态。城市出现了拥挤不堪、空气污染、缺乏绿地等许多问题,城市的卫生、健康、环境严重恶化。针对现代城市出现的种种弊端,从1833年起,英国议会颁布了一系列法案,准许用税收建造城市公园和其他城市基础设施。

1843年,英国利物浦市用税收建造了公众可免费使用的伯肯海德公园(Birkenhead Park),标志着第一个城市公园的正式诞生。这一时期,巴黎的奥斯曼(Baron Haussmann)改建计划也已基本成形,该计划在大刀阔斧改建巴黎城区的同时,也开辟出了供市民使用的绿色空间。

受英国的影响,在美国设计师唐宁(A. J. Downing)、奥姆斯特德(F. L. Olmsted)的竭力倡导下，美国的第一个城市公园——纽约中央公园(Central Park of New York)于1858年在曼哈顿岛诞生。

19世纪下半叶，欧洲、北美掀起了第一次城市公园规划与建设的高潮，被称为"公园运动"(Park Movement)，是人们为改善城市环境、解决城市问题做出的首次努力。一系列作为民主和理想象征的、自然风景式的城市公园与当时大城市的恶劣环境形成鲜明对比，同时城市公园以其开放的姿态成为普通人生活的一部分。其后，专业实践的范畴逐步扩大到，包括城市公园和绿地系统、城乡景观道路系统、居住区、校园、地产开发和国家公园的规划设计管理在内的广阔领域。

在"公园运动"时期，各国普遍认同城市公园具有五个方面的价值，即保障公众健康、滋养道德精神、体现浪漫主义(社会思潮)、提高劳动者工作效率、促使城市地价增值。

1880年，美国设计师奥姆斯特德(Frederick Law Olmsted)等人设计的波士顿公园体系，突破了美国城市方格网格局的限制。该公园体系以河流、泥滩、荒草地所限定的自然空间为定界依据，利用200～1 500英尺(1英尺＝0.304 8米)宽的带状绿化，将数个公园连成一体，在波士顿中心地区形成了景观优美、环境宜人的公园体系(Park System)。如今，该公园体系的两侧分布着世界著名的学校、研究机构和富有特色的居住区。

在19世纪与20世纪之交，人们普遍对城市提出了质疑，一些有识之士对城市与自然的关系开始作系统性反思。这一时期的城市绿地建设，从局部的城市调整转向了重塑城市的新阶段。

1898年霍华德(E. Howard)出版了《明日的城市》(Tomorrow of City)，1915年格迪斯(P. Geddes)出版了《进化的城市》(Cities in Evolution)，两书写下了人类重新审视城市与自然关系的新篇章。霍华德认为大城市是远离自然、使灾害肆虐的重病号，"田园城市(Garden City)"是解决这一社会问题的方法。"田园城市"直径不超过2 km，人们可以步行到达外围绿化带和农田。城市中心是由公共建筑环抱的中央花园，外围是宽阔的林荫大道(内设学校、教堂等)，加上放射状的林间小径，整个城市鲜花盛开、绿树成荫，形成一种城市与乡村田园相融的健康环境。

在欧洲大陆，受格迪斯《进化的城市》一书的影响，芬兰建筑师沙里宁(E. Saarinen)提出"有机疏散(Organic Decentralization)"理论认为，城市只要发展到一定限度，老城周围会生长出独立的新城，老城则会衰落并需要彻底改造。他在大赫尔辛基规划方案(1918)中也表达了这一思想。这是一种城区联合体，城市一改集中布局而变为既分散又联系的城市有机体。绿带网络提供城区间的隔离并为城市提供新鲜空气。"有机疏散"理论中的城市与自然的有机结合原则，对以后的城市绿地建设具有深远的影响。

随着社会经济的发展，城市化的进程逐渐加快，人口越来越向城市集聚，城市逐步发展成多功能、多样化的综合性产业结构。17世纪以来受西方功能主义、理性主义和机械世界观这些统治理念的影响，从1933年《雅典宪章》开始，理性综合规划观已逐渐成为指导城市规划观，功能分区理论逐渐成为城市规划的主导理论。此时，人们期望功能理性地观察和研究城市的发展，进而科学地指导和规划城市的发展。

园林规划设计同样逐渐为功能主义所影响。20世纪初，瑞典斯德哥尔摩将城市公园作为一个系统，以功能主义为指导，使公园成为城市结构中为市民生活服务的网络，创造了有着广泛社会基础的、为城市功能结构服务的城市景观系统。1938年，英国人唐纳德(Christopher Tunnard)写成了被称为现代园林设计第一则声明的《现代景观中的花园》(The Garden in the Modern Landscape)一书，其中新理念的第一条就是从现代主义建筑中借鉴而来的功能主义。这些实践和理论对现代园林规划设计产生了巨大的影响，标志着功能理性在现代园林规划设计中的兴起。

从功能主义来理解，城市公园和绿地被看作是城市居民放松身心的功能空间，出于对公园绿地与城市居民身心健康关系的认识，城市绿化面积和人均绿地面积等指标成为衡量城市环境质量的重要指标。城市绿地系统的科学规划和合理安排成为城市园林规划的重要内容和目标。而在具体的园林设计中，功能同样被认为是设计的起点，城市园林与城市居民的生活紧紧结合在一起，场地中各种功能的理性安排和分区成为设计考虑的首要目标。

1938年，英国议会通过了绿带法案(Green Belt Act)。1944年的大伦敦规划，环绕伦敦形成一道宽达5英里(1英里＝1.609 344千米)的绿带。1955年，又将该绿带宽度增加到6～10英里。英国"绿带政策"的主要目的是控制大城市的无限蔓延、鼓励新城发展、阻止城市连体、改善大城市环境质量。

20世纪初，西方的工艺美术运动和新艺术运动及其引发的现代主义浪潮创造出具有时代精神的新艺术形式，带动了园林风格的变化，对后来的园林产生了广泛影响。这是现代主义之前有益的探索和准备，同时预示着现代主义时代的到来。

现代主义受现代艺术的影响甚深，现代艺术的开端是法国画家亨利·马蒂斯(Henri Matisse, 1869—1954)开创的野兽派(Fauvism)，他追求更加主观和强烈的艺术表现，对西方现代艺术的发展产生了重要的影响。20世纪初，受到当时几种不同的现代艺术思想的启示，在设计界形成了新的设计美学观，即提倡线条的简洁、几何形体的变化与色彩的明亮。现代主义对园林的贡献是巨大的，它使得现代园林真正走出了传统的天地，形成了自由的平面与空间布局、简洁明快的风格、丰富多样的设计手法。

同现代城市规划一样，面对社会需求和城市功能要求，现代园林规划设计从技术专家的角度出发，采取的是唯理的分析方法和线性的操作程序。在社会逐渐民主与多元化的背景下，面对多样的选择，面对如何满足大多数人的喜好，如何保证每个人的需求在未来实现的规划设计中都不被排除在外，如何使规划结果实现最大限度地公正和社会满足等种种问题，建立在个人的或少数人的理性分析和判断上的现代主义园林规划设计逐渐遭到质疑。这种自上而下的精英主义设计和机械的管理方法，在面对各种价值的评估、取舍和各类人群的需求时显然会产生偏差和不足。一旦片面地、机械地追求城市绿化各项指标而忘却其背后为人服务的含义，园林规划设计便失去了明晰的发展目标和方向。现代社会中，好的设计需要多元的对话。西方园林设计方法的发展与变革体现了这一社会观念的变化。

20世纪60年代以来，西方城市政治生活的公众参与浪潮兴起，20世纪70年代初开始影响专业实践领域，城市规划和园林规划设计的视点逐渐从宏观转到了微观，从鸟瞰的专家角度转到了市民的角度，由专业性集中的权力转到了感性、具体、自下而上的参与。现代园林规划设计综合平衡了多种使用者的需求，创造公正、公平的城市景观，合理而有效地公众参与为规划设计实践提供了获得长期成功的社会基础，走出了自己的、与社会现实同步的道路。

与此同时，现代城市的不断扩张和日益加快的郊区化倾向，使得城市对整个人居环境造成了极大的冲击。大地景观被人类切割得支离破碎，自然的生态过程受到了严重威胁，生物多样性不断消失，生态环境不断恶化。人类不得不面对的环境问题，不仅包括交通污染、空气污染、缺乏绿地等城市问题，而且也包括水资源污染、野生环境破坏、土壤流失及沙漠化等区域性问题，这些现象越来越严重地影响了社会经济的发展，甚至逐渐威胁着人类自身的生存和延续。在这种背景下，对生态环境的改善与保护，日趋成为城市规划和园林规划设计中必然考虑的需求。

1.1.3 现代园林设计的几个方向

从20世纪20年代起至20世纪60年代，西方现代园林设计经历了从产生、发展到壮大的过程，20世纪70年代后，园林设计受各种社会的、文化的、艺术的和科学的思想影响，呈现出多样的发展。

1. 生态主义

20世纪70年代初，美国宾夕法尼亚大学景观建筑学教授麦克哈格(Ian McHarg)提出并倡导将景观作为一个包括地质、地形、水文、土地利用、植物、野生动物和气候等等决定性要素相互联系的整体来看待的观点。其《设计结合自然》(*Design With Nature*)一书使园林规划设计的视野扩展到了包括城市在内的、多个生态系统镶嵌的大地综合体。这一园林规划设计的方法强调园林规划应该遵从自然固有的价值和自然过程，以因子分层分析和地图叠加技术为核心，反对以往城市规划和园林规划中机械的功能分区的做法，强调土地利用规划应遵从自然的固有价值和自然过程，即土地的适应性，麦克哈格称这一生态主义的规划方法为"千层饼模式"。

随着人们对景观生态学的认识进一步加深，今天的生态主义园林规划理论强调水平生态过程与景观格局之间的相互关系，研究多个生态系统之间的空间格局及相互之间的生态流，包括物质流动、物种流动、干扰的扩散等。并用一个基本的模式"斑块(patch)—廊道(corridor)—基质(matrix)"来认识和分析景观，并以此为基础，发展了景观生态规划的方法模式。

生态设计的理论与方法在某种程度上赋予了现代园林规划设计科学性质，使园林规划成为可以经历种种客观分析和归纳的、有着清晰界定的学科。对于现代园林规划设计者而言，生态伦理的观念告诉他们，除了人与人的社会联系之外，所有的人都天生与地球的生态系统紧紧相连着。

2. 大地艺术

20世纪60年代，艺术界出现了新的思想。一部分富有探索精神的园林设计师不满足于现状，他们在园林设计中进行大胆的艺术尝试与创新，开拓了大地艺术(Land Art)这一新的艺术领域。这些艺术家摒弃传统观念，在旷野、荒漠中用自然材料直接作为艺术表现的手段，在形式上用简洁的几何形体，创作出这种巨大的、超人尺度的、艺术作品(图1.1)。大地艺术的思想对园林设计有着深远的影响，众多园林设计师借鉴大地艺术的手法，巧妙地利用各种材料与自然变化融合在一起，创造出丰富的景观空间，使得园林设计的思想和手段更加丰富。

图 1.1 沃尔特·德·玛利亚大地艺术作品《闪电原野》
(https://pic3.zhimg.com/80/v2-913d83b08a812 d01237d630495 a5cd82_720w.jpg)

3. 后现代主义

后现代主义是对现代主义的继承与超越。后现代的设计是多元化的设计，历史主义、复古主义、折中主义、文脉主义、隐喻与象征、非联系有序系统层、讽刺、诙谐都成了园林设计师可以接受的思想和手法。1992年建成的巴黎雪铁龙公园(Parc André Citroen)带有明显的后现代主义的一些特征(图1.2～图1.4)。

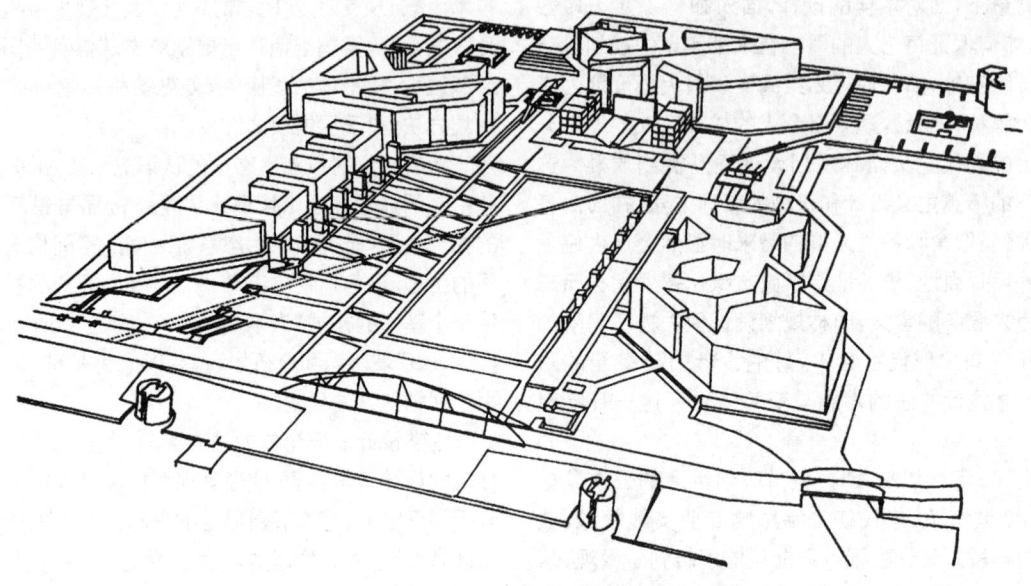

图1.2 雪铁龙公园鸟瞰图
图1.2～图1.14(王晓俊，2000b)

图1.3 雪铁龙公园旱喷泉广场和温室夜景

图1.4 从大草坪看雪铁龙公园系列庭院

4. 解构主义

解构主义(Deconstruction)最早是由法国哲学家德里达(Jacques Derrida)提出的，在20世纪80年代成为西方建筑界的热门话题。"解构主义"可以说是一种设计中的哲学思想，它采用歪曲、错位、变形的手法，反对设计中的统一与和谐，反对形式、功能、结构、经济彼此之间的有机联系，产生一种特殊的不安感。解构主义的风格并没有形成主流，被列为解构主义的景观作品也极少，但它丰富了景观设计的表现力。为纪念法国大革命200周年而建设的九大工程之一的巴黎拉·维莱特公园(Parc de la Villette)(图1.5～图1.10)是解构主义景观设计的典型实例，它是由建筑师屈米(Bernard Tschumi)设计的。

5. 极简主义

极简主义(Minimalism)产生于20世纪60年代，它追求抽象、简化、几何秩序，以极为简洁单一的几何形体或数个连续重复的单一形体构成作品。极简主义对于当代建筑和园林景观设计都产生相当大的影响。不少设计师在园林设计中从形式上追求极度简化，用较少的形状、物体和材料控制大尺度的空间，或是运用单纯的几何形体构成景观要素和单元，形成简洁有序的现代景观。具有明显的极简主义特征的是美国景观设计师彼得·沃克(Peter Walker)的作品(图1.11～图1.14)。

图1.6 拉·维莱特公园园中林荫道

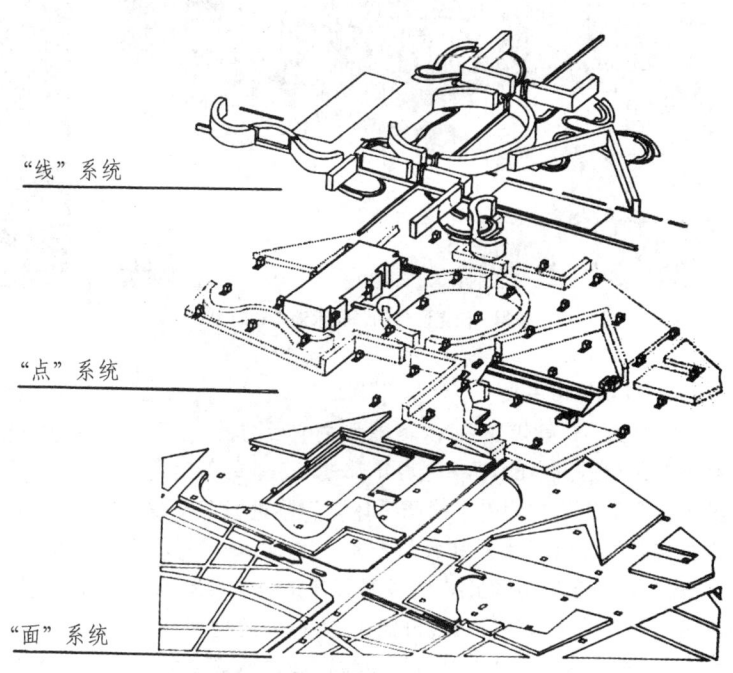

图1.5 拉·维莱特公园的点线面系统

图1.7 拉·维莱特公园红色小构筑物

图1.8 拉·维莱特公园部分绿地鸟瞰

图1.9 拉·维莱特公园小喷泉近景

图1.10 拉·维莱特公园雾园

图1.11 伯奈特公园鸟瞰

图1.12 彼得·沃克设计的公园西侧小广场和水池雕塑墙

图1.13　彼得·沃克设计的公园水池带和喷泉

图1.14　彼得·沃克设计的公园台阶

6. 景观都市主义

20世纪70年代以后，以美国为主的西方国家工业经济普遍衰退。由此，西方大城市都进入工业转型时期，整个社会对工业文明带来的严重环境问题进行了反省，人类转向重塑自然生态和人与自然的关系。但长期以来，建筑物决定城市的形态，在这种以建筑城市学为主流思想主导下的城市设计忽视自然生态过程、侵蚀城市公共空间，导致混乱的城市形态以及城市与自然环境的矛盾加剧。在这样的社会背景下，景观逐渐代替建筑，成为刺激新一轮城市发展的最基本要素，成为重新组织城市发展空间的最重要手段。查尔斯·瓦尔德海姆（Charles Waldheim）总结并发展了这种思想，提出"景观都市主义（Landscape Urbanism）"，主张将建筑和基础设施看作是景观的延续或是地表的隆起，景观不仅仅是绿色的景物或自然空间，更是连续的地表结构，它作为一种城市支撑结构，能够容纳以各种自然过程为主导的生态基础设施和以多种功能为主导的公共基础设施，并为它们提供支持和服务。

"景观都市主义"的内涵包括了三方面内容，即工业废弃地的修复、自然过程作为设计以及景观作为绿色基础设施，强调尊重场地的自然演变过程，以演变肌理为蓝本，作为设计师构图时的基本形式，将其融合到场地的生态演变中，并对后工业时代遗留下的、大量具有潜在发展动力的工业废弃地采用景观优先、植物生态恢复及景观作为空间分割的手段等设计手法，实现场地的更新并刺激和带动周边城市地区的新一轮发展。在城市中心区复兴及新城开发领域，景观都市主义都能提供一种开放式、高适应性的解决策略。由詹姆斯·科纳（James Corner）主持设计的纽约高线公园被认为是近年来景观都市主义理论应用的一个成功建成案例（图1.15～图1.17）。

图1.15　"植—筑"铺装形式
(http://blog.sina.com.cn/s/blog_5edf47870102veqc.html)

图1.16　结合原有轨道改造的座椅
(http://blog.sina.com.cn/s/blog_5edf47870102veqc.html)

图1.17　高线公园周边新开发建筑
(COOK D, JENSHEL L, 2011)

7. 低影响开发

低影响开发(Low Impact Development,简称 LID)是 20 世纪 90 年代在美国马里兰州乔治王子县(Prince George's County)首次提出,并付诸实践,取得了巨大的成功。在随后的一段时间内,全球掀起了 LID 的应用热潮。低影响开发是一个跨学科的城市雨洪管理理念,即模拟自然水文循环环境,采用源头控制理念实现雨水控制与利用的一种雨水管理方法。在具体工程设施上主要采用雨水花园、屋顶绿化、植被浅沟、雨水塘、景观水体等调蓄设施,实现对暴雨、洪水等极端天气引起的水灾害进行天然管理。低影响开发增强了城市应对雨洪问题时的弹性,如今已从核心的雨水系统扩展到包括径流污水处理、雨洪管理等在内的完整城市水循环处理体系。德国波茨坦广场(Potsdam Plaza)、波特兰雨水园(Rainwater Garden of Portland)、北京奥林匹克公园都是近年来国内外一些成功的、具有雨洪管理性质的景观设计案例(图 1.18～图 1.20)。

8. 废弃地的改造和更新

废弃地又被称为棕地(Brownfield, Brownfield Site, Brownfield Land),其定义有狭义和广义之分。狭义的是由美国环境保护局 1994 年定义:"棕地是因含有或可能含有危害性物质、污染物或致污物而使得扩张、再开发或再利用变得复杂的前工业和商业用地及设施"。这一棕地定义不包括许多具有物理、化学性质的污染地及废弃地,如垃圾填埋场。因此,在以后的设计实践过程中,棕地的概念也被不断丰富、完善。在英国,棕地(Previously Developed Land)被定义为:"曾经利用过的、后闲置的、遗弃的或者未充分利用的土地"。在这样的定义下,棕地既指被污染的工业用地,也指那些城市中缺乏使用的"灰色"地带。这种概念的拓展,使得更多位于城市内部的闲置土地得到复兴发展的机会,促进城市活力,实现城市可持续发展。

伴随棕地改造兴起的是 20 世纪生态学理论从浅层生态学向深层生态学发展的巨变。更多的学者在处理环境问题时从社会伦理道德的角度寻求解决途径,提出生态节制及最小干预的思想,对场地生态发展过程的尊重、对物质能源的循环利用、对场地自我维持和可持续处理技术的倡导,成为棕地改造时主要的生态设计思想。常见的棕地改造过程包含生态修复及艺术改造这两个部分,对于受污染的棕地土壤、水体等自然要素采用植被修复等一系列生态软处理技术,利用自然生态过程净化污染环境。立体主义、超现实主义、风格派、构成主义、波普艺术、达达艺术、大地艺术等艺术流派的兴起、繁荣,也为景观设计师提供了场地改造时可借鉴的艺术思想和形式语言,提高了景观质量和视觉价值。由德国景观设计师彼得·拉茨(Peter Latz)及其合伙人设计的,由炼钢厂改造的北杜伊斯堡景观公园(Landschaftspark Duisburg-Nord)(图 1.21～图

1.23)与詹姆斯·科纳(James Corner)设计的,由纽约最大垃圾填埋场改造的清泉公园(Fresh Kills Park)(图 1.24)是关注度较高的棕地改造项目。

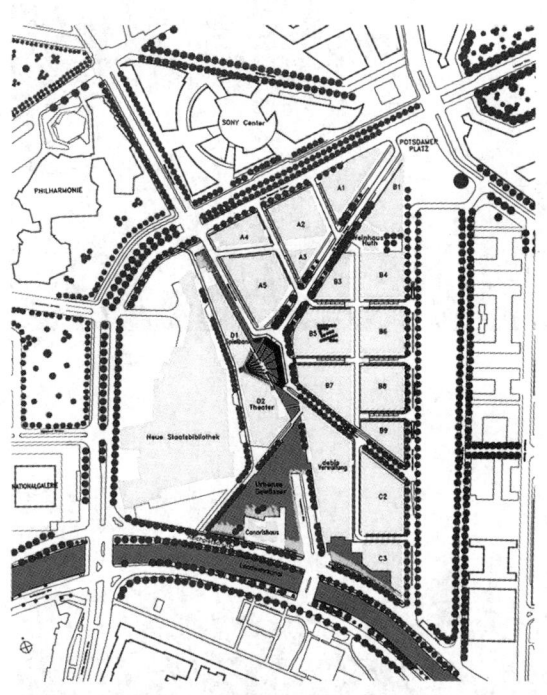

图 1.18 波茨坦广场总平面
(DREISEITL A,1998)

图 1.19 波特兰唐纳溪水公园
(翟俊,2012)

图 1.20 北京奥林匹克公园
(张宇,2015)

图1.21 植被修复
（刘抚英，2009）

图1.22 由厂墙改造成的攀岩墙
（吴龙，2012）

废弃地的改造不仅复兴单一场地，更要带动周边区域的发展，最重要的是弥合由于废弃地存在而被分隔的城区间的裂缝，将城市生态环境联系起来，更好地发挥其生态效益。

9. 绿道理论

绿道（Greenway）相关理论的产生背景是西方国家在快速工业化、城市化进程中出现了城市无序蔓延、生态环境破坏等诸多问题，当时的学者都在探索一种能够实现经济发展与生态保护双赢的解决措施，就是在这样的背景下，绿道理论被提出并赋予实践。绿道理念最初可以追溯到风景园林大师弗雷德里克·劳·奥姆斯特德（Frederick Law Olmsted）规划的世界第一个公园系统——波士顿公园体系，其所体现的林荫道、步行道和公园大道等规划理念成为绿道概念的先驱。对绿道概念的理解，不同的学者有不同的阐述，杰克·埃亨（Jack Ahern）对绿道概念的阐述是目前大家普遍接受的，即"那些为了多种用途（包括与可持续土地利用相一致的生态、休闲、文化、美学和其他用途）而规划、设计和管理的有线性要素组成的土地网络"，其中体现了绿道的主要特性：连通性、多功能性、可持续性、整体性及线性结构。

图1.23 极简主义风格的金属广场
（吴龙，2012）

图1.24 清泉公园东园鸟瞰
（虞莳君、丁绍刚，2006）

绿道的相关理论研究与生态学紧密相关,其线性结构的相关景观构成要素在生态学上被定义为"廊道(Corridor)",不仅在景观中起到重要的结构作用,并且强烈影响物质和能量的循环流动,因而绿道所涵盖的内容已不仅仅是那些人工景观,而是包含自然流域、生物栖息地在内的大区域景观生态格局。常见的绿道布局方式是利用沿河流、溪谷、山脊、风景道路等自然和人工道路将区域内主要的公园、自然保护区、历史遗址和居住区连接成一个具有连通性的绿色网络格局,以优化区域经济、社会效益、生态效益(图1.25、图1.26)。绿道的相关实践在我国起步较晚,但已被众多学者所认同,以广州、深圳为代表的城市已经成功地进行建设绿道实践(图1.27、图1.28)。

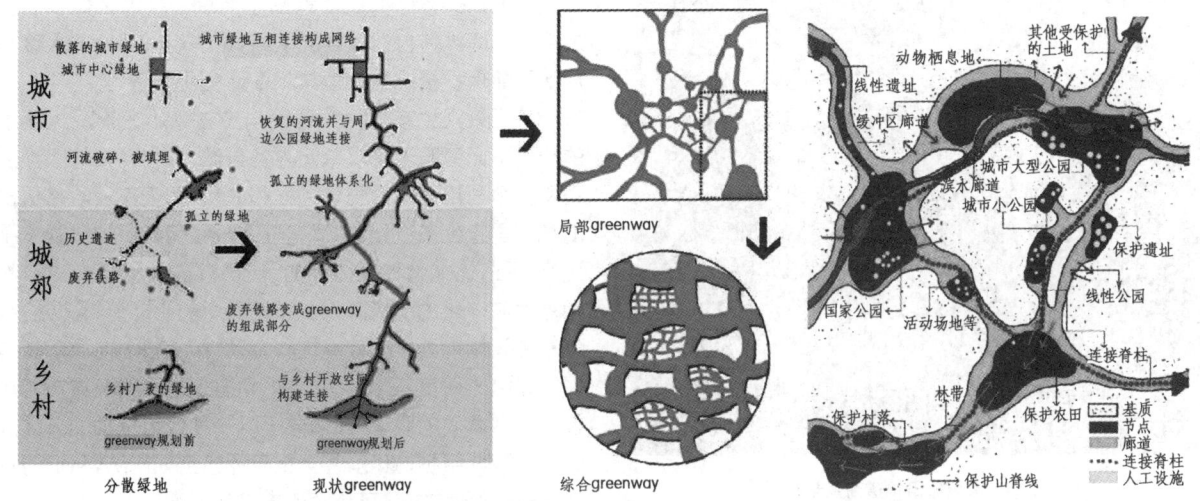

图1.25　绿道结构构成方式图
(秦小萍、魏民,2012)

图1.26　绿道构成图
(秦小萍、魏民,2012)

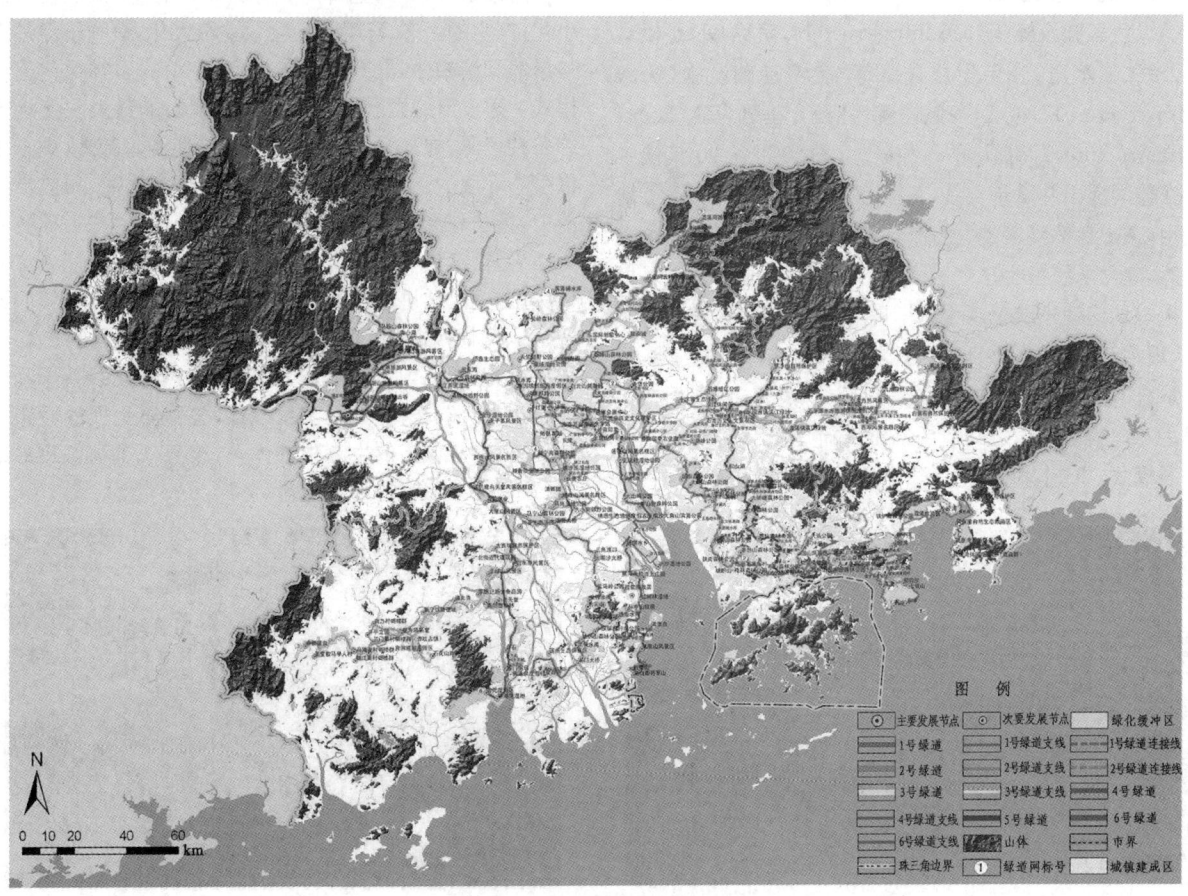

图1.27　珠三角绿道网布局图
(广州市城市规划勘测设计院,深圳市北林苑景观及建筑规划设计有限公司,2010)

图 1.28 深圳盐田绿道海滨步行道
(詹雨升, 2013)

10. 绿色基础设施

绿色基础设施（Green Infrastructure，简称 GI）是相对于公路、下水道、公用设施线路等"灰色基础设施（Gray Infrastructure）"，或者学校、医院等"社会基础设施（Social Infrastructure）"而提出的一种概念，于 20 世纪 90 年代中期在美国提出并赋予实践，其核心是由自然环境决定土地使用，突出自然环境的"生命支撑"功能，将社区发展融入自然，建立系统性生态功能网络结构。绿色基础设施以岛屿生态地理理论和景观生态学种群理论为基础，强调连接性，重视开放空间和绿地的重要性，并将其作为相互联系的系统的一部分。多功能性也是其一大特点，它试图在自然生态保育和游憩之间达到平衡。绿色基础设施作为一种发展模式，将影响城市空间形态的发展（图 1.29）。

GI 在空间上是由网络中心（hubs）、连接廊道（links）和小型场地（sites）组成的天然与人工化的绿色空间网络系统。网络中心是指包括保留地、本土风景、生产场地、公园和公共区域、循环土地在内的大片自然区域；连接廊道是指包括绿道、绿带、风景连接在内的线性生态廊道；小型场地是对前两者的补充，是独立于大型自然区域的，为动物迁移或人类休憩而设立的生态节点。绿色基础设施组成部分共同维持自然过程的网络，这些组成部分的尺度与形状随着保护资源的类型与尺度而变化。

基于景观生态学相关理论与方法，GI 在景观尺度上的构建不光着眼于景观单元内各自然、社会要素与人类活动及土地利用之间的垂直过程和联系，即麦克·哈格提出的基于垂直生态过程的"适宜性"分析，而且更加重视水平生态过程，比如物种迁徙等的景观格局，并积极应对自然栖息地破碎化的消极影响。借助科学的生态分析方法，绿色基础设施规划具有前瞻性和主动性，相较于前面的生态网络和绿道而言，它更加强调规划与土地利用及城市基础设施发展之间的联动，并倾向于以一种较为主动的方式去建设、管理、维护、修复，甚至重建绿色空间网络，从而为城市提供一个生态化、可持续的未来发展框架。

11. 节约型园林

通俗地讲，节约型园林就是要求资源和能源的投入最小化，产生的生态、环境和社会效益最大化，有利于促进人与自然和谐相处，是一种生态化、可持续的园林绿化建设模式。建设节约型园林除了狭义理解上的最大限度地节约各种资源、提高资源的利用率、减少能源消耗外，更加提倡生态环境的治理与保护，强调尊重自然规律、顺应自然能力，善于利用水、土、植物等自然要素，以生态工程技术为指导，营造具有自然特性和自然能力的游憩空间。在具体实施方法上，讲求对地方材料的应用以及废弃材料的改造、循环利用，如雨水收集与循环使用（图 1.30、图 1.31）、返还枝叶（图 1.32）等，其次是"利用自然做功"，善于利用大自然本身的净化功能、演替过程，去修复受损的城市生态环境，形成城市的生态防护体系，改善一系列如热岛效应、空气污染在内的环境问题。

图 1.29 陕西省浐灞生态区绿色基础设施
(https://imgpolitics.gmw.cn/attachement/jpg/site2/
20190506/f44d305ea1af1e3a0afa3b.jpg)

图 1.30 沿道路的雨水排放沟渠
(LUCAS W, 2011)

图 1.31 结合雨水净化设计的路侧景观
(LUCAS W,2011)

图 1.32 落叶作为天然肥料
(付莹,2013)

12. 韧性景观

在人类的发展历程中,自然灾害和人为灾难总是频繁发生。在此背景下,园林景观规划设计需要以一种更加积极的姿态从各种层次上应对未来环境变化的挑战。韧性景观的提出与发展,为解决这一困境提供了新的视角。

韧性(resilience)一词最初由拉丁语"resillo/resiliere"转变而来,意思是"弹回、跳回"。1973 年,生态学家霍林(Holling)首次将韧性概念引入到生态学领域,经过了数十年的发展,韧性概念已成为社会—生态系统概念性框架的核心理论(王群,陆林,杨兴柱,2014)。韧性强调社会—生态系统有阻止、抵御、吸收、适应外来干扰而保持自身基本结构与功能的能力,为人类不断适应复杂的社会—生态系统提供了一种新的生存方式。景观(Landscape)作为社会—生态系统的一个重要组成部分,是土地与土地上空间和物体及人的感知所构成的综合体,是一个涵盖自然景观、人工景观和人文景观的综合地理单元(郑丽娜,2013)。以韧性视角引导景观发展就是在景观规划设计的过程中,努力提高人类生存环境的韧性,使其能够抵御和缓冲外界干扰,具有自适应力,能够自我修复和再生、并富有可持续性(夏臻,刘小钊,吕龙,2015)。

以韧性的思维引导园林景观与环境的建设,使景观设计具有前瞻性,能够更好地应对环境变化与社会发展带来的未知挑战,从而改进我们的社会—生态系统,使其更快地从当下以及未来的冲击与干扰中恢复。韧性景观规划设计理论与实践将为风景园林专业的发展带来无限的契机(图 1.33、图 1.34)。

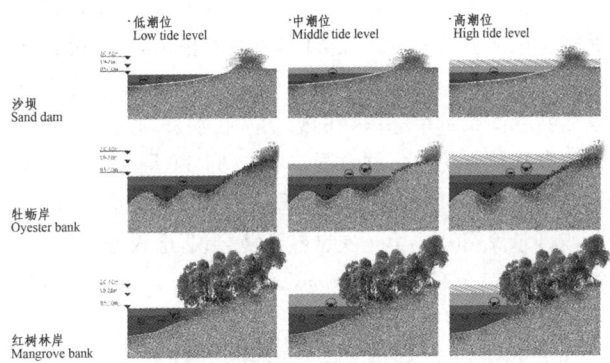

图 1.33 基于韧性城市理论的深圳小梅沙三种生态护岸
(http://www.sutpc.com/news/jishufenxiang/555.html)

图 1.34 基于韧性城市理论的深圳小梅沙洪涝调蓄设计
(http://www.sutpc.com/news/jishufenxiang/555.html)

13. 小结

现代园林规划设计以其具有自身特征的社会性和生态性的尺度,在不断地拓展与变化中已经成为一个多元、多价值观的实践行业。现代园林从产生、发展到壮大的过程都与社会、艺术和建筑紧密相连。虽然各种风格和流派层出不穷,但是发展的主流始终没有改变,现代园林设计仍在与传统进行交融,日益丰富。在现代园林设计中,强调人与自然的和谐、社会公平的体现、对愉悦精神的诉求,是园林设计师们追求的共同目标。

1.2 园林绿地的功能与作用

对城市园林绿地功能的认识,是随着科学技术的发展,以及人民物质精神生活的提高而逐步深化的。丰富的园林绿地功能,在城市发展中发挥着积极的作用。归纳起来,城市绿地功能可分为生态环境功能、使用功能、美化功能三种。

1.2.1 园林绿地的生态环境功能

随着工业发展、人口集中,城市环境污染日益严重,人们对生态越来越重视,20世纪70年代初,全球兴起了保护生态环境的高潮。在美国,麦克哈格出版了《设计结合自然》,该书提出在尊重自然规律的基础上,建造人与自然共享同荣的生态系统的想法。在欧洲,1970年被定为欧洲环境保护年。联合国在1971年11月召开了人类与生物圈计划(MAB)国际协调会,并于1972年6月在斯德哥尔摩召开了第一次世界环境会议,会议通过了《人类环境宣言》(United Nations declaration of the human environment),许多国家都制定了有关的法律,我国在1979年也颁布了《中华人民共和国环境保护法(试行)》。改善和保护城市环境,首要从根本上杜绝污染源,还要进行有效防治。人们从实践中认识到,园林绿化对于保护环境、防治污染有极其重要的作用,主要表现在以下几方面:

1. 净化空气、水体和土壤

1) 吸收二氧化碳、放出氧气

人们在呼吸及燃烧的过程中要排出大量的二氧化碳。通常情况下,二氧化碳占大气总体积的0.03%左右。在城市,工厂集中、人口密集,产生的二氧化碳特别多,其含量可达0.05%~0.07%,局部地区甚至高达0.20%。当二氧化碳的含量为0.05%时,人会感呼吸不适;到0.2%时,会头昏耳鸣,心悸,血压升高;达10%时,会迅速丧失意识、停止呼吸,以至死亡。氧气是人类生存必不可少的物质,氧气占大气总体积的21%。当其含量减至10%时,人就会恶心呕吐。随着工业的发展,整个大气圈的二氧化碳含量有不断增加的趋势,这种情况已引起许多科学家的忧虑。

植物通过光合作用吸收二氧化碳、放出氧气,又通过呼吸作用吸收氧气和排出二氧化碳;但是,光合作用所吸收的二氧化碳要比呼吸作用排出的二氧化碳多20倍,因此总体上是消耗了空气中的二氧化碳、增加了空气中的氧。由此可见,植物的生长过程与人类的生命活动之间是相互协调、保持着动态平衡关系的。

2) 吸收有害气体

污染空气的有害气体种类很多,最主要的有二氧化硫、氯气、氟化氢、氨以及汞和铅的蒸气等。这些有害气体虽然对园林植物生长不利,但是在一定浓度条件下,有许多种类的植物对它们具有吸收能力从而净化了空气。

在这些有害气体中,以二氧化硫的数量较多、分布较广、危害较大。在燃烧煤、石油的过程中都要排出二氧化硫,工业城市的上空,二氧化硫的含量通常较高。

人们研究了植物吸收二氧化硫的能力,发现空气中的二氧化硫主要是被各种物体表面所吸收,而植物叶片的表面吸收二氧化硫的能力最强。硫是植物必需的元素之一,当植物处于二氧化硫污染的大气中时,其含硫量可为正常含量的5~10倍。随着植物叶片的衰老凋落,它所吸收的硫也一同落下,二氧化硫也就不断地被吸收、释放。

因此,在散发有害气体的污染源附近,选择与其相应的抗性强且具有吸收能力的树种进行绿化,对于防止污染、净化空气是有益的。

3) 吸滞烟灰和粉尘

城市空气中含有大量尘埃、油烟、炭粒等。有些微尘颗粒虽小,但其在大气中的总重量却很惊人。人呼吸时,这些烟灰和粉尘、飘尘进入肺部,有的附着于肺细胞上,容易得气管炎、支气管炎、尘肺、硅肺等疾病。1952年,英国伦敦因燃煤粉尘危害而使四千多人死亡,造成骇人听闻的"烟雾事件"。我国有些城市的飘尘量大大超过了卫生标准,不利于人民的健康,且给国家带来了损失。空气中灰尘多,对于现代某些行业的生产(如精密仪器)也颇为不利。

植物,特别是树木,对烟灰和粉尘有明显的阻挡、过滤和吸附作用。一方面由于枝冠茂密,具有强大的减低风速,下降大粒尘的作用;另一方面则由于叶子表面不平,有茸毛,有的还分泌黏性的油脂或浆汁,空气中的尘埃经过树林时,便附着于叶面及枝干的下凹部分等。蒙尘的植物经雨水冲洗,又能恢复其吸尘的能力。

树木的滞尘能力是与树冠高低、总的叶片面积、叶片大小、着生角度、表面粗糙程度等条件有关。草地的茎叶不仅和树木一样,具有吸附灰尘的作用,并且还可固定地面的尘土以防止飞扬。

由于绿色植物的叶面积远远大于它的树冠的占地面积,如森林叶面积的总和是其占地面积的六七十倍,生长茂盛的草皮也有二三十倍,因此其吸滞烟尘的能力是很强的。

由此可见,在城市工业区与生活区之间营造卫生防护林,扩大绿地面积、种植树木、铺设草坪,是减轻粉尘污染的有效措施。

4) 减少空气中的含菌量

城市人口众多,空气中悬浮着大量细菌。绿化树木可以减少空气的细菌数量,这是由于绿地上空灰尘减少,从而减少了黏附其上的细菌;另外,还由于许多植物本身能分泌一种杀菌素,具有杀菌的能力。

5) 净化水体

城市和郊区的水体常受到工厂废水及居民生活污水的污染,影响环境和健康。而绿化植物有一定的净化污水的能力。树木可以吸收水中的溶解质,减少水中的细菌数量。许多水生、沼生植物有明显的净化污水作用。有些国家已把芦苇用于污水处理的最后阶段。

6) 净化土壤

植物的地下根系能吸收大量有害物质而具有净化土壤的能力。有植物根系分布的土壤中好气性细菌的数量比没有根系分布的土壤多几百倍至几千倍,能促使土壤中的有机物迅速无机化,既净化了土壤,又增加了肥力。因此,城市绿化不仅能改善地上的环境卫生,还能改善地下的土壤卫生。

2. 改善城市小气候

树木、花草叶面的蒸腾作用,能降低气温,调节湿度,吸收太阳辐射热,对改善城市小气候有着积极的作用。城市郊区大面积的森林和宽阔的林带,道路上浓密的行道树和城市其他各种公园绿地,对城市各地段的温度、湿度和通风都有良好的调节效果。

1) 调节气温

影响城市小气候最突出的有物体表面温度、气温和太阳辐射温度,而气温对人体的影响是最主要的。绿地的荫蔽表面温度低于气温,而道路、建筑物及裸土的表面温度则高于气温。夏季时,人在树荫下和在直射阳光下的感觉,差异是很大的。这种温度感觉的差异不仅仅是3~5℃气温差带来的,其决定性因素是太阳辐射温度。在树荫下,茂盛的树冠能挡住50%~90%的太阳辐射热。除了局部绿化所产生的不同气温、表面温度和辐射温度的差别外,大面积的绿地覆盖对气温的调节则更加明显。

大片绿地和水面对改善城市气温有明显的作用。绿化是城市郊区温度低于市区的因素之一。因此,在城市地区及其周围土地,特别是在炎热地区,应该大量种树,提高绿化覆盖率,将全部裸土用绿色植物覆盖起来,并尽量考虑建筑的屋顶绿化和墙面的垂直绿化,以改善城市的气温。

2) 调节湿度

空气湿度过高,易使人厌倦疲乏,过低则感干燥烦躁。一般认为最舒适的相对湿度为30%~60%。绿化植物因其叶片表面大,故能大量、不断地向空气中输送水蒸气,提高空气湿度。绿地中舒适、凉爽的气候环境与绿化植物调节湿度的作用是密不可分的。

3) 通风防风

绿地对降低风速的作用是明显的,其效应随着风速的增大而效果更好。当气流穿过绿地时,树木的阻截、摩擦和过筛作用将气流分成许多小涡流,消耗了气流的能量。布置在城市上风位置垂直于主导风向的绿地,能很好地减弱冬季的大风。而在夏季,与城市主导风向一致的城市带状绿地,以及由行道树组成的绿色走廊,都能成为通风渠道,使空气的流速加快,从而将城市郊区的新鲜空气引入城市中心,改善城市空气质量。

3. 保护生物多样性

生物多样性是某一地区或全球所有生态系统、物种和基因的总称。城市绿地系统不仅保护了大量的植物种类及其基因,而且还增加了城市生境的多样性,为野生动物提供了必要的生存条件,保护了生物的多样性。

4. 降低城市噪声

汽车、火车、飞机等交通工具以及工厂生产和工程建设等城市活动使城市居民经常受到各种噪声的袭击和干扰,身心健康受到严重影响,轻则使人疲劳、降低工作效率,重则会引起心血管或中枢神经系统方面的疾病。植物,特别是林带,对防治噪声有一定的作用,树木能减低噪声,是因为声能投射到树叶上,再被反射到各个方向,造成树叶微振而使声能消耗减弱。噪声的减弱与林带的宽度、高度、位置、配置方式以及树木种类等有密切关系。

5. 安全防护

园林绿地具有防震防火、蓄水保土、防御放射性污染和备战防空的作用。

1) 防震防火

绿地的防震防火作用,过去并未被人们认识,直到1923年1月,日本关东发生大地震,同时因地震引起大火灾,城市公园意外地成为避难所。自此以后,公园绿地被认为是保护城市居民生命财产的有效公共设施。1976年7月北京受唐山地震的波及,当时利用总面积400多公顷的15处公园绿地,疏散居民20余万人。一般地震情况下,树木不致倒伏,可以利用树木搭棚,创造临时避震的生活环境。我国有许多城市位于地震区内,这些城市的绿地规划,特别是在居住区的绿地规划中更应该考虑到避震、疏散、搭棚的要求。

许多绿化植物,枝叶含有大量水分,一旦发生火灾,可以阻止火势蔓延、隔离火花飞散。如珊瑚树,即使叶片全部烤焦也不发生火焰;银杏在夏天即使叶片全部燃尽仍能萌芽再生;其他如厚皮香、山茶、海桐、槐树、白杨等都是很好的防火树种。因此,在城市规划中应该把绿化作为火灾蔓延的隔断和居民的避难所来考虑,应该把城市公园、体育场、游戏场、广场、停车场、水体、街坊绿地等统一规划、合理布局,构成一个具备避灾作用的绿地空间系统。

2）防御放射性污染，有利备战防空

绿化植物能过滤、吸收和阻隔放射性物质，减低光辐射的传播和冲击波的杀伤力，阻挡弹片飞散，并对重要建筑、军事设备、保密设施等可起隐蔽作用，尤其是密林更为有效。多造设绿地也是防御放射性污染和备战防空必不可少的技术措施。

3）蓄水保土

绿地有致密的地表覆盖层和地下的树根、草根层，因而有良好的固土作用。保持水土对保护自然景观、建设水库以及防止山塌岸毁、水道淤浅、泥石流等有着极大的意义。园林绿地对水土保持有显著的效果。树叶防止暴雨直接冲击土壤，草地覆盖地表阻挡了流水冲刷，植物的根系能紧固土壤，所以可以固定沙土石砾，防止水土流失。当自然降雨时，将有15%～40%的水量被树林树冠截留或蒸发，有5%～10%的水量被地表蒸发，地表的径流量不到1%，大多数的水，即占50%～80%的水量被林地上一层厚而松的枯枝落叶所吸收，然后逐步渗入到土壤中，变成地下径流。这种水经过土壤、岩层的不断过滤，流向下坡或泉池溪涧。

1.2.2　园林绿地的使用功能

城市园林绿地的使用功能与社会制度、历史传统、民族习惯、科学文化、经济生活以及地理环境等有密切关系。城市园林绿地已成为城市居民生活空间的一部分。

1. 日常游憩娱乐活动

人类的日常休闲生活可分为动、静两类，活动内容包括文娱活动、体育活动、儿童活动、安静休息等。环境优美、空气新鲜的城市绿地是人们开展活动、调节心情、进行游憩的良好场所。这些活动对于体力劳动者可消除疲劳、恢复体力；对于脑力劳动者可调剂生活、振奋精神、提高工作效率；对于儿童可培养勇敢、活泼、伶俐的素质，并有益于健康成长；对于老年人，则可享受阳光空气、增进生机、延年益寿。园林绿地的规划设计必须充分考虑以上活动的要求，提供相关活动场地、配置活动设施、组织活动内容，为人们提供健康、舒适的游憩休闲环境与场所。

2. 文化宣传、科普教育

城市园林绿地是进行文化宣传、开展科普教育的场所。一方面，通过书画展、影展、雕塑、工艺品等的展出，可提高人们的艺术修养；文物古迹、科技成果等的展出可以丰富人们的历史与科技知识，陶冶情操。另一方面，与城市园林绿地的经常接触，有利于少年儿童对自然界的认识，弥补课堂教育的不足。

3. 为旅游等第三产业服务

我国幅员辽阔，风景资源丰富；历史悠久，文物古迹众多，园林艺术负有盛誉，加之祖国建设日新月异，这些都是发展旅游事业的优越条件。随着我国人民物质文化水平的提高，国内旅行游览事业也在日益兴旺。人们可以通过有效的经营手段和途径，将城市生态环境的改善转换为经济优势，从而带动周边地区商贸、房地产、旅游等第三产业的快速发展。

4. 休、疗养的基地

由于风景区常具景色优美、气候宜人的自然条件，可为人们提供休养、疗养的良好环境。许多国家从区域规划角度安排休养、疗养基地，充分利用某些特有的自然地理条件，如海滨、高山气候、矿泉等作为较长期的休、疗养之用。我国有许多在自然风景区中开发的休、疗养地。从城市规划的角度来看，主要是选取城市郊区的森林、水域附近风景优美的园林绿地作为人们的疗养地，特别是休假活动用地；有时也与体育娱乐活动结合在一起。

1.2.3　园林绿地的美化城市功能

园林绿地能美化市容，增加城市景观。园林绿地的景观功能包括美化市容、增加艺术效果、参与城市景观意象组成等三个方面。

1. 美化市容

城市中的道路、广场绿化对于市容影响很大。园林绿地能够美化市容，绿地修饰了裸露的地面，遮挡有碍观瞻的景象，使城市面貌更加整洁、生动；街道旁边的绿化广场，既可以供行人短暂休息，观赏街景，又可以丰富空间、美化城市环境。

2. 增加艺术效果

园林绿地的色彩和形态丰富着城市建筑群体的轮廓线，烘托着城市景观，增加了艺术效果，达到城市环境美的统一性和多样性；同时又提供了静谧雅洁的环境，给都市带来田园风貌，令人心旷神怡。

3. 参与城市景观意象组成

园林绿地是城市景观意象的重要组成部分。从通道、边界、区域、节点、标志等五个方面来看，园林绿地中的景观道路、滨水绿地、城市公园、重点绿地、标志性景观绿地等无疑对城市景观意象影响重大。

1.3　城市园林绿地的类型和相关指标

为使各类绿地更好地协调发展，统一于城市绿地系统之中，明确的绿化分类至关重要。城市园林绿地的相关指标是城市园林绿化水平的基本标志，反映着一个时期的经济水平、文化生活水平和城市环境质量。

1.3.1　城市园林绿地分类

新中国成立以来，有关的部门和学者从不同角度出发，提出过多种绿地分类方法。世界各国国情不同，规划、建设、管理的机制不同，所采用的绿地分类方法也不统一。

1961年出版的高等学校教科书《城乡规划》中，将城市绿地分为公共绿地，小区和街坊绿地，专用绿地和风景

游览、休、疗养区的绿地四大类。其中,"公共绿地是由市政建设投资修建,并有一定设施内容,供居民游览、文化娱乐、休息的绿地。公共绿地包括公园、街道绿地等"。

1963年中华人民共和国建筑工程部的《关于城市园林绿化工作的若干规定》中关于绿地的分类是我国第一个法规性的绿地分类。它将城市绿地分为公共绿地、专用绿地、园林绿化生产用绿地、特殊用途绿地和风景区绿地五大类。其中公共绿地包括各种公园、动物园、植物园、街道绿地和广场绿地等。

1979年10月第一次全国园林绿化学术会议上,朱钧珍发表的《城市绿地分类及定额指标问题的探讨》一文提出将城市绿地分为公园、一般绿地和特种绿地,以"公园"替代"公共绿地"。

1982年版高等院校试用教材《城市园林绿地规划》(同济大学等合编)将城市绿地分为六大类,即公共绿地、居住绿地、附属绿地、交通绿地、风景区绿地和生产防护绿地。

1991年3月起施行的《城市用地分类与规划建设用地标准》(GBJ 137—90)中将城市绿地分为公共绿地和生产防护绿地两类。而将居住区绿地、单位附属绿地、交通绿地、风景区绿地等各归入生活居住用地、工业仓库用地、对外交通用地、郊区用地等用地项目之中,没有单独列出。

1993年建设部编写的《城市绿化条例释义》中,将城市绿地分为公共绿地、居住区绿地、单位附属绿地、防护绿地、生产绿地和风景林地等六类。它基本包括了城市各类绿地,也反映出各类绿地的功能和特征,但在具体名称上含义不明确,尚有局限,如公共绿地、风景林地等。这种分法不能完全适应现代各地各级城市规划建设发展的需要。

1995年12月中国林业出版社出版的全国高等林业院校试用教材《城市园林绿地规划》(杨赉丽主编),将城市绿地分为公共绿地、生产绿地、防护绿地、风景游览绿地、专用绿地和街道绿地六类。

经建设部批准,2002年9月1日起《城市绿地分类标准》(CJJ/T 85—2002)开始实施。至此,我国城市绿地分类有了明确的标准。

经建设部批准,2018年6月1日起《城市绿地分类标准》(CJJ/T 85—2017)(以下简称《标准》)开始实施,原行业标准《城市绿地分类标准》(CJJ/T 85—2002)同时废止。

《标准》所称城市绿地是指在城市行政区域内以自然植被和人工植被为主要存在形态的城市用地。它包含两个层次的内容:一是城市建设用地范围内用于绿化的土地;二是城市建设用地之外,对城市生态、景观和居民休闲生活具有积极作用,绿化环境较好的区域。这个概念建立在充分认识绿地生态功能、使用功能和美化功能以及城市发展与环境建设互动关系的基础上,是对绿地的一种广义的理解,有利于建立科学的城市绿地系统。

《标准》将绿地分为大类、中类、小类3个层次,共5大类、15中类、11小类,以反映绿地的实际情况以及绿地与城市其他各类用地之间的层次关系,满足绿地的规划设计、建设管理、科学研究和统计等工作使用的需要。

为使分类代码具有较好的识别性,便于图纸、文件的使用和绿地的管理,该标准使用英文字母与阿拉伯数字混合型分类代码。标准同层级类目之间存在着并列关系,不同层级类目之间存在着隶属关系,即每一大类包含着若干并列的中类,每一中类包含着若干并列的小类。大类用英文GREEN SPACE(绿地)的第一个字母G和一位阿拉伯数字表示;中类和小类各增加一位阿拉伯数字表示。如:G1表示公园绿地,G13表示公园绿地中的专类公园,G131表示专类公园中的动物园。

5大类绿地分别是公园绿地、防护绿地、广场用地、附属绿地和区域绿地。公园绿地可以分为4个中类:综合公园、社区公园、专类公园和游园。其中,专类公园分出6个小类:动物园、植物园、历史名园、遗址公园、游乐公园和其他专类公园。附属绿地又分为7个中类:居住用地附属绿地、公共管理与公共服务设施用地附属绿地、商业服务业设施用地附属绿地、工业用地附属绿地、物流仓储用地附属绿地、道路与交通设施用地附属绿地和公用设施绿地附属绿地。区域绿地可分为4个中类:风景游憩绿地、生态保育绿地、区域设施防护绿地和生产绿地。其中风景游憩绿地分出5个小类:风景名胜区、森林公园、湿地公园、郊野公园和其他风景游憩绿地(表1.1)。

表1.1 城市绿地分类

类别代码			类别名称	内容	备注
大类	中类	小类			
G1			公园绿地	向公众开放,以游憩为主要功能,兼具生态、景观、文教和应急避险等功能,有一定游憩和服务设施的绿地	
	G11		综合公园	内容丰富,适合开展各类户外活动,具有完善的游憩和配套管理服务设施的绿地	规模宜大于10 hm²
	G12		社区公园	用地独立,具有基本的游憩和服务设施,主要为一定社区范围内居民就近开展日常休闲活动服务的绿地	规模宜大于1 hm²
	G13		专类公园	具有特定内容或形式,有相应的游憩和服务设施的绿地	

续表

类别代码			类别名称	内容	备注
大类	中类	小类			
G1	G13	G131	动物园	在人工饲养条件下,移地保护野生动物,进行动物饲养、繁殖等科学研究,并供科普、观赏、游憩等活动,具有良好设施和解说标识系统的绿地	
		G132	植物园	进行植物科学研究、引种驯化、植物保护,并供观赏、游憩及科普等活动,具有良好设施和解说标识系统的绿地	
		G133	历史名园	体现一定历史时期代表性的造园艺术,需要特别保护的园林	
		G134	遗址公园	以重要遗址及其背景环境为主形成的,在遗址保护和展示等方面具有示范意义,并具有文化、游憩等功能的绿地	
		G135	游乐公园	单独设置,具有大型游乐设施,生态环境较好的绿地	绿化占地比例应大于或等于65%
		G139	其他专类公园	除以上各种专类公园外,具有特定主题内容的绿地。主要包括儿童公园、体育健身公园、滨水公园、纪念性公园、雕塑公园以及位于城市建设用地内的风景名胜公园、城市湿地公园和森林公园等	绿化占地比例宜大于或等于65%
	G14		游园	除以上各种公园绿地外,用地独立,规模较小或形状多样,方便居民就近进入,具有一定游憩功能的绿地	带状游园的宽度宜大于12 m;绿化占地比例应大于或等于65%
G2			防护绿地	用地独立,具有卫生、隔离、安全、生态防护功能,游人不宜进入的绿地。主要包括卫生隔离防护绿地、道路及铁路防护绿地、高压走廊防护绿地、公用设施防护绿地等	
G3			广场用地	以游憩、纪念、集会和避险等功能为主的城市公共活动场地	绿化占地比例宜大于或等于35%;绿化占地比例大于或等于65%的广场用地计入公园绿地
XG			附属绿地	附属于各类城市建设用地(除"绿地与广场用地")的绿化用地。包括居住用地、公共管理与公共服务设施用地、商业服务业设施用地、工业用地、物流仓储用地、道路与交通设施用地、公用设施用地等用地中的绿地	不再重复参与城市建设用地平衡
	RG		居住用地附属绿地	居住用地内的配建绿地	
	AG		公共管理与公共服务设施用地附属绿地	公共管理与公共服务设施用地内的绿地	
	BG		商业服务业设施用地附属绿地	商业服务业设施用地内的绿地	
	MG		工业用地附属绿地	工业用地内的绿地	
	WG		物流仓储用地附属绿地	物流仓储用地内的绿地	
	SG		道路与交通设施用地附属绿地	道路与交通设施用地内的绿地	
	UG		公用设施用地附属绿地	公用设施用地内的绿地	

续表

类别代码			类别名称	内容	备注
大类	中类	小类			
EG			区域绿地	位于城市建设用地之外,具有城乡生态环境及自然资源和文化资源保护、游憩健身、安全防护隔离、物种保护、园林苗木生产等功能的绿地	不参与建设用地汇总,不包括耕地
	EG1		风景游憩绿地	自然环境良好,向公众开放,以休闲游憩、旅游观光、娱乐健身、科学考察等为主要功能,具备游憩和服务设施的绿地	
		EG11	风景名胜区	经相关主管部门批准设立,具有观赏、文化或者科学价值,自然景观、人文景观比较集中,环境优美,可供人们游览或者进行科学、文化活动的区域	
		EG12	森林公园	具有一定规模,且自然风景优美的森林地域,可供人们进行游憩或科学、文化、教育活动的绿地	
		EG13	湿地公园	以良好的湿地生态环境和多样化的湿地景观资源为基础,具有生态保护、科普教育、湿地研究、生态休闲等多种功能,具备游憩和服务设施的绿地	
		EG14	郊野公园	位于城区边缘,有一定规模、以郊野自然景观为主,具有亲近自然、游憩休闲、科普教育等功能,具备必要服务设施的绿地	
		EG19	其他风景游憩绿地	除上述外的风景游憩绿地,主要包括野生动植物园、遗址公园、地质公园等	
EG	EG2		生态保育绿地	为保障城乡生态安全,改善景观质量而进行保护、恢复和资源培育的绿色空间。主要包括自然保护区、水源保护区、湿地保护区、公益林、水体防护林、生态修复地、生物物种栖息地等各类以生态保育功能为主的绿地	
	EG3		区域设施防护绿地	区域交通设施、区域公用设施等周边具有安全、防护、卫生、隔离作用的绿地。主要包括各级公路、铁路、输变电设施、环卫设施等周边的防护隔离绿化用地	区域设施指城市建设用地外的设施
	EG4		生产绿地	为城乡绿化美化生产、培育、引种试验各类苗木、花草、种子的苗圃、花圃、草圃等圃地	

[《城市绿地分类标准》(CJJ/T 85—2017)]

该标准把绿地作为城市整个用地的一个有机组成部分。首先,把城市用地平衡中单独占有用地的绿地和不单独占有用地的绿地分开;其次,在单独占有用地的绿地中,按使用性质,把为居民游憩服务的绿地和为了生产、防护等目的的绿地分开;城市中附属在其他用地里的各类绿地与城市用地也有相对应的关系。

1.3.2 城市园林绿地指标

城市绿地指标作为衡量城市绿色环境数量及质量的量化标准,反映了城市绿化水平的高低、城市环境的好坏及居民生活质量的优劣。判断一个城市绿化水平的高低,除了要看该城市拥有绿地的数量,还要看该城市绿地的质量和城市的绿化效果,即自然环境与人工环境的协调程度。

西方国家对城市生态环境的改善重视较早,城市绿化水平相对较高。从城市绿化指标来看,国外的城市绿化指标也普遍较高,指标的涵盖范围较广。西方国家所采用的城市绿化指标大致有:绿地率、人均公共绿地面积、绿被率、绿视率、城市拥有的公园数量、人均公园面积、人均绿地面积、人均设施拥有量等。

由于城市绿地类型的多样性、绿地功能的多重性和植物组成结构的不同,要确定合适的人均绿地面积、绿地率等,除了要考虑城市自身特点和环境质量外,还应考虑绿地的主要功能和绿地的植物组成。有关人均绿地面积究竟多少合适,不同国家和地区都曾进行了探讨。1966年,柏林一位博士提出每个城市居民应有 $30\sim40\ m^2$ 的绿地指标;联合国生物圈生态与环境组织就首都城市提出了"城市绿化面积达到人均 $60\ m^2$ 为最佳居住环境"的标准;美国曾提出城市应该把为市民每人规划 $40\ m^2$ 的绿地面积作为指标;据世界49个城市的统计,截至2000年,瑞典斯德哥尔摩人均绿地面积为 $80.3\ m^2/$人,英国人均绿地面积为 $42\ m^2/$人,莫斯科、华沙等城市人均绿地面积为 $10\sim70\ m^2/$人不等。

1. 我国城市绿地量化指标

我国城市绿地的量化指标正随着经济建设的发展而逐步提高。20世纪50年代,城市绿地指标主要有树木株数、公园个数与面积、公园每年的游人量等;到1979年,国家城建总局转发的《关于加强城市园林绿化工作的意见书》中出现了"绿化覆盖率"这一指标。目前,我国关于城市绿地数量与城市绿化水平高低的衡量指标主要有以下几个：绿地率、绿化覆盖率、人均绿地面积和人均公园绿地面积。以上4项指标表现了城市绿化的整体水平，具有可比性与实用性，但都属于二维的平面绿化概念，不能表示绿地的分布形态与布局状况，具有一定的局限性。

除了上文这4项指标外，还有其他一些绿量指标，如建设部城建司颁发的《城市园林绿化统计指标》有35项相关指标；建设部计财司印发的《城市建设统计指标解释》中有37项统计指标；历年来建设部计财司归口编印的《城市建设统计年报》中，涉及城市园林绿化的指标则有11项。

2. 我国城市绿地建设标准

我国的城市绿地建设指标标准在不同的时期各有不同，从总体上来说是逐渐提高的，尤其是近十多年来的城市园林绿地的指标逐年增长，并纳入城市基础建设之列，一些城市的绿地指标已达到一定的水准(表1.2)。

表1.2 我国部分地区绿地和园林建设指标现状（2018年）

地区	城市绿地面积 /hm²	建成区绿化覆盖率 /%	公园面积 /hm²
全国	3047108	41.1	494228
北京	85286	48.4	32619
上海	139427	36.2	2565
江苏	293765	43.1	30546
安徽	107515	42.5	15893
浙江	167370	41.2	20432

（根据国家统计局2019年发布的《中国统计年鉴2018》绘制）

1980年，国家基本建设委员会颁布的《城市规划定额指标暂行规定》中规定，城市公共绿地定额每人近期为3～5 m²，远期为7～11 m²。1992年，城市建设主管部门制定的综合评价标准中规定：城市绿化覆盖率不得低于35%，城市建成区绿地率不得低于30%，人均公共绿地面积不得低于6 m²。1993年，我国建设部正式下达了《城市绿地规划建设指标的规定》，把指标按人均建设用地指标的高低分为三个级别(表1.3)：人均建设用地指标不足75 m²的城市，人均公共绿地面积到2000年应不少于5 m²。根据全国绿化委员会办公室发布的2015年中国国土绿化状况公报显示，截至2016年3月，全国城市建成区绿地率达36.34%；人均公园绿地面积达13.16 m²。

表1.3 城市绿化规划建设指标

人均建设用地 /(m²/人)	人均公共绿地 /(m²/人)		城市绿化覆盖率 /%		城市绿地率 /%	
	2000年	2010年	2000年	2010年	2000年	2010年
<75	≥5	≥6	≥30	≥35	≥25	≥30
75～105	≥6	≥7	≥30	≥35	≥25	≥30
>105	≥7	≥8	≥30	≥35	≥25	≥30

（根据住建部1993年发布的《城市绿化规划建设指标的规定》绘制）

2001年2月在全国城市绿化工作会议上提出的"国务院关于加强城市绿化建设的通知"的讨论稿中，对绿地指标规定如下：到2005年，全国城市规划建成区绿地率达到30%以上，绿化覆盖率达到35%以上，人均公共绿地面积达到8 m²以上，城市中心区人均公共绿地达到4 m²以上；到2010年，以上指标应分别达到35%以上、40%以上、10 m²以上与6 m²以上。截至2016年年末，全国城市规划建成区绿地率已经达到36.43%，绿化覆盖率达到40.30%，人均公园绿地面积达到13.70 m²。2016年12月，国务院印发的《"十三五"生态环境保护规划》指出，到2020年，城市建成区绿地率应达到38.9%，城市人均公园绿地面积应达到14.6 m²。全国绿化委员会办公室对外发布的《2020年中国国土绿化状况公报》显示，中国城市人均公园绿地面积已经达到14.8 m²。

为了加快城市园林绿化建设，推动城市生态环境建设，建设部自1992年起在全国开展创建国家园林城市活动，并颁布了相关的评选标准与要求，根据建成〔2010〕125号文件(关于印发《国家园林城市申报与评选办法》《国家园林城市标准》的通知)中的规定，其绿地指标如下（表1.4）：建成区绿化覆盖率不小于36%；建成区绿地率不小于31%；人均公园绿地面积按人均建设用地指标分为三个级别：人均建设用地小于80 m²的城市，人均公园绿地面积不小于7.5 m²/人，人均建设用地80～100 m²的城市，人均公园绿地面积不小于8.0 m²/人，人均建设用地大于100 m²的城市，人均公园绿地面积不小于9.0 m²/人。文件规定，国家园林城市的申报需满足所有基本项的要求，而国家生态园林城市需满足所有基本项和提升项的要求。截至2018年12月，中国共有356个市、5个区、171个县和25个城镇已被列入国家园林城市名单。这些指标要求作为衡量城市绿色环境数量及质量的量化标准，有助于城市绿地建设向较高的水平发展，一定程度上可以指导城市绿地系统的规划。

为统一绿地主要指标的计算工作，便于绿地系统规划的编制与审批，以及有利于开展城市间的比较研究，《城市

表1.4 国家园林城市绿地建设指标

序号	指标		国家园林城市标准	
			基本项	提升项
1	建成区绿化覆盖率/%		≥36	≥40
2	建成区绿地率/%		≥31	≥35
3	城市人均公园绿地面积	人均建设用地小于80 m²的城市	≥7.50 m²/人	≥9.50 m²/人
		人均建设用地80～100 m²的城市	≥8.00 m²/人	≥10.0 m²/人
		人均建设用地大于100 m²的城市	≥9.00 m²/人	≥11.0 m²/人

（根据住建部2010年发布的《国家园林城市标准》绘制）

绿地分类标准》(CJJ/T 85—2017)提出了以人均公园绿地面积、人均绿地面积、绿地率三项为主要的绿地统计指标的计算公式。三项指标的计算公式既可以用于现状绿地的统计,也可以用于规划指标的计算。计算城市现状绿地和规划绿地的指标时,应分别采用相应的城市人口数据和城市用地数据。规划年限、城市建设用地面积、规划人口应与城市总体规划一致,统一进行汇总计算。

(1) 绿地率　绿地率是指城市各类绿地总面积占城市面积的比率。

计算公式：

绿地率＝用地地块内各类绿化用地总面积/用地地块总面积×100%

[《城市绿地规划标准》(GB/T 51346—2019)]

(2) 绿化覆盖率　是指城市中乔木、灌木和多年生草本植物所覆盖的面积占全市总面积的百分比。其中乔木和灌木的覆盖面积按树冠的垂直投影估算,乔灌木下生长的草本植物不再重复计算。利用遥感和航测等现代科学技术,可以准确地测出一个城市的绿地面积,从而计算出绿化覆盖率。按照植物学原理,一个城市的绿化覆盖率只有在30%以上,才能达到自身调节的需要。绿化覆盖率是传统的评价城市二维绿量的指标之一。

计算公式：

城市绿化覆盖率＝城市内全部绿化种植垂直投影面积/城市面积×100%

(3) 人均公园绿地面积　人均公园绿地面积是评选各级园林城市的重要指标,人均公园绿地面积反映了每个城市居民占有的公园绿地,对民众身心发展具有直接影响。2021年3月11日,全国绿化委员会办公室发布的《2020年中国国土绿化状况公报》显示,2020年全国开展国家森林城市建设的城市达441个,城市人均公园绿地面积达14.8 m^2。

计算公式：

人均公园绿地面积(m^2/人)＝公园绿地面积/城市人口数量

(4) 人均绿地面积　是测量城市人口获得的开阔绿地面积,它是一个有关生活质量的重要指标。据计算,每个城市居民平均需要10～15 m^2绿地,而工业运输耗氧量大约是人体的3倍。因此,整个城市要保持二氧化碳与氧气的平衡应该使得人均绿地达到60 m^2以上。

计算公式：

人均绿地面积(m^2/人)＝(公园绿地面积＋防护绿地面积＋广场用地中的绿地面积＋附属绿地面积)/人口规模(按常住人口进行统计)

为了加快城市园林绿化建设,建设部开展了创建国家园林城市与生态园林城市活动,各省也相继开展了创建省级园林城市活动。各地各级都颁布了相应的评选标准,对绿化指标提出了具体要求,可作为规划绿量指标分级的参照标准。

[《城市绿地分类标准》(CJJ/T 85—2017)]

1.3.3　城市绿地与城市绿地系统

城市绿地分类是为绿地系统建设和管理服务的。作为城市绿地系统的一个组成部分,各类绿地性质、标准、要求各有不同,每一类绿地的主要功能都应区别于其他绿地类型,并且能够通过简单的统计和计算,反映出城市绿地建设的不同层次和水平。因此,以绿地的主要功能作为城市绿地类型划分的统一依据是比较合适的。

对城市绿地进行科学合理的分类,可以使人们更好地认识和理解城市绿地系统的组成和各种绿地的基本功能、特征以及它们在城市建设中的地位,并通过明确的绿地分类,使城市绿地的规划设计和建设管理工作更趋高效。合理的绿地分类,其基本要求应是能客观地反映出城市绿地功能、投资与管理方式的实际发展,其理想的要求应是能对城市绿地系统的内部结构、城市大环境绿化的发展,起到推动与引导的作用。

由于园林绿地的性质规模和功能是影响规划结构的决定因素,因此在研究一个园林绿地规划结构前,必须了解园林绿地在整个城市园林绿地系统中的地位、功能,明确其性质、规模和服务对象。所以,园林绿地系统规划是保障城市绿地建设有序进行的法规性文件,园林规划设计应该是在绿地系统规划的指导下进行的,是对各类绿地规划的深化和细化。

■ **讨论与思考**

1. 现代园林设计有哪几个方向？其主要内容是什么？
2. 试述城市园林绿地的功能与作用。
3. 城市园林绿地的类型有哪几种？每一类各包括哪些绿地？
4. 《城市绿地分类标准》(CJJ/T 85—2017)提出了哪些绿地统计指标？这些指标如何计算？

2　园林规划设计的内容与步骤

【导读】 园林规划设计的内容是相关园林部门对园林绿地的具体规划安排,合理的设计内容和正确的设计步骤有助于园林绿地的建设发展。园林规划设计涉及的内容广泛、复杂,项目的完成往往需要多专业规划设计人员共同配合。了解规划设计包含的内容与步骤是学生学习的必经阶段,本章从园林规划设计的内容与专业分工、园林规划设计的步骤两个方面加以介绍。

2.1　园林规划设计的内容与专业分工

园林规划设计内容可从两个角度阐述,其相应的规划部门和具体内容均不同。园林规划设计作为一门知识面广、实践性强的学科,需要多专业规划设计人员共同参与,以满足园林绿地建设各方面的要求。

2.1.1　园林规划设计的内容

园林规划从大的方面讲,是指明未来园林绿地发展方向的设想安排,其主要任务是按照国民经济发展需要,提出园林绿地发展的战略目标、发展规模、速度和投资等。这种规划是由各级园林行政部门制定的。由于这种规划是若干年以后园林绿地发展的设想,因此常制订出长期规划、中期规划和近期规划,用以指导园林绿地的建设,这种规划也叫发展规划。如一个城市的园林绿地规划,需要结合城市的总体规划,确定出园林绿地的比例等。另一种是指对某一个园林绿地(包括已建和拟建的园林绿地)所占用的土地进行安排和对园林要素如山水、植物、建筑等进行合理的布局与组合。要建一座公园,也要进行规划,如需要划分哪些景区,各布置在什么地方,要多大面积以及投资和完成的时间等。这种规划是从时间、空间方面对园林绿地进行安排,使之符合生态、社会和经济的要求,同时又能保证园林规划设计各要素之间取得有机联系,以满足园林艺术要求。这种规划是由园林规划设计部门完成的。

通过规划虽然在时空关系上对园林绿地建设进行了安排,但是这种安排还不能给人们提供一个优美的园林环境,为此要求进一步对园林绿地进行设计。所以园林绿地设计就是为了满足一定目的和用途,在规划的原则下,围绕园林地形,利用植物、山水、建筑等园林要素创造出具有独特风格、有生机、有力度、有内涵的园林环境,或者说设计就是对于园林设计要素进行组合,创造出一种新的园林环境。园林绿地设计的内容包括地形设计、建筑设计、园路设计、种植设计及园林小品等方面的设计。

2.1.2　园林规划设计的专业分工

园林规划设计是一个综合性很强的工作,项目的完成往往需要多专业规划设计人员共同配合。

一般说来,从总体规划设计的层面看,完成一个园林规划设计项目除了园林专业外,根据项目的具体情况,还需要项目策划、城市规划、地理、GIS(地理信息系统)、生态、动植物、给排水、供电等多专业人员配合。园林规划设计师的工作重点为:分析建设条件,研究存在问题,确定园林方案的构思与立意,确定园林主要职能和建设规模,控制开发的方式和强度,进行平面布局与交通组织、植物规划等。从扩初设计与施工图设计的层面上看,一个园林设计的项目需要园林、结构、给排水、供电等多个专业的设计人员共同配合才能完成。另外根据不同项目的要求,有些项目还需要增加建筑、道桥、雕塑、设备等其他专业的设计人员。园林规划设计师的工作主要是负责各类园林小品、构筑物、园路铺装、构造节点设计以及植物配置等方面的问题。

园林规划设计涉及各专业的工作内容,各专业的协同工作不可避免地会形成各种具体矛盾。这些矛盾既需要各专业相互了解、相互配合,又需要有人专门负责它们之间的协调统一。由于上述园林规划设计师的工作内容与特点,园林规划设计中的各种矛盾往往集中在园林专业的工作中。所以,一般情况下,这种协调统一工作是由园林规划设计师来主持的。

园林规划设计工作中园林专业的这种特点对园林规

划设计师提出了很高的要求。一个称职的园林规划设计师首先需要关心社会,了解人民的生活与需要,树立为人民服务的观点。其次,在业务方面,不但要掌握本专业的知识技能,同时还应具有较广泛的文化知识和艺术修养。为了与其他专业协作,还要了解一定的其他各个专业的知识,并在这样的基础上不断提高自己分析问题和解决问题的能力,善于解决规划设计工作中的各种错综复杂的矛盾,才能和各专业一起,密切配合、协同工作,优质高效地完成整个规划设计任务。

2.2 园林规划设计的步骤

一般来说,园林规划设计的步骤可以分为规划设计前期、规划设计、后期服务三个阶段。

2.2.1 规划设计前期阶段

1. 接受任务书

一般情况,建设项目的业主(甲方)通过直接委托或招标的方式来确定设计单位(乙方)。乙方在接受委托或招标之后,必须仔细研究甲方制定的规划设计任务书,并与甲方人员尤其是甲方的项目主要负责人多交流、沟通,以争取尽可能地了解甲方的需求与意图。

设计任务书是确定建设任务的初步设想,一般情况下主要包括以下内容:

① 项目的作用和任务、服务半径、使用要求。
② 项目用地的范围、面积、位置、游人容量。
③ 项目用地内拟建的政治、文化、宗教、娱乐、体育活动等大型设施项目的内容。
④ 建筑物的面积、朝向、材料及造型要求。
⑤ 项目用地在布局风格上的特点。
⑥ 项目建设近、远期的投资计划及经费。
⑦ 地貌处理和种植设计要求。
⑧ 项目用地分期实施的程序。
⑨ 完成日程和进度。

2. 收集资料

在进行园林规划设计之前对项目情况进行全面、系统的调查与资料收集,可为园林规划设计者提供细致、可靠的规划设计依据。

1) 项目用地图纸资料

(1) 地形图 根据面积大小,提供1:5 000、1:2 000、1:1 000、1:500等不同比例基地范围内的总平面地形图。一般来说,基地面积大的规划类项目需要大比例的地形图,反之,基地面积小的设计类项目需要小比例地形图。图纸应明确显示以下内容:设计范围(红线范围、坐标数字),基地范围内的地形、标高及现状物(现有建筑物、构筑物、山体、植物、道路、水系,还有水系的进、出口位置、电源等)的位置。现状物中,要求将保留、利用、改造和拆迁等情况分别注明。四周环境情况:与市政交通联系的主要道路名称、宽度、标高点数值以及走向和道路排水方向、周围机关、单位、居住区、村落的名称、范围,以及今后发展状况(图2.1)。

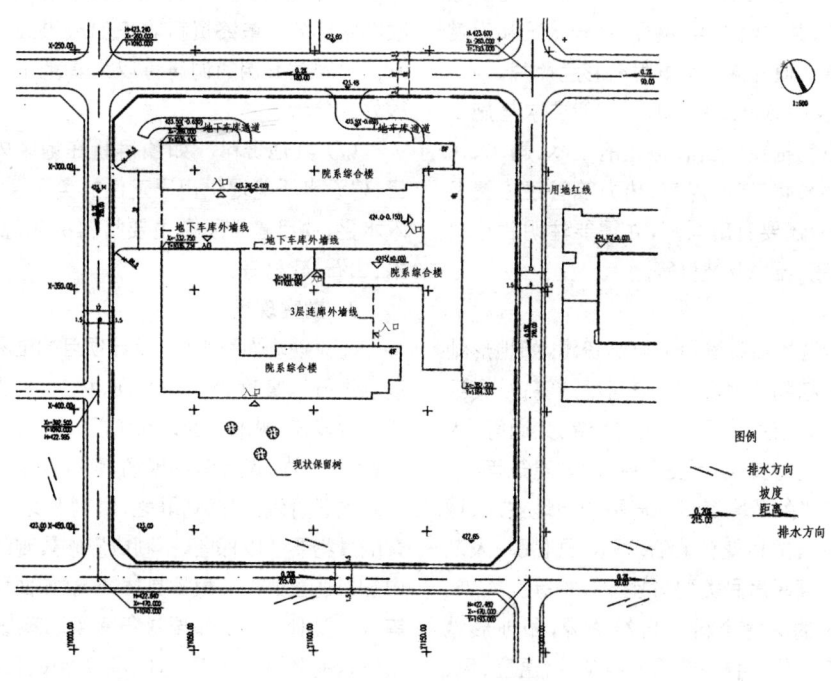

图 2.1 地形图
(中国建筑标准设计研究院,2006)

图 2.2 盐城规划区遥感影像图

(2) 遥感影像地图　遥感影像地图一般按获取渠道的不同分为航空像片和卫星像片。一般情况下，在对基地面积大的项目如森林公园、湿地公园等进行规划设计时必须借助遥感影像地图完成各种现状分析(图 2.2)。

(3) 局部放大图(1∶200)　主要为局部单项设计用。该图纸要满足建筑单体设计及其周围山体、水系、植被、园林小品及园路的详细布局。

(4) 要保留使用的主要建筑物的平、立面图　平面位置应注明室内外标高，立面图要标明建筑物的尺寸、色彩、建筑使用情况等内容。

(5) 树木分布位置现状图(1∶500、1∶200)　主要标明要保留树木的位置，并注明种类、胸径、生长状况和观赏价值等。有较高观赏价值的树木最好附有彩色照片。

(6) 地下管线图(1∶500、1∶200)　一般要求与施工图比例相同。图内应包括要保留和拟建的上水、雨水、污水、化粪池、电信、电力、暖气沟、煤气、热力等管线位置及井位等。除平面图外，还要有剖面图，并需要注明管径的大小、管底或管顶标高、压力及坡度等。

2) 其他资料

(1) 项目所在地区的相关资料　自然资源，如地形地貌、水系、气象、动物、植物种类及生态群落组成等；社会经济条件，如人口、经济、政治、金融、商业、旅游、交通等；人文资源，如历史沿革、地方文化、历史名胜、地方建筑等。

(2) 项目用地周边的环境资料　周围的用地性质、城市景观、建筑形式、建筑的体量色彩、周围交通联系、人流集散方向、市政设施、周围居民类型与社会结构等。

(3) 项目用地内的环境资料　自然资源，如地形地貌、土壤、水位及地下水位、植被分布、日照条件、温度、风、降雨、小气候等；人工条件，如现有建筑、道路交通、市政设施、污染状况等；人文资源，如文物古迹、历史典故等。

(4) 上位规划设计资料　在规划设计前，要收集项目所在区域的上一级规划、城市绿地系统规划等相关资料情况，以了解对项目用地规划设计的控制要求，包括用地性质以及对于用地范围内构筑物高度的限定、绿地率要求等。

(5) 相关的法规资料　园林规划设计中涉及的一些规范是为了保障园林建设的质量水平而制定的，在规划设计中要遵守与项目相关的法律规范。

(6) 同类案例资料　规划设计前，有时需要选择性质相同、内容相近、规模相当、方便实施的同类典型案例进行资料收集。内容包括一般技术性了解(对设计构思、总体布局、平面组织和空间组织的基本了解)和使用管理情况收集两部分。最终资料收集的成果应以图文形式表达出来。对同类案例的调研可以为基地下一步规划设计提供很好的参考。

(7) 其他资料　如项目所在地区内有无其他同类项目；建设者所能提供用于建设的实际经济条件与可行的技术水平；项目建设所需主要材料的来源与施工情况，如苗木、山石、建材等。

3. 勘察现场

无论现场面积大小、设计项目的难易，设计者都必须到现场进行认真勘查。一方面，核对、补充所收集的图纸资料，如：建筑、树木等的现状情况，水文、地质、地形等自然条件；另一方面，设计者到现场，可以根据周围环境条件，进入艺术构思阶段。"俗则屏之，嘉则收之"，发现可利用、可借景的景物要予以保留，不利或影响景观的物体，在规划过程中加以适当处理。根据具体情况(如面积较大，情况较复杂等)，必要时勘查工作要进行多次。现场勘查的同时，要拍摄一定的环境现状照片，以供规划设计时参考。

以上的任务内容繁多。在具体的规划设计中，我们或许只用到其中的一部分工作成果。但是要想获得关键性资料,必须认真细致地对全部内容进行深入系统的调查、分析和整理。

2.2.2 规划设计阶段

1. 方案规划设计

方案设计的要求如下:应满足编制初步设计文件的需要;应能据以编制工程估算;应满足项目审批的需要。方案设计包括设计说明与设计图纸两部分内容。

1)设计说明

(1)现状概述　概述区域环境和设计场地的自然条件、交通条件以及市政公用设施等工程条件;简述工程范围和工程规模、场地地形地貌、水体、道路、现状建构筑物和植物的分布状况等。

(2)现状分析　对项目的区位条件、工程范围、自然环境条件、历史文化条件和交通条件进行分析。

(3)设计依据　列出与设计有关的依据性文件。

(4)设计指导思想和设计原则　概述设计指导思想和设计遵循的各项原则。

(5)总体构思和布局　说明设计理念、设计构思、功能分区和景观分区,概述空间组织和园林特色。

(6)专项设计说明　竖向设计、园路设计与交通分析、绿化设计、园林建筑与小品设计、结构设计、给水排水设计、电气设计。

(7)技术经济指标　计算各类用地的面积,列出用地平衡表和各项技术经济指标。

(8)投资估算　按工程内容进行分类,分别进行估算。

2)设计图纸

(1)区位图　标明用地在城市的位置和周边地区的关系。

(2)用地现状图　标明用地边界、周边道路、现状地形等高线、道路、有保留价值的植物、建筑物和构筑物、水体边缘线等。

(3)现状分析图　对用地现状做出各种分析图纸(图2.3)。

(4)总平面图　标明用地边界、周边道路、出入口位置、设计地形等高线、设计植物、设计园路铺装场地;标明保留的原有园路,植物和各类水体的边缘线、各类建筑物和构筑物、停车场位置及范围;标明用地平衡表、比例尺、指北针、图例及注释(图2.4)。

(5)功能分区图或景观分区图　用地功能或景区的划分及名称(图2.5)。

(6)园路设计与交通分析图　标明各级道路、人流集散广场和停车场布局;分析道路功能与交通组织(图2.6)。

(7)竖向设计图　标明设计地形等高线与原地形等高线;标明主要控制点高程;标明水体的常水位、最高水位与最低水位、水底标高;绘制地形剖面图(图2.7)。

(8)绿化设计图　标明植物分区、各区的主要或特色植物(含乔木、灌木);标明保留或利用的现状植物;标明乔木和灌木的平面布局(图2.8)。

(9)主要景点设计图　包括主要景点的平、立、剖面图及效果图等(图2.9、图2.10)。

(10)其他必要的图纸。

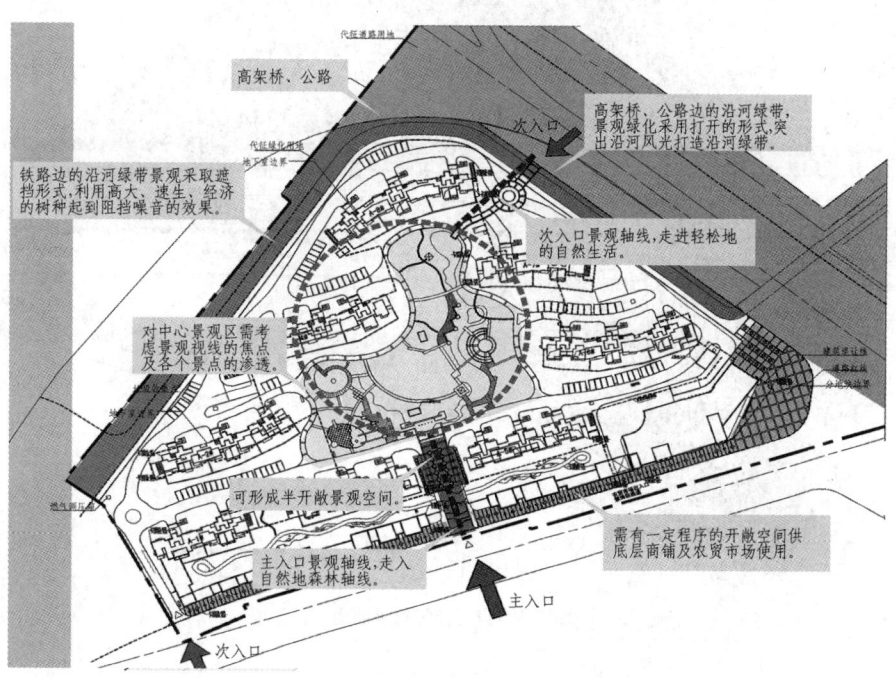

图 2.3　现状分析平面图
图 2.3~图 2.19(汪辉、吕康芝,2014)

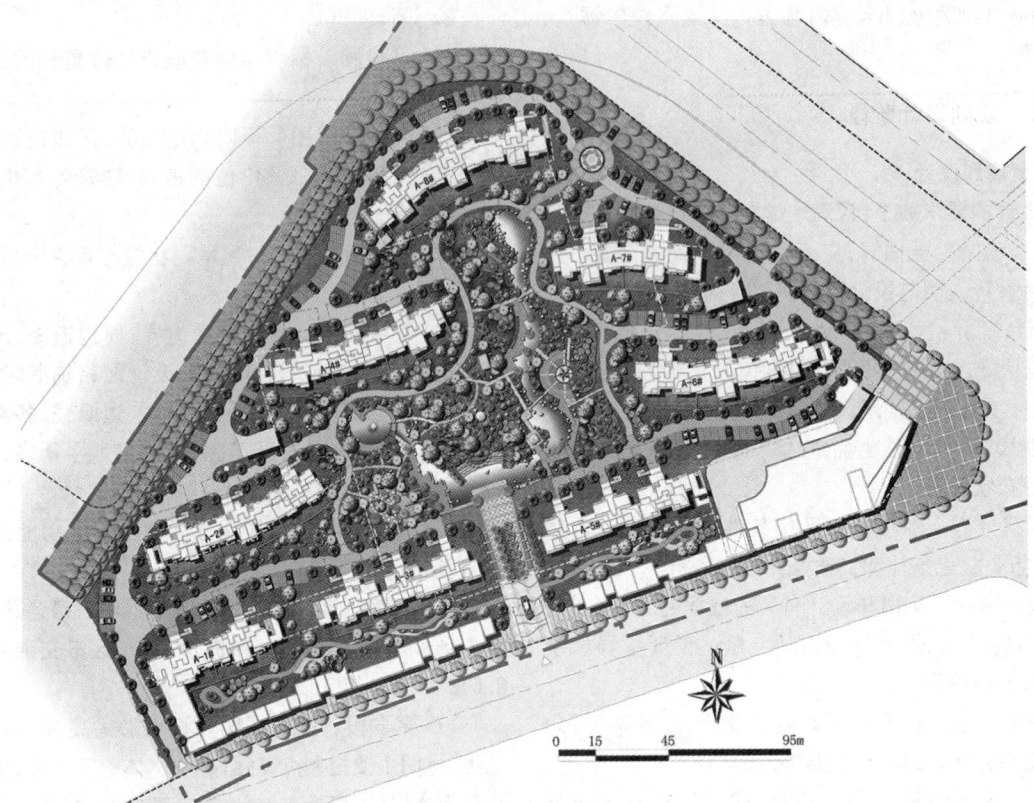

图 2.4 方案总平面图

主入口景观区
中心景观区
次入口景观区
宅间景观区
商业景观区
规二路沿河景带
宁芜铁路防护林带

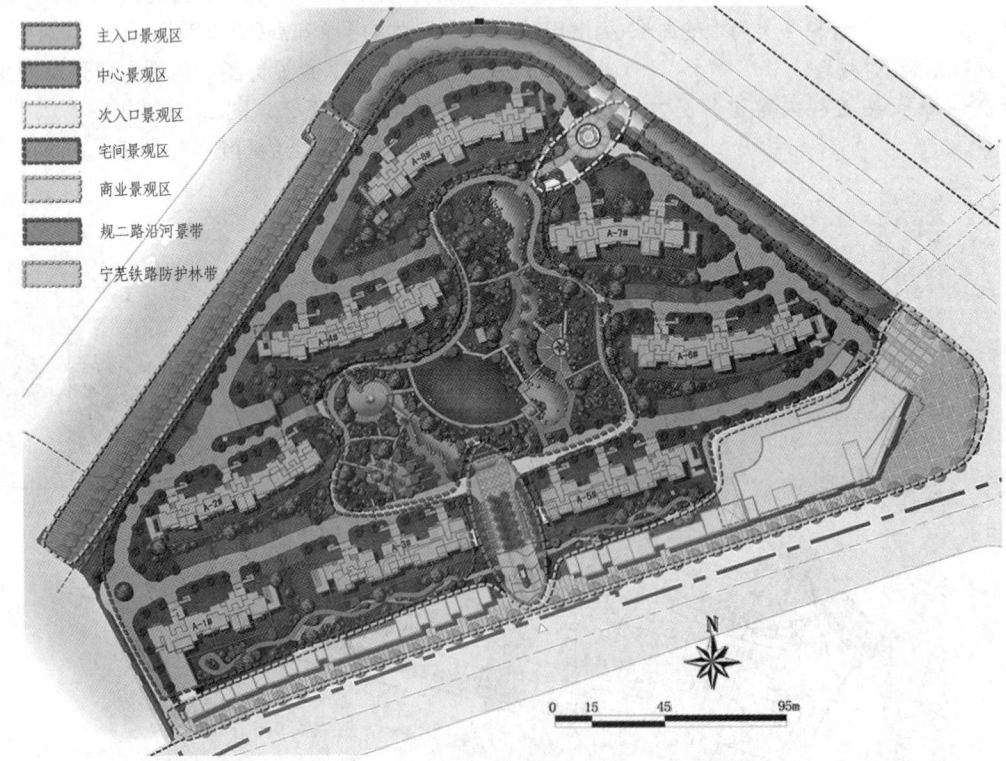

图 2.5 景观分区总平面图

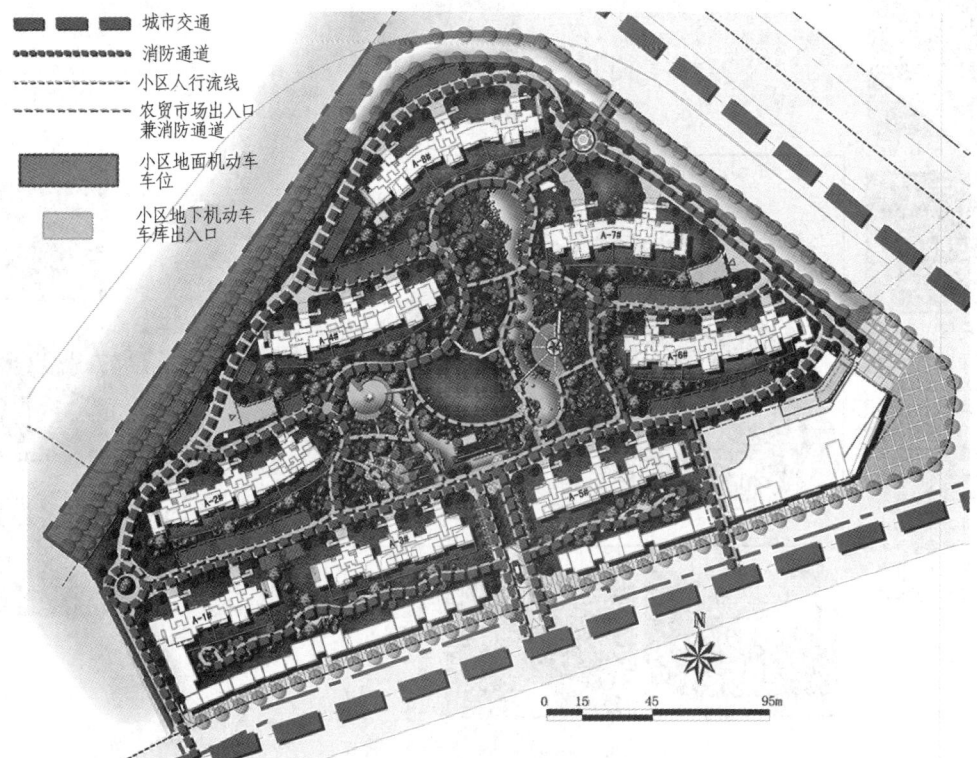

图 2.6 交通分析总平面图

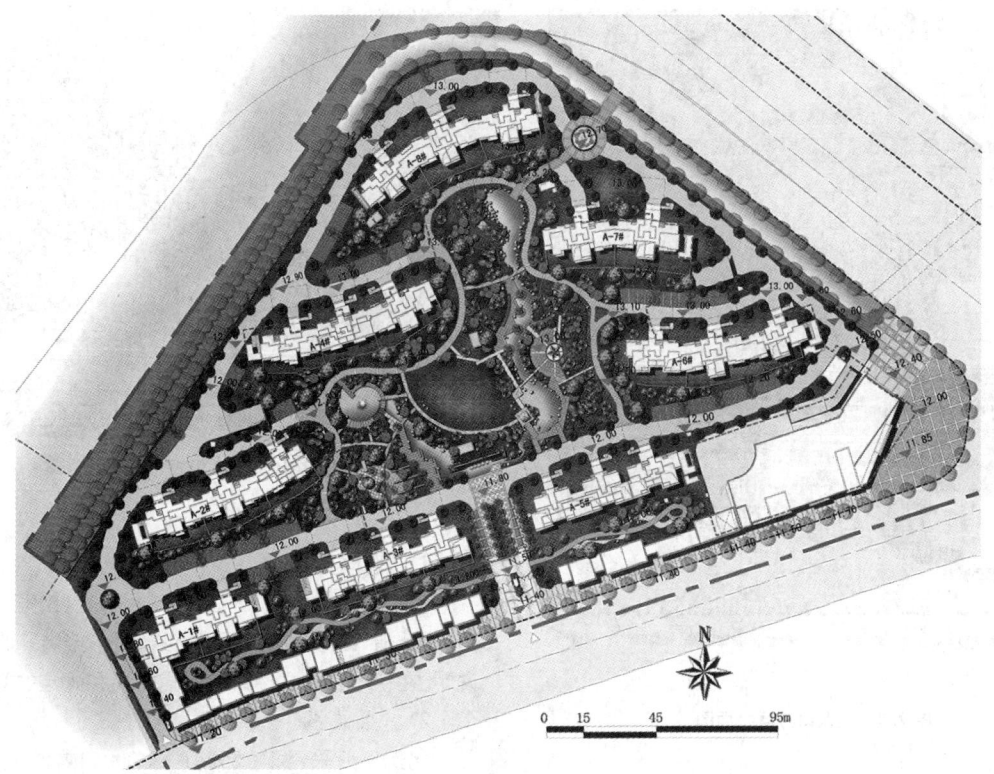

图 2.7 竖向标高总平面图

宁芜铁路防护林带

宅间景观区

宁芜铁路绿化带是设计在小区西北侧的防护密林带，目的是确保小区内部不受铁路沿线噪音的干扰，同时创造丰富的、多层次的、立体式的绿化空间，主要采用杨树、珊瑚树、八角金盘等。

宅间绿地：利用植物围合空间，进行分层设计，形成乔木—灌木—地被的空间模式。各宅间庭院绿地以特色植物形成场地空间强烈的标识，但同时要注意各类植物的花期在时间上的连续性，使各空间各具植物季相特色，而在其他季节亦有欣赏主题。

规二路沿河景带

沿河绿带的环境对人与水的关系起到了极为重要的作用，规二路沿河景观带提供了接触水的机会。同时，此绿带还对规二路交通要道对小区的干扰形成了一定的屏蔽作用，该区水边以垂柳、水杉为主，周围栽植广玉兰、榉树、枫香等，小乔木为樱花、海棠、碧桃、红枫等，池边种千屈菜、花叶芦竹等水生植物。

中心景观区

该区是全社区的亮点，也是设计的中心。结合本身的地位优势和业态特点，将之塑造成一块清新自然的绿色休闲空间，在植物栽培设计上，采用江南传统的优秀基调树种和观花树种，充分发挥不同植物的造景特长以满足设计师对色彩和肌理变化的追求，注意速生、慢生树种的搭配，常绿、色叶、绿叶的搭配，如：香樟、栾树、枫香、垂柳、碧桃等。

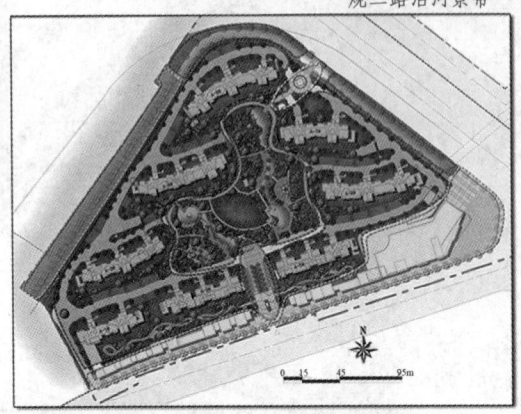

主入口区

主入口区为凸显气势磅礴，花坛内的植物采用高大乔木，如棕榈科高大植物，或者香樟等。

中心景观区

图2.8 植物配置意向图

图2.9 主入口方案平面图

图2.10 主入口特色跌水效果图

2. 初步设计

初步设计的要求如下：应满足编制施工图设计文件的需要；应满足各专业设计的平衡与协调；应能据以编制工程概算；提供申报有关部门审批的必要文件。设计文件内容包括：

1) 设计总说明

包括设计依据、设计规范、工程概况、工程特征、设计范围、设计指导思想、设计原则、设计构思或特点、各专业设计说明、在初步设计文件审批时需解决和确定的问题等内容。

2) 总平面图

比例一般采用1：500，1：1 000。内容包括基地周围环境情况、工程坐标网、用地范围线的位置、地形设计的大致状况和坡向、保留与新建的建筑和小品位置、道路与水体的位置、绿化种植的区域、必要的控制尺寸和控制高程等（图2.11）。

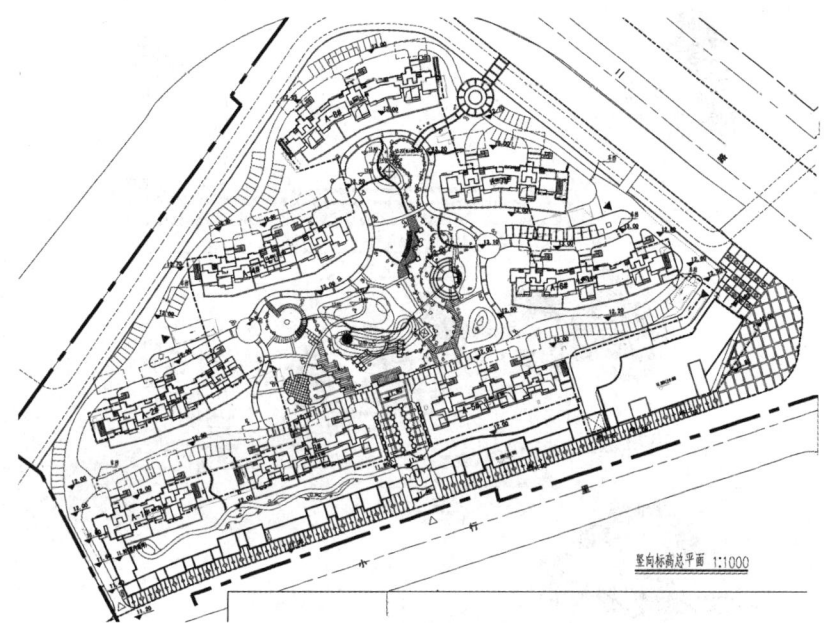

图 2.11 扩初总平面图

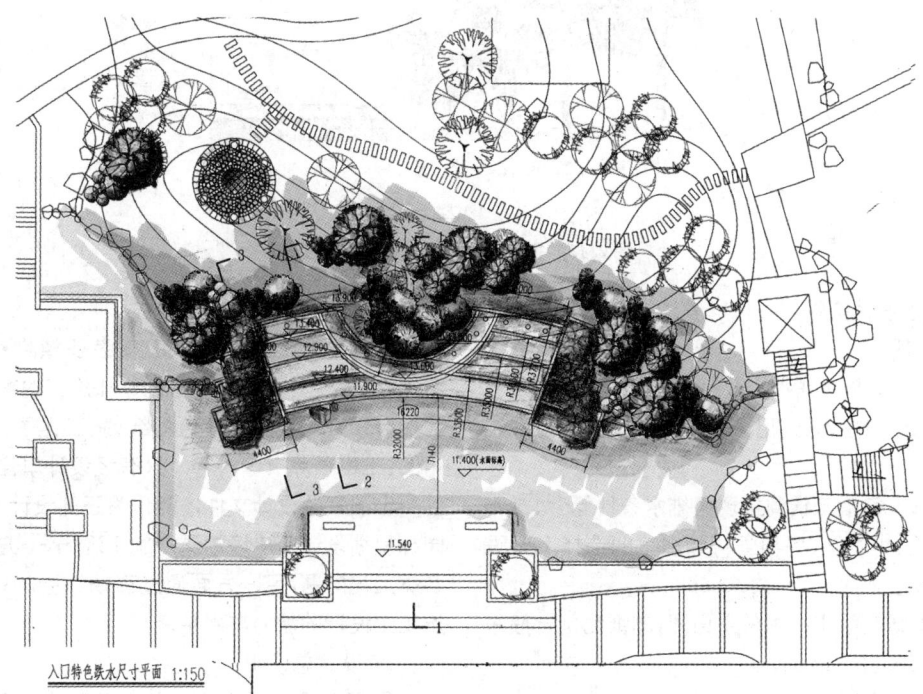

图 2.12 主入口特色跌水扩初平面图

3) 道路、地坪、景观小品及园林建筑设计图

比例一般采用 1∶50、1∶100、1∶200。内容包括：

a. 道路、广场应有总平面布置图，图中应标注出道路等级、排水坡度等要求；b. 道路、广场主要铺面要求和广场、道路断面图；c. 景观小品及园林建筑的主要平面、立面、剖面、断面图等（图 2.12、图 2.13）。

4) 种植设计图

内容包括：

(1) 种植平面图，比例一般采用 1∶200、1∶500，图中标出应保留的树木及新栽的植物。

(2) 主要植物材料表，表中分类列出主要植物的规格、数量，其深度需满足概算需要。

(3) 其他图纸，根据设计需要可绘制整体或局部种植立面图、剖面图和效果图。

5) 结构设计文件

(1) 设计说明书，包括设计依据和设计内容的说明。

(2) 设计图纸，比例一般采用 1∶50、1∶100、1∶200，包括结构平面布置图、结构剖面等。

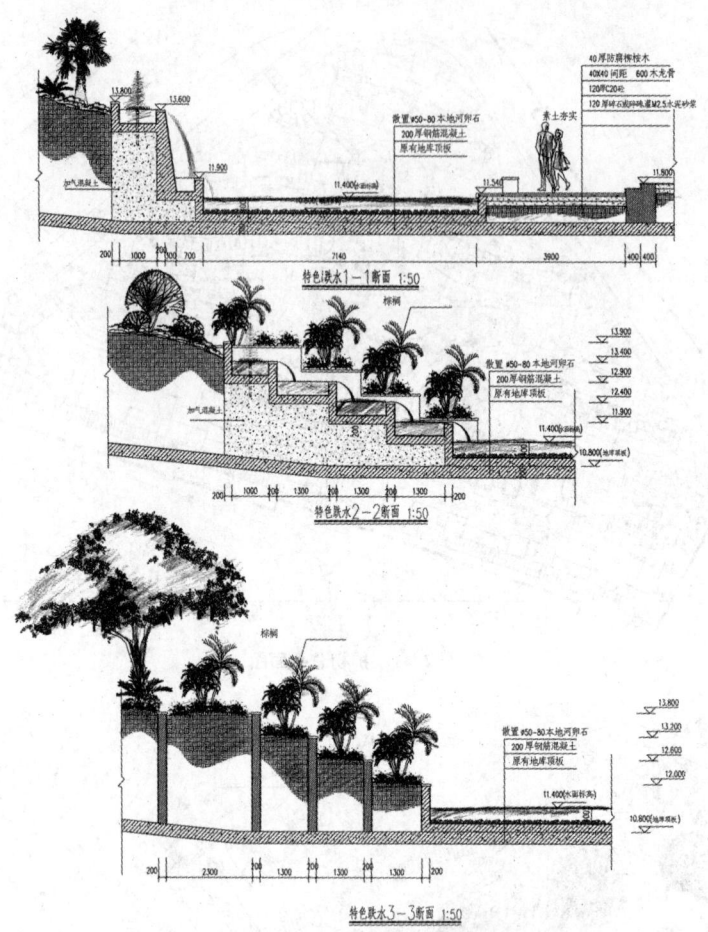

图 2.13 主入口特色跌水扩初断面图

6) 给水排水设计文件
(1) 设计说明
① 设计依据、范围的说明。
② 给水设计,包括水源、用水量、给水系统、浇灌系统等方面说明。
③ 排水设计,包括工程周边现有排水条件简介、排水制度和排水出路、排水量、各种管材和接口的选择及敷设方式等方面说明。
(2) 设计图纸 给水排水总平面图,图纸比例一般采用:1:300、1:500、1:1 000。
(3) 主要设备表
7) 电气设计文件
(1) 设计说明书 包括设计依据、设计范围、供配电系统、照明系统、防雷及接地保护、弱电系统等方面的说明。
(2) 设计图纸 包括电气总平面图、配电系统图等内容。
(3) 主要设备表
8) 设计概算文件
由封面、扉页、概算编制说明、总概算书及各单项工程概算书等组成,可单列成册。

3. 施工图设计

施工图设计应满足施工、安装及植物种植需要;满足施工材料采购、非标准设备制作和施工的需要。设计文件包括目录、设计说明、设计图纸、施工详图、套用图纸和通用图、工程预算书等内容。只有经设计单位审核和加盖施工图出图章的设计文件才能作为正式设计文件交付使用。园林规划设计师应经常深入施工现场,一方面解决现场的各类工程问题,另一方面通过现场经验的积累,提高自己施工图设计的能力与水平。

1) 设计总说明
① 设计应依据政府主管部门批准文件和技术要求、建设单位设计任务书和技术资料及其他相关资料。
② 应遵循国家现行的主要规范、规程、规定和技术标准。
③ 简述工程规模和设计范围。
④ 阐述工程概况和工程特征。
⑤ 各专业设计说明,可单列专业篇。

2) 总平面图
比例一般采用 1:300、1:500、1:1 000。包括各定位总平面、索引总平面、竖向总平面、道路铺装总平面等内容(图 2.14、图 2.15)。

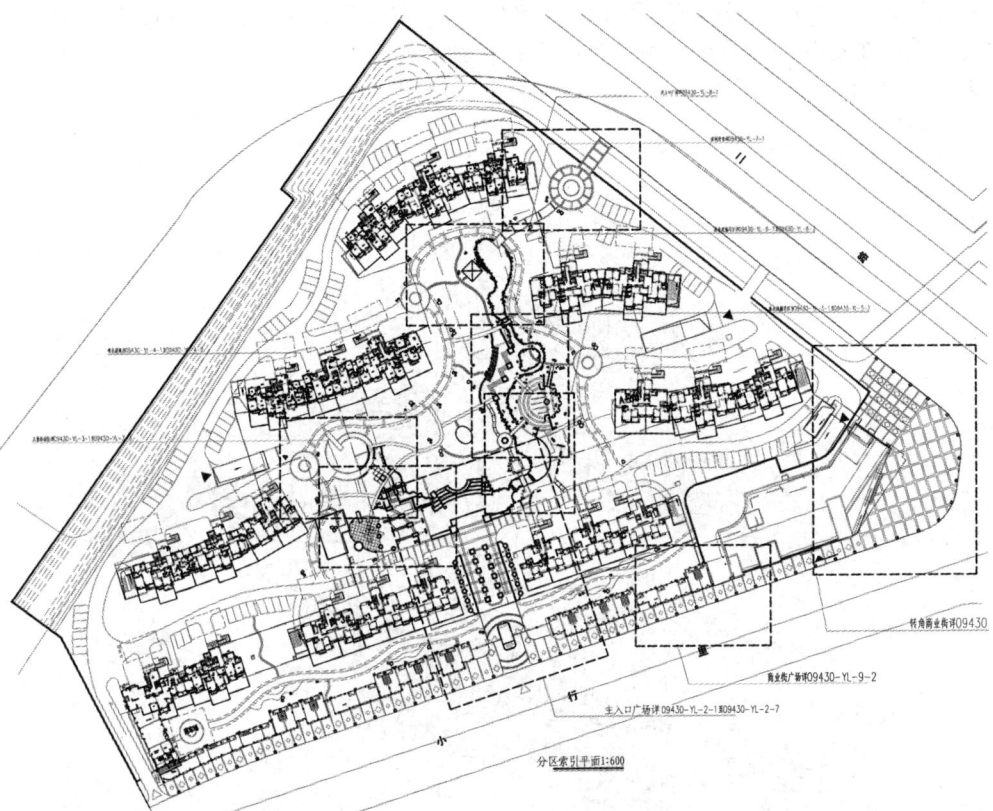

图 2.14　分区索引平面图

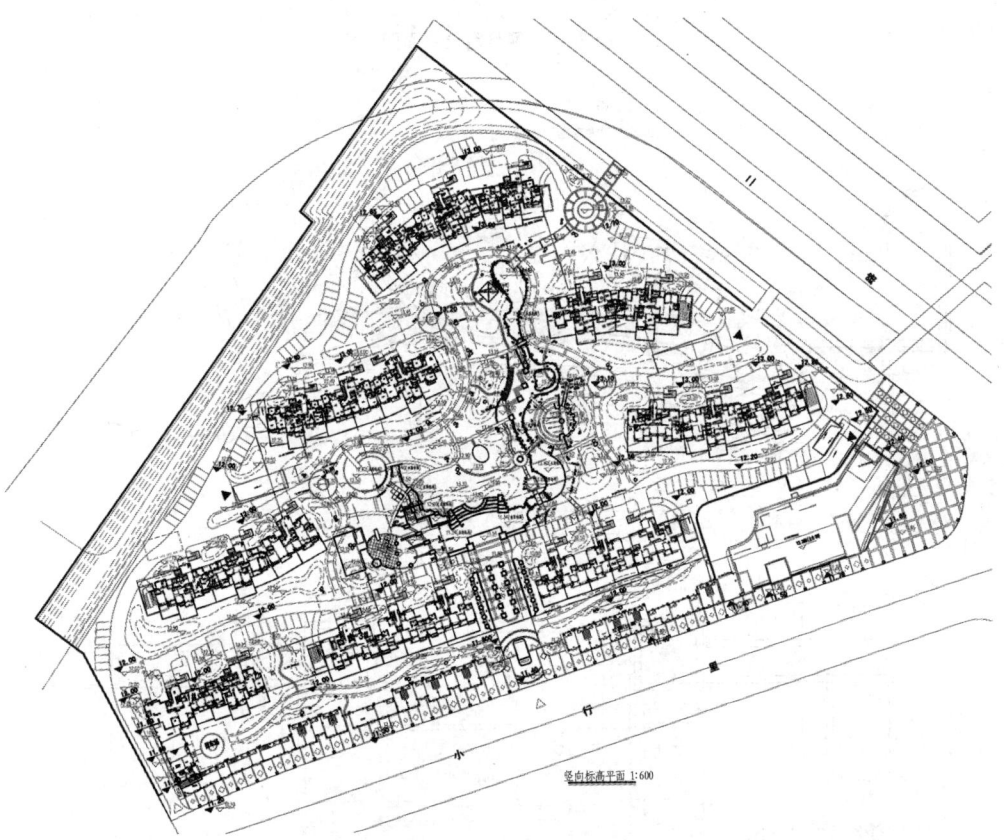

图 2.15　竖向标高平面图

（1）定位总平面　可以采用坐标标注、尺寸标注、坐标网格等方法对建筑、景观小品、道路铺装、水体等各项工程进行平面定位(图2.16)。

（2）索引总平面　对各项工程的内容进行图纸及分区索引(图2.17、图2.18)。

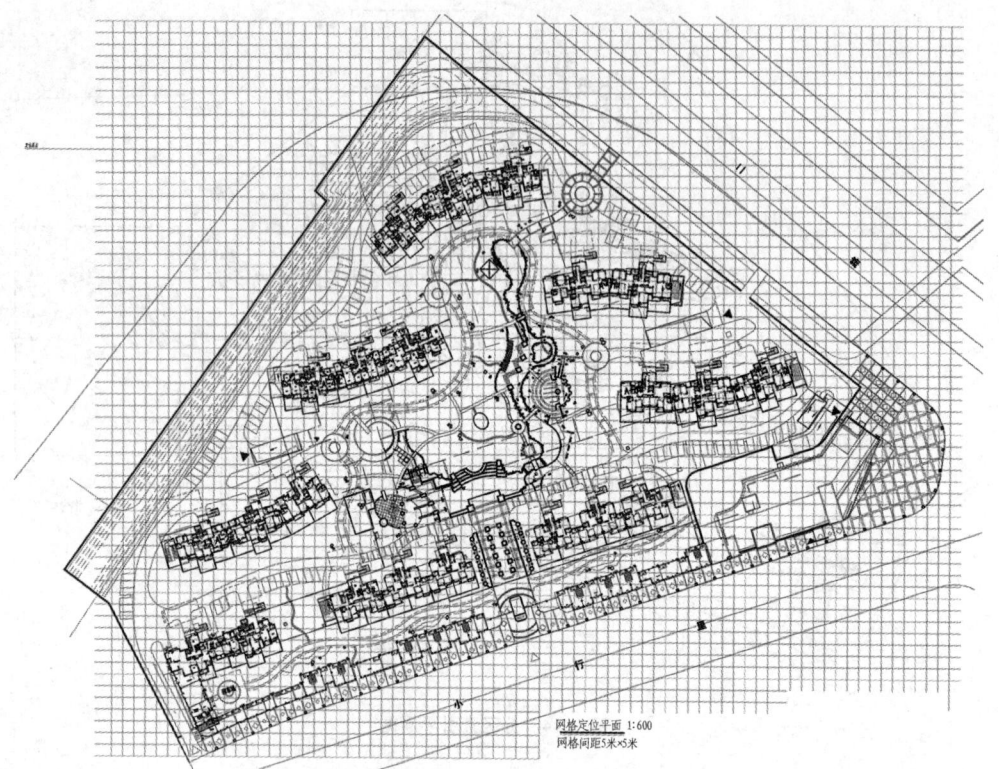

图2.16　网格定位平面图

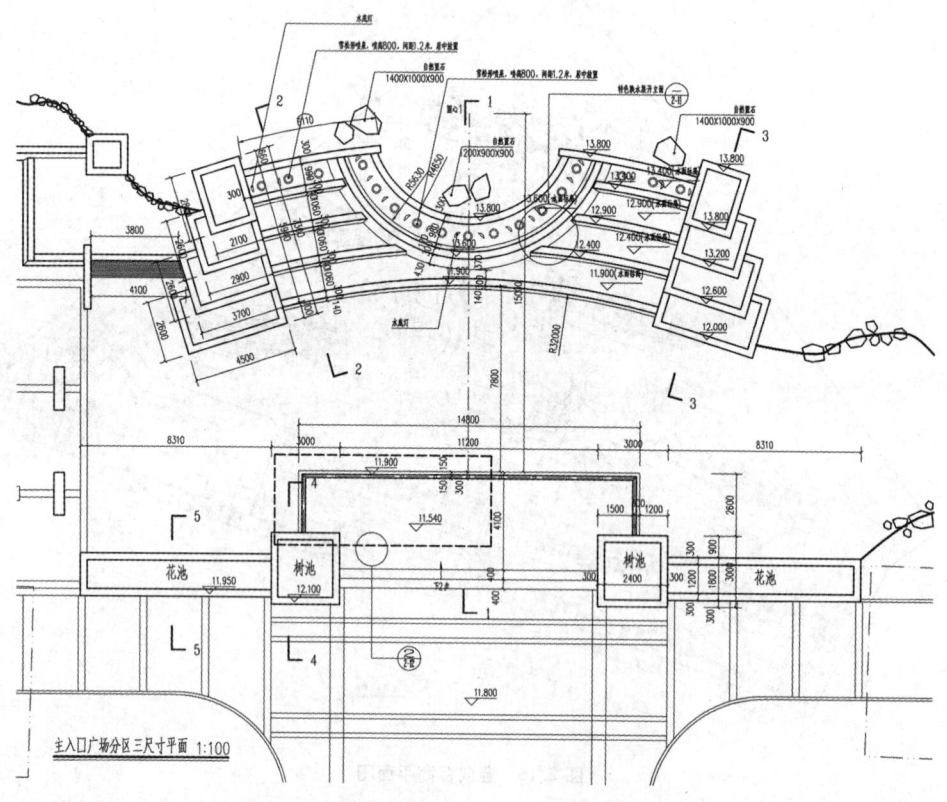

图2.17　主入口广场分区三尺寸平面图

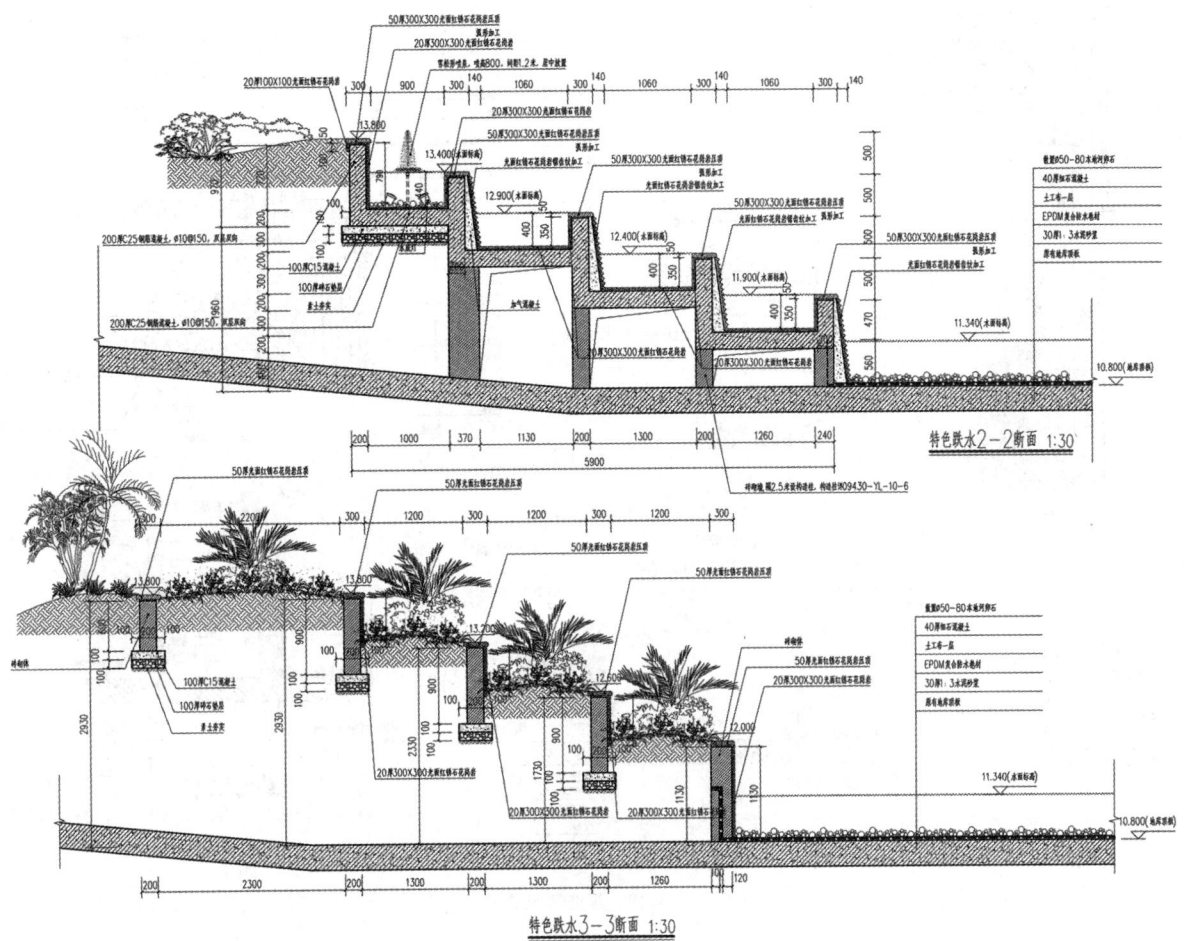

图 2.18 特色跌水断面图

(3) 竖向总平面 内容包括:标明人工地形(包括山体和水体)的等高线或等深线(或用标高点进行设计);标明基地内各项工程平面位置的详细标高,如建筑物、园路、广场等标高,并要标明其排水方向;标明水体的常水位、最高水位与最低水位、水底标高;标明进行土方工程施工地段内的原标高,计算出挖方和填方的工程量与土石方平衡表等。

(4) 道路铺装总平面 标明道路的等级、道路铺装材料及铺装样式等。

(5) 根据工程不同具体情况的其他相关内容总平面工程简单时,上述图纸可以合并绘制。

3) 道路、地坪、景观小品及建筑设计

道路、地坪、景观小品及建筑设计应逐项分列,宜以单项为单位,分别组成设计文件。设计文件的内容应包括施工图设计说明和设计图纸。施工图设计说明的内容包括设计依据、设计要求、引用的通用图集及对施工的要求。施工图设计说明可注于图上。单项施工图纸的比例要求不限,以表达清晰为主。施工详图的常用比例 1:10、1:20、1:50、1:100。单项施工图设计应包括平、立、剖面图等。标注尺寸和材料应满足施工选材和施工工艺要求。单项施工图详图设计应有放大平面、剖面图和节点大样图,标注的尺寸、材料应满足施工需求。标准段节点和通用图应诠释应用范围并加以索引标注(图 2.19)。

4) 种植设计

种植设计图应包括设计说明、设计图纸和植物材料表。

(1) 设计说明 阐明种植设计的原则、景观和生态要求;对栽植土壤的规定和建议;规定树木与建筑物、构筑物、管线之间的间距要求;对树穴、种植土、介质土、树木支撑等作必要的要求;应对植物材料提出设计要求。

(2) 设计图纸 种植设计平面图比例一般采用1:200、1:300、1:500;设计坐标应与总图的坐标网一致。

① 应标出场地范围内拟保留的植物,如属于古树名木应单独标出。

② 应分别标出不同植物类别、位置、范围。

③ 应标出图中每种植物的名称和数量,一般乔木用株数表示,灌木、竹类、地被、草坪用每平方米的数量(株)表示。

④ 种植设计图,根据设计需要分别绘制上木图和下木图。

⑤ 选用的树木图例应简明易懂,不同树种甚至同一树种应采用相同的图例;同一植物规格不同时,应按比例绘制,并有相应表示。

⑥ 重点景区宜另出设计详图(图 2.20)。

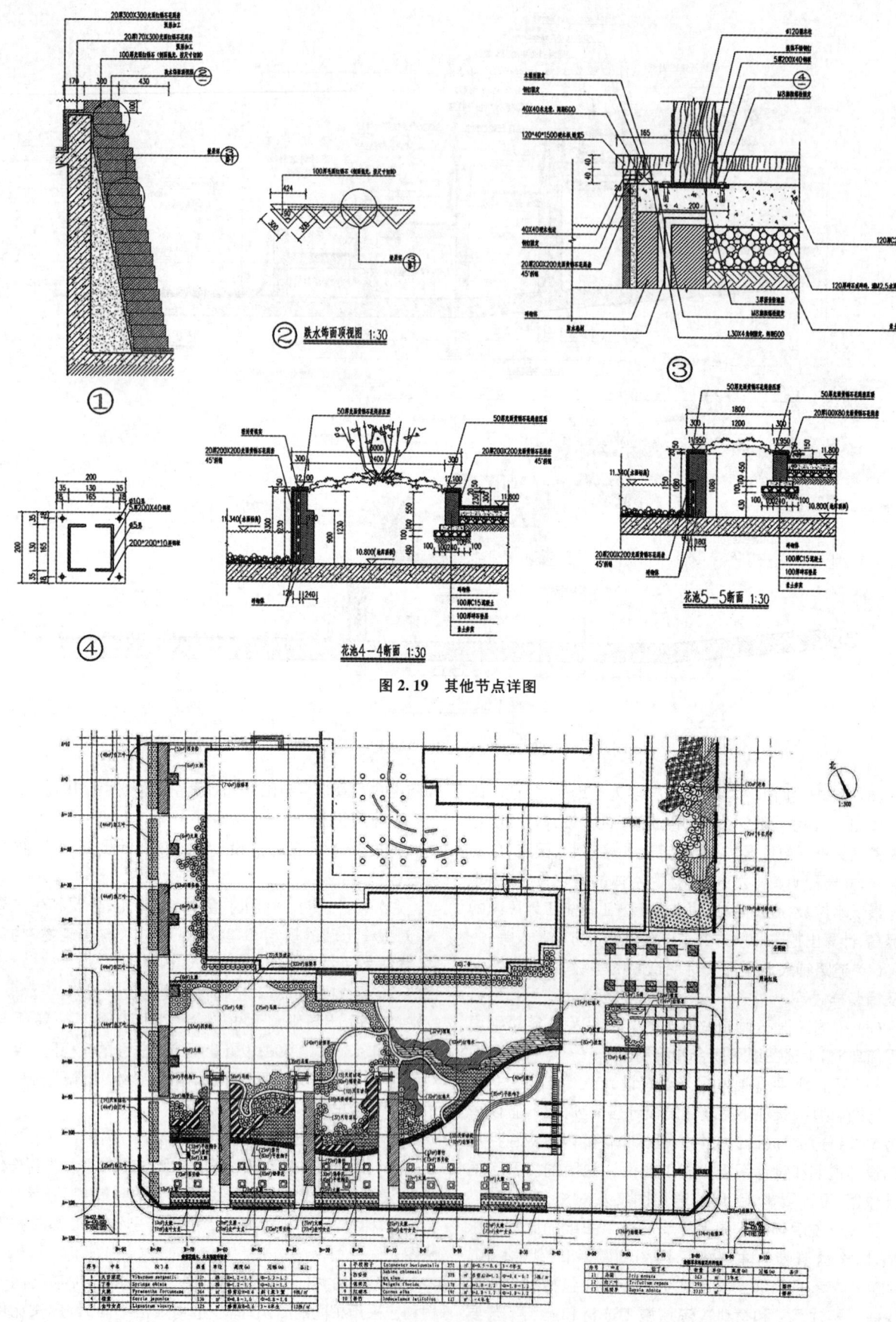

图 2.19　其他节点详图

图 2.20　植物种植图
（中国建筑标准设计研究院，2006）

(3) 植物材料表　植物材料表可与种植平面图合一，也可单列。

① 列出乔木的名称、规格（胸径、高度、冠径、地径）、数量（宜采用株数或种植密度）。

② 列出灌木、竹类、地被、草坪等的名称、规格（高度、蓬径），其深度需满足施工的需要。

③ 对有特殊要求的植物应在备注栏加以说明。

④ 必要时，标注植物拉丁文学名。

5) 结构

结构专业设计文件应包含计算书（内部归档）、设计说明、设计图纸。

(1) 计算书（内部技术存档文件）　一般有计算机程序计算与手算两种方式。

(2) 设计说明

① 主要标准和法规，相应的工程地质详细勘察报告及其主要内容。

② 采用的设计荷载、结构抗震要求。

③ 不良地基的处理措施。

④ 说明所选用结构用材的品种、规格、型号、强度等级、钢筋种类与类别、钢筋保护层厚度、焊条规格型号等。

⑤ 地形的堆筑要求和人工河岸的稳定措施。

⑥ 采用的标准构件图集，如特殊构件需作结构性能检验，应说明检验的方法与要求。

⑦ 施工中应遵循的施工规范和注意事项。

(3) 设计图纸　包括基础平面图、结构平面图、构件详图等内容。

6) 给水排水

给水排水设计文件应包括设计说明、设计图纸、主要设备表。

(1) 设计说明

① 设计依据简述。

② 给排水系统概况，主要的技术指标。

③ 各种管材的选择及其敷设方式。

④ 凡不能用图示表达的施工要求，均应以设计说明表述。

⑤ 图例。

(2) 设计图纸

① 给水排水总平面图。

② 水泵房平、剖面图或系统图。

③ 水池配管及详图。

④ 凡由供应商提供的设备如水景、水处理设备等应由供应商提供设备施工安装图，设计单位加以确定。

(3) 主要设备表　分别列出主要设备、器具、仪表及管道附件配件的名称、型号、规格（参数）、数量、材质等。

7) 电气

包括设计说明、设计图纸、主要设备材料表。

(1) 设计说明

① 设计依据。

② 各系统的施工要求和注意事项（包括布线和设备安装等）。

③ 设备订货要求。

④ 图例。

(2) 设计图纸

① 干线总平面图（仅大型工程出此图）。

② 电气照明总平面图，包括照明配电箱及各类灯具的位置、各类灯具的控制方式及地点、特殊灯具和配电（控制）箱的安装详图等内容。

③ 配电系统图（用单线图绘制）。

④ 主要设备材料表　应包括高低压开关柜、配电箱、电缆及桥架、灯具、插座、开关等，应标明型号规格、数量，简单的材料如导线、保护管等可不列。

8) 预算

预算文件组成内容应包含封面、扉页、预算编制说明、总预算书（或综合预算书）、单位工程预算书等，应单列成册。封面应有项目名称、编制单位、编制日期等内容。扉页有项目名称、编制单位、项目负责人和主要编制人及校对人员的署名，加盖编制人注册章。

2.2.3　后期服务阶段

后期服务是园林规划设计工作内容极其重要的环节。首先，园林规划设计师应为甲方做好服务工作，协调相关矛盾，与施工单位、监理单位共同完成工程项目。其次，一些园林规划设计的成果如地形、假山、种植的设计，在施工过程中可变性极强，只有设计师经常深入现场不断把控，才能保证项目的建成效果，充分地体现设计意图。最后，由于图纸与现实总有实际的偏差，有时设计师在施工现场中需要对原设计进行合理的调整，才能达到更好的建成效果。

1. 施工前期服务

施工前需要对施工图进行交底。甲方拿到施工设计图纸后，会联系监理方、施工方对施工图进行看图和读图。看图属于总体上的把握，读图属于对具体设计节点、详图的理解。之后，由甲方牵头，组织设计方、监理方、施工方进行施工图设计交底会。在交底会上，甲方、监理、施工各方提出看图后所发现的各专业方面的问题，各专业设计人员将对口进行答疑。一般情况下，甲方的问题多涉及总体上的协调、衔接；监理方、施工方的问题常提及设计节点、大样的具体实施，双方侧重点不同。由于上述三方是有备而来，并且有些问题往往是施工中的关键节点，因而设计方在交底会前要充分准备，会上要尽量结合设计图纸当场答复，现场不能回答的，回去考虑后尽快做出答复。另外，施工前设计师还要对硬质工程材料样品以及对绿化工程中备选植物进行确认。

2. 施工期间服务

施工期间,设计师应定期与不定期地深入施工现场,解决施工单位提出的问题。能解决的,现场解决;无法解决的,要根据施工进度需要,协调各设计专业尽快出设计变更图解决。同时,也应进行工地现场监督,以确保工程按图施工。参加施工期间的阶段性工程验收,如基槽、隐蔽工程的验收。

3. 施工后期服务

施工结束后,设计师还需要参加工程竣工验收,以签发竣工证明书。另外,有时在工程维护阶段,甲方要求设计师到现场勘察,并提供相应的报告叙述维护期的缺点及问题。

■ 讨论与思考

1. 园林规划设计的主要内容有哪些?涉及哪些专业分工?
2. 园林规划设计步骤分为哪几个阶段?各阶段的具体内容是什么?

3 园林规划设计的方法

【导读】 在对园林景观进行规划设计时,要按照设计要求,在完成基地调查和分析的基础上,确定立意与用地规划,根据园林构成要素,遵循园林设计相关法规及标准设计要求进行具体规划,这对于初学者是十分重要的。因此,本章节从园林规划设计的原则、基地调查与分析、场地构思与规划、园林构成要素设计、快速设计的特点与方法、园林规划设计相关法规,六个方面介绍园林规划设计的流程与要求。

3.1 园林规划设计的原则

3.1.1 相地合宜原则

要结合不同场地的自然条件与周边的文化特性,将原有景观要素加以利用,并使它们发挥新的实用与审美功能,因地制宜地进行创新设计,避免雷同单一。

3.1.2 以人为本原则

人本主义心理学的奠基人马斯洛认为,科学必须把注意力投射到"对理想的、真正的人,对完美的或永恒的人的关心上来"。因此,所谓人性化的空间,就是能满足人们对舒适、亲切、轻松、愉悦、安全、自由和充满活力等的体验和感觉的空间。创造人性化的空间包含两方面内容:一是设计者利用设计要素构筑空间的过程;二是涉及人的维度,是设计者在构筑空间的同时赋予空间的意义,进而满足人不同需要的过程。园林绿地的规划设计应以人为本,为人们提供休憩的空间,满足不同使用者的基本需求,关照普通人的空间体验,摈弃纪念性、非人性化的展示与追求。

3.1.3 生态原则

充分发挥园林绿地天然氧吧、空调器、隔音板的作用,在设计中顺应自然,坚持以乡土植物为主,有效地利用植物的生物学特性,使其在净化空气、调节气候、减少噪音、保持水土等方面发挥作用,不断改善生态条件。

3.1.4 美学原则

园林绿地景观空间往往是由多个要素组成的综合体,其景观空间的构成要素包括地形、植物、地面铺装、构筑物、小品等,这些构成要素之间有着色彩、造型、质感等错综复杂的组合关系。为了妥善处理这些关系,使景观为大众普遍接受,设计人员就要遵循一定的形式、规律对它们进行构思、设计并进而实施、建造。绿地景观设计要融入现代艺术,与现代科学、现代环境艺术、装饰艺术、多媒体艺术等相结合,使绿地表现出鲜明的时代性和艺术性,创造出具有合理的使用功能、良好的经济效益且有品位的高质量绿化景观。

3.2 基地的调查和分析

园林拟建地又称为基地,它是由自然力和人类活动共同作用所形成的复杂空间实体,它与外部环境有着密切的联系。在进行园林设计之前应对基地进行全面、系统的调查和分析,为设计提供细致、可靠的依据。

对绿地现状的考察是我们进行规划设计时不可缺少的,对规划设计前现状的考察与分析,主要包括以下两方面内容:

① 基地自身的条件,如地形、原有植被、遗址、遗迹等可利用的造景条件。
② 基地与周围建筑、道路、环境的关系。

3.2.1 基地现状调查的内容

基地现状调查包括收集与基地有关的技术资料和进行实地踏勘、测量两部分工作。有些技术资料可从有关部门查询得到,如基地所在地区的气象资料、基地地形及现状图、管线资料、城市规划资料等。对查询不到但又是设计所必需的资料,可通过实地调查、勘测得到,如基地及环境的视觉质量、基地小气候条件等。若现有资料精度不够或不完整或与现状有出入则应重新勘测或补测。

基地现状调查的内容有:
(1) 基地自然条件 地形、水体、土壤、植被。
(2) 气象资料 日照条件、温度、风、降雨、小气候。
(3) 人工设施 建筑及构筑物、道路和广场、各种管线。

(4) 视觉质量　基地现状景观、环境景观、视线范围。

(5) 基地范围及环境因子　物质环境、知觉环境。

现状调查并不需要将所有的内容一个不漏地调查清楚，而是应根据基地的规模、内外环境和使用目的分清主次，主要的应深入详尽地调查，次要的可简要地了解。

3.2.2　基地分析

调查是手段，分析才是目的。基地分析是在客观调查和主观评价的基础上，对基地及其环境的各种因素作出综合性的分析与评价，使基地的潜力得到充分发挥。基地分析在整个设计过程中占有很重要的地位，深入细致地进行基地分析有助于用地的规划和各项内容的详细设计，并且在分析过程中产生的一些设想也很有利用价值。

基地分析包括在地形资料的基础上进行坡级分析、排水类型分析；在土壤资料的基础上进行土壤承载分析；在气象资料的基础上进行日照分析、小气候分析等。

3.3　立意构思与用地规划

园林规划设计涉及面广、综合性强，既要考虑科学性，又要不失艺术性，处理好这些关系需要有一定的学识，这对初学者来说有一定难度，但是，园林设计还是有一些方法可循的。

3.3.1　立意构思

在一项设计中，方案构思与定位往往具有举足轻重的地位，方案构思与定位的优劣往往对整个设计的成败有着极大的影响，特别是对一些内容复杂、规模庞大的园林设计项目。构思与定位是园林规划设计中最核心的工作，是整个规划设计的灵魂所在。好的设计在构思立意方面多有独到和巧妙之处。结合画理创造意境，对讲究诗情画意的我国古典园林来说，是一种较为常用的创作手法。直接从大自然中汲取养分，获得设计素材和灵感也是提高方案构思能力、创造新的园林境界的方法之一。除此之外，还应善于发掘与设计有关的题材或素材，并用联想、类比、隐喻等手法加以艺术的表现。

构思与定位和任务书以及基地现状的分析紧密相关，有时构思的灵感也是在这一分析过程中产生的。一般来说，基地的现状、当地的历史文化、项目本身的特点和项目特殊的要求等因素都可能是构思与定位产生的主要来源。当然，在构思的过程中，与公园的使用者及设计伙伴的交流也可能产生灵感的火花。

3.3.2　园林用地规划

每个园林用地都有特定的使用目的和基地条件，使用目的决定了用地包括的内容。这些内容有各自的特点和不同的要求，因此需要结合基地条件，合理地进行安排和布置。一方面为具有特定要求的内容安排相适应的基地位置，另一方面为某种基地布置恰当内容，尽可能减少矛盾、避免冲突。既要考虑到科学性，又要讲究艺术效果，同时还要符合人们的行为习惯。

园林用地规划主要考虑下列几方面的内容。

① 找出各使用区之间理想的功能关系。

② 在基地调查和分析的基础上合理利用基地现状条件。

③ 精心安排和组织空间序列。

3.4　园林构成要素设计

对传统园林的构成要素，有不同的分类方法。如按构成要素的自然形态划分，分有山、水、建筑、植物、铺地等，构园要素还可以分为自然要素和人工要素两大类。各要素在园林组织中所起的作用是不同的，在园林空间的组织中，山、水、建筑、植物是形成园林空间的主要形态要素。

1. 石景

山石造景在我国造园史上有着很重要的地位，主要指以假山为代表的一种造景方式。广义的假山实际上包括假山和置石两部分。假山造景是以游览为主要目的，充分结合其他多方面的功能作用，以土、石等为材料、以自然山水为蓝本加以艺术的提炼，人工再造的山水景物；置石则是以山石为材料作独立性或附属性的造景布置，主要表现山石的个体美或局部的组合，而不具备完整的山形。

园林中饰景石材种类较多，较常见的有：太湖石、黄石、英石、石笋、房山石、青石、黄蜡石、石蛋等(图3.1)。

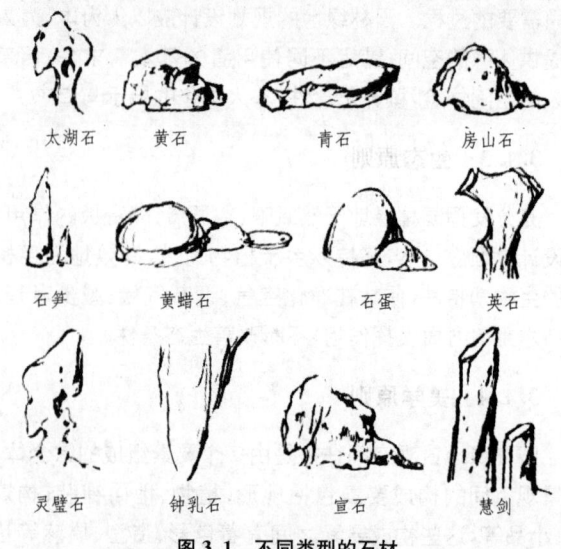

图 3.1　不同类型的石材
(赵兵，2003)

图 3.2 孤赏石夜景效果

图 3.4 古典园林中的宅基石

图 3.5 水池中的假山

山石因其应用方式之别又可分为几类：

（1）孤赏石 形态极其独特优美的一块石头，单独摆放，直接安放在地面上或放在一个底座上。其摆放的位置可在入口处或庭院内一角，作为一件天然艺术品欣赏（图3.2）。

（2）露头石 在平地或坡地散点或成组摆放，半掩半露，给人以自然形成之感（图3.3）。

（3）宅基石 围绕建筑物砌筑的山石，起烘托建筑之用，使建筑好似坐落在石台上（图3.4）。

（4）假山 水池中叠起一座假山，池边也用山石围砌，给人以自然山水的感觉（图3.5）。峰石是独自成型的叠石假山，有峰有谷有沟壑（图3.6）。

（5）笋石、剑石小品 还可以三五块一组挺拔的笋石或剑石小品适当摆放在建筑一隅、走廊拐角、漏窗后面等，再与绿竹搭配，成为雅致一景（图3.7）。

（6）溪流石景 泉溪驳岸用大小不一的砌石则会前后、高低错落，形成曲折变幻的水系。与小径相交处可作汀步处理（图3.8）。

图 3.3 露头石的造景效果

图 3.6 峰石造景

图 3.7　竹石造景天井空间

图 3.9　水景示例一

图 3.9~3.19（香港日翰国际文化有限公司，2006）

图 3.10　水景示例二

图 3.8　溪流石景
（邵忠，2002）

图 3.11　水景示例三

图 3.12　水景示例四

2. 水景

园林中设置水景，不只是满足人们观赏的需要，给予人们视觉美的享受，还可以使人们在生理上、心理上产生宁静、舒适的感受。水景可调节环境小气候的湿度和温度，对生态环境的改善有着重要作用。尤其在南方地区，可结合自然地形，利用河湖开辟水景，来增添地方特色（图 3.9、图 3.10）。

水景向来是园林造景中的点睛之笔，有着其他景观无法替代的动感、光韵和声响，所以现代景观中常采用人工的方法来修建水池、人工瀑布、喷泉或与山石结合的自然山水池，从而增加景观层次，扩大空间，增添静中有动的乐趣（图 3.11、图 3.12）。

3. 建筑小品

建筑小品是指既有功能要求，又具有点缀、装饰和美化作用的，从属于某一建筑空间环境的小体量建筑，也是游憩观赏设施和指示性标志物的统称。

图 3.13　大门造型

环境建筑景观是园林绿地空间设计的一部分,是形成园林绿地面貌和特点的重要因素。景观建筑功能简明,造型新颖别致,带有意境与特色,具有组合空间、美化环境、提供游憩活动等作用。另外,景观建筑的造价低、见效快,对环境起到点缀、陪衬、填白等强化景观的辅助作用,所以也愈来愈受到重视,成为环境景观设计中不可或缺的一部分。

建筑景观的设置要根据用地周边建筑的形式、风格、使用人群的文化层次与爱好,空间的特性、色彩、尺度,以及当地的民俗习惯等,选用适合的材料。建筑景观的形式与内容要与环境和谐统一,相得益彰,成为有机的整体。

1) 大门与入口

大门与入口起到分隔地段、空间的作用,一般与围墙结合围合空间,标志不同功能空间的限界,限定过境行人、车辆穿行。

作为一个相对独立于环境内外空间的分隔界面,门及入口赋予人们一种视觉和心理上的转换和引导。同时作为联系内外空间的枢纽,它们是控制与组织人流、车流进出的要道。在建筑的外部环境景观中,大门及入口又是一个重要的视觉中心,一个设计独特的大门及入口将成为室外环境的一个亮点。大门与入口的形式多种多样,有设计成门垛式(在入口的两侧对称或不对称砌筑门垛),还有顶盖式、标志式、花架式、花架与景墙结合等形式。有的入口处将人行与车行分道,在步行道的入口处采用门洞式,以示车辆不可入内,以保证内部环境的宁静(图3.13)。

2) 围栏(墙)

围栏(墙)是纯粹的围合界面,它们与大门一样,起着围合与隔离的作用。围合与隔离作用体现在三个方面:一是防御与安全的作用;二是不同空间区域之间的界定作用;三是环境的美化作用。随着时代的变迁和西方文化的引进,围栏(墙)的防御和安全作用已开始减弱,而对空间的界定作用和环境的美化作用得以加强。因此,现代围栏(墙)在围合上趋向通透化,在高度上偏于低矮化,在造型上产生了丰富的变化(图3.14)。

3) 护栏

护栏设计要满足以下要求:

(1) 各种安全防护性、装饰性和示意性护栏不应采用带有尖角、利刺等构造形式。

(2) 防护护栏其高度不应低于 1.05 m;设置在临空高

图 3.14　通透式围墙

度24 m及以上时,护栏高度不应低于1.10 m。护栏应从可踩踏面起计算高度。

(3)儿童专用活动场所的防护护栏必须采用防止儿童攀登的构造。当采用垂直杆件作栏杆时,其杆间净距不应大于0.11 m。

(4)球场、电力设施、猛兽类动物展区以及公园围墙等其他专用防范性护栏,应根据实际需要另行设计和制作。

(5)防护护栏扶手上的活荷载取值应符合下列规定:

① 竖向荷载按1.2 kN/m计算,水平向外荷载按1.0 kN/m计算,其中竖向荷载和水平荷载不同时计算。

② 作用在栏杆立柱柱顶的水平推力应为1.0 kN/m。

(6)防撞栏杆应符合现行行业标准《城市桥梁设计规范》(CJJ 11—2011)的有关规定。

[《公园设计规范》(GB 51192—2016)]

4)亭及廊架

(1)亭 亭主要是为满足人们在旅游活动中的休憩、停歇、纳凉、避雨、极目眺望之需。

亭在造型上,要结合具体地形、自然景观和传统设计,并以其特有的娇美轻巧,玲珑剔透形象与周围的建筑、绿化、水景等结合而构成园林一景(图3.15)。

(2)廊架 廊架可分隔景物,联络局部,用作遮阳、休憩;可替代树林作为背景;其上攀缘鲜艳花卉,可作为主景观赏(图3.16)。

花架按其材质、结构分类:可以分为竹木花架、钢花架;其中,轻钢花架主要用于荫棚、单体与组合式花棚架,造型活泼自由,挺拔轻巧。

图3.15 造型各异的亭

图3.16 造型各异的廊架

图 3.17 不同造型的桥

图 3.18 简单且醒目的圆球小品

图 3.19 活泼可爱的人物雕塑

5) 桥

园桥为跨越水流、溪谷,联络道路而必需设置的构筑物;有连贯交通的作用;还具有划分空间的作用。

园桥除具有连贯作用外,还兼具景观欣赏的意义,有些园桥专为点缀观赏用而设置(图3.17)。

6) 雕塑

雕塑小品与周围环境共同塑造出一个完整的视觉形象,同时赋予景观空间环境以生气和主题,通常以其巧妙的格局、精美的造型来点缀空间,使空间诱人而富于意境,从而提升整体环境景观的艺术境界(图3.18、图3.19)。

4. 植物配置

由于园林建设用地的土质优劣差异较大,宜选耐瘠薄、生长健壮、病虫害少、管理粗放的乡土树种,这样可以保证树木生长茂盛,绿化收效快,并具有地方特色。

选择树冠大、枝叶茂密,落叶阔叶乔木的树种,在酷暑中可以获得大面积的遮阴,同时也能吸附一些灰尘,减少噪声,使得环境安静、空气新鲜,冬季又不遮阳光,如北方的槐、椿、杨树,南方的榉、悬铃木、樟树等。

在公共绿地的重点绿化地区或居住庭院中,小气候条件较好的地方,可选栽姿态优美、花色、叶色丰富的植物,如雪松、油松、红叶李、枫树、紫薇、丁香等。

根据环境,因地制宜地选用那些具有防风、防晒、防噪声、调节小气候,以及能监测和吸附大气污染的植物,也可选用那些不需施大肥、管理简便的果、蔬、药材等经济植物,如核桃、葡萄、枣等既好看又实惠的品种。

5. 园路与铺地

园路,指园林中的道路工程,包括园路布局、路面层结构和地面铺装等的设计。园林道路是园林的重要组成部分,起着组织空间、引导游览、交通联系并提供散步休息场所的作用。它像脉络一样,把园林的各个景区联成整体。园路本身又是园林景观的组成部分,蜿蜒起伏的曲线、丰富的寓意、精美的图案,都给人以美的享受。

铺地是空间界面的组成部分,就像室内设计时必然要把地板设计作为整个设计方案中的一部分统一考虑一样,它影响着环境空间的景观效果,是园景的重要组成部分(图3.20、图3.21)。

图 3.20　碎石板铺地

图 3.21　嵌在卵石铺地中的方形石板旱汀步

6. 台阶

台阶，一般是指用砖石、混凝土等筑成的一级一级供人上下的构筑物，多在大门前或坡道上。

台阶的设计要点有：

① 通常室外台阶设计在一定高度范围内。若降低台阶踢面高度，增加踏面宽度，可提高台阶的舒适性。

② 踢面高度(h)与踏面宽度(b)的关系如下：$2h+b=60\sim 65$ cm。

③ 若踢面高度过低，设在 10 cm 以下，行人上下台阶时容易磕绊，比较危险。因此，应当提高台阶上下两端路面的排水坡度、调整地势，或取消台阶，或将踢板高度设在 10 cm 以上，也可以考虑做成坡道。

④ 台阶踏步数不应少于 2 级。

⑤ 台阶每升高 1.2～1.5 m，宜设置休息平台，平台进深应大于 1.2 m。条件为特陡山地时，宜根据具体情况增加台阶数，但不宜超过 18 级。

7. 景观照明

园林中的照明方式主要有明视照明及饰景照明两大类。前者是以满足园林环境照明基本要求为主的安全性照明；后者则是从景观角度出发，显示出与白天完全不同的夜景装饰性照明。

1) 明视照明

这是以道路为中心，进行活动时所需要的照明，必须根据照度标准中推荐的照度进行设计(表 3.1)。

表 3.1　照度标准中推荐的照度

照明效果	垂直面照度/lx	水平面照度/lx
能识别 4 m 以外行人的脸部轮廓	1	5
能知道 4 m 以外行人的姿态、举动等	0.5	3

注：lx 是光照度的单位，照度是表示光线强弱、明暗的强度单位。它是指光(自然光源或人工光源)照射到一个平面的光通量密度，即每平方米的平面通过的光度。

[照明学会(日)，2005]

路面整体的平均照度，最暗处应超过平均值的 1/10，且应在道路中心线上距路面 1.5 m 高处。

从效率和维修方面考虑，一般多采用 5～12 m 高的杆头式汞灯照明器(图 3.22)。

2) 饰景照明

饰景照明主要是创造出夜间景色、显示夜间气氛(图 3.23)。对于不同照明对象的光照方式有下面几种。

图 3.22　杆头式照明器夜景效果

图 3.23　某居住区内的夜景装饰照明
(香港日翰国际文化有限公司，2006)

(1) 水的照射方式　对于喷泉之类，在冒水泡的喷嘴旁、水落下的地方照明(图3.24)。

在水下落的底部或背面设置照明灯具；流水较宽时适合用线光源(图3.25)。

(2) 建筑物的照射方式　照射方向与视线成45°角以上，当有大的凹凸时，从相反的方向，用弱光照射，可减少大而深的阴影(图3.26)。

(3) 高大树的照明方式　以树叶为照明中心使光扩散，能把树突出。

3) 室外常用灯具

室外灯具由于要经受日晒、雨淋、风吹、霜雪，必须具备防水、防喷、防滴等性能，其灯具的电器部分应该防潮，灯具外壳的表面处理要求比较高。我们可以把其分为：低杆式、低位式、地埋式、嵌入式。

(1) 门灯　庭院出入口与住宅建筑的大门上安装的灯具为门灯，包括在矮墙上安装的灯具。门灯还可以分为门顶灯、门壁灯、门前座灯等(图3.27)。

(2) 庭园灯　庭园灯用在庭院、公园与大型建筑物的周围，既是照明器材，又是艺术欣赏品，因此庭园灯在造型上应美观新颖。庭园中有树木、草坪、水池，各处庭园灯的形态、性能也要各不相同。

① 园林小径灯　园林小径灯竖在庭园小径边，与树木、建筑物相衬，灯具功率不大，使庭园显得幽静舒适。园林小径灯的造型有西欧风格的、有日本风格的、也有中国民族风格的，选择园林小径灯时必须注意灯具与周围建筑物相谐调。小径灯的高度要根据小径边树木与建筑物的高度来确定(图3.28)。

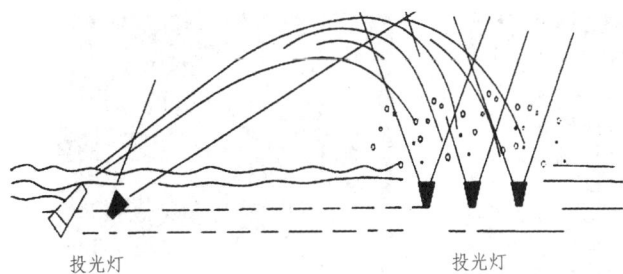

图3.24　水下照明示意图
图3.24～图3.27[照明学会(日),2005]

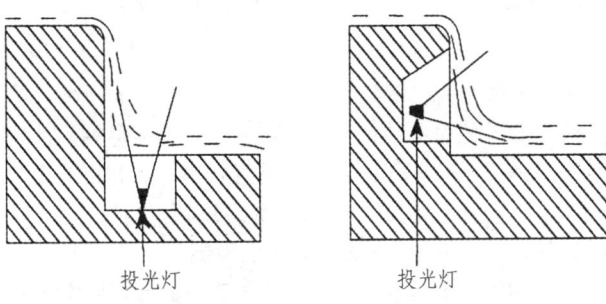

图3.25　对落水的投光照明的两种方式

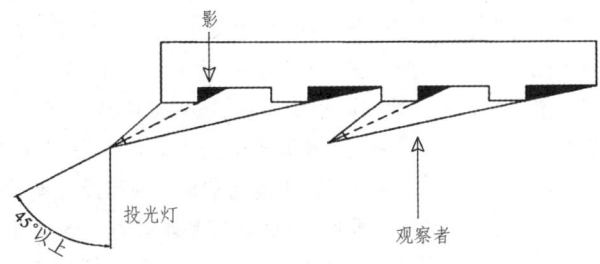

图3.26　建筑物照射投影示意图

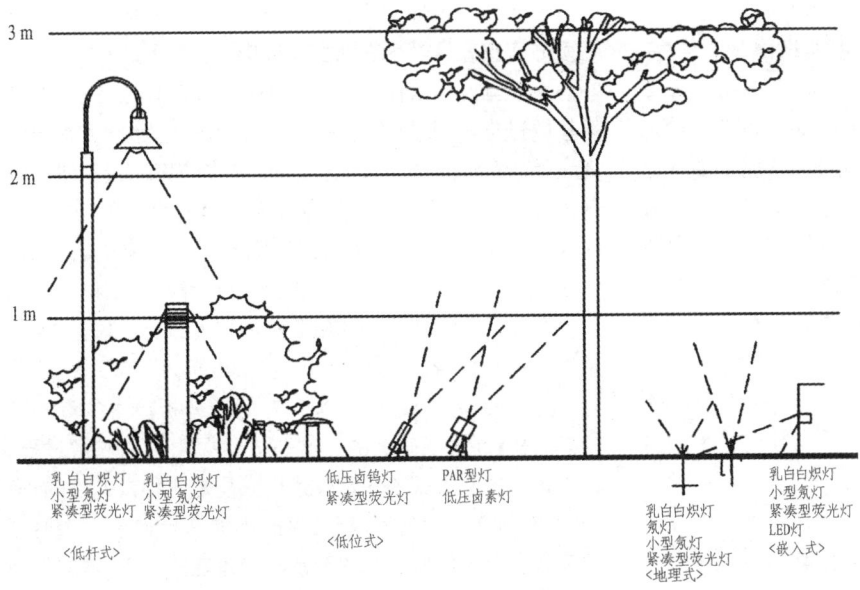

图3.27　各种门灯示意图

图3.28　园林小径灯示例
(http://www.ela.cn)

图3.29　草坪灯夜景效果
(http://www.kangbidz.com)

图 3.30　喷泉夜景效果
(http://www.landscape.cn)

图 3.31　落水的夜景灯光效果
(http://news.163.com)

图 3.32　地灯夜景效果
(http://www.landscape.cn)

② 草坪灯　草坪灯放置在草坪边。为了保持草坪宽广的感觉,草坪灯都比较矮,一般为 40～70 cm 高,最高不超过 1 m。灯具外形尽可能艺术化,有的像大理石雕塑,有的像亭子,小巧玲珑、讨人喜爱。有些草坪灯还会播放音乐,使人们在草坪上休息散步时更加心旷神怡(图 3.29)。

③ 水池灯　水池灯具有十分好的水密性,灯具中的光源一般选用卤钨灯,这是因为卤钨灯的光谱具有连续性,光照效果很好。光经过水的折射,会产生色彩艳丽的光线。特别是光线照射在喷水池中的水柱上时,五彩缤纷的光色与水柱令人陶醉(图 3.30、图 3.31)。

④ 地灯　埋设于地面的低位路灯,常常镶嵌于建筑构件、地面或小品内部,尽量避免突出自身的造型和光源所在的位置(图 2.32)。

3.5　快速园林设计的方法

通常一项工程的设计,需要设计师耗费大量的时间对设计方案进行反复推敲、修改、完善,以便尽可能把设计矛盾在图纸上解决。同时,设计过程还要遵循固有的程序,反复多次将初步设计方案交给建设方征求意见,最终还要求得主管部门或审批部门的认可。这样,方案设计周期就会拖得更长。因此,方案设计周期视规模、性质及各种错综复杂的外因而定,少则一两个月,多则一年半载。但是,在一些情况下,没有足够的时间让设计师不慌不忙地对方案进行深入的研究。况且,有时也不需要设计师从一开始就拿出像样的、完善的设计方案,只是需要在很短的时间内拿出一个方案设想。因此,设计师打破设计常规,高速优质地在较短时间内草拟出可供发展的设计方案的工作方法,就是快速设计。

3.5.1　快速设计的重要意义

1. 快速设计是实际工作中应急的需要

在工程实践中,设计师有时会遇到意想不到的紧急设计任务,如要求在很短的期限内拿出一个优秀方案,供上级有关领导决策。在这种情况下,设计师只能运用快速设计的工作方法完成任务。

在今天蓬勃发展的园林景观业中,大量应急的设计任务不断涌现,设计师们往往对此应接不暇。尽管目前设计市场还处于发育成长的过程,但面对现状,设计师也要以快速设计的工作方法去适应社会的需要。

2. 快速设计是检测设计能力与素质的有效手段之一

对于一位设计师而言,设计能力的考核可以通过日常创作实践和工程业绩加以评定。对一位学生的设计能力评价也可以通过各课程设计的过程和作业进行综合考查得出印象。但是,为了测试不同人员的设计水平,多数情况下是通过同一标准进行现场考核,以便从中选拔人才。快速设计便是这种考核所采取的较为有效的手段之一。因为,应试者在快速设计考试中能真实地反映其设计素质与潜力、创作思维活跃程度、图面表达基本功底。这种测试方法不是 1 加 1 等于 2 的数学公式,不能用"对"与"错"来简单回答,只能是相对"优"与"劣"的评价。

3. 快速设计可训练设计师思维能力和创作能力

设计师在创作初始,为寻求一个最佳方案,总是要进行多方案比较。学生在课程设计中,为学习设计方法也要在方案设计开始阶段进行若干方案的探讨。上述多方案比较的过程,以及思维方法、设计成果表达等特点都与快速设计的工作方法很相似。因此,在多方案比较的研究设计过程中,也是在不断训练设计师和学生的思维能力和创作能力。久而久之,自然而然地陶冶了设计修养,提高设计素质。问题是,许多设计者常常以计算机辅助设计的现代化手段替代方案设计初始阶段的快速设计手段。这样,就潜藏着一种导致设计素质、修养和能力逐渐退化的危险。殊不知,方案设计开始时,对问题分析产生的许多结论都是模糊的、不确定的。这是一种探索性的求解过程。适应这种思维方式的图示表达也只能是一种试探性的、模糊的、有待不断完善的演示过程,不能马上得出一个明晰的答复。而电脑屏幕上的图示却是肯定的线条,这就与模糊的分析产生了思维与表达的矛盾。何况,屏幕上线条的演示速度远比头脑的思维活动慢得多。这样,反过来又制约了思维的速度。结果,在方案设计过程中,设计者的思维能力得不到充分训练。久而久之,设计者的素养也逐渐下降,最终导致设计水平与能力倒退。而快速设计可以在方案设计初始阶段充分发挥其优势,不但能促成设计方案迅速生成,并沿着正确的设计方向发展,而且更重要的是能不断增强设计者的业务素质和修养。许多设计大师的成长证明了这一点。因此,在方案设计的初始阶段,快速设计的工作方法是计算机辅助设计所不及的。把快速设计作为提高设计者设计修养、设计素质的手段是很重要的。

3.5.2 快速设计的特点

1. 设计过程快速

快速设计的"快"体现在整个方案设计过程中,要求在较短时间内完成,如八小时、一两天之内。为了达到快速的目的,就要求对整个设计过程的各个环节都要加快运行速度。要快速理解题意、快速分析设计要求、快速理清设计的内外矛盾,就要充分发挥灵感的催化作用。尽快找到建立方案框架的切入点、要快速地构思立意、快速地推敲方案、快速地完善方案,直至快速地用图示表达出来。这种高效率的设计速度与紧张的设计强度都是常规设计过程所不能比的,有时会达到废寝忘食的地步。

2. 设计成果简练

快速设计要求抓住影响设计方案全局性的大问题,如环境设计考虑、功能分区安排、平面布局框架、造型设计构思等等,而不拘泥于设计方案的细枝末节。

3. 设计思维敏捷

由于设计时间短、速度快,设计思维活动与设计模型的运行就不能稳步推进,而要充分调动创作情绪,捕捉创作灵感,搜索脑海中的信息,快速分析设计矛盾,果断决策方案建构出路。这一系列思维过程是相当敏捷、高度紧张的,表现为对矛盾的分析、综合很多都是在脑海中同步思考的,甚至是一闪念间产生的。很多对方案的比较与决策也是要求闪电般地进行。可以说,在快速设计过程中思想高度集中,动作熟练迅捷。

4. 设计表现奔放

鉴于上述快速设计在设计目标、设计过程、设计思考方面的特点,相应的在设计表现方面就不可能,也没有必要像常规建筑表现图那样表达得非常精致准确,甚至逼真。相反,图面表现力可以自由奔放、不拘一格,整个画面应是大手笔之作。

3.5.3 快速设计的方法

1. 快速理解设计的题意是展开快速设计的第一步

这是决定设计方向的关键性一步。理解对了,可以把设计引向正确方向;理解偏了,则导致设计步入歧途。题意要从任务书的要求,包括命题上细细琢磨,每一个字句都要留心,不可粗心大意。

2. 对设计条件进行快速分析

条件分析可从外部条件和内部条件两方面进行。其目的就是为下一步展开设计提供依据。

3. 快速立意与构思

所谓"意在笔先"就是要在动手设计之前,充分发挥想象力。在设计者原有知识与经验的基础上,理解题意、分析条件,从中捕捉创作灵感,对所要表达的创作意图进行抉择。

有了创作想象而没有实现这种想法的思考方式也是不全面的。一个好的构思,绝不是玩弄手法的胡思乱想,它是紧扣立意,充分发挥富有创意的想象力,以独特的、富有表现力的园林语言而达到设计新颖的过程。而且,这个思考过程必须贯彻始终。

对于园林创作来说,立意与构思是相辅相成的。两者必须在设计初始阶段共同发挥作用。立意是目标,构思是手段。如果没有准确的立意,那么构思也发挥不了作用。而有一个好的立意,却没有好的构思,也实现不了创作目标。

因此,好的立意与构思可以开拓园林创作之路,对于推动整个设计过程,实现设计目标,提高设计质量起着重要作用。

4. 快速进行方案设计

方案设计首先要观察设计场地。因为快速设计通常都有特定的地形条件,在这一用地上进行合理的方案设计,考虑场地现状,是进行方案设计的前提条件。接下来就是用平面设计,表现出园林各部分的功能和空间关系,然后再不断地细化、深入,直到完成。

3.5.4 应试快速设计

应试快速设计越来越受到关注,研究生入学考试、职业资格考试都包含快速设计。应试技巧的提高势在必行。

以测试为目的的快速设计是一个高度紧张而又持续相当时间的过程,少则 8 小时(研究生考试),多则 12 小时(注册建筑师考试)。要想做到忙而不乱,井井有条地开展快速设计,首先要在心理上战胜自己。只有以平常心去面对快速设计,才能在临场时正常发挥个人应有的设计水平。实际上,快速设计命题的内容基本是设计者熟悉或训练过的,只不过是要求在短时间内完成而已。临场心理坦然是基于设计者的实力,只要设计者具备了很强的设计能力,就会胸有成竹地进入应试状态。其次,把时间分配好,做到设计进程心中有数,也是稳定心理的重要方面。

快速设计表现,除去需要丁字尺、三角板、比例尺等常规绘图工具外,还要选择合适的笔。快速设计常用的笔有铅笔、炭笔、钢笔以及马克笔、彩色铅笔等。哪一种合适呢?完全要看表现的目的和设计者个人擅用的笔。一般来说,做方案过程最好用稍软的铅笔(如 B、2B 等),因为粗线条可以不拘泥于方案的细部考虑,从而帮助设计者加速思维流动。一旦方案确定,可以用 H 铅笔画出方案定稿,以备最后完成表现图。最后用炭笔或钢笔描绘终稿,刻画明暗。还可以选择由彩铅、马克笔或二者结合进行色彩表现。

3.6　园林规划设计相关法规及标准图集

园林规划设计相关法规通过对园林行为的预测,为行业发展消除障碍,同时通过执法保证园林建设的顺利实施。园林规划设计相关标准图集对设计图纸提出规范性要求,作为园林规划设计师,掌握相关法规及标准图集,是完成优秀园林设计的前提条件。

3.6.1　相关法规

园林建设的相关法规包括法律、规章、标准、制度及各类规范性文件等,是园林规划设计的依据,作为园林规划设计师必须了解、掌握并遵照执行。梳理这些相关法规的法律效力和适用范围,可大致分为三类:

1. 国家法律、法规和国家标准等

有《中华人民共和国城乡规划法》《中华人民共和国环境保护法》《中华人民共和国建筑法》《中华人民共和国森林法》《中华人民共和国国有土地管理法》《中华人民共和国文物保护法》《城市绿化条例》《风景名胜区条例》《中华人民共和国自然保护区条例》《历史文化名城名镇名村保护条例》《城市绿地设计规范》(GB 50420—2007)(2016 年版)《风景名胜区总体规划标准》(GB/T 50298—2018)《风景名胜区详细规划标准》(GB/T 51294—2018)《城市居住区规划设计规范》(GB 50180—2018)《历史文化名城保护规划规范》(GB/T 50357—2018)《公园设计规范》(GB 51192—2016)《国家森林公园设计规范》(GB/T 51046—2014)等。

2. 部门类规章、规范和行业标准等

有《城市绿线管理办法》《城市紫线管理办法》《城市蓝线管理办法》《城市道路绿化规划与设计规范》(CJJ 75—97)《公路环境保护设计规范》(JTG B04—2010)《城市湿地公园规划设计导则》《风景园林基本术语标准》(CJJ/T 91—2017)《风景园林图例图示标准》(CJJ/T 67—2015)《风景名胜区分类标准》(CJJ/T 121—2008)《城市绿地分类标准》(CJJ/T 85—2017)等。

3. 全国各省、市、县(区)的地方性法规、规章及地方标准及政府规范性文件

以北京为例,有《北京市城市绿化条例》《北京市公园条例》《居住区绿地设计规范》(DB11/T 214—2003)《园林设计文件内容及深度》(DB11/T 335—2006)《公园无障碍设施设置规范》(DB11/T 746—2010)《北京市级湿地公园建设规范》(DB11/T 768—2010)《北京市级湿地公园评估标准》(DB11/T 769—2010)《公园绿地应急避难功能设计规范》(DB11/T 794—2011)等。

3.6.2　相关标准图集

园林规划设计相关的标准图集提供了代表性、示范性的工程做法及图示方法,是园林规划设计师必备参阅的工具书,包括全国性标准图集及地区性标准图集两类。

比较常用的标准图集有《建筑场地园林景观设计深度及图样》(06SJ805)《环境景观—室外工程》(02J003)《环境景观—室外工程细部构造》(03J012—1)《环境景观—绿化种植设计》(03J012—2)《环境景观—亭廊架之一》(04J012—3)《环境景观—滨水工程》(10J012—4)《围墙大门》(03J001)《庭院与绿化》93SJ012(一)《挡土墙(重力式　衡重式　悬臂式)》(04J008)、中南地区图集《园林绿化工程附属设施》(05ZJ902)、浙江省图集《园林桌凳标准图集》(99 浙 J27)、江苏省图集《室外工程》(苏 J08—2006)《施工说明》(苏 J01—2005)等。

■ 讨论与思考

1. 请简述基地调查和分析的主要内容。
2. 园林的构成要素有哪些?请简述其主要内容。
3. 园林规则设计相关的法规及标准图集有哪些?试举例说明。

4 综合公园

> **【导读】** 综合公园作为城市绿地系统中不可或缺的生态基础设施,在美化人居环境、延续城市文脉、建设生态文明等方面具有重要意义。综合公园规划设计是一个系统的设计过程,关乎综合公园能否发挥其最大经济、社会、生态效益。以综合公园为设计对象,从前期分析到各项园林要素设计逐步展开,有利于全面、清晰、详细地展示园林规划设计的基本流程。

4.1 综合公园概述

4.1.1 综合公园概念

根据《城市绿地分类标准》(CJJ/T 85—2017)的规定,综合公园是指"内容丰富,适合开展各类户外活动,具有完善的游憩和配套管理服务设施的绿地"。

综合公园是公园绿地的"核心",是城市园林绿地系统中重要的组成部分,一般面积较大,内容丰富,服务项目多,适合于各种年龄和职业的城市居民进行一日或者半日的游赏活动。它是群众性的文化教育、娱乐、休息的场所,对城市面貌、环境保护、社会生活起着重要的作用。综合公园除具有绿地的一般作用外,在游乐、休息、政治文化和科普教育等方面还担负着重要的任务。

4.1.2 面积和位置的确定

1. 综合公园的面积

根据其性质和任务要求,综合公园应包含较多的活动内容和设施,故用地面积较大,一般不少于 10 hm²。在节假日游人的容纳量为服务范围居民人数的 15%~20%,每个游人在公园中的活动面积为 10~50 m²。在 50 万人口以上的城市中,全市性综合公园至少应容纳全市居民中 10%的人同时游园。综合公园的面积还应结合城市规模、性质、用地条件、气候、绿化状况、公园在城市中的位置与作用等因素全面考虑。

2. 综合公园位置的选择

综合公园在城市中的位置应结合城市总体规划和城市绿地系统规划来确定。

① 综合公园的服务半径应方便生活居住用地内的居民使用,并与城市主要道路有密切的联系,有便利的公共交通工具供居民抵达。

② 利用不宜于工程建设及农业生产中复杂、破碎的地形和起伏变化较大的坡地建园,充分利用地形,避免大动土方,因地制宜地创造景观。

③ 选择具有水面及河湖沿岸景色优美的地段建园,使城市园林绿地与河湖系统结合起来,并可利用水面开展各项水上活动,丰富公园的活动内容。

④ 可选择在现有树木较多和有古树的地段建园,在森林、丛林、花圃等原有种植的基础上加以改造建设公园,投资少,见效快。

⑤ 可选择在有历史遗址和名胜古迹的地方建园,不仅丰富公园的景观,还有利于保存民族遗产,起到爱国主义和民族传统教育的作用。

⑥ 公园规划应考虑近期与远期相结合。在公园规划时既要尊重现实,又要着眼于未来,尤其是对综合公园的活动内容,人们会提出更多的项目和设施要求,作为设计者在规划时应考虑留有一定面积的发展用地。

总之,在进行综合公园规划时其面积和位置的确定应遵循城市总体规划的需要,服从布局合理、因地制宜、均衡分布、立足当前、着眼未来的原则。

4.1.3 项目与活动内容

1. 综合公园项目、内容的确定

1) 观赏游览

风景、山石、水体、名胜古迹、文物、花草树木、盆景、花架、建筑小品、雕塑、动物等。

2) 安静活动

品茶、垂钓、棋艺、划船、散步、健身、读书等。

3) 儿童活动

学龄前儿童与学龄儿童的游戏娱乐、障碍游戏、迷宫游戏、体育运动、集会以及各类兴趣小组、科普教育活动、阅览室、少年气象站、自然科学园地、小型动物园、植物园、园艺场等。

4) 文娱活动

有游艺室、俱乐部、戏水、浴场、露天剧场以观赏电影、电视、音乐、舞蹈、戏剧、技艺节目的表演及公众的团体文娱活动等。

5) 政治文化和科普教育

有展览馆、陈列馆、阅览室以开展科普活动、参观演说、座谈等。

6) 服务设施

餐厅、茶室、休息处、小卖部、摄影部、租借处、公用电话亭、问讯处、物品寄存处、导游图、指路牌、园椅、园灯、厕所、垃圾箱等。

7) 园务管理设施

办公室、民警值班室、苗圃、温室、花圃、变电站、水泵房、广播室、工具间、仓库、车库、工人休息室、堆放场、杂院等。

规划综合性公园应根据公园面积、位置、城市总体规划要求以及周围环境情况综合考虑，可以设置上列各种内容或部分内容。如果只以某一项内容为主，则成为专类公园。如：以儿童活动内容为主，则为儿童公园；以展览动物为主，则为动物园；以展览植物为主，则为植物园；以纪念某一件事或人物为主，则为纪念性公园；以观赏文物古迹为主，则为文物公园；以观赏某类园景为主，亦可成为岩石园、盆景园、花园、雕塑公园、水景园等。

综合性公园规划时应注重特色的创造，减少内容与项目的重复，使城市中的每个综合性公园都有鲜明的特色。

2. 影响综合性公园项目内容设置的因素

1) 当地人们的习惯爱好

公园内可考虑按本地人们所喜爱的活动、风俗、生活习惯等特点来设置项目内容，使公园具有明显的地方性和独特的风格。这是创造公园特色的基本因素。

2) 公园在城市中的地位

在整个城市的规划布局中，城市园林绿地系统对该公园的要求是确定公园项目内容的决定因素。处于城市中心地区的公园，一般游人较多，人流量大，规划这类公园时要求内容丰富，景物富于变化，设施完善。而位于城郊地区的公园则较有条件考虑安静观赏的内容，规划时以自然景观或自然资源为公园的主要内容。

3) 公园附近的城市文化娱乐设置情况

公园附近如已有大型文娱设施，公园内就不应重复设置，以便减少投资，降低工程造价和维护费用。

4) 公园面积的大小

大面积的公园设置的项目多、规模大，游人在园内的停留时间一般较长，对服务和游乐设施有更多的要求。

4.2 综合公园规划设计

4.2.1 规划设计原则

① 贯彻政府在园林绿化建设方面的方针政策。

② 继承和革新我国造园艺术的传统，吸取国外的先进经验，创造我国社会主义的新园林。

③ 要表现地方特色和风格，避免景观的重复建设。

④ 尽可能满足游览活动的需要，设置人们喜爱的各种内容。

⑤ 充分利用现状及自然地形，有机地组织公园各个部分。

⑥ 规划设计要切合实际，便于分期建设及日常的经营管理。

⑦ 应注意与周围环境配合，与邻近的建筑群、道路网、绿地等取得密切的联系，使公园自然地融合在城市之中，成为城市园林绿地系统的有机组成部分。

4.2.2 条件分析

任何规划方案的产生不是凭空生成的，它必须是在各种现实的制约条件下形成的。因此，设计者必须对这些条件进行分析，从而产生方案构思及合理的规划布局和内容。

条件的分析主要包括任务书、区位、用地周边现状、自然环境、社会条件、人文环境、经济技术、利用者需求等各个方面的内容。根据公园规划设计实际项目的各自情况，条件分析的具体内容应会有不同方面的侧重。调查分析的主要内容包括以下几点：

① 公园规划设计的任务要求，建园的审批文件，征收用地情况以及投资额。

② 项目所在地的城市绿地系统规划、所在区域的上一级的规划等相关资料。

③ 公园所在城市、所在地域的历史沿革、人文资源等资料的分项调查。

④ 公园用地在城市规划中的地位与其他用地的关系。

⑤ 公园周围的环境关系、城市景观、交通联系，建筑形式、建筑的体量色彩，人流集散方向，周围居民类型与社会结构。

⑥ 该地段的市政情况，如供电、给水、排水、排污、通信等。

⑦ 规划用地的水文、地质、地形、土壤、植被等自然资料。

⑧ 日照长度，年平均气温，小气候，地下水位，年月降雨量，年最高、最低温度的分布，年季风风向，最大风力，风速以及冰冻线深度等。

⑨ 公园所在地区内原有的植物种类、生态、群落组成，当地生长良好的树种。

⑩ 建园所需主要材料的来源与施工情况，如苗木、山石、建材等。

■ **案例：浙江长兴回龙山公园的条件分析**

浙江长兴回龙山公园对现状条件进行了以下分析：公园区位分析、在城市绿地系统中的定位分析、与周边环境的分析、交通分析、建筑及人工构筑物分析、社会人文条件分析、自然条件分析，其中又包括生境的分析、生态格局分析、生态敏感区分析、植被分析等（图 4.1～图 4.9）。

4 综合公园

在中国的位置

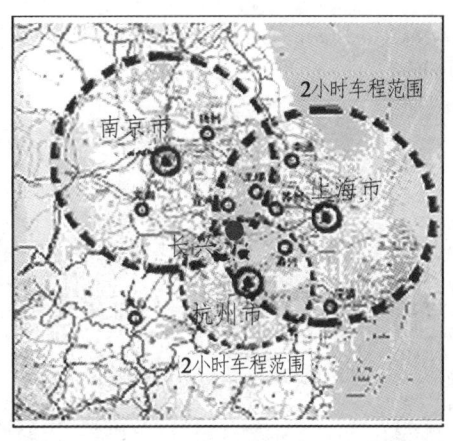
长三角区位

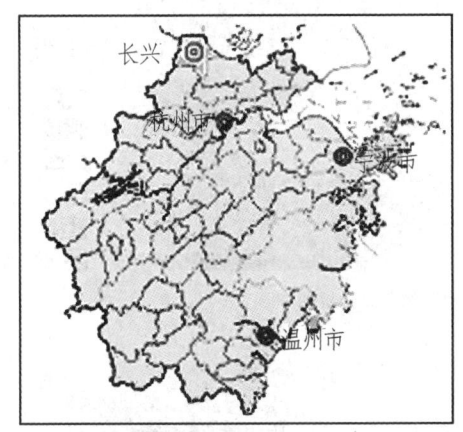
在浙江的位置

在湖州市的位置

图 4.1 公园所在地区位分析

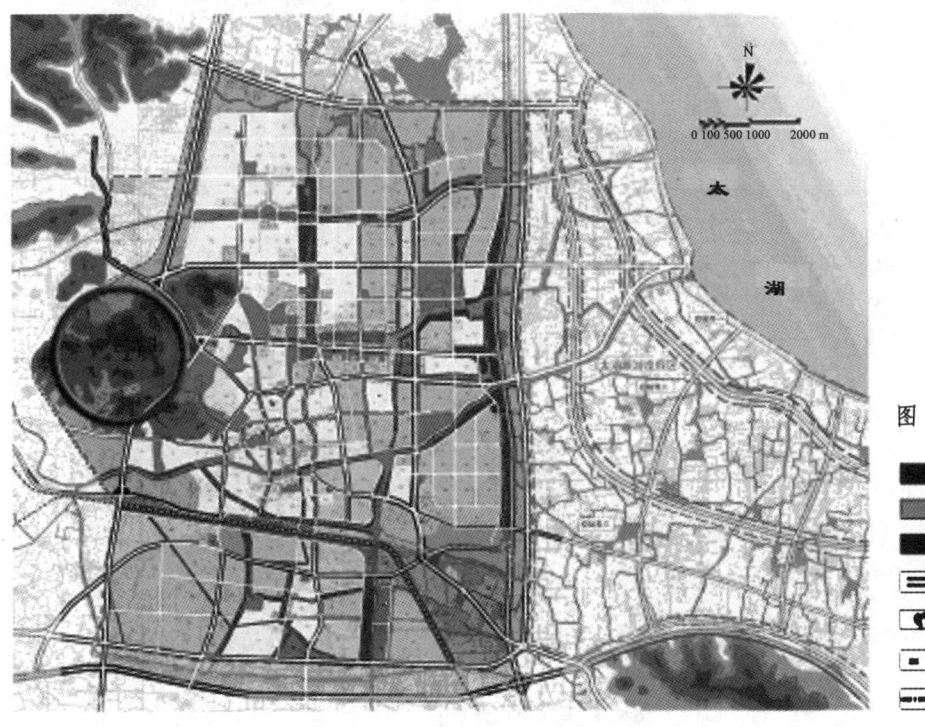

图 4.2 公园区位分析

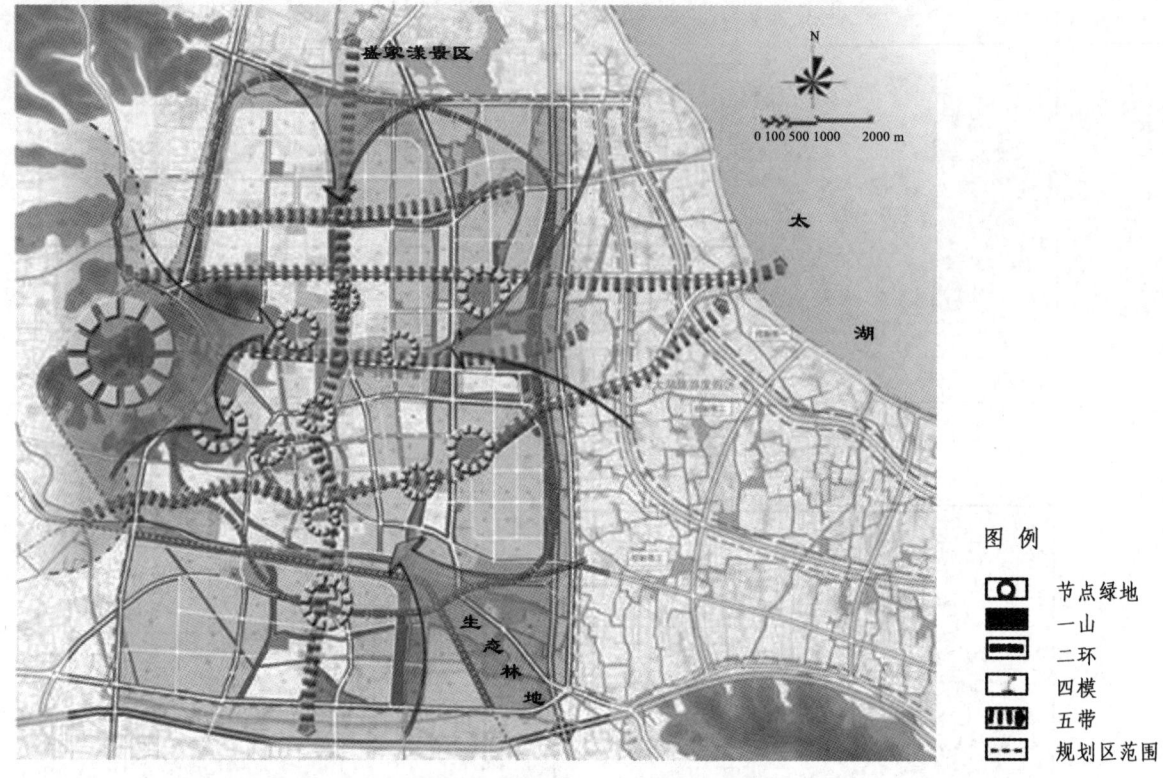

图 4.3　长兴县城市绿地结构布局分析图

图 4.4　周边环境分析图

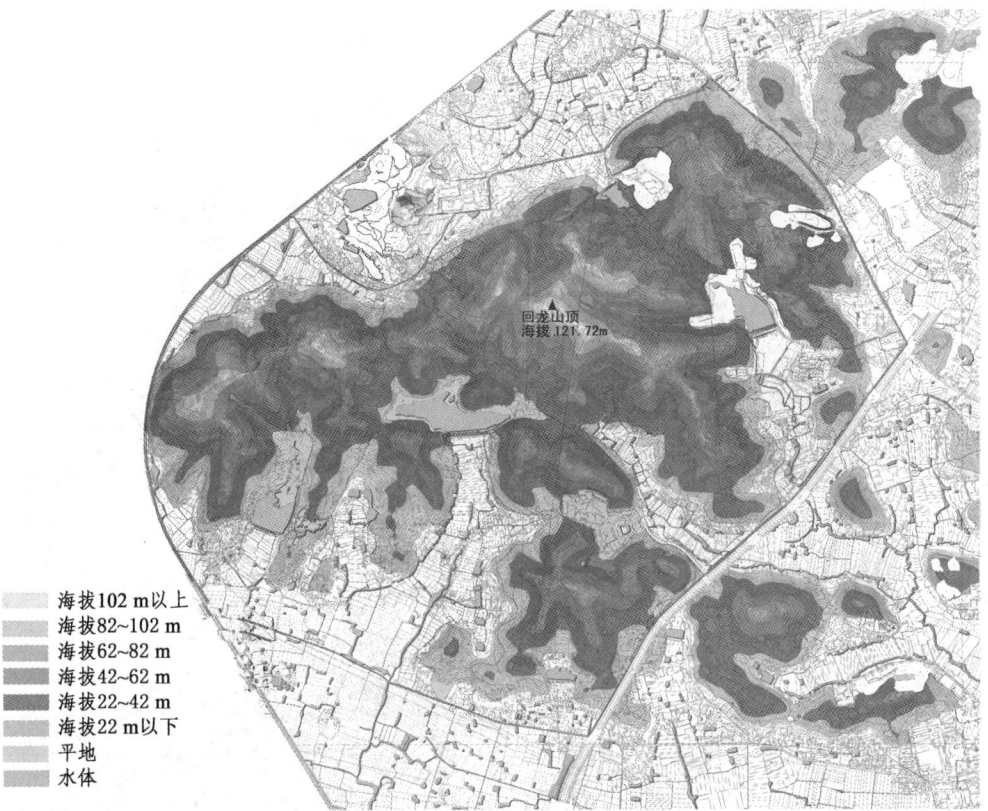

图 4.5 山体、平地、水系结构现状

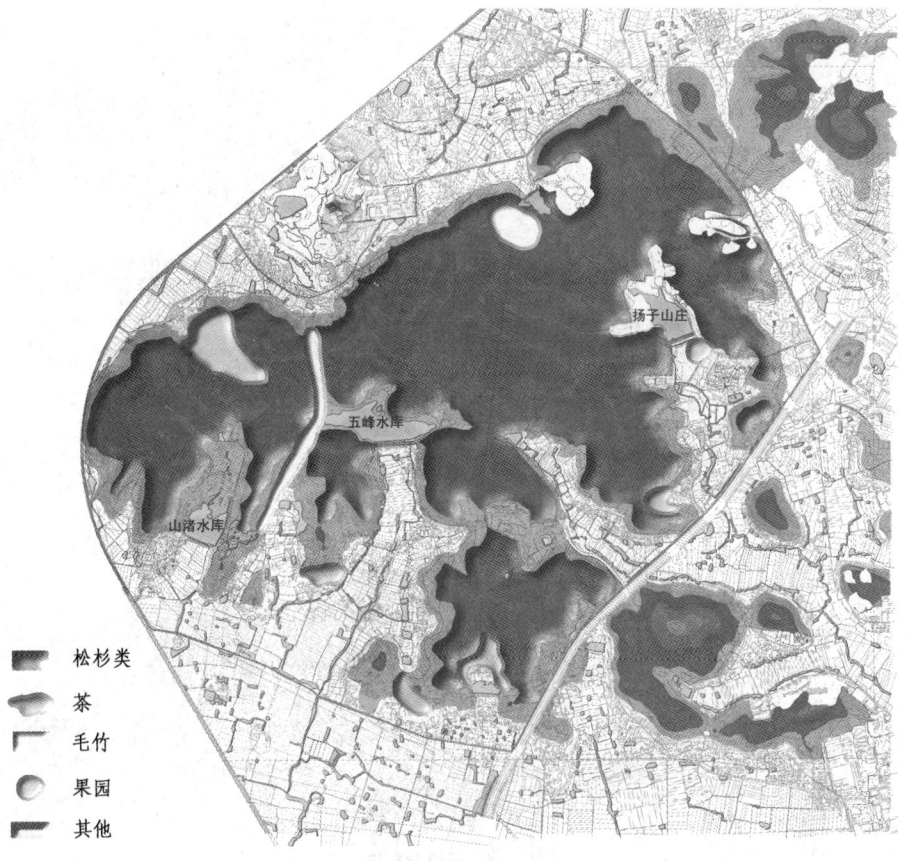

图 4.6 植被分布图

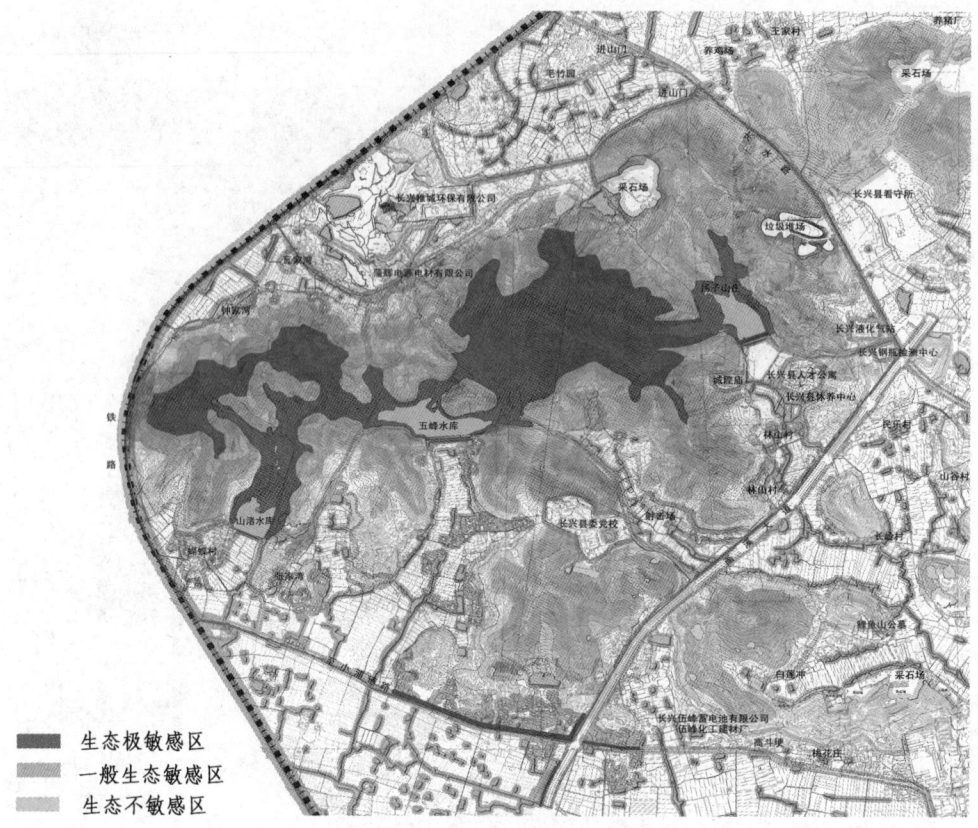

图 4.7 生态敏感区分析图

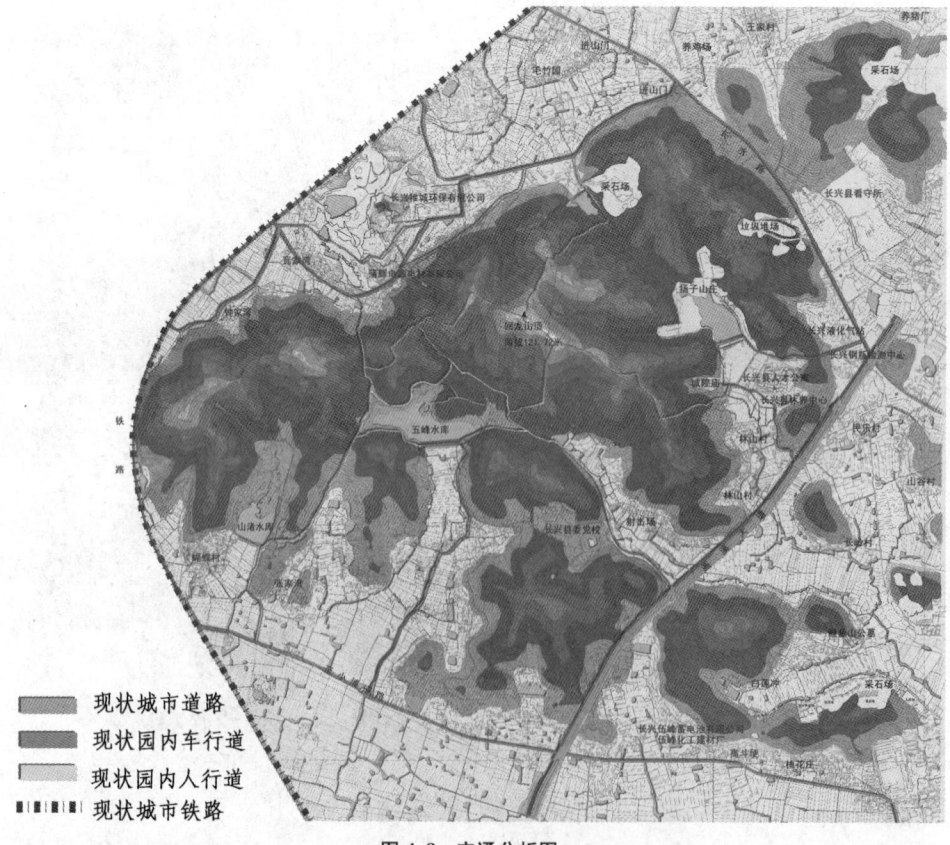

图 4.8 交通分析图

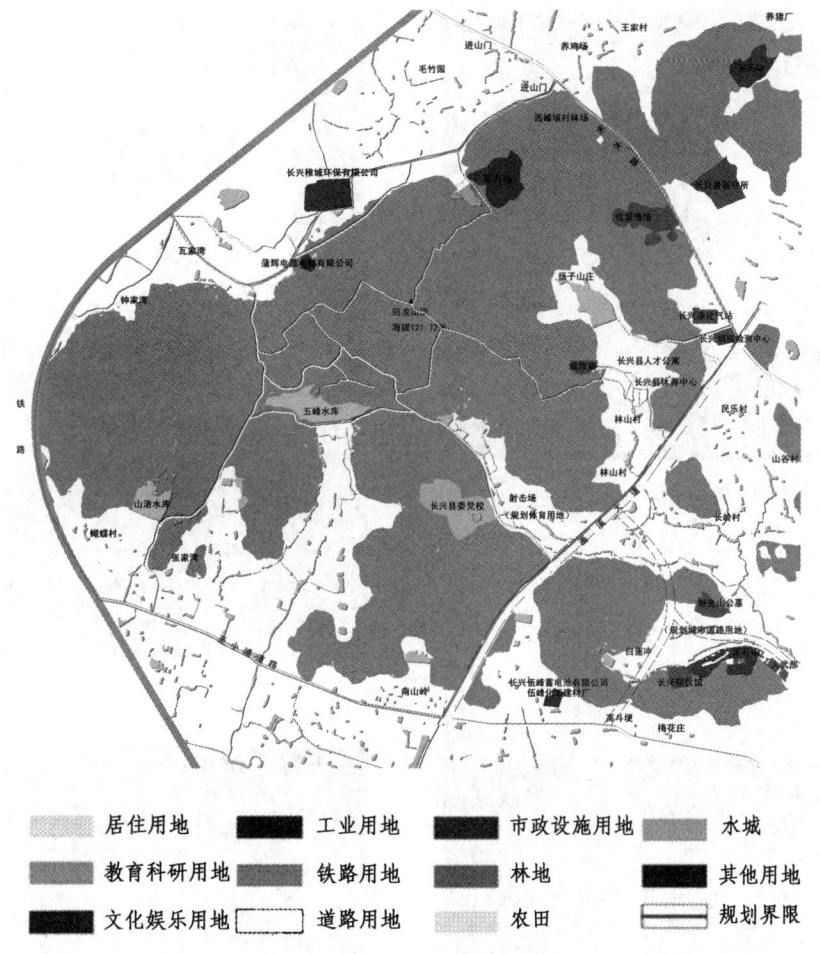

居住用地	工业用地	市政设施用地	水域
教育科研用地	铁路用地	林地	其他用地
文化娱乐用地	道路用地	农田	规划界限

图 4.9 建筑及人工构筑物分析图

4.2.3 方案构思及定位

构思及定位和任务书、基地现状的分析紧密相关，有时构思的灵感也是在这一分析的过程中产生的。一般来说，基地的现状情况、当地的历史文化、项目本身的特点、项目特殊的现实要求等因素都可能是构思与定位产生的主要来源。在构思的过程中，设计师与公园的使用者、甲方以及设计团队成员间的交流都可能产生灵感的火花。

■ 案例一：江苏盐城新东方公园构思和定位

新东方公园位于盐城开发区，汽车产业是开发区的主要经济支柱。新东方公园的构思定位根据设计任务书，并结合东风悦达起亚汽车总厂的建设，突出了汽车文化的设计主题。在具体规划设计中，方案以汽车文化为要素，力求在现代城市中创造生态优美、富有文化内涵与时代特征的、主题鲜明的、绿色开放空间。在公园的各种小品的设计中都体现了汽车文化这一主题(图 4.10～图 4.16)。

1) 规划理念

(1) 文化内涵的创新(文化理念) 规划中以汽车工业文化作为本地区新的文化起点，运用现代的景观设计手法，突出体现了浓郁的人文气息与文化氛围。

(2) 以人为主的凸现(人本理念) 本公园适量的娱乐功能与汽车文化相辅相成，通过设置特有的符号、休闲、游赏式的活动场地，为市民提供真正健康、生态的绿色开放空间与场所。

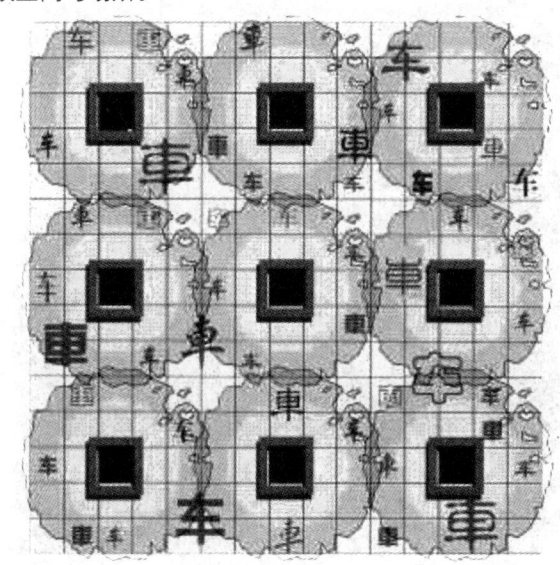

图 4.10 百车图铺地

图 4.11 轮胎吊椅

图 4.14 汽车标识景墙

图 4.12 轮胎小品

图 4.15 汽车亭

图 4.13 轴承造型小品

图 4.16 传动装置造型小品

(3) 人与自然的共生（生态理念）　突出人本情怀，尊重自然生态。借自然之物，仿自然之形，引自然之象，循自然之理，蕴自然之神。充分发挥自然生物的生态效应与美化环境的社会效应，遵循天人合一的原则，进行空间环境的再创造，达到人与自然的共生。

(4) 科技生态循环（科技理念）　规划中贯穿现代科技理念，在景观设计、水系处理方面尝试使用新技术、新材料、新工艺，使能耗最小化，重视可再生能源的利用和能源的高效使用。

2) 规划原则

(1) 充分体现盐城开发区东区的起亚汽车文化特色，以汽车文化为载体，创造具有现代气息的公园。

(2) 融合周边环境，创造特色鲜明、分区合理的功能布局结构。

(3) 把积极的公众使用功能组织进开放空间里，为整个开发区带来活力。

(4) 根据雕塑特色，在视觉上及建筑语汇上，保持一定程度的连贯性。

(5) 因地制宜，处理好水与绿之间的关系。

3) 规划定位

(1) 系统定位　本公园位于盐城经济技术开发区东区，是盐城绿地系统的重要组成部分，也将成为盐城经济技术开发区东区的景观之核心。本公园的建设既利于盐城城市绿地系统的形成与完善，又利于盐城滨海城市风貌的体现。

(2) 项目定位　与盐城经济开发区功能相结合，以汽车文化为特色，集功能性、知识性、休闲性、趣味性于一体的综合性公园。

(3) 功能定位　公园是开发区东区重要的中心绿地，为市民提供了休闲、游憩的活动场所。

■ **案例二：芝加哥千禧年公园构思和定位**

为了迎接新世纪，芝加哥市长戴利于1998年3月提出了在密歇根湖前修建千禧年公园的计划。该地原本是一个火车编组站和汽车停车场，对紧邻的格兰特公园环境造成了影响。该项目被委托给芝加哥SOM建筑设计事务所，他们的设计协调了具有历史氛围的格兰特公园：在6.48 hm² 空间中修建一个波段形外壳的新停车场，并在原有的面积上增加了3.24 hm²。现在的范围是沿着密歇根州林荫道，南起伦道夫街道，一直到门罗，东至哥伦布快车道（图4.17～图4.22）。

千禧年公园是芝加哥迎接新世纪的建设项目之一，为此，公园的构思定位主要为以下几点：

图4.17　千禧年公园的云之门景观

图4.18　千禧年公园的大豌豆造型

图4.19　皇冠喷泉全景

图4.20　皇冠喷泉夜景

图 4.21　喷泉显示的普通民众的脸

图 4.22　黄昏的溜冰场

(1) 具有鲜明的时代气息　千禧年公园的设计主题是体现芝加哥的创新精神，以全新的形象迎接新世纪，表现出时代特征和创新性。千禧年公园具体的设计中更多地通过形象说话，采用一些新颖的动感手法并利用了新材料、新技术，达到更具视觉冲击力的效果，展示新千禧年公园的特色和个性，表明 21 世纪必将是展翅腾飞的数码时代，新世纪的芝加哥也愿以创新精神面对未来。

(2) 地域文化传承　文化的传承在于对历史精华的继承而又不囿于传统的框架。芝加哥的历史文脉有很多是值得借鉴的，在传统的基础上发展，在发展过程中体现新时代的要求和特点，芝加哥公园将会与新时代和谐共生。

(3) 以人为本的设计理念　公园的主要服务对象是人，并强调人的参与性。千禧年公园的设计，面向大众，提供娱乐和休闲，充分体现了人在公园中的主体地位。

(代静，2006)

■ **案例三：北杜伊斯堡景观公园构思和定位**

北杜伊斯堡景观公园位于德国杜伊斯堡市北部，总占地面积 230 hm²，利用原蒂森公司的梅德里希钢铁厂遗迹建成。彼得·拉茨(Peter Latz)先生因其在项目中的卓越工作成果而于 2000 年获得第一届欧洲景观设计奖，并被尊为后工业景观设计的代表人物。北杜伊斯堡景观公园则被誉为后工业景观公园的经典范例。该公园最突出的特色是强调工业文化的价值，体现在对废弃工业场地及设施保护与利用的理念和对策上。

(1) 表明态度　拉茨认为，废弃工业场地上遗留的各种设施(建筑物、构筑物、设备等)具有特殊的工业历史文化内涵和技术美学特征，是人类工业文明发展进程的见证，应加以保留并作为景观公园中的主要构成要素。

(2) 保留与延续　对原工业遗址的整体布局骨架结构(功能分区结构、空间组织结构、交通运输结构等)以及其中的空间节点、构成元素等进行全面保护，而不仅仅是有选择地部分保留。拉茨在对各种由炼钢高炉、煤气储罐、车间厂房、矿石料仓等独立工业设施构成的点要素，铁路、道路、水渠(埃姆舍河道)等构成的线要素以及广场、活动场地、绿地等开放空间构成的面要素等进行结构分析后，使旧厂区的整体空间尺度和景观特征在景观公园构成框架中得以保留和延续。

(3) 综合利用　场地上各种工业设施的景观公园能容纳参观游览、信息咨询、餐饮、体育运动、集会、表演、休闲、娱乐等多种活动，充分彰显了该设计在具体实施上的技术现实性和经济可行性(图 4.23～图 4.25)。

(https://www.sohu.com/a/223011834_657688，2018)

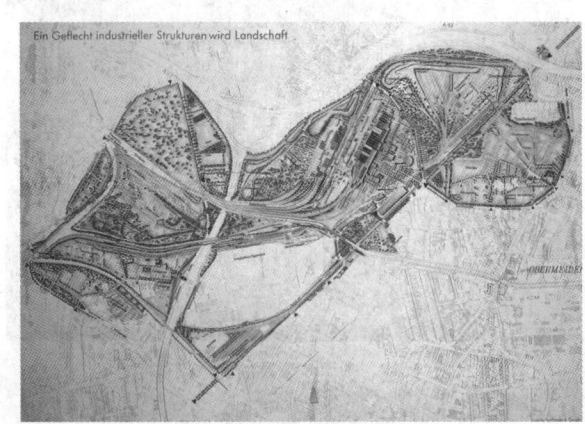

图 4.23　北杜伊斯堡景观公园平面

图 4.24　改造后的熔渣园

图 4.25 金属广场

4.2.4 出入口的确定

1. 位置选择

公园出入口一般分为主要出入口(1个)、次要出入口(1个或多个)、专用出入口(1,2个),确定出入口的位置应考虑游人进出是否方便,是否有利于城市街景面貌,是否符合城市道路交通要求。出入口的位置影响到公园内部的规划结构、功能分区和活动设施的布置。

主要出入口应在与城市主要交通干道、游人主要来源方位以及公园用地的自然条件等诸因素协调后确定。主要出入口应设在城市主要道路和有公共交通的地方,与园内外道路联系方便,城市居民可方便快捷地到达公园内。同时,出入口应有足够的人流集散用地。

次要出入口一般设在公园内有大量人流集散的设施,如表演厅、露天剧场、展览馆等场所附近,以分担人流量,为附近居民或城市次要干道的人流服务,避免居民绕道入园。

专用出入口是根据公园管理需要而设置的,为方便管理和生产以及不妨碍园景的要求,不供游人使用,因此多选择在公园管理区附近或较偏僻不易为人所发现处。

2. 出入口的规划设计

公园出入口设计要充分考虑到它对城市街景的美化作用以及对公园景观的影响。出入口是公园给游人的第一印象,其平面布局、立面造型、整体风格应根据公园的性质和内容来具体确定。一般公园大门造型都与其周围的城市建筑有较明显的区别,以突出其特色。

公园出入口所包括的建筑物、构筑物有:公园内、外集散广场,公园大门,停车场,存车处,售票处,收票处,小卖部,休息廊等。根据出入口的景观要求及其用地面积大小、服务功能要求,可以设置丰富出入口景观的园林小品如花坛、水池、喷泉、雕塑、花架、宣传牌、导游图和服务部(提供问询、电话、寄存、租借、值班、办公、导游)等。出入口的布局方式也多种多样,一般与总体布局相适应,或开门见山,或欲显还隐,或小中见大。为了更好地满足对残疾人服务的要求,一些大、中等城市的公园在出入口还备有残疾人专用游园车供出租。

■ **案例一:南京市白马公园出入口**

白马公园是一个既有浓厚历史文化氛围又有鲜明现代气息的大型城市公园,其主入口设在公园用地的西南侧,靠近城市干道的交叉口。因此,在入口处设计了圆形广场,作为公园入口人流的聚集地,兼有城市市民广场的功能。设计中,还巧妙利用入口轴线把人流视线引向优美的公园湖面,使入口景色与公园内景融为一体。圆形广场的东侧紧邻城市道路处设置公园入口停车场,并衔接公园车行入口,形成合理的人车分流(图 4.26~图 4.29)。

(HIKIT,2014)

图 4.26 白马公园入口实景一

图 4.27 白马公园入口实景二

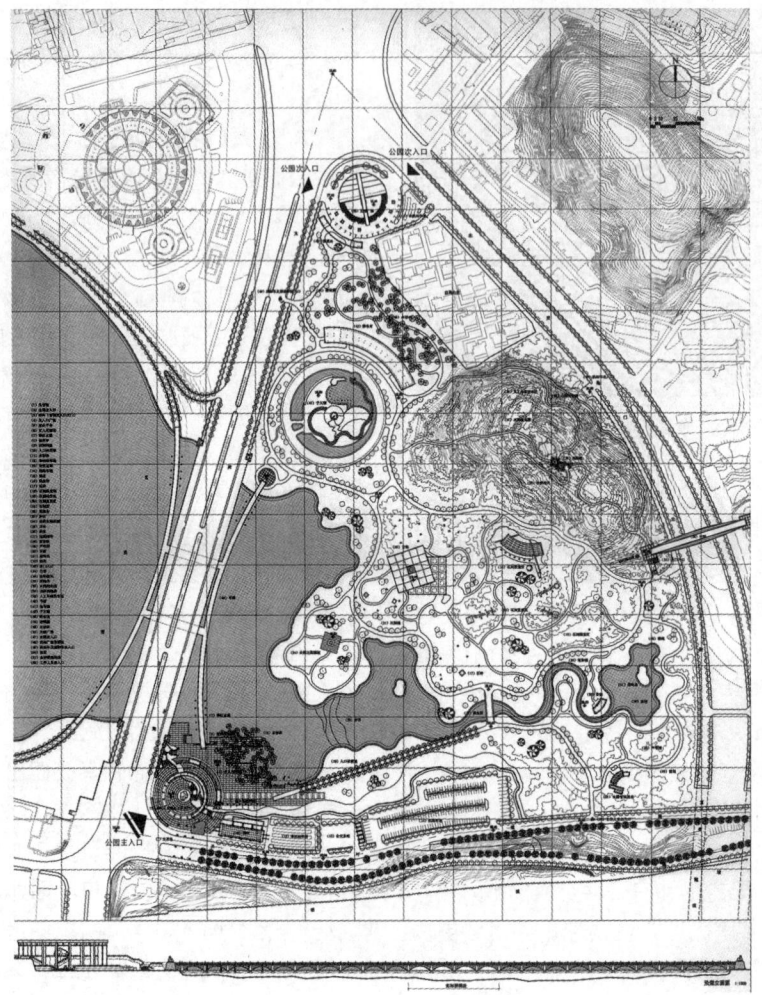

图4.28 白马公园总平面

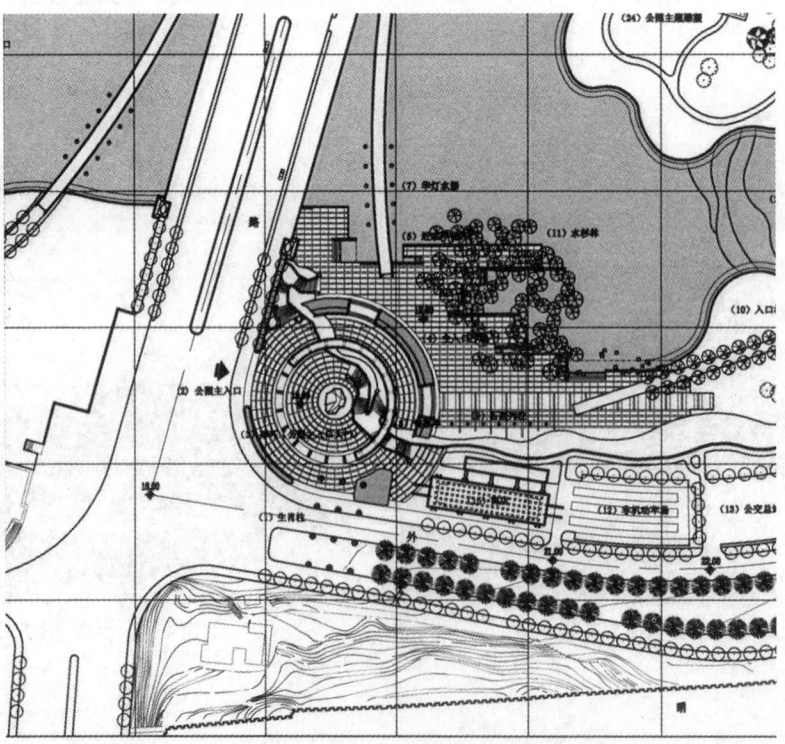

图4.29 白马公园主入口

■ **案例二：流花湖公园正门入口**

流花湖入口空间由三部分组成：一是入口前广场；二是入口后广场，包括一个圆形的大花坛；三是入口尽端处的亲水平台。入口前广场区域的视线穿透力较强，同时入口建筑空间也比较通透，与后广场的花坛景观形成对景。花坛植物充分利用植物的竖向高度形成障景。后广场区域受到花坛中植物的遮挡，视线受到阻隔。入口建筑的围合作用引导了游人的视线，使游人的视线往入口聚焦，增强入口前广场的控制力。后广场区则由于花坛组景，是入口广场游人较为聚焦的一个区域，体现出该区域在入口空间的核心地位。亲水平台区则由于采取下沉式设计，竖向高出的广场边界，起到了亲水平台的限定作用，同时也营造出亲水平台静谧的氛围(图 4.30)。

（赵樾，2018）

图 4.30 流花湖公园正门入口实景
(http://www.redocn.com/)

4.2.5 分区规划

1. 综合公园的功能分区

为了合理地组织游人开展各项活动，避免相互干扰并便于管理，在公园划分出一定的区域把各种性质相似的活动内容组织到一起，形成具有一定使用功能和特色的区域，我们称之为功能分区。

根据综合性公园的内容和功能需要，一般可将其分为：文化娱乐区、观赏游览区、安静休息、儿童活动区、老人活动区、体育活动区、园务管理区等。

1）文化娱乐区

文化娱乐区是公园中人流最集中的活动区域，开展的是较热闹、参与人数较多的文化娱乐等活动。区内的主要活动包括：俱乐部、游戏广场、技艺表演场、露天剧场等。当然，以上各活动应根据公园的规模、内容，因地制宜合理地进行布局设置。

为达到开展活动方便舒适的要求，文化娱乐区用地在人均 30 m² 较为适宜，可避免拥挤。文化娱乐区的规划，应尽可能利用地形特点，创造出景观优美、环境舒适，投资少、效果好的景点和活动区域。

2）观赏游览区

本区以观赏、游览参观为主，进行相对安静的活动，是游人比较喜欢的区域。为达到良好的观赏游览效果，游人密度需较小，以人均游览面积 100 m² 左右较为合适，所以本区在公园中占地面积较大，往往选择现状地形、植被等比较优越的地段设计布置园林景观。

在观赏游览区中如何设计合理的参观路线，形成较为合理的风景展开，序列是一个非常重要的问题。通常我们在设计时应特别注重选择合理的道路宽度，平、竖曲线，铺装材料，铺装纹样，使其能宜于景观展示、动态观赏。

3）安静休息区

安静休息区主要供游人进行休息、学习、交往等安静活动。该区的位置一般选择在具有一定起伏地形的区域，山地、谷地、溪边、瀑布等环境最为理想，并且要求树木茂盛、绿草如茵。

安静休息区的面积视公园的面积规划布置，可选择多处创设类型不同的空间环境，满足不同类型活动的要求。安静休息区一般选择在距主入口较远处，并与文化娱乐区、儿童活动区、体育活动区有一定隔离，但可与老人活动区靠近，必要时可将老人活动区布置在安静休息区内。

4）儿童活动区

儿童活动区主要供学龄前儿童和学龄儿童开展各种儿童活动。在儿童活动区内可根据不同年龄的少年儿童进行分区，一般可分为学龄前儿童区和学龄儿童区。主要活动内容和设施有：游戏场、戏水池、运动场、障碍游戏场、少年宫、少年阅览室、科技馆等。用地最好能达到人均 50 m²，并按照用地面积的大小确定所设置内容的多少。

儿童活动区规划设计应注意以下几方面：

① 位置一般靠近公园主入口，便于儿童进园后能尽快开展自己喜爱的活动。

② 建筑、设施要考虑到少年儿童的尺度，造型新颖、富有教育意义，区内道路易辨认。

③ 植物种植应选择无毒、无刺、具安全性的花草；不宜用铁丝等有伤害性的物品做护栏。

④ 活动场地应考虑多种植遮阳林木，能提供宽阔的草坪，以便开展集体活动。

⑤ 还应适当考虑成人休息、等候的场所。

5）老年人活动区

老人活动区在公园规划中应考虑设在观赏游览区或安静休息区附近，要求环境幽雅、风景宜人。具体应考虑：

（1）注意动静分区　动态活动区以健身活动为主，可进行球类、武术等活动。静态活动区主要供老人们晒太阳、下棋、聊天、观望、学习等。场地的布置应有林荫、廊、花架等，保证夏季有足够的遮阳，冬季有充足的阳光；动态活动区与静态活动区应有适当的距离，并以能相互观望为好。

（2）考虑使用方便　必需的服务建筑和必备的活动设施应充分考虑到老人的使用是否方便，如厕所内的地面要注意防滑，并设置扶手、放置拐杖处，还应设无障碍通行道，以利于乘坐轮椅的老人使用。

（3）注意安全防护要求　老人的生理机能下降，所以在老人活动区设计时应注意设施的细节处理：道路、广场注意平整、防滑，供老人使用的道路不宜太窄，不宜有汀步，钓鱼区近岸处水位应浅一些等。

6）体育活动区

是公园内集中开展体育活动的区域，其规模、内容、设施应根据公园及其周围环境的状况而定：如果公园周围已有大型的体育场、体育馆，则公园内就不必开辟体育活动区了。

体育活动区常常位于公园的一侧，并设置有专用出入口，以利于大量观众的迅速疏散。体育活动区的设置一方面要考虑为游人提供进行体育活动的场地、设施，另一方面还要考虑到作为公园的一部分，需与整个公园的绿地景观相协调。

该区属于相对较喧闹的功能区域，应与其他各区以地形、树丛、丛林进行分隔；区内可设场地较小的篮球场、羽毛球场、网球场、门球场、武术表演场等。如资金允许，可以缓坡草地、台阶等作为观众看台，增加人们与大自然的亲和性。

7）园务管理区

是公园经营管理需要的专用区域。一般设置有办公室、值班室、广播室及安装管理水、电、煤、通信等管线工程的建筑物、构筑物及职工宿舍等。以上按功能可分为管理办公部分、仓库员工部分、花圃苗木部分、生活服务部分等。

园务管理区一般设在既便于公园管理，又便于与城市联系的地方，管理区四周要与游人有所隔离，园内、园外均要有专用的出入口。由于园务管理区属于公园内部专用区，规划其布局要考虑适当隐蔽，不宜过于突出，影响景观视线。

在较大的公园中，可设有多个服务中心，为全园游人服务，服务中心应设在游人集中、停留时间较长、地点适中的地方。

2. 综合公园的景观分区

按规划设计意图，根据游览需要，组成一定范围的各种景观地段。形成各种风景环境和艺术境界，以此划分成不同的景区，称为景区划分。

景区划分通常以景观分区为主，每个景区都可以成为一个独立的景观空间体。景区内的各组成要素都是相关的，都有一定的协调统一关系，或在建筑风格方面，或在植物景观配置方面。

公园景观分区要使公园的风景与功能使用要求相配合，增强功能要求的效果。但景区不一定与功能分区的范围完全一致，有时需要交错布置，常常是一个功能区中包含一个或多个景区，形成不同的景色，有变化、有节奏、生动多彩，以不同的景观效果、景观内涵给游人以不同情趣的艺术感受，激发游人的审美情感。例如：广州越秀公园的景区划分，是以较有特色的景观作为分区的主导因素，其他各造园要素围绕它来展开组成各特色明显的景区，颇得游人青睐。

景观分区的形式一般有以下几类：

1）按游人对景区环境的不同感受效果划分景区

（1）开朗的景区　宽广的水面、大面积的草坪、宽阔的铺装广场，往往都能形成开朗的景观，给人以心胸开阔、畅快怡情的感觉，是游人较为集中的区域。

（2）雄伟的景区　利用挺拔的植物、陡峭的山形、耸立的建筑等形成雄伟庄严的气氛。如南京中山陵利用主干道两侧高大茂盛的雪松和层层高上的大台阶，使人们的视线集中向上，形成仰视景观，达到巍峨壮丽和令人肃然起敬的景观感染效果。

（3）清静的景区　利用四周封闭而中间空旷的环境，形成安静的休息条件，如林间隙地、山林空谷等，在有一定规模的公园中常常进行设置，使游人能够安静地欣赏景观，进行活动。

(4) 幽深的景区　利用地形的变化、植物的隐蔽、道路的曲折、山石建筑的障隔和联系，形成曲折多变的空间，达到优雅深邃、曲径通幽的境界。这种景区的空间变化比较丰富，景观内容较多。

2）按复合的空间组织景区

这种景区在公园中有相对独立性，形成自己的特有空间，一般都是在较大的园林空间中开辟出相对小一些的空间，如：园中之园、水中之水、岛中之岛，形成园林景观空间层次上的复合性，增加景区空间的变化和韵律，是比较受欢迎的景区空间类型。

3）按不同季节季相组织景区

景区的组织主要以植物的四季变化为特色进行布局规划，一般根据春花、夏荫、秋叶、冬干的植物四季特色分为春景区、夏景区、秋景区、冬景区。每景区内都选取有季节性的植物作为主景观，结合其他植物品种进行规划布局，四季景观特色明显，是经常用的一种方法。如扬州个园的四季假山；上海植物园内假山园的樱花、桃花、紫荆、连翘等组成春山风光，以石榴、牡丹、紫薇等组成夏山风光，以红枫、械树林供秋山观红叶，以松、柏组成冬山冬景。

4）按不同的造园材料和地形为主体构成景区

(1) 假山园　以人工叠石为主，突出假山造型艺术，配以植物、建筑水体。在我国古典园林中较多见，如上海豫园黄石大假山、苏州狮子林的湖石假山、广州黄蜡石假山。

(2) 水景园　利用自然的或模仿自然的河、湖、溪、瀑等人工构筑的，各种形式的水池、喷泉、跌水等水体，构成的风景。

(3) 岩石园　以岩石及岩生植物为主，结合地形选择适当的沼泽、水生植物，展示高山草甸、牧场、碎石陡坡、峰峦溪流岩石等自然景观，极富野趣，是较受欢迎的一类景区。还有其他一些有特色的景区如山水园、沼泽园、花卉园、树木园等，这些都可结合整体公园的布局立意进行适当设置。

在我国古典园林中常常利用创造意境的方法来形成景区特色。一个景区围绕一定的中心思想内容展开，包括景区内的地形布置、建筑布局、建筑造型、水体规划、山石点缀、植物配置、匾额对联的处理等，如圆明园的四十景、避暑山庄的七十二景都是较好的范例。现代一些园林的设计同样也借鉴了其中的一些手法，结合较强的实用功能进行景区的规划布局。

■ **案例一：江苏盐城新东方公园分区**

新东方公园根据汽车文化的主题构思形成了"一核四区"的规划结构（图4.31、图4.32）。

一核：中心车事广场及人工湖景观核。四区：车情区、车乐区、车艺区、休闲活动区。各区的景点设置根据主题的内容有所不同。

中心车事广场及人工湖景观核：主要景观为下沉式广场、旱喷、汽车文化柱、自然式人工湖等。该景区在景观主题上是对汽车文化的汇总和升华，在景观功能上是满足市民大型集会、庆典、新车发布等活动的需要。

车情区：为游人提供最新有关汽车的信息，为爱车之人提供寄托喜爱之情的场所等。

车乐区：通过车的零部件营造全园娱乐中心，体现有趣、有意义的汽车娱乐文化。

车艺区：通过汽车各零部件的抽象化及组合，给人以视觉上的冲击，更加了解与热爱汽车文化。

休闲活动区：通过中心石景广场、花架亭廊、茶室等营造休闲活动空间，满足人们在公园中休闲活动的需要。

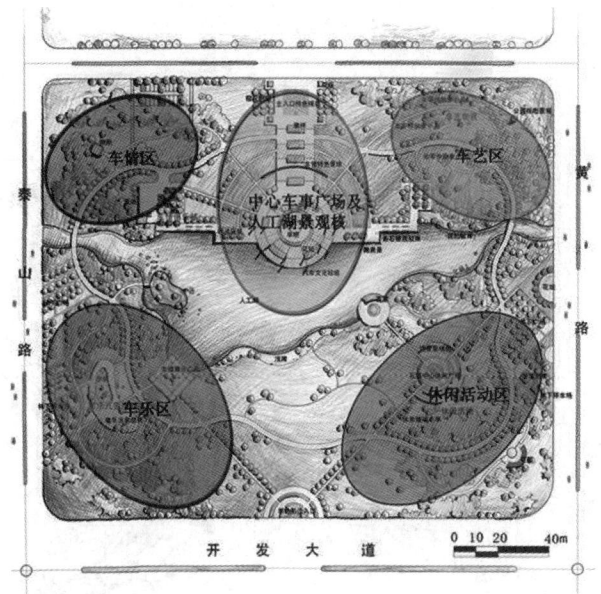

图4.31　盐城东方公园分区规划图

图4.32　盐城东方公园鸟瞰效果图

（南京林业大学风景园林学院，2006）

■ 案例二：纽约布鲁克林景色公园分区

景色公园是北美地区具有最简单但又最为精细的景观结构的公园之一。整个公园由草坪、森林和湖泊等区域组成，利用公园的原有地形，将不同的景区联系成一个整体。该公园主要包括了草地拱门、草地长廊、荔枝园别墅、峡谷、海洋大道、景色湖等景区。其中"草地长廊"是整个公园最具传统特色的景区，"草地长廊令人信服地解释了弯曲空间的心理效应……在这种冲动下继续前行，我们能感觉到这种吸引力，也能感觉景色公园那显著的特色"（图4.33～图4.35）。

（泰特，2005）

纽约布鲁克林景色公园
1 铁军广场
2 景色公园西部
3 草地拱门
4 恩达勒拱门
5 草地长廊
6 平瓦大道
7 荔枝园别墅
8 野餐馆
9 布鲁克林动物园
10 音乐厅
11 网球馆
12 池塘
13 琥珀烤肉店
14 峡谷
15 威林克门
16 景色公园西南部
17 下层草地
18 船库
19 守望山
20 微风山
21 音乐林
22 海洋大道
23 马车广场
24 景色湖
25 园边大道
26 阅兵场

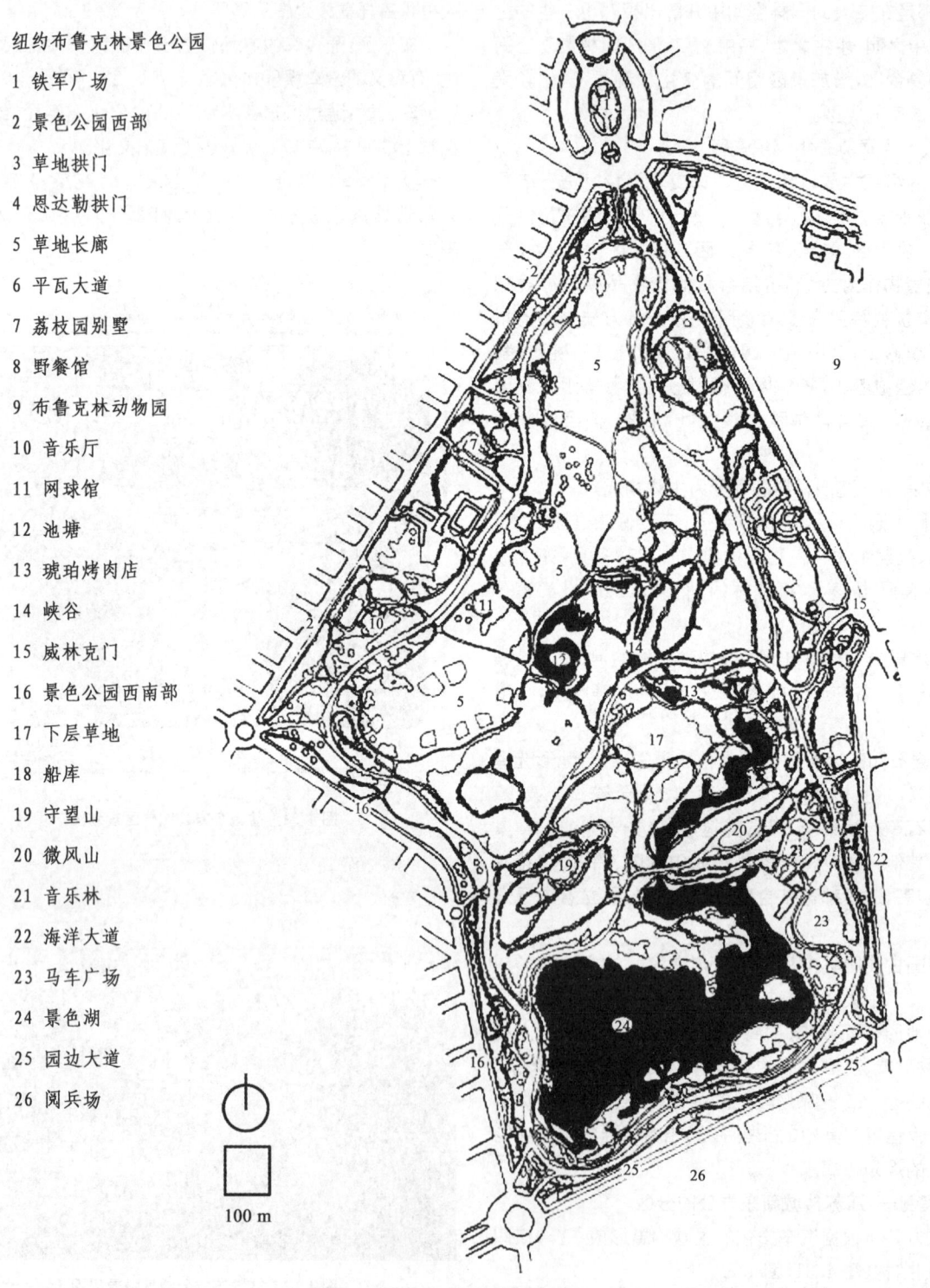

图 4.33　景色公园平面图

图 4.34 景色公园草坪长廊边缘落木景色

图 4.35 由拱门进入草坪长廊的景观

4.2.6 交通系统规划设计

公园中的交通包括陆路、水路两种,一般有较大水面的大型综合公园才会同时具有水、陆两种交通方式。多数的公园以陆路交通为主。下面就以陆路交通为主来说明公园的交通系统。

园林道路交通系统是园林的组成部分,起着组织空间、引导游览、交通联系并提供散步场所的作用。园林道路本身又是园林风景的组成部分,蜿蜒起伏的曲线、丰富的寓意、精美的图案,都给人以美的享受。园路布局要从园林的使用功能出发,根据地形、地貌、景点的分布和园务管理活动的需要综合考虑,统一规划。园路需因地制宜、主次分明,有明确的方向性。

1. 园路的类型

园路联系公园内不同的分区,方便组织交通、引导游览,同时也是公园景观、骨架、脉络、景点纽带、构景的要素。园路类型有主干道、次干道、专用道、游步道。

(1) 主干道 主干道是全园的主要道路,连接公园各功能分区、主要建筑设施、风景点,要求方便游人集散。路宽 4～6 m,纵坡 8% 以下,横坡 1%～4%。

(2) 次干道 次干道是公园各区内的主道,引导游人到各景点、专类园,自成体系、组织景观,对主路起辅助作用。

(3) 专用道 多为园务管理使用,在园内与游览路分开,应减少交叉,以免干扰游览。

(4) 游步道 为游人散步使用,宽 1.2～2 m。

2. 园路的布局形式

(1) 回环性园路 园林中的路多为环形路,游人从任何一点出发都能游遍全园。

(2) 疏密适度 园路的疏密度同园林的规模、性质有关,在公园内道路大体占总面积 10%～12%,在动物园或小游园内,密度可以稍大,但不宜超过 25%。

(3) 因景筑路 将园路与景物的布置结合起来,从而达到因景筑路、因路得景的效果。

(4) 曲折性 园路随地形和景物而曲折起伏,造成"山重水复疑无路,柳暗花明又一村"的情趣,活跃空间气氛。

3. 园路线形设计

园路线形设计应与地形、水体、植物、建筑物、铺装场地及其他设施结合,形成完整的风景构图,创造连续展示园林景观的空间或欣赏前方景物的透视线。线性设计主要包括平面线性设计和纵断面设计。

(1) 平面线性设计 要考虑不同类型道路的宽度要求。大型景区游览大道不超过 6 m,公园主干道 3.5 m,游步道 1～2.5 m,道路转弯半径应满足造景需要和汽车的安全行驶最小半径。弯道内侧的路面应适当加宽,外侧高、内侧低。

(2) 纵断面设计 因地制宜,随地形的变化而变化,以减少土方量。主路纵坡宜小于 8%,横坡宜小于 3%,纵、横坡不得同时无坡度。

4. 园路交叉口处理

两条主干道相交时,交叉口应做扩大处理,做正交形式,形成小广场,以方便行车、行人。小路应斜交,但不应交叉过多,两个交叉口不宜太近,要主次分明,相交角度不宜太大。"丁"字交叉口是视线的交点,可点缀风景。上山路与主干道交叉要自然,藏而不显,又要吸引游人入山。纪念性园林路可正交叉。

5. 园路与建筑的关系

园路通往大建筑时,为了避免路上游人干扰建筑内部活动,可在建筑前设集散广场,使园路由广场过渡再和建筑联系。园路通往一般建筑时,可在建筑面前适当加宽路面,或形成分支,以利游人分流。园路一般不穿过建筑物,而从四周绕过。

■ **案例一:纽约中央公园的交通系统**

纽约中央公园位于曼哈顿四条城市干道围合成的一片矩形区域中,其交通体系的设计使得整个公园能让城市居民从城市生活的视野和声音中领略到自然的无限美好。四条横穿公园东西的车道(一般为下沉式)既保证了城市交通,又尽可能与人行道互不影响,避免公园的静谧气氛被穿城交通打扰。在公园的内部也将不同运动方式的道路分隔开来,从而避免了不同功能使用者的冲突(图 4.36～图 4.40)。

(泰特,2005)

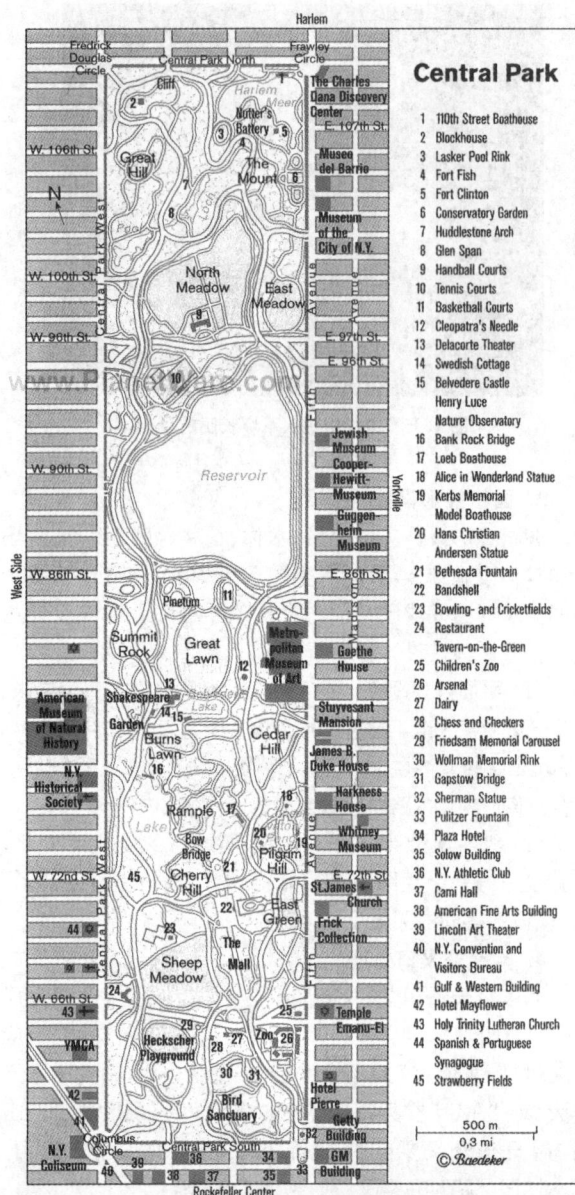

图 4.36　中央公园平面图
（www.worldwanderista.com）

图 4.38　中央公园步行游览道路

图 4.39　中央公园过街通道

图 4.40　中央公园机动车道
（http://www.360doc.com/content/16/0629/08/23036362-571563075.shtml）

图 4.37　中央公园的林荫道

■ 案例二：坎伯兰公园的交通系统

坎伯兰公园是由美国著名景观设计师、过程主义之父——乔治·哈格里夫斯（George Hargreaves）主导设计的一个占地约 26 000 平方米的城市公园。该公园位于美国田纳西州纳什维尔的坎伯兰河东岸谢尔比街大桥下，是一个给当地的城市居民，尤其是各个年龄段的儿童，提供休闲、娱乐、游玩等功能的城市公园。

图 4.41 坎伯兰公园平面图
(https://mp.weixin.qq.com/s/ntYHtYB9FEzBknoWipz7YQ)

图 4.42 坎伯兰公园架空的云桥
(https://mp.weixin.qq.com/s/ntYHtYB9FEzBknoWipz7YQ)

图 4.43 坎伯兰公园弧形道路设计
(https://mp.weixin.qq.com/s/ntYHtYB9FEzBknoWipz7YQ)

公园内部有一条横穿而过、交通便捷的主要干道,可供车辆通行。公园的道路多呈流线型,流畅自由、交通便捷。人们行走其中,如同鱼儿在水中游,灵活顺畅;同时,利用高低变化,通过架空的云桥和下降的地形等达到时起时伏的效果,正如蜿蜒起伏的坎伯兰河一般。弧形的绿化带和道路设计,内部的循环网络和林荫大道,还有穿越薄雾飘渺水景的踏脚石路径,给人以不同的感受,增加了趣味性(图 4.41~图 4.43)。

(罗联、郑晓莹,2014)

4.2.7 地形规划设计

公园总体规划在确定出入口、功能分区的基础上,必须先进行整个公园的地形设计。

无论规则式、自然式或混合式园林,都存在地形设计问题。地形设计牵涉公园的艺术形象、山水骨架、种植设计、土方工程等合理性问题。从公园的总体规划角度,地形设计最主要的是要解决公园为造景所需进行的地形处理。

规则式园林的地形设计,主要是应用直线和折线,创造不同高程平面的布局。上下平台则延续规则平面图案的布置;其中水体主要是以长方形、圆形等几何图形为造型的水渠、水池;一般渠底、池底在满足排水的要求下,标高基本相等。近些年来,欧美国家下沉式广场应用普遍,起到良好的景观和使用效果。如在地形高差变化大的地带,利用底层开展各种演出活动,周围结合地形情况而设计不同形式的台阶,围合成下沉式广场。

自然式园林的地形,一般有以下几种情况:原有水面或低洼沼泽地,或为城市中河网地,或是起伏不平的山林地,或为平坦的农田、菜地或果园等。无论上述哪种地形,基本都可采用《园冶》中的"高方欲就亭台,低凹可开池沼"的"挖湖堆山"法。

公园中地形设计还应与全园的植物种植规划紧密结合。公园中的块状绿地如密林和草坪应在地形设计中结合山地、缓坡;水面应考虑水生植物、湿生、沼生植物等不同的生物学特性而创造地形。山林地坡度应小于33%,草坪坡度不应大于25%。

地形设计还应结合各分区规划的要求,如安静休息区、老人活动区等需要一定山林地、溪流蜿蜒的小水面,或利用山水组合空间造成局部幽静环境。而文娱活动区域,地形变化不宜过于强烈,以便开展大量游人短期集散的活动。儿童活动区不宜选择过于陡峭、险峻的地形,以保证儿童活动的安全。

公园地形设计中,竖向控制应包括下列内容:山顶标高,最高水位,常水位,最低水位标高,水底标高,驳岸顶部标高等。为保证公园内游园安全,水体深度一般控制在1.5~1.8 m之间。硬底人工水体的近岸2.0 m范围内的水深不得大于0.7 m,超过者应设护栏。无护栏的木桥,汀步附近2.0 m范围以内,水深不得大于0.5 m。

竖向控制还包括:园路主要转折点、交叉点、变坡点,主要建筑的底层、室外坪,各出入口内、外地面,地下工程管线及地下构筑物的埋深。表4.1为不同地表的排水坡度。

表4.1 各类地表的排水坡度(%)

地表类型	最小坡度
草地	1.0
运动草地	0.5
栽植地表	0.5
铺装场地	0.3

[《公园设计规范》(GB 51192—2016)]

■ 案例一:上海长风公园的地形设计

长风公园原址为吴淞江淤塞的河湾农田,地势低洼,多河塘、芦苇河滩地。公园在设计中采用了挖湖堆山的设计方法,平衡土方的利用,建成了以铁臂山、银锄湖为山水骨架、主景式的现代公园(图4.44、图4.45)。

(李铮生,2006)

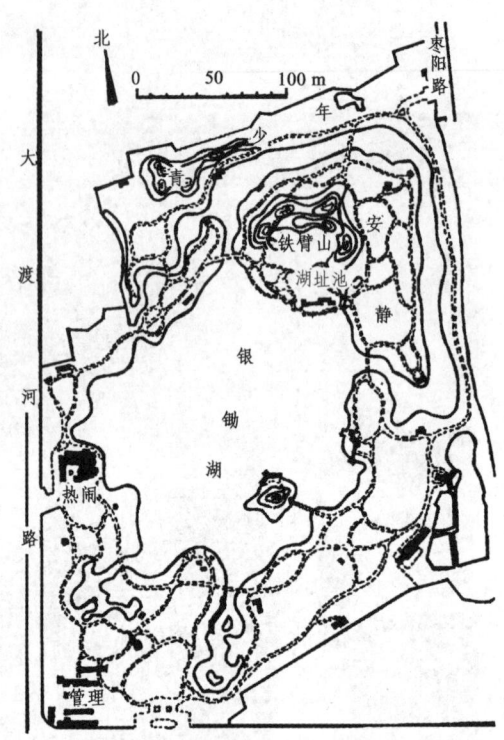

图4.44 长风公园平面图

图4.45 长风公园即景

■ 案例二:Race Street 码头公共公园的地形设计

项目位于美国费城德拉瓦河沿岸,该方案试图将城市与河流连接起来,复兴城市滨水区并建立起一个亲密活跃的城市公共公园。公园利用地形分为两层,上层是行人散步、骑自行车和慢跑的"空中长廊",而下层则作为自由的休闲活动区域。此外,整体的坡道连接了两块活动平台,进一步增强了公园的空间感和通达性,同时还遮挡来自市区方向的视线干扰。一系列人造木制长椅沿着倾斜的坡道排列,界定了12英尺高的二层平台边界,同时也将两个不同的空间整合在一起。层列式的平台还能作为灵活的座椅,增加整个空间的雕塑感。总之,该公园巧妙地利用地形创造了不同功能的空间,大大丰富了公园的活动体验(图4.46~图4.48)。

(James Corner Field Operations,2009)

图4.46 Race Street 码头公共公园鸟瞰图
（https://www.sj33.cn/architecture/jgsj/201205/31112.html）

图4.47 连接上下两层的坡道

图4.48 草坪和层列式的平台

图4.49 自然河流
（泰特，2005）

图4.50 古镇内河

4.2.8 水景规划设计

中国古典园林的山与水是密不可分的，掇山必须顾及理水，"水随山转，山因水活"。水与凝重敦厚的山相比，显得透迤婉转、妩媚动人、别有情调，能使园林产生很多生动活泼的景观，如产生倒影使一景变两景，低头可见云天打破了空间的闭锁感，有扩大空间的效果。养鱼池可开展观鱼垂钓活动，种植水生植物，增加水中观赏景物。从园林艺术上讲，水体与山体还形成了方向与虚实的对比，可形成开朗的空间和较长的风景透视线。

1. 水体水景的类型

1）按形式分

（1）自然式水体水景　是保持天然的或模仿天然形状的水体形式。有溪、涧、河、池、潭、湖、涌泉、瀑布、壁泉等。

（2）规则式水体水景　是人工开凿成的几何形状的水体形式。有水渠、运河、几何形水池、喷泉、瀑布、叠水、水阶梯、壁泉等。

（3）混合式水体水景　是规则水景与自然水景的综合运用。

2）按水的形态分

（1）静水　有湖、池、沼、潭、井等静态的水体。

（2）动水　指河、溪、涧、渠、瀑布、喷泉、涌泉、水阶梯等流动的水体。

静水能给人以明洁、怡静、开朗、幽深或扑朔迷离的感受；动水能给人以清新明快、变化多端、激动、兴奋的感觉，不仅给人以视觉，还能给人以听觉上的美感，如无锡寄畅园的八音涧。我国古代还利用动水形成曲水流觞。

2. 不同形式的水体设计方法

（1）河流　在园林中组织河流，平面不宜过分弯曲，但河床应有宽有窄，以形成空间上的开合变化，河岸随山势、地形应有缓有陡，丰富沿岸景致（图4.49，图4.50）。

图 4.51 溪涧

图 4.52 瀑布

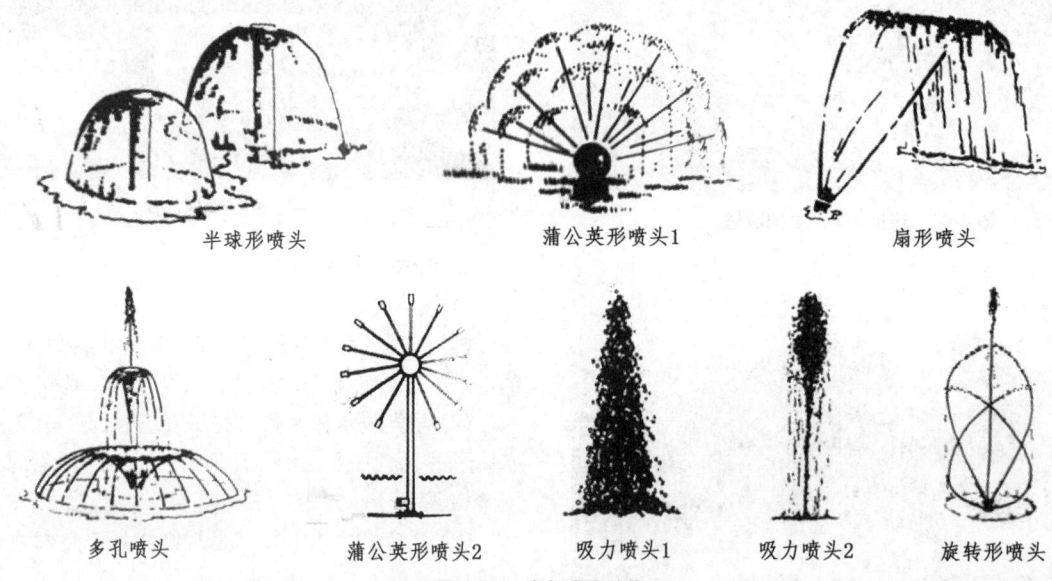
图 4.53 喷泉喷头形式
（孟兆祯，等，1996）

(2) 溪涧　在自然界中，水流平缓者为溪，湍急者为涧，可在园林山坡地适当之处设置溪涧，溪涧的平面应蜿蜒曲折、有分有合、有收有放，构成大小不同的水面或宽窄各异的水流。多变的水形及落差，配合山石的设置，可使水流忽急忽缓、忽隐忽现，形成各种悦耳的水声，给人以视听上的双重感受，如无锡寄畅园的八音涧、北京颐和园的玉琴峡，都是仿效自然人工造成的溪涧精品(图 4.51)。

(3) 瀑布　瀑布是优美的动态水景。大的风景区中，常有天然瀑布可以利用，如贵州的黄果树大瀑布、庐山香炉峰大瀑布等。人工园林可以模仿天然瀑布的意境，创造人工小瀑布。通常的做法是将石山叠高，山上设池做水源，池边开设落水口，水从落水口流出形成瀑布(图 4.52)。

(4) 喷泉　地下水向地面上涌出谓泉，泉流速大，涌出时水体会高于地面或水面。城市园林绿地中的喷泉以人工为主，一般布置在城市广场上、大型建筑物前、入口处、道路交叉口等处，与水池、雕塑、花坛、彩色灯光等组合成景。作为局部的构图中心，喷泉线条若要清晰，可以深色景物为背景，如高绿篱、绿墙或深色的建筑墙面等。另外喷泉喷头不同的形式也会产生不同的喷射效果(图 4.53)。

(5) 岛、半岛 四面环水的陆地称岛。岛可以划分水面空间,增加水中观赏内容及水面层次、抑制视线、避免湖岸风光一览无余,还可引发游人的探求兴趣,吸引游人游览。岛是一个眺望湖周边景色的重要地点,可分为山岛、平岛、池岛(图4.54)。

山岛突出水面,与水形成方向上的对比,岛上的建筑、植树,常成为全园的主景或眺望点,如北京北海的琼华岛。平岛似天然的沙舟,岸线平缓地深入水中,给人以舒适及与水亲近之感;还可在北边配置芦苇之类的水生植物,形成生动而具野趣的自然景色。池岛即湖中有岛,岛中有湖,在面积上壮大了声势,在景色上丰富了变化,具有独特效果,但最好用于大水面中,如杭州西湖的"三潭印月"。

半岛是指陆地一半伸入湖泊,一半同大陆相连的地貌形态,它的其余三面被水包围。如浙江的穿山半岛、象山半岛等。

(6) 驳岸 园林中的水面应有稳定的湖岸线即驳岸,以防止地面被冲刷,维持地面和水面的固定关系。同时驳岸也是园景的组成部分,必须在经济、实用的前提下注意美观,使之与周围的景观协调(图4.55)。

一般驳岸有土石基草坪护坡、自然山石驳岸(图4.56)、条石驳岸、钢筋混凝土驳岸、木桩护岸等。

(7) 闸、坝 闸、坝是控制水流出入某级水体的工程构筑物,主要作用是蓄水和泄水,是设于水体的进水口和出水口。园林中的闸、坝多与建筑、园桥、假山等组合成景。

水闸按功能可分为进水闸、节制水闸、分水闸、排洪闸等。

水坝有土坝、草坪或铺石护坡;石坝有滚水坝、阶梯坝、分水坝等;橡皮坝可充水、放水。

4.2.9 植物配置

植物配置是进行综合性公园规划设计时较为重要的一项内容,其对公园整体绿地景观的形成、良好生态环境和游憩环境的创造起着极为重要的作用。

(1) 全面规划,重点突出,远期和近期相结合 公园的植物配置规划,必须从公园的功能要求出发,结合植物造景要求、游人活动要求、全园景观布局要求来布置安排。

应利用公园用地内的原有树木,尽快形成整个公园的植物骨架。在重要地区如主入口、主要景观建筑附近、重点景观区,以及主干道的行道树,宜选用移植大苗来进行植物配置;其他地区,则可用合格的出圃小苗;快生与慢长的植物品种相结合,以尽快形成绿色景观效果(图4.57)。

(2) 突出公园的植物特色,注重植物品种搭配 每个公园在植物配植上应有自己的特色,突出某一种或几种植物景观,形成公园的绿地植物特色。如杭州西湖的孤山(中山)公园以梅花为主景,曲院风荷以荷花为主景,西山公园以茶花、玉兰为主景,花港观鱼以牡丹为主景,柳浪闻莺以垂柳为主景,这样各个公园绿地植物形成了各自的特色,成为公园自身的代表(图4.58、图4.59)。

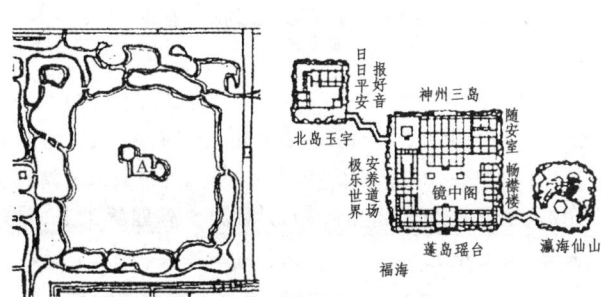

图4.54 北京圆明园福海内"一池三山"
(黄东兵,2003)

图4.55 自然草坡护岸
(泰特,2005)

图4.56 山石驳岸

图 4.57　苏州河水岸

图 4.58　西湖边植物景观

图 4.59　西湖边花境景观

图 4.60　常绿与落叶树种相结合

图 4.61　以杉结合其他植物形成的植物景观

图 4.62　杜鹃花为主的漫山花海
（苏雪痕，1994）

全园的常绿树与阔叶树应有一定的比例，一般在华北地区常绿树占 30%～40%，落叶树 60%～70%；华中地区常绿树 50%～60%，落叶树 40%～50%；华南地区常绿树 70%～80%，落叶树 20%～30%，以达到四季常青，景观各异（图 4.60）。

（3）应注意各景区植物基调及主配调的规划　全园在树种选择上，应该有 1 个或 2 个树种作为全园的基调，分布于整个公园中，在数量和分布范围上占优势；全园还应视不同的景区突出不同的主调树种，形成不同景区的各自植物主题，使各景区在植物配置上各有特色。

植物配置除了有主调以外，还应有配调，使之相得益彰。全园的植物布局，既要达到各景区各有特色，相互之间又要统一协调，达到多样统一的效果（图 4.61、图 4.62）。

（4）植物规划充分满足使用功能　根据人们对公园绿地游览观赏的要求，除了用建筑材料铺装的道路和广场外，整个公园应全部由绿色植物覆盖。地被植物一般选用多年生花卉和草坪，某些坡地可以用匍匐性小灌木或藤本植物。

为改善小气候，冬季有寒风侵袭的地方，要考虑防风林带的种植；主要建筑物和活动广场在进行植物景观配置的时候也要尽量创造良好的小气候。

全园中的主要道路,应利用树冠开展、树形较美的乔木作为行道树。一方面形成优美的纵深绿色植物空间,另一方面也起到遮阳的作用。规则的道路宜采用规则行列式的行道树。自然式的道路,多采用自然种植形式以形成自然景观。

在儿童游戏场、游人活动较多的铺装广场,如供露天演出的铺装广场,应栽植株距较大(8~12 m)、林冠展开的遮阳树。

疏林草地是很受人们欢迎的一种配置类型,在耐阴性较强的草坪上,栽植株距较大(8~15 m)的速生落叶乔木,既可遮阳,又有草坪,适于开展多种活动(图 4.63)。

在游憩亭榭、茶室、餐厅、阅览室、展览馆的建筑物西侧,应配植高大的庇荫乔木,以抵挡夏季西晒(图 4.64)。

(5) 四季景观和专类园的设计是植物造景的突出点

"造景所藉,切要四时",春、夏、秋、冬四季植物景观的创作是比较容易出效果的。植物在四季的表现不同,游人可尽赏其各种风采,春观花、夏纳荫、秋观叶品果、冬赏干观枝。因地制宜地结合地形、建筑、空间变化将四季植物搭配在一起便可形成特色植物景观。

以不同植物种类组成专类园,在公园的总体规划中是不可缺少的内容,花繁叶茂、色彩绚丽的专类花园是游人乐于游赏的地方。在园林中,常见的专类园有:牡丹园、槭树园、菊园、竹园、宿根花卉园等(图 4.65~图 4.68)。

图 4.65 地被植物形成花境景观

图 4.63 疏林草地

图 4.64 建筑与植物相结合

图 4.66 夏季植物景观
(苏雪痕,1994)

(6) 注意植物的生态条件，创造适宜的植物生长环境

按生态环境条件，植物可分为陆生、水生、沼生、耐寒喜高温及喜光耐阴、耐水湿、耐干旱、耐贫瘠等类型。

如喜光照充足的梅、松、木棉、杨、柳；耐阴的罗汉松、山楂、珍珠梅、杜鹃；喜水湿的柳、水杉、水松、丝棉木；耐贫瘠的沙枣、柽柳、胡杨等。在园林中，不同的生态环境下选用不同的植物品种则易形成该区域的景观特色。

4.2.10 游人容量计算

公园游人容量是指游览旺季高峰期时公园内的游人数。

公园游人容量是确定内部各种设施数量或规模的依据，也是公园管理上控制游人数量的依据。通过游人数量的控制，可避免公园因超容量接纳游人，造成人身伤亡和园林设施损坏等事故，并为城市部门验证绿地系统规划的合理程度提供依据。

公园的游人量随季节、假日与平日、一日之中的高峰与低谷而变化；一般节日最多，游览旺季、星期日次之，旺季平日相对较少，淡季平日最少，一日之中又有峰谷之分。确定公园游人容量以游览旺季的星期日高峰时为标准。

公园游人容量应按下式计算：

$$C = (A_1/A_{m1}) + C_1$$

式中：C——公园游人容量（人）

A_1——公园陆地面积（m^2）

A_{m1}——人均占有公园陆地面积（m^2/人）

C_1——公园开展水上活动的水域游人容量（人）

4.2.11 公园用地比例

1. 公园用地面积

包括陆地面积和水体面积，其中陆地面积应分别计算绿化用地、建筑占地、园路及铺装场地用地的面积及比例，公园用地面积及用地比例应按表 4.2 的规定进行统计。

表 4.2 公园用地面积及用地比例表

公园总面积/m^2	用地类型		面积/m^2	比例/%	备注
	陆地	绿化用地			
		建筑占地			
		园路及铺装场地用地			
		其他用地			
	水体				

注：如有"其他用地"，应在"备注"一栏中注明内容。

2. 公园用地比例

应以公园陆地面积为基数进行计算，并应符合表 4.3 的规定。

图 4.67 春季植物景观

图 4.68 秋季植物景观

表 4.3　公园用地比例(%)

陆地面积 A_1 /hm²	用地类型	公园类型 综合公园	专类公园 动物园	专类公园 植物园	专类公园 其他专类公园	社区公园	游园
$A_1<2$	绿化 管理建筑 游憩建筑和服务建筑 园路及铺装场地	— — — —	— — — —	>65 <1.0 <7.0 15—25	>65 <1.0 <5.0 15—25	>65 <0.5 <2.5 15—30	>65 — <1.0 15—30
$2\leqslant A_1<5$	绿化 管理建筑 游憩建筑和服务建筑 园路及铺装场地	— — — —	>65 <2.0 <12.0 10—20	>70 <1.0 <7.0 10—20	>65 <1.0 <5.0 10—25	>65 <0.5 <2.5 15—30	>65 <0.5 <1.0 15—30
$5\leqslant A_1<10$	绿化 管理建筑 游憩建筑和服务建筑 园路及铺装场地	>65 <1.5 <5.5 10—25	>65 <1.0 <14.0 10—20	>70 <1.0 <5.0 10—20	>65 <1.0 <4.0 10—20	>70 <0.5 <2.0 10—25	>70 <0.3 <1.3 10—25
$10\leqslant A_1<20$	绿化 管理建筑 游憩建筑和服务建筑 园路及铺装场地	>70 <1.5 <4.5 10—25	>65 <1.0 <14.0 10—20	>75 <1.0 <4.0 10—20	>70 <0.5 <3.5 10—20	>70 <0.5 <1.5 10—25	— — — —
$20\leqslant A_1<50$	绿化 管理建筑 游憩建筑和服务建筑 园路及铺装场地	>70 <1.0 <4.0 10—22	>65 <1.5 <12.5 10—20	>75 <0.5 <3.5 10—20	>70 <0.5 <2.5 10—20	— — — —	— — — —
$50\leqslant A_1<100$	绿化 管理建筑 游憩建筑和服务建筑 园路及铺装场地	>75 <1.0 <3.0 8—18	>70 <1.5 <11.0 5—15	>80 <0.5 <2.5 5—15	>75 <0.5 <1.5 8—18	— — — —	— — — —
$100\leqslant A_1<300$	绿化 管理建筑 游憩建筑和服务建筑 园路及铺装场地	>80 <0.5 <2.0 5—18	>70 <1.0 <10.0 5—15	>80 <0.5 <2.5 5—15	>75 <0.5 <1.5 5—15	— — — —	— — — —
$A_1\geqslant 300$	绿化 管理建筑 游憩建筑和服务建筑 园路及铺装场地	>80 <0.5 <1.0 5—15	>75 <1.0 <9.0 5—15	>80 <0.5 <2.0 5—15	>80 <0.5 <1.0 5—15	— — — —	— — — —

注:"—"表示不作规定;上表中管理建筑、游憩建筑和服务建筑的用地比例是指其建筑占地面积的比例。

3. 公园内用地面积计算规定

(1) 河、湖、水池等应以常水位线范围计算水体面积,潜流湿地面积应计入水体面积。

(2) 没有地被植物覆盖的游人活动场地应计入公园内园路及铺装场地用地。

(3) 林荫停车场、林荫铺装场地的硬化部分应计入园路及铺装场地用地。

(4) 建筑物屋顶上有绿化或铺装等内容时,面积不应重复计算,可按表 4.2 的规定在备注中说明情况。

(5) 展览温室应按游憩建筑计入面积,生产温室应按管理建筑计入面积。

(6) 动物笼舍应按游憩建筑计入面积,动物运动场宜计入绿化面积。

(7) 历史名园应设与游人量相匹配的管理建筑和厕所。

(8) 公园内总建筑面积(包括覆土建筑)不应超过建筑占地面积的 1.5 倍。

(9) 园路及铺装场地用地,在公园符合下列条件之一时,在保证公园绿化用地面积不小于陆地面积的 65% 的前提下,可按本规范表 4.3 的规定值增加,但增值不宜超过公园陆地面积的 3%。

① 公园平面长宽比值大于 3。

② 公园面积一半以上的地形坡度超过 50%。

③ 水体岸线总长度大于公园周边长度,或水面面积占公园总面积的 70% 以上。

[《公园设计规范》(GB 51192—2016)]

4.3 案例分析

■ 案例一：青岛市贮水山公园(图 4.69)

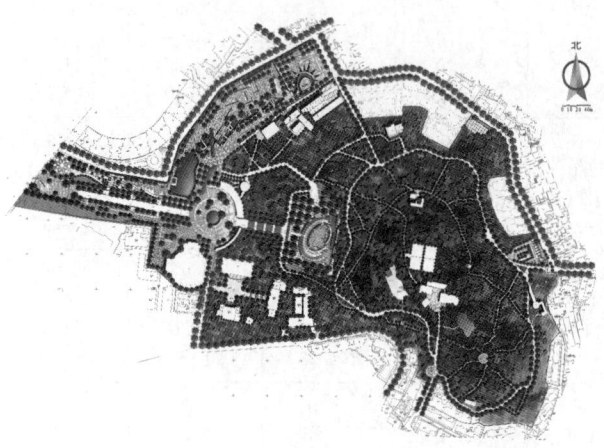

图 4.69 青岛市贮水山总平面

1) 设计背景

(1) 贮水山公园的区位　贮水山公园位于青岛市北区，市北区是青岛市的老城区。为改善城市面貌，1992 年被国务院批准建立，具有科技孵化、科技中介服务、科技产品会展和后勤服务四大功能区的"科技一条街"。贮水山公园结合贮水山的自然环境，在科技街周边地带建设商务中心、银行、酒吧、餐饮、娱乐、购物以及高中档宾馆或科技公寓等生活、休闲和游览设施，而绿谷紧邻后勤服务区。总占地面积 22 hm^2(图 4.70)。

(2) 贮水山公园的自然地理条件

① 园区内地形地貌起伏不大，坡度相对缓和，全园最高点海拔 90 m，西、北部较平缓，东、南部为山陵地段。

② 土壤条件较差，土层较浅薄，间杂大量石块。

③ 现有植被以松柏类、刺槐为主，构成园内的绿色骨架。

(3) 贮水山公园的历史文脉

① 贮水山历史上曾叫马鞍山，位于小鲍岛村东南。

② 1897 年，德国侵占青岛，称毛尔托克山。在山上修建毛齐炮台一座，并修建东西两座可容六千吨的贮水池，在山东南侧建一小公园。

③ 第一次世界大战后，日本侵占青岛，改公园称"若鹤公园"。同期在山西侧建起一座"日本神社"，俗称"日本大庙"，因此也称"大庙山"。

④ 1922 年，北洋政府收回青岛，改山名为贮水山；改若鹤公园为第二公园。

⑤ 1956 年正式建立贮水山公园。

⑥ 1984 年起在园内增设儿童游乐设施，12 月改贮水山公园为青岛市儿童公园。

2) 现状分析

(1) 用地分析　贮水山公园现状用地基本类别包括：居住用地、办公用地、市政公用供水用地、教育用地、绿地、

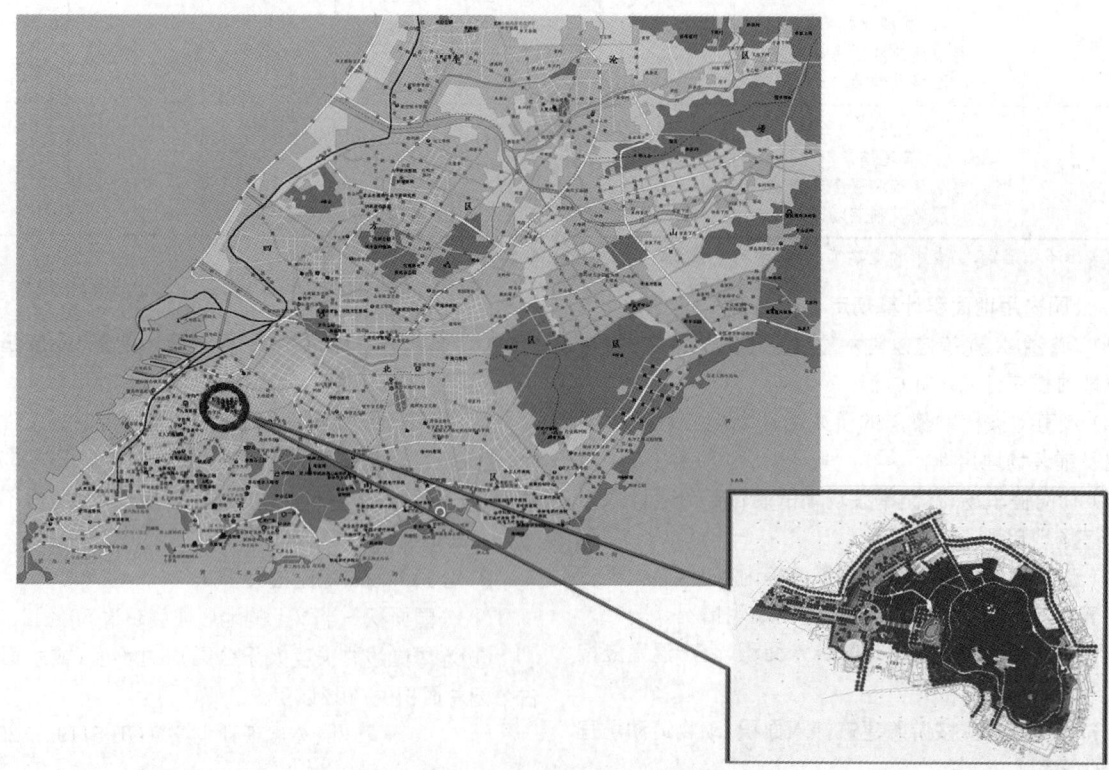

图 4.70 青岛市贮水山区位分析图

文化娱乐用地及其他用地(图4.71)。此次规划范围内涉及单位多达11家,面积32370.89 m²,约占总面积的14.5%。

(2) 交通分析　路网基本覆盖全园,主路仅一条可通车,但仍未能贯穿全园。园内游览小路的建设相对单一、陈旧,1984年封山建园时铺装的石条路损坏严重(图4.72)。

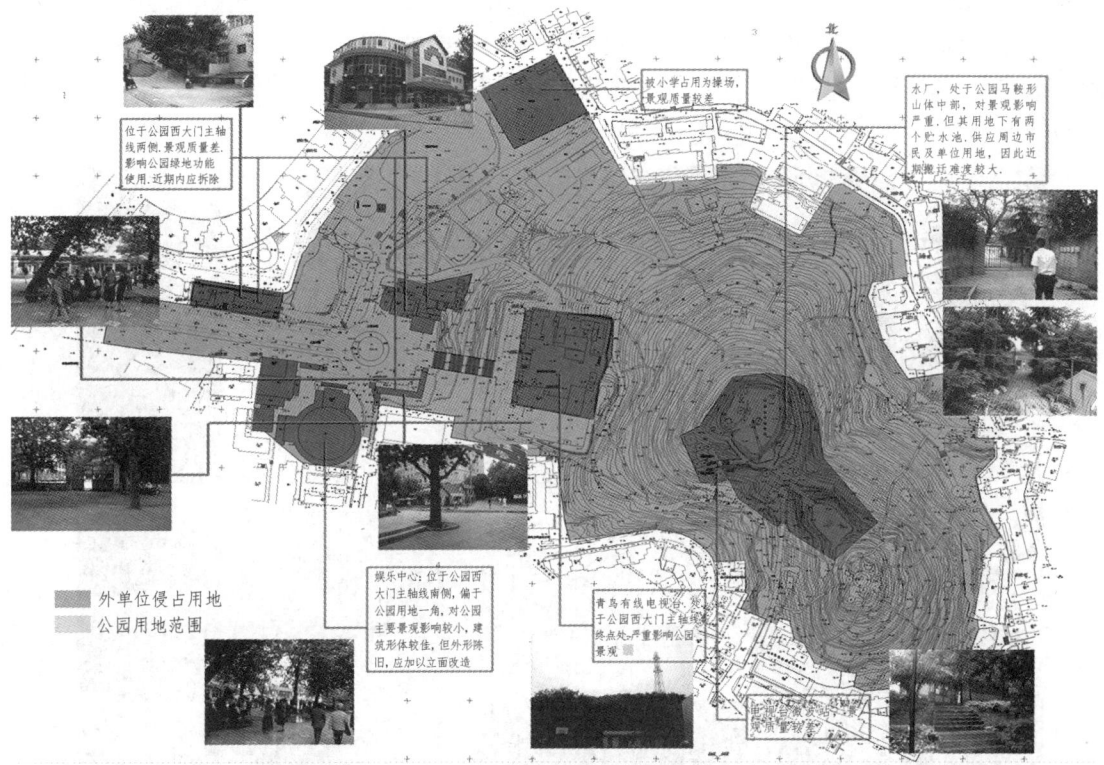

图4.71　青岛市贮水山现状用地性质分析

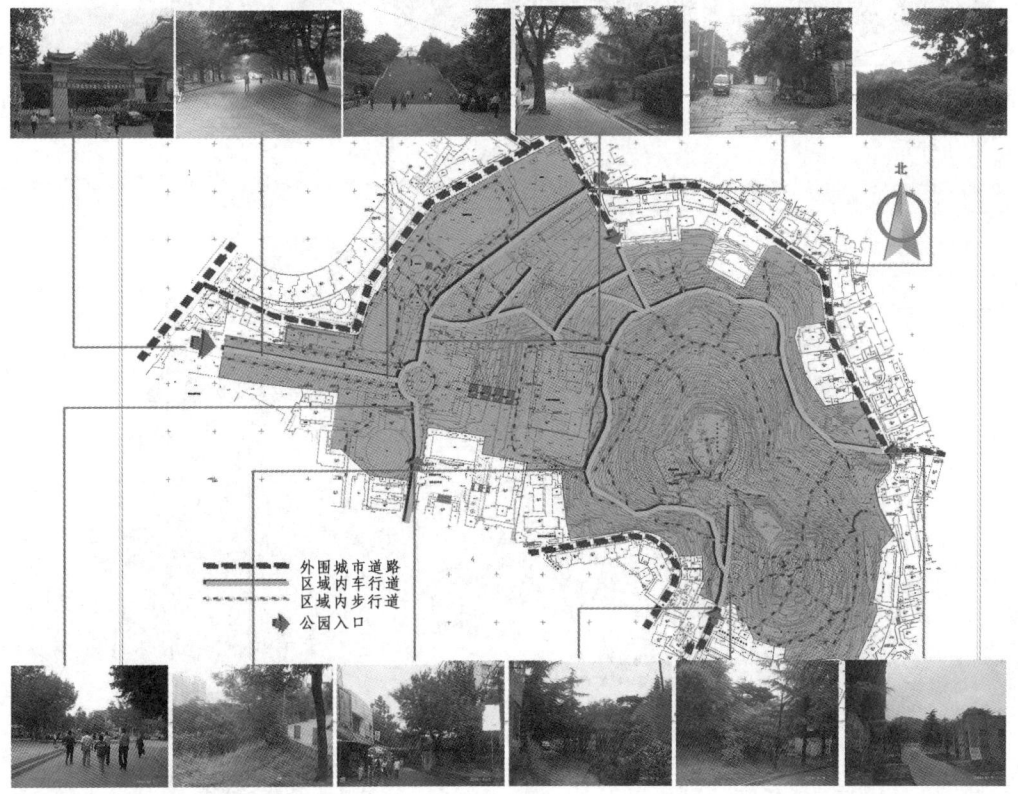

图4.72　青岛市贮水山现状道路交通分析

（3）景观分析　贮水山公园目前整体景观质量较差，未能跟上青岛作为国际化大都市的建设进程，主要山体的植被资源品种较少，分布数量差异较大，群落层次简单。人为景观及配套设施较落后，特色不明显（图4.73）。

（4）建筑风貌分析　园区内大部分建筑营造于20世纪90年代前，虽陆续建设不少建筑及设施，但总体上缺乏全面规划及高质量的具有青岛特色的建筑，与周边高大建筑亦不相称。同时贮水山公园外围建筑杂乱、破旧（图4.74）。

（5）周边环境分析　贮水山公园周边交通便利，居民密集，西北为有"硅谷"之称的科技一条街，其余三面均为居住区。东起登州路，南至贮水山路，与青岛市少年宫和市北区康乐宫相邻，西临青岛市交通干道辽宁路，园区的主要入口设在该路段，与全国闻名的科技产业开发基地遥相呼应（图4.75）。

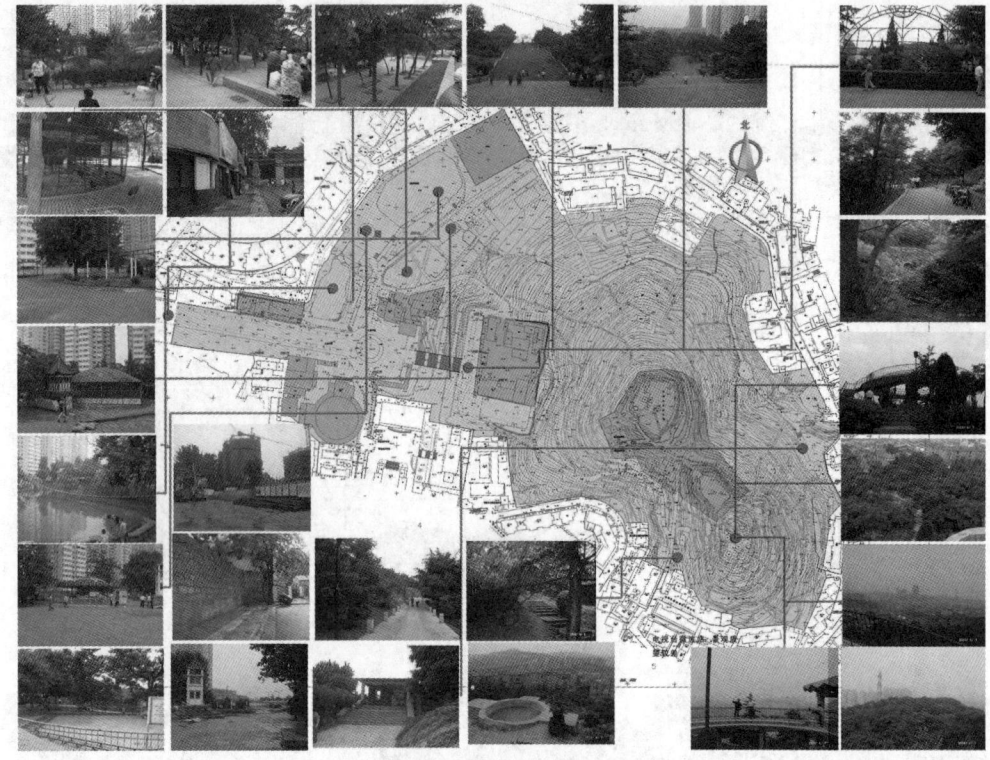

图4.73　青岛市贮水山现状景观分析

图4.74　青岛市贮水山现状建筑评价分析

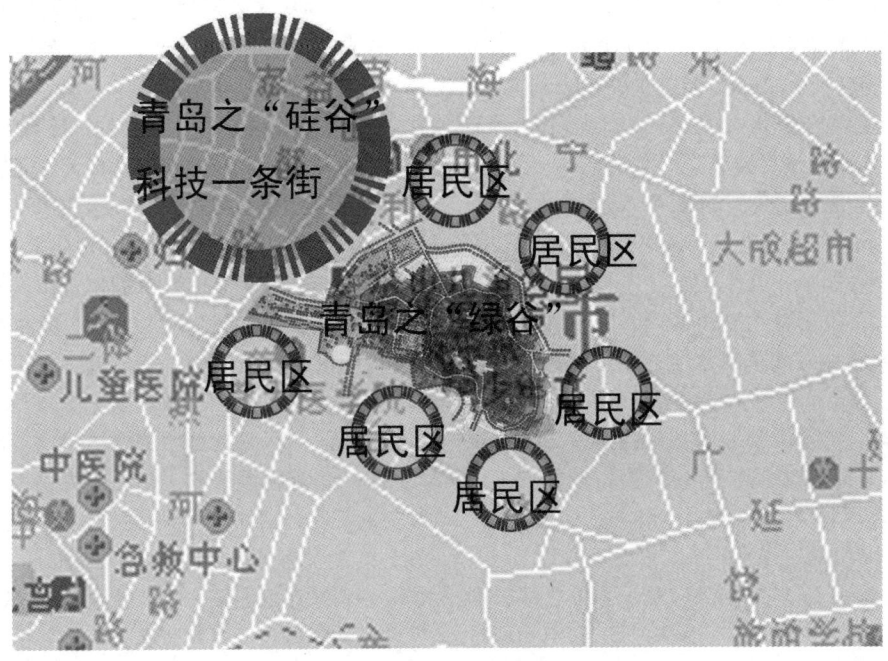

图 4.75 青岛市贮水山周边环境分析图

3) 设计理念

(1) 定位　与科技一条街"硅谷"相对应的城市"绿谷",具科技感和时代特征,反映城市和场地历史,是满足科技街绿色休闲及为周边居民服务功能的综合性城市开放空间。

(2) 设计思路

① 文脉的延续:尊重历史的文脉,以科技为线索,体现人与历史、历史与现代的交流。一方面对历史上具有重要意义的古迹、建筑、民俗文化、花木等进行保护与恢复。如正月十五,有在贮水山上"火树银花元宵夜,欢歌劲舞艳阳天"的闹花灯传统。这个流传了两千余年的民俗活动应继承发扬。建议每年开设相应的民俗文化节。

② 生态的修复:为了强调人与自然的和谐发展,突出绿谷的生态内涵,规划通过植物配置、竖向设计、水体设计等一系列手法,建立一种人和自然交流与共生的关系,形成集生态、休闲娱乐、观赏功能为一体的景观体系。规划主要通过保护现有山体和植被资源,引种优良品种,建立多层次的植物群落。再通过建立生态科普园,体现人与动物的交流。

③ 城市活力的激扬:城市活动多元化是城市发展的必然趋势,将公众活动的多样性与城市空间结合,为周边小区科技人员及居民提供室外休闲活动场所。规划园内建立各种极限运动的场所,让年轻人感受挑战带来的刺激。建立儿童活动区,以科技为主题,增添儿童能参与的、带启发性的游乐设施,通过游乐探索发现新空间。

④ 城市空间的整合:青岛城市化水平不断提高,但市内公园绿地发展却不平衡。绿谷所处的市北区基础设施较落后,环境景观较差。通过规划可发挥其最大的社会、经济、环境效益,带动周边环境改造,提升老城区的环境档次。同时,通过规则创造一个优良的环境,解决城市空间异化问题,给人提供闲暇回归自然的空间。

⑤ 景观的修复整治:景观要实现较长的生命周期,要将主题性、情景化和区域特色三重结合,满足不同层次人们的需求。规划中要求及时搬迁和拆除破坏景观的建筑,修建以科技为主题的各个景点,在原电视台位置修建科技交流广场和科技沙龙剧场,突出园区的特色,形成全园的视觉中心。

⑥ 三效并重:注意投入与收益的平衡,达到社会、生态、经济效益的统一。

4) 总体规划

(1) 功能分区

① 公共活动区:位于园区西侧,面向城市主干道的主入口,是与市民日常活动关系最紧密的地段。由娱乐活动中心、海螺广场、生态自然标本园和健身广场组成,是人流最集中,功能最多样的一个区域。娱乐活动中心主要为周边居民服务,安排棋牌类、游艺项目等。

② 儿童活动区:位于园区主入口南侧,由童趣世界和亲子乐园两部分组成。结合场地布置少儿活动器械、休闲坐凳,满足儿童活动需要。

③ 科技休闲区:由科普娱乐区和科技展示区组成,其中科普娱乐区位于园区的西北部,包括思想世界广场、世界科技名人殿堂和综合服务区三部分。综合服务区内集中提供简餐、特色小吃、小卖等餐饮服务。科技展示区位于园区的中部,包括中外科技发展之路(长廊)和科技之星。

④ 植物观赏区:"林中览胜"位于公园的东部,以观

赏、游览参观为主，主要进行相对安静的活动，该区占绿谷面积较大，是绿谷的重要组成部分。为达到良好的观赏游览效果，要求游人密度较小，以人均游览面积 100 m² 为宜。

⑤ 民俗文化区：位于贮水山公园主入口北侧，由民俗广场、民俗文化一条街等景点组成。

⑥ 服务区：位于贮水山公园的北部。设置办公室、值班室、餐馆、温室、花鸟虫鱼市场及苗圃等。规划布局较为隐蔽，不影响景观视线。

⑦ 山地活动区：位于植物观赏区内。以山地俱乐部为主体，绿荫环绕，提供较高消费水准的娱乐健身活动场所（图 4.76）。

(2) 空间结构　贮水山公园以"一主两副"三条景观轴线为基本结构，辅以一条生态景观渗透带，依托贮水山的历史和自然条件，凸显贮水山绿谷以科技为主题的"一纵一横""一古一今""一静一动"的基本格局。

① 景观主轴线——科技的脉络：景观主轴线从公园的主入口金钥匙雕塑和知识之门、海螺广场，到中国科技发展复兴之路景墙，到科技沙龙剧场，最后到达观景台。空间层次变化丰富、高潮迭起，是未来城市中心区城市景观与绿谷主景观互相渗透的主要通道。景观主轴线同时串起"运动的脉络""思索的脉络"两条景观副轴线，使其有机联系，"一古一今"犹如科技与城市发展的相辅相成，印证青岛城市的发展轨迹。

② 景观副轴线——运动的脉络：万事万物都是运动的，通过运动的脉络，把握人生的全部意义。规划"一纵一横"，"一纵"从娱乐活动中心到健身广场，"一横"从童趣园、亲子广场到山地俱乐部，犹如一条运动的脉络，印证青岛城市发展的与时俱进。

③ 景观副轴线——思索的脉络：贮水山公园西北部依据科学家在平凡小事中获得伟大发现的史料，设计浮雕墙及文字雕塑等，再现科学的反思空间。犹如一条思索的脉络，印证着城市发展的过去和对将来的展望。

④ 生态景观渗透带：以贮水山山地景观生态林为龙脉，向绿谷乃至城市空间延伸发散，渗透到各个景点中去，与人为创造的生态科普园等形成有机联系，成为绿谷生态体系的内涵。贮水山上景观以静态为主，与山下动态景观形成"一静一动"对比鲜明的格局（图 4.77）。

(3) 景观视线　贮水山公园提供了多种视线角度与观赏的视觉方式，有主视线、视觉廊道、视觉焦点与次视线等。景观主视线从绿谷主入口知识之门——海螺广场——科技沙龙剧场——观景台，其中海螺广场、科技沙龙剧场和观景台形成视觉焦点。绿谷的视线廊道伴随着环形主干道展开、贯穿全园，在主干道各个景点形成次视线（图 4.78）。

(4) 交通系统　以充分利用园区原道路系统和减少土方量的原则进行新的规划。

① 出入口组织：园区主出入口设置在金钥匙雕塑和知识之门，朝向城市的主干道辽宁路，方便园区主要人流的进出。园区还在贮水山路设置两个次入口，吉林支路设置三个次入口，方便市民与园区管理人员进出。

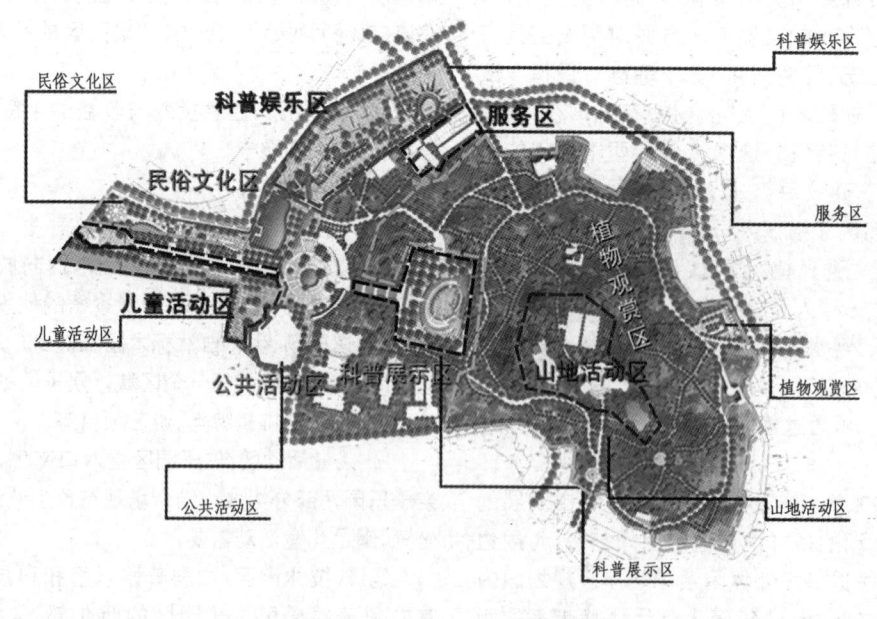

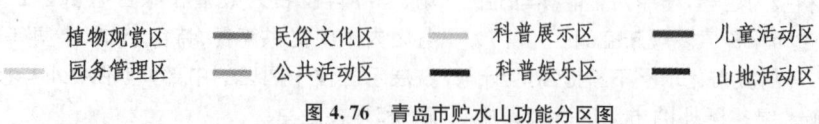

图 4.76　青岛市贮水山功能分区图

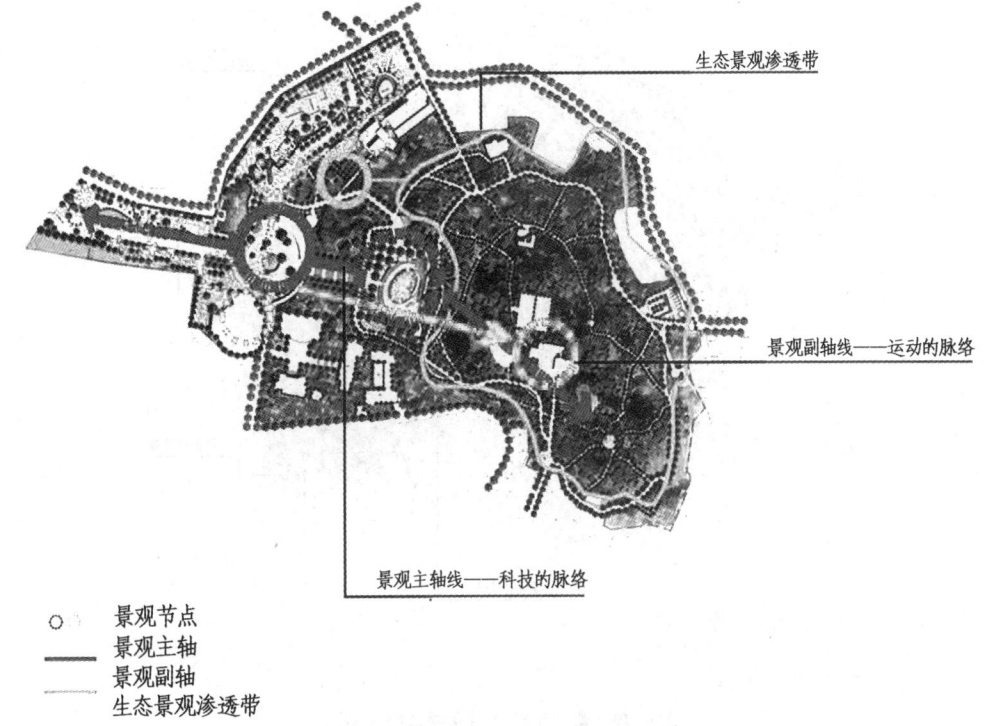

图 4.77　青岛市贮水山景观空间结构分析图

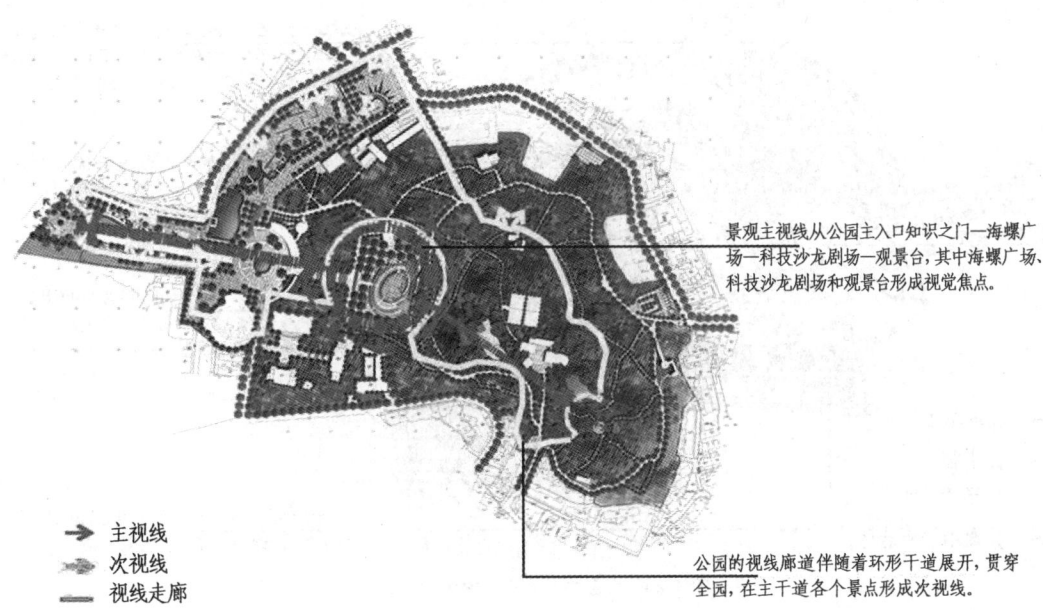

图 4.78　青岛市贮水山景观视线分析图

② 内部交通组织：

a. 车行道：沟通园内各个功能区，供车行。道路断面为一块板，车行道宽度为 6 m，最大纵坡<12%，采用沥青路面，主要用于游玩服务运输和消防通道。

b. 主要步行道：是各功能内的主环路，在车行道的基础上，把整个园区串为一体，构成完整的游览道路交通网。道路断面 3~4 m，采用片石、青石路，主要用于游人步行游览。

c. 次要步行道：次要步行道具有组织空间，构成景观、引导游览、集散人流的多功能特点。根据坚固、平稳、耐磨，易于清扫和方便游览的游路要求，就地取材，或石，或木，或用卵石铺面，既节约资金，又体现出自然本色。

d. 广场与停车场：在园区出入口处、交通枢纽处、主要景点前等人流集散地设置大小不等的广场，便于人流疏散，在园区主入口广场布置主停车场，在北入口、东入口、南入口结合景观和广场布置小型停车场。同时考虑到办公需

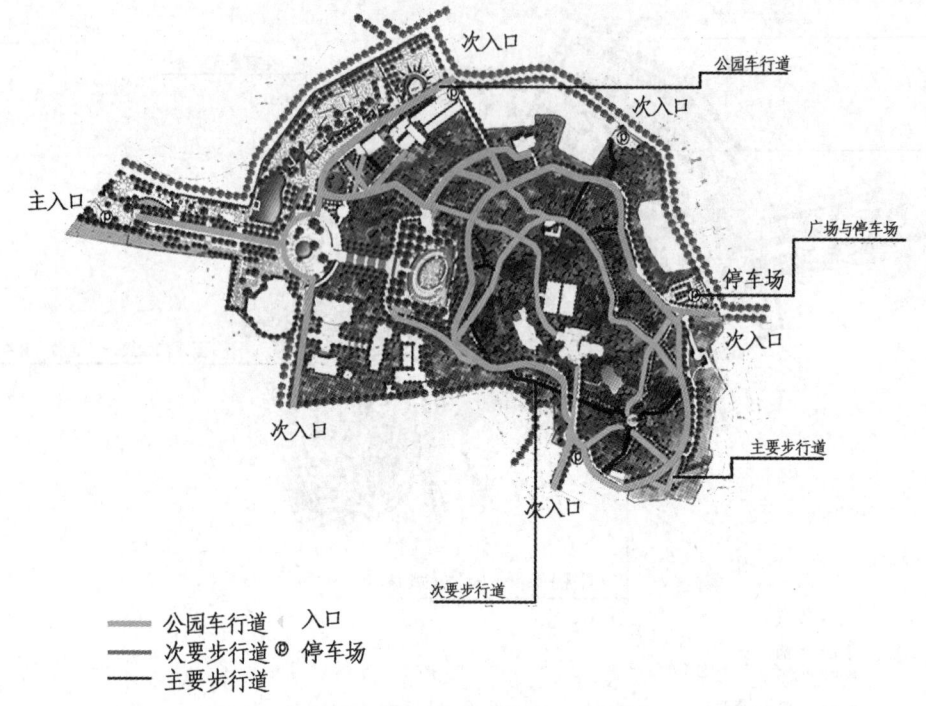

图 4.79 青岛市贮水山交通系统规划图

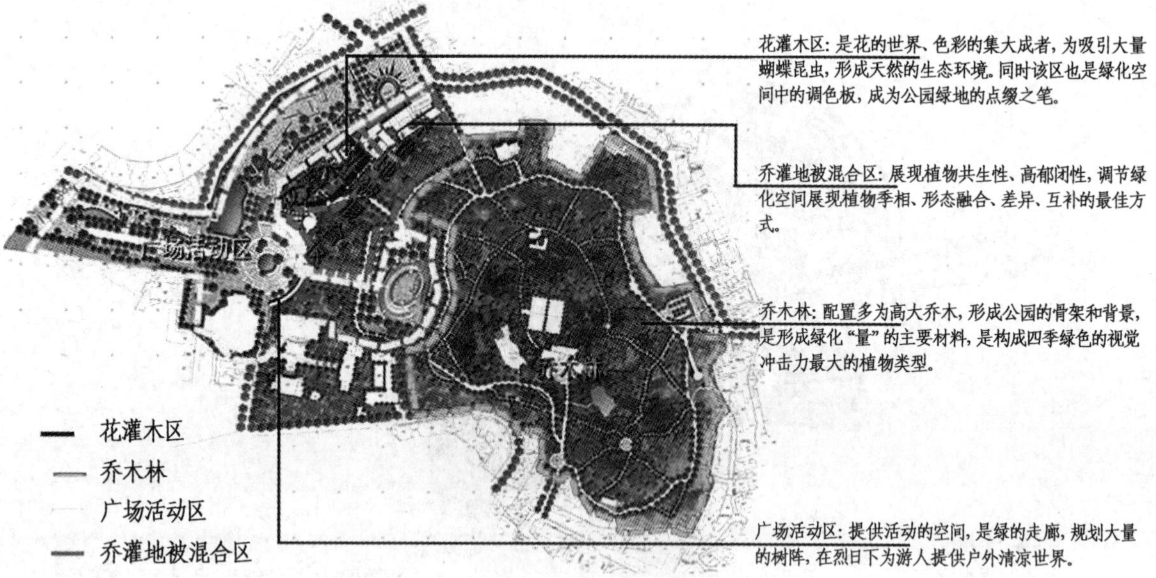

图 4.80 青岛市贮水山植物配植规划图

要,在公园管理用房附近设置办公用停车场(图 4.79)。

(5) 植物配置　由于公园所处贮水山自然条件较好,在充分利用原生植被的基础上,广泛种植乡土植物,通过绿化植被的丰富性和主角地位来表现自然。主体绿化以大乔木为主,配置手法讲求层次清晰,简洁纯净,规则与自然对比。充分运用花卉的色彩形成亮丽的图案,并配以色叶、落叶大乔木,如法梧、银杏、国槐等,具有丰富的季相变化(图 4.80)。

(6) 夜景设计　鉴于地段在城市空间格局中的重要地位及特点,从点、线、面三个层次对区域进行统一的夜间景观规划设计。

① 点的夜景设计

a. 主题夜景效果:在科技沙龙剧场利用水幕灯光形成立体的虚拟图像,可从不同角度观赏,突出全园的中心和主题。在观景台利用灯光形成虚拟雕塑,丰富了城市的夜景,形成景观的亮点。

b. 标志物:对造型优美、功能和位置重要的城市景观标志,如入口金钥匙雕塑及大门、双刃剑等予以集中亮

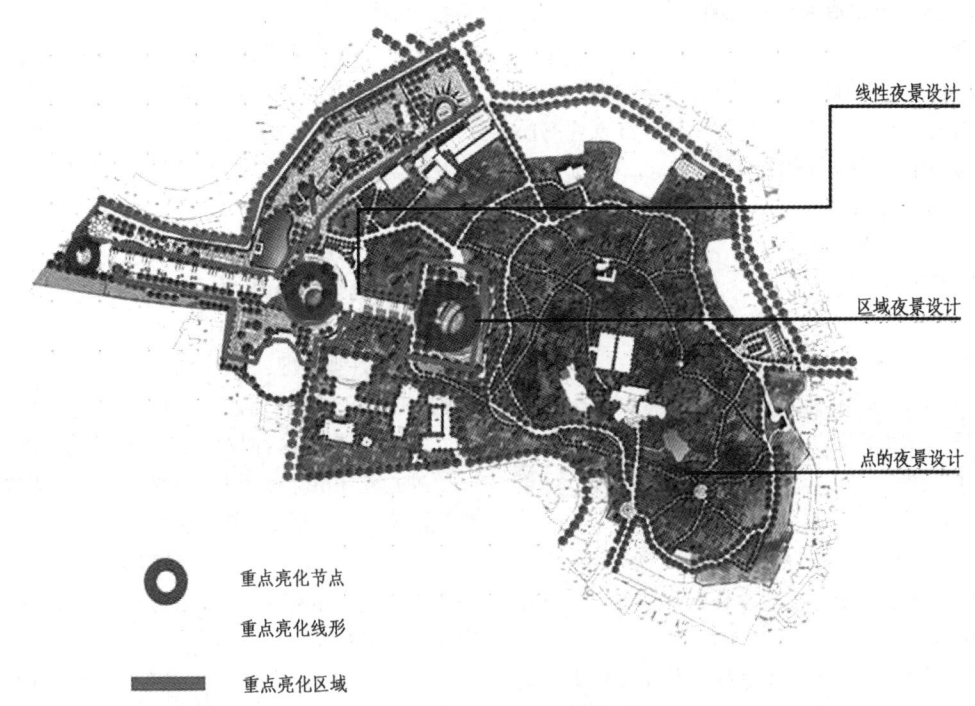

图 4.81 青岛市贮水山夜景规划图

化,以烘托标志物的重要地位。

② 线性夜景设计:对于设计主轴线的线性空间,如科技发展剪影画墙,用灯光勾勒其线性形态。其他人行及车道以草坪灯和路灯进行亮化,联系各点和面,形成连续整的灯光系统。

③ 区域夜景设计:亮化整个区域,突出制高点,使其成为青岛市北区夜景的新亮点(图 4.81)。

5) 景点与总体鸟瞰图(图 4.82)

图 4.82 青岛市贮水山总体鸟瞰图

(1) 希望广场　位于贮水山公园的主入口。广场在平面形式上融入科技的符号纹理,与绿谷主题相协调。主入口处采用金钥匙雕塑和书本造型的大门,寓意用钥匙开启知识之门,开创科技新纪元,突出表达了科技前沿的发展道路上需不断注入灵感和勇气,才能点燃希望的曙光。大门入口采用立体绿化与观花植物相结合的形式,表现出公园的自然生态与人类科技发展的协调。

(2) 中外科技史剪影画廊　画廊位于主入口两侧,让游人进入绿谷的瞬间就被科技的氛围所包围。用电影胶片形式,记载人类从"原始——农耕——工业——信息"的缩影折形墙,代表科技发展的曲折历史。

(3) 童趣世界和亲子乐园　将人类文明史与儿童活动区联系起来。设计与开发儿童智力的游戏设施,激发儿童们探索求知的欲望。在童趣世界设置大型海螺并附上"听海"的原理介绍等。同时将收费项目如气垫城堡、海盗船等游乐设施集中布置、统一管理。亲子乐园则将现有经营较好、场地要求较大的电动游乐设施纳入其间,如碰碰车等,与童趣世界紧密联系。

(4) 民俗文化广场　景区建筑突出青岛"红瓦白墙"的特点,布局错落有致。景区可举办元宵观灯等参与性的民俗活动,再现当地的民俗风情。平时则可作为民间艺术品、旅游纪念品和小商品的销售点。

(5) 思想世界广场　广场主要采用密斯的流动空间手法,通过浮雕墙及文字雕塑来表现,主题主要有:探索——居里夫人提炼镭的过程;发现——牛顿和苹果落地;献身——哥白尼与布鲁诺;灵感——阿基米德洗澡称金;勇气——给一个支点托起地球等。

广场旁设计水景,象征思绪的源源不断。水景水底标高控制在距水面 0.5 m,设置汀步,供游人在科技长河中漫游,探索,反思。

(南京林业大学风景园林学院,2004)

■ 案例二：唐山市古冶区北寺公园

1）项目背景

用地位于唐山市古冶区中心偏东位置，基地西临古赵路；东北以铁路线为界（含房地产用地在内），与玻璃制品厂相邻；南部与伊家清真食品有限公司及加油站相邻。用地内原有北寺，建于唐贞观年间。现寺院及砖塔无迹可寻，被毁于何时已无可考。新中国成立后，该处原为开滦矿塌陷坑水域，现改为公园。

2）设计思路

（1）"自然、开放、现代"的园林风格。

（2）将公园景观与周边地产开发相结合，创造一个充满趣味的空间和生动的环境。

（3）把公众的使用需求组织进公园开放空间里，为整个周边开发区带来活力。

（4）根据"因地制宜"的造园原则，利用现有地形"挖湖堆山"构建起伏的空间层次，开发各景点，重点处理好水、绿之间的关系。

（5）建筑与设施布局合理，在挖掘特有地域文化的同时又能融入时代气息（图4.83）。

3）规划结构与功能分区

（1）规划结构　规划采用"一环、八区、十景"的空间结构，合理组织园区布局。通过园内主游线的沟通与串联，使得各个功能片区衔接自然，成为一个有机整体，又各有特色、相互独立。

① 一环：主游路贯穿全园，组织各个功能区，规划布局，成为全园的主体景观脉络。

② 多功能区：结合整个公园的功能要求，针对不同地形特色，合理布局各功能区，形成丰富多彩、统一协调的整体景观效果（图4.84）。

（2）主要功能分区

① 主入口广场区：主入口设在园西侧，与城市干道古赵路相接。

② 花卉观赏区：在原有的苗圃基础上进行改造，布设花圃、花径和温室花房，营造现代花艺的景观氛围。

③ 荷园景观区：以"荷花"为主题的水景园，该区成为一处独立幽闭的空间景观，与整个公园开阔的大湖面形成强烈的反差，丰富了游览的视觉效果。

④ 少儿活动区：与公园南侧次入口相接，以儿童娱乐活动为主的儿童游戏场区，设置一些活泼、自然且与公园风格相协调的游戏设施。

⑤ 主题广场区：位于公园南侧铺装广场，在广场中央设置反映当地历史的主题雕塑。

⑥ 滨水景观区：包括公园水面东北沿岸的滨水景观带，此区设有水剧场、滨水景观长廊等。

4）交通组织（图4.85）

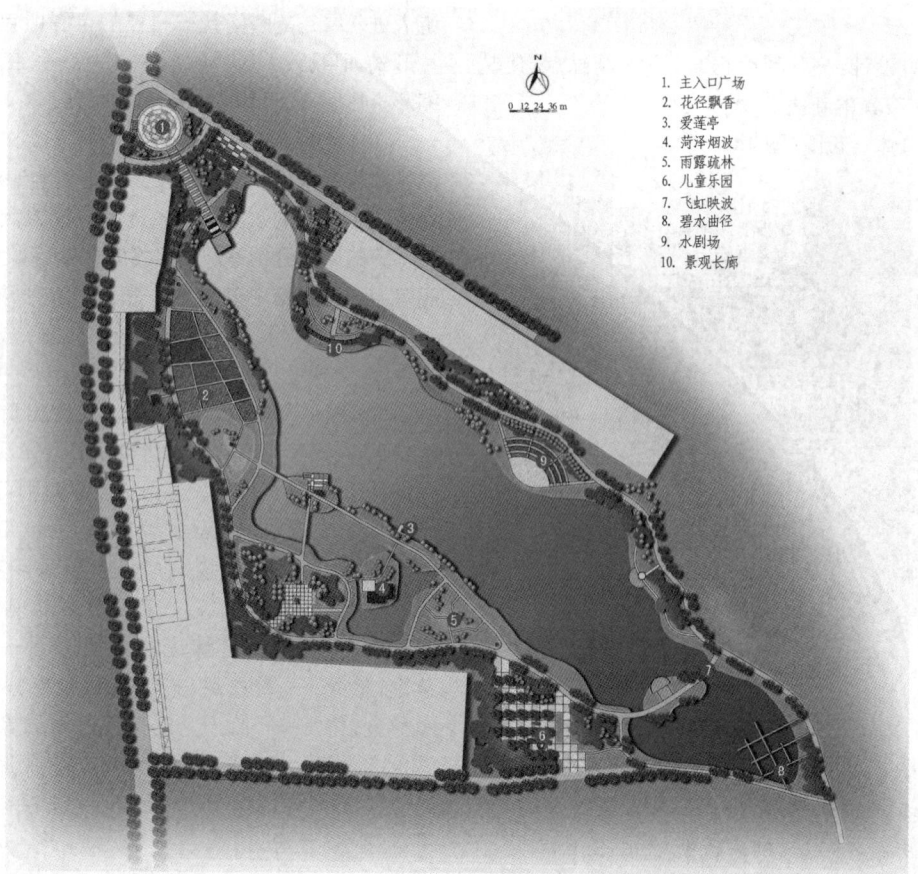

图4.83　北寺公园平面图

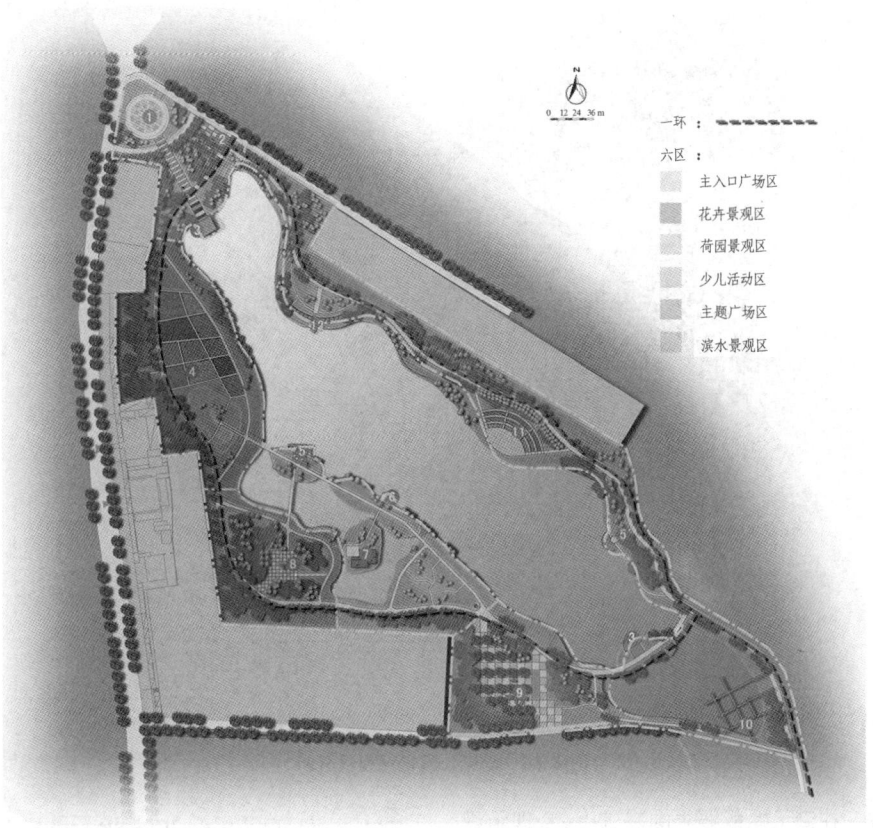

图 4.84　北寺公园功能分区图

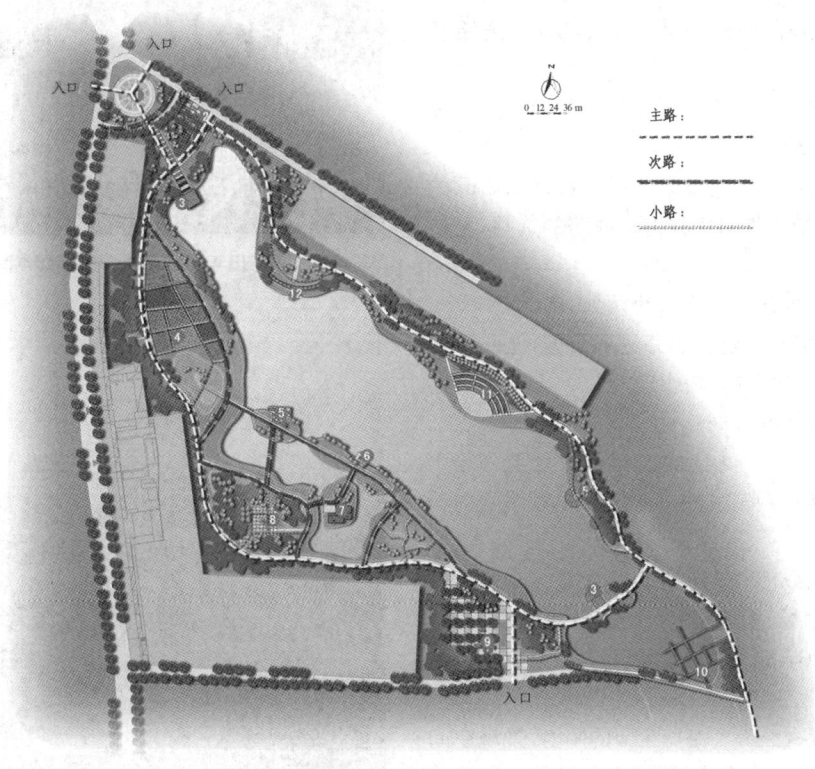

图 4.85　北寺公园交通组织图

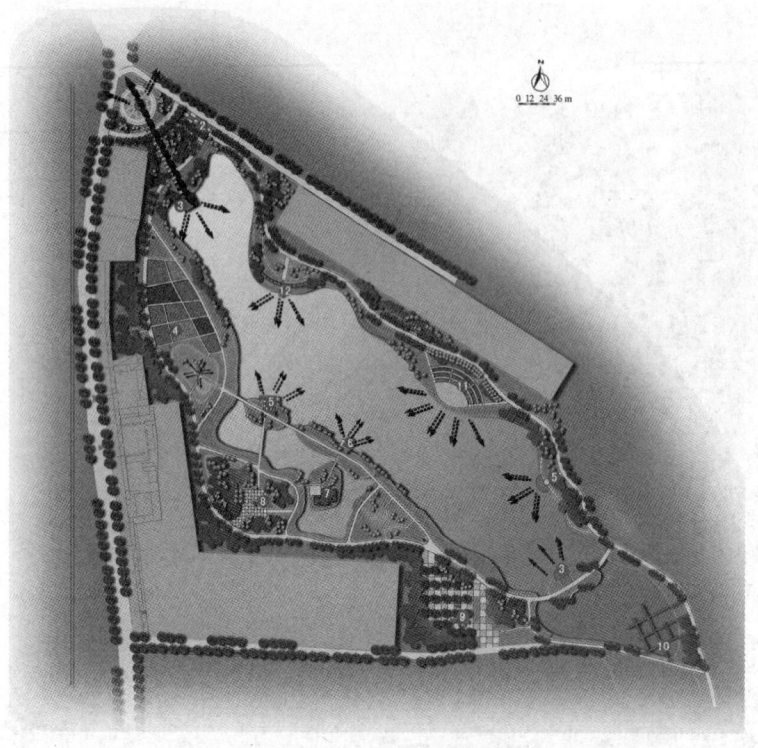

图4.86 北寺公园景观视线分析

(1) 道路系统 在满足功能要求的基础上,合理组织游览路线,做到步步有景、步移景换。道路系统分为主路、次路、小路三级。

① 主路:为园区内部主干环路,主要起着与外部城市道路联系以及串联公园内部主要景区的功能,道路宽度4.5 m。

② 次路:辅助性联系道路,主要起到辅助交通、串联景点的作用,道路宽2.5 m。

③ 小路:于景区之间以及景区内部设置宽1.2 m的步行道联系道路,为游人提供多种游览线路的选择,营造别致的游览景观。

图4.87 主入口轴线起点圆形广场

(2) 入口及停车场设置 入口有两处,南北各一个。北入口为主入口,由城市干道古赵路进入公园,北入口圆形广场东侧设停车场与园内环路相连。

5) 景观视线分析(图4.86)

(1) 主入口景观视廊 从北入口圆形广场至公园水面观景平台形成一条景观轴线,从而把游人的视线引向美丽的湖光山色。

(2) 环湖景观视线带 景随湖变,沿湖设多个观景节点,如游船码头、水剧场、爱莲亭等。游人驻足而观,边游边赏。这些观景节点丰富了环湖景观,同时相互之间也形成很好的对景。

(3) 主游路景观视线带 游览全园的同时,景观空间随地形起伏开合有序,丰富多变,达到步移景异的景观效果(图4.87~图4.92)。

图4.88 爱莲亭

(南京林业大学风景园林学院,2008)

图 4.89 飞虹映波

图 4.90 花径飘香

图 4.91 碧水曲径

图 4.92 景观长廊

■ 案例三:圣安东尼奥菲尔·哈德伯格公园

1) 项目背景

2007 年,得克萨斯州圣安东尼奥市市长菲尔·哈德伯格(Phil Hardberger)及市政公园和文体活动部发起了一场国际设计竞赛,对城市北部新近获得的一块土地进行规划设计。这块面积达 311 英亩的土地,是圣安东尼奥最大的一块未开发用地,也是自 1899 年以来,城市最重要的公园项目。公园位于主要入口聚集区的核心位置,在人均公园占有率低于全国平均水平的城市环境中为市民提供迫切需要的开放空间。

公园用地位于 3 个生态区——南得克萨斯州平原、黑土草原以及爱德华兹高原的交汇处,从遗留下来的橡树林到濒危的橡树草原,独特的地理位置为景观修复提供了丰富的图景组合。作为曾经的奶牛场,这一区域还存有放牧和耕作等

2) 设计思路

以呈现"经过培植的野生状态"为目标的哈德伯格公园,其概念框架是让75%的公园用地呈现复兴的复合式本土景观,包括保护遗留下来的老橡树、修复林地和灌木以及引入濒危的橡树草原——广阔的原生草原才是真正的得克萨斯州野生生态的灵魂。剩余25%用地用作公众聚会及娱乐活动的场所,谨慎地植入到原生和修复后的景观中去。这些区域的设计灵感来自城市的文化景观,是对先民放牧和耕作情境的再现。设计的结果是打造出一座尊重自然环境,并在人工和自然元素间建立起动态联系的公园。

3) 规划结构与功能分区

一条6车道的机动车道将公园平分成2个地块。东侧以萨拉多河为界,通过河边绿道与地区公园系统相连,拥有一片低地硬叶榆木林,间或分散着片片橡木丛。西侧是一大片繁茂的、包含各种入侵物种的灌木丛,一座高起的橡树林丘地和暴露在外的石灰岩。其他方位则被紧密的社区和开发用地所环绕。道路下方的排水渠提供了一条野生物廊道,将两个地块联系在一起。最终,一座纪念性的陆桥再度将这两个地块连接。在设计的开始阶段,仍有一小部分用地用于放牧,大部分的区域由密实至不可穿越的灌木丛覆盖。这些繁茂的下层植被几乎取代了原生草原,遏制了残留的橡木丛和硬叶榆木林的生长。因此,保护遗留下来的林地、管理灌木丛、修复原生橡树草原成设计的首要目标。同时,全面的修复工作还包括在两个地块内各开辟一处可停放350辆车的停车场、野炊园地、游乐场地和遛狗园区(图4.93)。

图4.93 哈德伯格公园总平面图
(https://therivardreport.com/land-bridge-unite-hardberger-park/)

东侧,莎拉多河户外课堂和步道口(Salado Creek Classroom and Trailhead)是一处面积为2 400平方英尺的公园服务设施,配备卫生间、办公室、户外教室和讲解大厅,整座建筑由太阳能电板供电并装有雨水收集系统。此处是公园的总部,也是莎拉多河绿道的门户。沿着绿道走廊向北是莎拉多河观景台——由耐候钢和铝材搭建而成的60英尺长的构筑物,悬挑在河床上方40英尺处。数年来,城市对这些临时性的水道视而不见,进行粗暴地掩埋或当做下水道使用。溪流的这一段经过自然化,沿着陡岸形成了独特的喀斯特地貌,通过观景台可观看得到,那里设有解说牌讲述公园地貌变迁的历史。西侧,一片5英亩的游乐区从灌木丛中小心翼翼地开辟出来,用于静态娱乐项目和公共艺术展示。该区域种有耐旱的原生牛毛草,汤姆·奥特尼斯(Tom Otterness)的雕塑装置(Making Hay)曾在这里展出。总体规划将西侧60英亩的区域用于橡树草原的恢复,这一项目的实施需要很长时间。公园和文体活动部有选择地清理出一块6英亩的实验田,全市的志愿者在此栽种了4万余棵原生树种。

长度超过6英里的小路主要由当地风化的花岗岩碎石通过有机固定剂铺装而成,经过仔细编排散布在林地各处,同时将两个地块中全新规划出来的空间连通起来。木板路建造在横穿水道的区域,整个道路系统尊重现有遗留的橡树、柿子树和硬叶榆木的生长需要,在"路遇上树"的地方保护好区域内的生态环境。景观设计师设计了一套综合性的标识,包括两个主入口标志、环路标志、指路标志和讲解标识。使用的材料,如Leuders石灰岩、喷砂混凝土、生钢、雪松板以及回收来的钻头杆件,在当地寻常可见,既显示出对圣安东尼奥原生景观的尊重,又将该项目与地区背景结合起来。

公园的西面建造了一座面积为18 600平方英尺的城市生态中心,为社区提供了休闲、教育的集会场所。其中最先进的设施包括室内和户外教室、聚会大厅、卫生间、野餐区和停车场,都是按照LEED标准进行设计和建造的。建筑师和景观设计师紧密合作,确保该建筑能够融入现有的橡树草原和灌木景观之中。两者的统一元素是一条巨大的水渠,由石灰岩笼网和耐候钢建成,用于收集停车场的雨水。这条600英尺长的生态洼地内种植着原生阔叶植物和草类,其上横跨着机动车桥和步行桥,这一设计提供了大型景观结构作为雨水排水基础设施的模型,展示了如何能够并应该取代传统的排水系统。

哈德伯格公园的总体规划方案于2008年5月完成,并为圣安东尼奥市议会采纳。在3个月内,ⅠA、ⅠB和Ⅱ阶段同时开工。哈德伯格公园管理局成立,得德萨斯州公园和野生动物保护署投放200万美元用于公园建设。在阶段性的开放使用后,公园于2010年面向全市开放。该项目兑现了修复原生景观和栖息地、建设绿色基础设施、连接区域开放空间、助力全民健身的承诺。哈德伯格公园是得克萨斯州公园建造史上重要的里程碑,并且贡献了一个保护和利用郊区生态的新模式,成为得克萨斯州南部关于健康生活和可持续发展的生机勃勃的实验室(图4.94、图4.95)。

(https://www.goooood.cn/)

图4.94 路桥

(https://therivardreport.com/hardberger-land-bridge-receives-final-approval-for-construction/)

图4.95 游乐场地

(http://world.std.com/-reichert/NALC/NALC-Concepts.html)

■ 讨论与思考

1. 如何理解公园绿地的概念?
2. 选择某个城市公园的实例,列出其主要分区及其相应的项目与活动内容。
3. 选择一个公园绿地,分析该绿地在地形设计中的特点。
4. 公园的出入口选址要注意哪些问题?
5. 分析你所熟悉的公园的交通设计,说明其优点和不足之处。

■ 习题

为美化城市景观,提高城市生活质量,在你所在的省会城市,地方政府计划在其城市开发新区文教中心附近地块,建一城市公园,请你规划设计。

本规划设计基地为市府路、泰山路、开发大道、黄山路所围合成的略成方形的平整地块,并有一城市水系穿越基地(见下图)。基地西部规划为省新闻出版局,东部规划为广播电视大楼,基地南部规划为新华书店,北侧规划为高校教师公寓。

1) 规划设计要求

(1) 要求针对此地现状,做出具有城市地方特色,又具有现实开发可行性的规划方案;

(2) 要求该公园的规划设计功能合理、环境优美,并能够体现时代气息;

(3) 主题突出,风格明显,有文化品味;

(4) 要能满足各类人民群众的休闲游憩活动的需求;

(5) 方案要求能够充分利用现状地形及周围环境条件,创造出相对活泼、富有吸引力的城市环境,成为城市景观的特色地段;

(6) 综合运用园林设计要素及设计手法合理组织空间序列,形成空间层次变化丰富的环境。

2) 图纸内容
   (1) 总平面图1∶1 000;
   (2) 总体鸟瞰图;
   (3) 功能分析平面图、交通分析平面图、景观视线分析平面图1∶2 000;
   (4) 选取其中某一面积不小于0.8 km² 局部用地做绿化配置平面图1∶250;
   (5) 结合上述景观视线分析平面图作5张景点透视图;
   (6) 规划设计说明(不少于300字)和相应的规划技术指标。

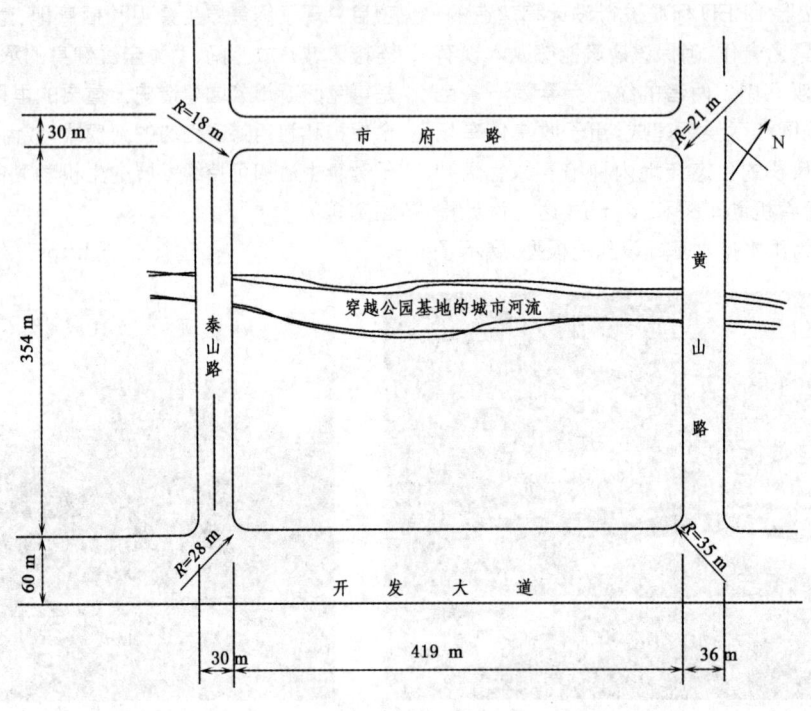

5 社区公园

【导读】 社区是城市的基本单元,是城市居民生活的基本空间。社区公园作为最贴近居民生活的城市公园绿地类型,是承担社区居民日常户外游憩、体育健身、自然体验、科普教育等多种功能的公共绿色空间。在第五章的学习中,需注意理解和区分社区公园与城市公园在设计要点、步骤和内容上所存在的异同,同时结合教程中所提到的案例,掌握社区公园规划与设计的特征,并展开深入的讨论与思考。

5.1 社区公园概述

5.1.1 社区的概念

社区是若干社会群体或社会组织聚集在某一个领域里所形成的一个生活上相互关联的大集体,是社会有机体最基本的内容,是宏观社会的缩影。一个社区包括一定数量的人口、一定范围的地域、一定规模的设施、一定特征的文化和一定类型的组织。社区就是这样一个"聚居在一定地域范围内的人们所组成的社会生活共同体"。

在研究社区公园之前,首先要明确社区与居住区的差别。社区具有物质空间与社会系统的双重特征,而居住区、居住小区强调的是一定地域范围内的物质空间,不包括住区内的社会成员和组织结构,以及人们在交往互动过程中形成的社会关系、从事的社会活动、营造的社会文化等。

5.1.2 社区公园概念

2017 年建设部在颁布的《城市绿地分类标准》(CJJ/T 85—2017)中对社区公园做出了明确的定义:社区公园是指用地独立,具有基本的游憩和服务设施,主要为一定社区范围内居民就近开展日常休闲活动服务的绿地,并提出其规模宜在 1 hm² 以上。

5.1.3 社区公园功能作用

1. 改善生态环境

社区公园是社区的"绿肺",园内绿色植物种类繁多,能够补氧增氧,使生态居住区空气新鲜,适宜活动。普通的街景绿地是很难达到这样的生态效益的。公园中栽植的多种芳香植物散发出的芳香气味,具有提神醒脑、舒筋活血、杀菌防病的功能,能促进人们身心健康。

2. 提供游憩活动

社区公园具有半开放式的特点,是喧闹的大都市中的一片宁静乐土。社区公园中,"游客"基本为社区居民,人们借助这优美安闲的环境,做早操、乘凉、散步、跳舞、打拳,无不体现出社区公园良好环境带给人们的欢乐。

3. 满足物质精神健康的需求

社区公园具有一定的活动内容和设施,是居民日常休息、观赏、锻炼和社交的就近、便捷的户外活动场所,具有公共开放性,人们在园内通过交流而得到不同程度的身心愉悦满足。

4. 防灾避灾

社区公园平时是居民休闲游憩的场所,在发生火灾、地震等自然灾害时也可作居民紧急避灾场所。

5.2 社区公园规划设计

5.2.1 规划设计要点

社区公园与城市公园相比规模小,主要服务社区居民,尤其以老年人和少年儿童为主。其规划要与社区总体规划密切配合,位置适当、布局紧凑,各功能区和景区、景点间的节奏变化要快,在内容、设施、位置、形式等方面,要考虑其观赏与使用功能。游园时间集中在一早一晚,特别在夏季的晚上是游园高峰,应加强照明设施、灯具造型、夜香植物的布置,充分体现社区公园的特色。社区公园在功能上与城市公园不完全相同,有自己的特点,是城市园林绿地系统中最基本而活跃的部分。所以在规划设计时不宜照搬或模仿城市公园,也不是城市公园的缩小或公园的一角。首先,社区公园设计注重以人为本的原则,社区公园内设施要齐全,最好适合于居民的休息、交往、娱乐等,有利于居民心理、生理的健康。在设计各种设施时,必须设置有效的安全措施,尤其是儿童游乐场所,其地面应适当考虑铺设软质材料。其次,要特别注意社区居民的使用要求,设计适于活动的广场、充满情趣的园林建筑及雕塑小品。疏林草地、儿童活动场所、休息设施等,都是应该重点考虑的对象。植物配置应选用夏季遮阳效果好的落叶乔木,结合活动设施,布置疏林地,适当应用灌木、花卉和草坪。

1. 满足功能要求

划分不同功能区域。根据居民各种活动的要求布置休息、文化娱乐、体育锻炼、儿童游戏及人际交往等活动场地和设施。

2. 满足园林审美和游览要求

以景取胜,充分利用地形、水体、植物及园林建筑,营造园林景观,创造园林意境。园林空间的组织和园路的布局应结合园林景观和活动场地的布局,兼顾游览交通和展示园景两方面的功能(图5.1)。

3. 形成优美自然的绿化景观和优良的生态环境

社区公园应保持合理的绿化用地比例,发挥园林植物群落在营造景观和良好生态环境中的主导作用(图5.2)。

图5.1 多层次的园林空间
(https://www.gooood.cn/)

图5.2 充满野趣的植物景观
(https://www.gooood.cn/)

5.2.2 规划设计步骤和内容

1. 确定规模

在社区范围内,集中整块面积的公共绿地的大小,应与全区总用地、居民总人数相适应。目前我国新建居住区或居住小区公共绿地面积采用平均每人 $1\sim2\ m^2$ 的指标。如居住小区内人口为1万人,则小区公共绿地应为1万 m^2 左右。若居住小区内无整块地可供利用,则可分成两部分,在小区内布置两个小游园。

2. 选择位置

社区公园的位置最好是选择在居民经常来往的地方或商业服务中心附近,既要求交通方便又要注意避免成为人行通道,以保持安静的环境。同时,要结合自然地形,如选在区内地形起伏的河湖坑洼地等不适宜搞建筑而适合建园林的用地上。如在规模较小的小区中,社区公园可在小区的一侧沿街布置,或在道路的转弯处两侧沿街布置,以绿化隔离带减弱噪声、尘土对临街建筑的影响,美化街景。

3. 功能分区

可设儿童游戏场、青少年运动场和成人、老人活动,场地一般都采用铺装地面,场地间可利用植物、道路、地形等分隔(表5.1)。

表5.1 居住区公园的功能分区及内部设施和园林要素

功能分区	设施和园林要素
安静休息区	休息场地、林荫式广场、花坛、游步道、园椅园凳和花架廊等园林小品,亭、廊、榭、茶室等园林建筑,草坪、树木、花卉等组成的植物景观,自然式水体景观
游乐活动区	文娱活动室、喷泉水景广场。景观文化广场、室外游戏场、小型水上活动场、露天舞池(露天电影场)、绿化布置、公厕
运动健身区	运动场及设施、休息设施、绿化布置
老人儿童游憩区	儿童乐园及游戏器具,老人聚会活动的服务建筑和场地,画廊,公厕,绿化布置
公园管理	公园大门(出入口)、管理建筑、花圃、仓库、绿化布置

儿童游戏场的位置要便于儿童前往和家长照顾,也要避免干扰居民,一般设在入口附近稍靠边缘的独立地段上。儿童游戏场不需要很大,但活动场地应铺草皮或选用持水性较小的沙质土铺地或海绵塑胶面地。活动设施可根据资金情况、管理情况而定,一般应设供幼儿活动的沙坑,旁边应设坐凳供家长休息等候。儿童游戏场地上应种高大乔木以供蔽荫,周围可设栏杆、绿篱与其他场地分隔开(图5.3)。

青少年活动场设置须避免干扰附近居民。该场地主要是供青少年进行体育活动的地方,应以铺装地面为主,适当安排运动器械及坐凳(图5.4)。

成人、老人休息活动场可单独设立,也可靠近儿童游戏场。在老人活动场内应多设些桌椅坐凳,便于下棋、打牌、聊天等。老人活动场一定要做铺装地面,以便开展多种活动,铺装地要预留种植池,种植高大乔木以供遮阳(图5.5)。

4. 景观规划

1) 入口

入口应设在游人的主要来源方向。数量2~4个,应与周围道路、建筑结合起来考虑具体的位置。入口处应适当放宽道路或设小型内外广场以便集散,内可设花坛、假山石、景墙、雕塑、植物等作对景,入门两侧植物以对植为好,有利于强调并衬托入口设施。

2) 园路

从游览的角度而言,社区公园路网的安排应尽可能呈环状,避免出现"死胡同"或走回头路。社区公园中的园路类型主要有三种:主园路、次园路和小路。主园路连接各活动场地,主要服务居民指向性的步行活动及功能性需求,道路平面选线力求便捷,不宜过多弯曲。次园路和小路主要供居民休憩散步,应结合植物配置,丰富景观空间。

3) 广场

广场有集散、交通和休息三种功能类型,社区公园的广场一般以休息为主。广场的平面形状可规则、可自然,也可以是直线与曲线的组合,但无论选择什么形式,都必须与周围环境协调。广场的标高一般与园路的标高相同,但有时为了迁就原地形或为了取得更好的艺术效果,也可高于或低于园路。广场以铺装地面为主,便于居民开展各种活动,广场上造景多设有花坛、雕塑、喷水池、装饰小品,四周多设坐椅、棚架、亭廊等供游人休息、赏景。

4) 地形

社区公园的地形应充分尊重原有地形地貌,主要活动场地宜设置在平坦地块,不同规模的社区公园,宜根据园林景观和地表水的排蓄需求设置微地形,力求做到因地制宜和土方平衡。

5) 园林建筑及设施

园林建筑及设施能丰富绿地的内容、增添景致,应给予充分的重视。社区公园以植物绿化造景为主,其内的园林建筑和设施的体量都应与之相适应,不能过大。

6) 植物种植

在满足社区公园游憩功能的前提下,要尽可能地运用植物的姿态、体形、叶色、高度、花期、花色以及四季的景观变化等因素,来提高公共绿地的园林艺术效果,创造一个优美的环境。绿化的配置一定要做到四季都有较好的景致,适当配置乔灌木、花卉和地被植物,做到黄土不露天。

图5.3 社区公园中儿童活动场所
(https://www.gooood.cn/)

图5.4 青少年活动场地
(https://www.aspect-studios.com/china/)

图5.5 中老年人健身场所
(http://www.dianping.com)

5.3 案例分析

■ 加拿大多伦多 Sherbourne Common 社区公园

加拿大多伦多 Sherbourne Common 是由 PFS Studio 设计的,获得 2013ASLA 专业奖。该公园是多伦多安大略湖畔重要的一座重建复兴项目。该公园成功地将对生活的感悟和自然元素相结合,将安大略湖畔的树林、水、绿色相交汇。

"风景开发的先锋典范。众多优势随先建好的公共空间而来,就像是治疗之光。设计师处理不同规模适应儿童和成人尺度。细部完善并着实实现暴雨管理。伟大的作品,具有美好之感与风韵之美。"

——2013年专业奖评审委员会

Sherbourne Common 社区公园是一处舒适的市民休闲空间,也是多伦多湖滨再生系统的一个重要的组成部分。它采用了富有诗意的手法处理雨水和地表径流,整个公园将雨洪管理、景观、建筑、工程和艺术设计完美地融合在一起,超越了传统意义上的公园定义。它是加拿大第一座将紫外线净化设施运用在雨洪处理上的公园(图 5.6)。

Sherbourne Common 的广受欢迎,证明了设计公园时运用灵活性和多样性基本原则的重要意义。比邻公园,一个可容纳 3 000 名学生的校园开放使用,公园两侧是几栋混合用途/住宅用途楼宇。按照园区的规模,该园区可提供各种用途,满足未来居民、学生和新兴企业员工的不同需求。设计上,园区努力适应全方位的需求。它涉及两个非常不同的城市公园设计模式:一是提供一个宁静的空间,逃离城市生活的混乱;另一个提供一个供社会交往的、吸引人的城市空间。这两种想法在表达公园的三个不同城市空间时融合在一起(图 5.7、图 5.8)。

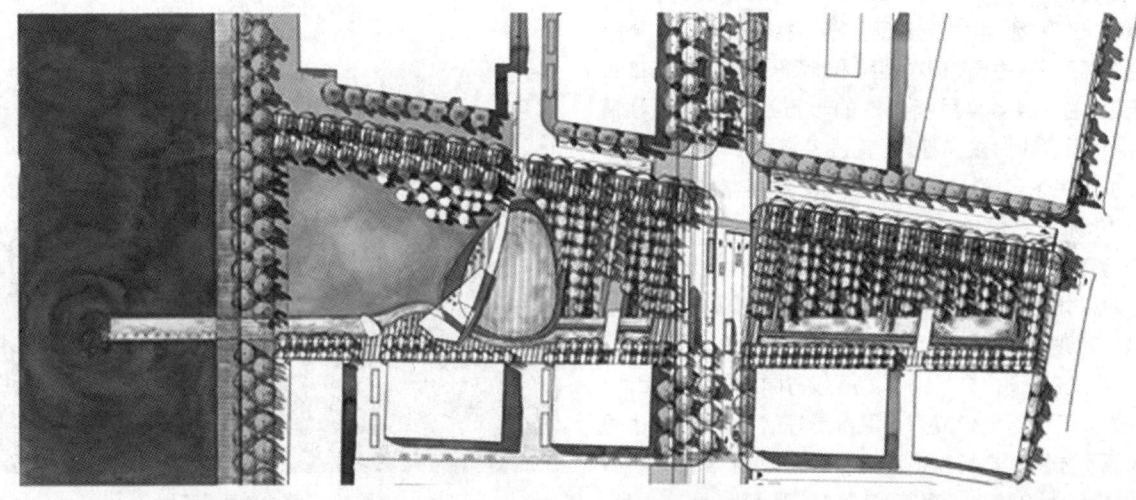

图 5.6 Sherbourne Common 社区公园总平面图

图 5.7 Sherbourne Common 社区公园大环境鸟瞰

图 5.8　Sherbourne Common 社区公园鸟瞰

基于标志性的湖边风景，让人想起多伦多历史悠久的海岸线，园区的组成是建立在树林、水、绿地的理念之上的。

"树林"的想法表现为横跨皇后码头大道精心设计的枫树林，皇后码头大道是将公园平分为两块的翻新的海滨多用通道（行人、自行车、公交和汽车）。大道两旁的树木把公园南北连接起来，并给人强烈的视觉体验。

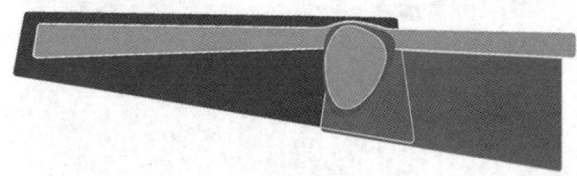

图 5.9　树林、水、绿地布局

"水"的概念在 Sherbourne Common 通过几种方式表达。该公园是由收集的雨水组成，在其最终排入安大略湖前在公园经过净化并在整个公园进行了展示。各种各样的水的表现形式从物质和空间上把南北连在一起。一旦被收集和经紫外线处理，薄薄的纯净水面纱从三个 9 m 高的艺术雕塑上轻轻落下来，这些艺术雕塑优雅地从地面升起，题为 Light Shower。然后水通过一个种植了水草的生物过滤床，被导入长 240 m 的水道。当水从水道中流下来到达公园的中心后，它蜿蜒穿过一个镀锌的宝石般的亭子，并最终排入安大略湖（图 5.9）。

图 5.10　露天广场

沿安大略省的海岸线发现的标志性的天然空地通过绿地来表达。在"树林"周围，并由毗邻亭子的广场所框起来的开阔草坪是观看安大略湖景色的最佳之处。"绿地"的规模和设计使其成为园区的中央聚集空间，在其边缘区也提供私密空间，在这里"树林"变得稀疏，人们可享受阳光或在斑驳的树影下读书（图 5.10，图 5.11）。

Sherbourne Common 的多变特性不仅存在于它的物质性上，也体现在其设计上。通过提供广泛的机会，公园的设计包含了所有季节和一天的不同时间。在夏季，水通过艺术雕塑和渠道展示出来，也通过分散在中央广场的数组喷泉以顽皮的姿态出现。一旦喷泉被关闭，广场就变成

图 5.11　社交空间

了舞台,而在冬季广场变成溜冰池。精心设计的照明创造出视觉的趣味和可在晚间使用的、光线充足的环境(图 5.12～图 5.15)。

(DFS Studio,2013)

图 5.12 "小阵雨"雕塑

图 5.13 面纱状水景

图 5.14 中央广场——喷泉(夏天)

图 5.15 中央广场——溜冰场(冬天)

■ 讨论与思考

1. 社区公园的概念、分类。
2. 社区公园与其他城市公园有哪些区别?
3. 社区公园的设计原则、要点和内容。

■ 习题

下图是某城市社区公园用地范围及周边环境条件,周边分布有办公区和住宅区用地(见附图),设计区域面积为 100 m×80 m,现请对社区公园进行设计。

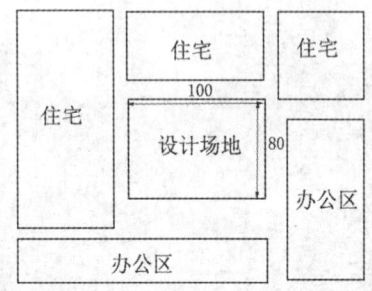

1) 规划设计要求

(1) 突出地域文化特色,与周边环境协调;

(2) 功能与景观并重,满足周边所服务人群需求;

(3) 有一定的文化艺术性;

2) 图纸内容

(1) 总平面图 1∶300;

(2) 鸟瞰图;

(3) 分析图若干,比例自定;

(4) 节点细部放大图一张,主要节点效果图,不少于 2 张;

(5) 设计说明不少于 300 字,需要说明空间划分及景观布局等主要设计内容。

6 专类公园

> **【导读】** 专类公园(G13)是具有特定内容和形式,有一定游憩设施的绿地,包含6个小类动物园(G131)、植物园(G132)、历史名园(G133)、遗址公园(G134)、游乐公园(G135)、其他专类公园(G139)。作为独特的城市公园类型,专类园起到提升景观品质、承载地域文化、唤醒城市活力的突出作用。因此专类公园规划设计具有一定特殊性,不同专类园具备各自的设计特点,同时也应掌握某一类专类公园通行的设计原则和要点,这对更好实现专类公园人文价值、生态价值意义重大。本节就植物园、动物园、儿童公园、其他专类公园中的城市湿地公园相关内容作重点阐述。

6.1 植物园

6.1.1 植物园概述

1. 相关概念

植物园有着悠久的发展历史。在欧洲,5~8世纪被称为基督教美术时代,僧侣们生活所需的物资几乎全部都在修道院内生产,逐渐地实用庭园和装饰庭园组成了修道院庭园,其中有菜园、药草园。药草园除有药用植物以外,还有观赏植物,可供识别、观赏,并被公认为是西方植物园的起源。

在中国,汉武帝初修上林苑时,栽植远方进贡的名果木、奇花卉达2000余种之多。在一座宫苑内展示如此众多的植物,说明中国在汉代已具备植物园的雏形。晋代葛洪《西京杂记》具体地记载了其中的98种树木花草的名称,梨十(即有10个梨的品种或种,下同)、枣七、梅七、杏二等。

目前,全世界有1000多所植物园。自20世纪50年代起,我国植物园事业得到迅速发展。目前我国各省、市、自治区都先后建立了植物园。

1) 植物园的任务

植物园是从事植物物种资源的收集、培育、保存等科学研究的机构。植物园主要任务可分为四个方面:

(1) 科学研究 人类至今已经栽培利用的植物不过500多种,而自然界的高等植物约有30万种。如何转化野生植物为栽培植物;如何转化外来植物为当地植物是植物园责无旁贷的科学研究任务。

(2) 观光游览 结合植物科学的丰富内容,以公园的形式,创造最优美的环境,让植物世界中形形色色的奇花、异草、茂林、秀木组成绚丽多彩的自然景观。

(3) 科学普及 植物园通过露地展览区、温室、陈列室、博物馆等室内外植物素材的展览,让广大群众在休息、游览中,参观学习,寓教于游。

(4) 科学生产 应用科学的、先进的生产技术或新的产品,提高整个社会的生产水平。

总之,植物园有科学研究、游览观光、科学普及和科学生产等诸方面的任务,要根据建园的目标和肩负的任务、性质而确定是全面发展还是有所侧重。

2. 植物园的类型

植物园按其性质可分为下面两种:

1) 综合性植物园

综合性植物园指兼备多种职能,即科研、游览、科普及生产的规模较大的植物园。有归科学院系统的,如南京中山植物园、庐山植物园等。有归园林系统的,如上海植物园、杭州植物园等。

2) 专业性植物园

专业性植物园指根据一定的学科、专业内容布置的植物标本园、树木园、药圃等。例如,浙江农业大学植物园、广州中山大学标本园,又可称之为附属植物园。

6.1.2 植物园规划设计

植物园的规划既要反映现代植物科学的最新成就和发展趋势,把科学研究、科学教育、科学生产三者之间的科学内容体现出来,又要结合植物科学的要求,应用园林艺术手段,处理好植物园的地形、建筑布局、景观等问题。

1. 选址

植物园选址的要求为以下几项:

1) 要有充足的水源

水是植物园内科研、生产、生活、游览等各项工作和活动的物质基础。另一方面还需要有较好的排水条件,良好的水质,不受任何污染,以保证各类植物的良好生长。

2) 地形地貌

复杂多样的地貌,有利于创造不同的生态环境和生活因子,更能为不同种类植物的生长,提供较理想的生存条件,也为引种驯化工作创造有利的环境。应根据不同的海拔高度、坡向、地势选择合适的植物。

3) 土壤条件

地形变化越复杂,地势差异越大,植物园内的土壤种类相应的也越多,可根据植物适应土壤的酸碱度不同,而将其分成酸性土植物、中性土植物、碱性土植物三类。

① 酸性土植物:在酸性土壤上生长的植物,如杜鹃、山茶、红松等。

② 中性土植物:大多数的花草树木。

③ 碱性土植物:在碱性土壤上生长的植物,如柽柳、沙棘、杠柳等。

4) 小气候的条件

引种国内、外不同气候条件地区的植物材料,其原产地的气候情况千差万别,由于温度、湿度、风向、坡向、植被等综合作用的结果,生境地会产生和出现不同的小气候,以满足不同植物材料的生境条件,利于引种驯化工作,逐步地改造外来植物的遗传性,提高适应性。

5) 原有植物尽可能丰富

植物园的最主要任务是培养多种多样的植物。园址原有植物种类丰富,直接指示了该用地优越的综合自然条件。反之,说明用地的自然条件综合因子不利于植物的生长。

6) 城市的区位和环境条件

植物园从区位和周围环境的要求应考虑以下几方面的具体条件:

① 植物园用地应位于城市活水的上流和城市主要风向的上风方向。

② 要远离工业区。

③ 交通要方便,以普通交通工具1小时左右能到达较好。

④ 市政工程设施要满足植物园的要求。

2. 分区

一般综合性植物园由三个主要部分组成:展览区、科研区、生活管理区。

1) 展览区

(1) 植物进化系统展览区　反映植物界发展由低级向高级进化的过程,如上海植物园的展览区。

(2) 植物地理分布和植物区系示区　这种植物展览区的规划,以植物原产地的地理分布或以植物的区系分布原则进行布置。

(3) 按植物生态习性与植被类型而布置的展览区　这类展览区是按植物的生态习性、植物与外界环境的关系以及植物相互作用而布置的展览。如根据不同的生活型分为乔木区、灌木区、藤本植物区、多年生草本植物区、球根植物区、一年生草本植物区等展览区。

(4) 经济植物展览区　这类展区是从药用植物的收集和展览开始发展起来的,经济植物在各国的社会进步的历程中,起着越来越重要的作用。

(5) 观赏植物及园林艺术展览区　丰富的观赏植物种类为我国植物园工作者建立各类观赏专类园提供了良好的物质条件。这类展览区的布置可分成以下两种:

① 专类花园:在植物园内,专门收集若干著名的或具特色的观赏植物,构成供游人游览的专类花园。可以组成专类花园的观赏植物有牡丹、芍药、梅花、玫瑰等。

② 主题花园:这种专类花园多以植物的某一固有特征,如芳香的气味,植物体本身的性状特点,突出某一主题,如彩叶园、百果园等。

(6) 树木园　主要以栽植露地可以成活的野生木本植物为主的树木展览园。树木园以种子播种为主要引种方式,所以树木园又是植物园最重要的引种驯化基地。我国许多主要植物园中都有树木园,如北京植物园(南园)、福州树木园、昆明植物园等。

(7) 自然保护区　我国在植物园范围内,有些区域被划为自然保护区,如庐山植物园内的"月轮峰自然保护区"、华南植物园的"鼎湖山自然保护区"、西双版纳热带植物园的"珍稀濒危植物迁地保护区"。

上述自然保护区,禁止人为的砍伐与破坏,任其自然演变,不对群众开放,主要进行植物科学研究,如自然群落、植物生态、种质资源及珍稀濒危植物的保护研究等。

2) 科研区

科研区由实验地、引种驯化地、苗圃地、示范地、检疫地等组成。植物园的科研区,主要进行外来种,包括外地、外国引进植物的引种、驯化、培育、示范、推广的工作。同时要注意植物园的检疫工作和防范措施。

3) 生活、服务区

植物园的规划应解决游人和职工的生活服务问题,主要设置职工宿舍、餐厅、茶室、冷饮、商店、卫生院、车库、仓库、托儿所等。

3. 设计要点

(1) 明确建园目的、性质与任务。

(2) 决定植物园的分区与用地面积　一般展览区用地面积较大可占全园总面积的40%~60%,苗圃及实验区用地占25%~35%,其他用地占25%~35%。

(3) 展览区面向群众开放　宜选用地形富于变化、交通联系方便,游人易于到达的地方。偏重科研或游人量较少的展览区,宜布置在稍远的地方。

(4) 苗圃试验区是进行科研和生产的场所　不向群众开放,应与展览区隔离,但是要方便与城市交通线联系,并设有专门出入口。

(5) 确立建筑数量及位置　植物园建筑有展览建筑、科学研究用建筑及服务性建筑三类。

① 展览建筑:包括展览温室、展览荫棚、科普宣传廊等。展览温室和植物博物馆是植物园的主要建筑,应位于重要的展览区内。科普宣传廊应根据需要,分散布置在各区内。

② 科学研究用建筑:包括图书资料室、标本室、试验室等,宜布置在苗圃试验区内。

③ 服务性建筑:包括植物园办公室、招待所、接待室、

停车场等，这类建筑的布局与一般公园情况类似。

(6) 道路系统与广场的布局　与一般公园有许多相似之处，一般分为主干道、次干道和游步道三级。

① 主干道　4～7 m，主要是方便园内交通运输，引导游人或几个主要展览区之间的分界线和联系纽带。

② 次干道　2.5～3 m，是各展览区的主要道路，必要时可供小汽车通行。它把各区中的小区或专类园联系起来，多数又是这些小区或专类园的界线。

③ 游步道　1.5～2 m，是深入到各小区内的道路，一般交通量不大，方便参观者细致观赏各种植物，也方便日常养护管理工作，有时也起分界作用。

(7) 植物种植设计　除与一般公园种植设计相同外，还要特别突出其科学性、系统性。由于植物的种类丰富，完全有条件按生态习性要求进行混合，为充分发挥园林构图艺术提供了丰富的物质基础。

植物园铺设草坪既可供游人活动休息，又能为将来增添植物预留地，同时也丰富了园林自然景观。草地面积一般以总种植面积的 20%～30% 为宜。

(8) 植物的排灌工程　植物园的排灌系统规划需保证旱可浇，涝可排。一般利用地势起伏的自然坡度或暗沟，将雨水排入附近的水体中，但是在距离水体较远或者排水不顺的地段，必须铺设雨水管辅助排水。

6.1.3　案例分析

■ 案例一：杭州植物园

杭州植物园位于西湖风景区中，植物园的展览区内容丰富，设有观赏植物区、百草园、树木园、竹类园、植物分类园、山水园林区等。整个公园依照地势和自然条件布局，在引种驯化栽培实验的同时，利用植物造景创造了优美的植物景观环境，给人留下深刻的印象(图 6.1～图 6.4)。

(孙筱祥，1953)

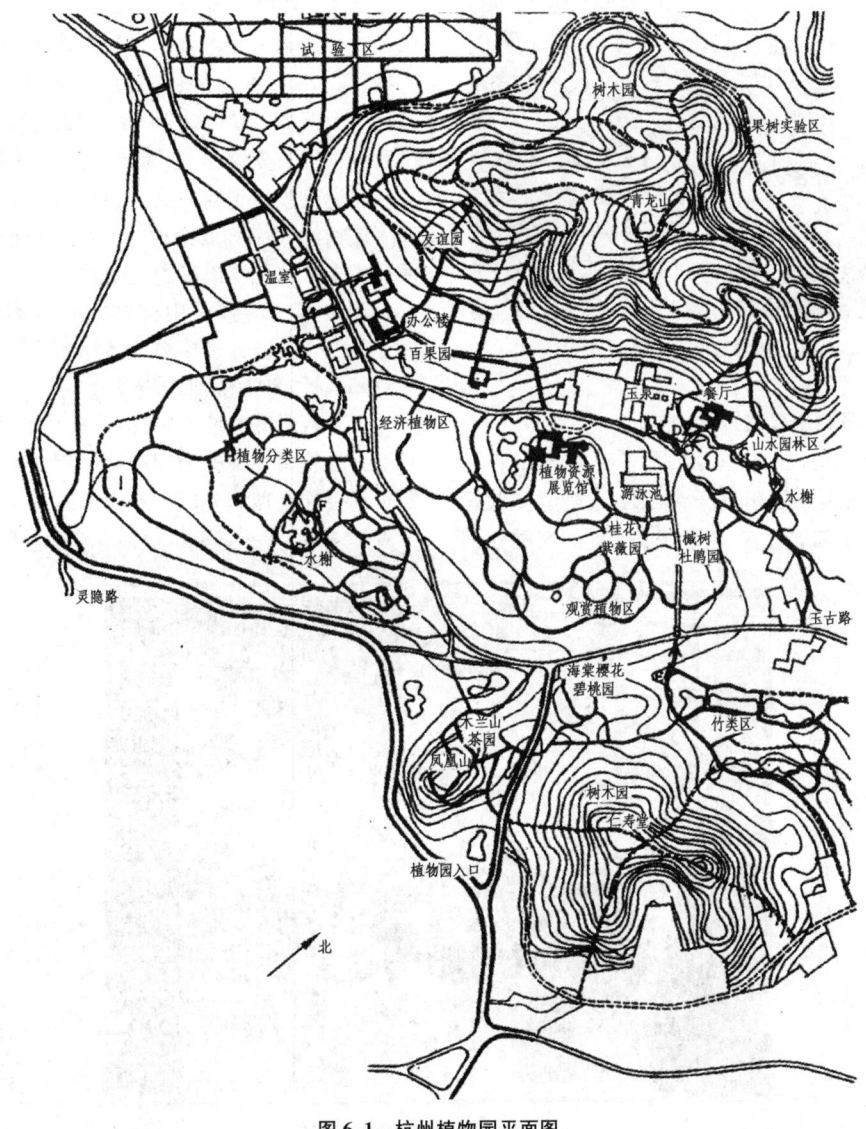

图 6.1　杭州植物园平面图
(杨赉丽，2006)

图 6.2　杭州植物园景观

图 6.3　杭州植物园水景

图 6.4　杭州植物园植物景观

■ 案例二：上海辰山植物园

据明代董其昌记载，辰山"在诸山之东南，次于辰位"，故此得名，上海辰山植物园坐落于佘山国家旅游度假区内。辰山植物园由上海市政府、中国科学院、国家林业局合作共建，是融科研、科普、景观和休憩为一体的综合性植物园。

上海辰山植物园分中心展示区、植物保育区、五大洲植物区和外围缓冲区等四大功能区。中心展示区建造了矿坑花园、岩石和药用植物园等 26 个专类园。中心展示区与辰山植物保育区的外围为全长 4 500 m 的绿环，展示了欧洲、非洲、美洲和大洋洲的代表性适生植物。

园内已收集到植物约 9 000 种，其中最多的属华东地区的植物，共有 1 500 余种。上海辰山植物园也由此成为拥有华东区系植物最多的植物园。

2010 年 12 月，辰山植物园收集的珍稀濒危活植物（即国家一、二级保护植物）达到 107 种，其中包括羊角槭、普陀鹅耳枥、夏蜡梅、伯乐树等品种。这些植物中，部分为野外仅存若干株的珍贵物种，有的则具有极强观赏性，还有不少是价值很高的药用植物和野生水果植物。植物园的长远目标是搜集全球 3 万种植物（图 6.5～图 6.9）。

（瓦伦丁 C、丁一巨，2010）

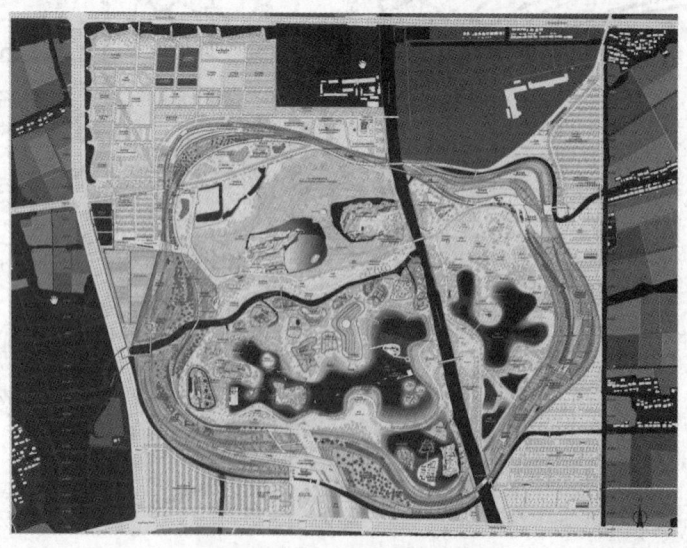

图 6.5　上海辰山植物园总平面图

图 6.6　上海辰山植物园鸟瞰图

图 6.7　上海辰山植物园科研中心效果图

图 6.8　上海辰山植物园展览温室效果图

图 6.9　上海辰山植物园局部效果

（https://baike.baidu.com/item/%E9%82%B1%E5%9B%AD/57537?fr=aladdin）

■ **案例三：邱园**

邱园，坐落在英国伦敦三区的西南角，是世界上著名的植物园，及植物分类学研究中心。邱园始建于 1759 年，经过 200 多年的发展，已扩建成为有 120 公顷的规模宏大的皇家植物园。邱园拥有世界上已知植物的 1/8，将近 5 万种植物，收藏种类之丰，堪称世界之最。这些植物大都按科属种植，并适当根据生态条件配置宿根草本或球根花卉。邱园的温室更是名闻遐迩，这里拥有数十座造型各异的大型温室。

邱园内设有 26 个专业花园和 6 个温室园，其中包括水生花园、树木园、杜鹃园、杜鹃谷、竹园、玫瑰园、草园、日本风景园、柏园等。园内还有与植物学科密切相关的设施，如标本馆、经济植物博物馆和进行生理、生化、形态研究的实验室。此外，邱园还有 40 座具有历史价值的古建筑物。经过了几百年的发展和进步，邱园已经从单一从事植物收集和展示的植物园成功转型为集教育、展览、科研、应用为一体的综合性机构（图 6.10、图 6.11）。

（William Aiton，1759；William Jackson Hooker，1844）

图 6.10 邱园棕榈屋温室
(https://mp.weixin.qq.com/s/_kXz1Wpg_vsuDAAmm0lWpw)

图 6.11 邱园睡莲温室
(https://mp.weixin.qq.com/s/_kXz1Wpg_vsuDAAmm0lWpw)

6.2 动物园

6.2.1 动物园概述

动物园以展览动物为主，目的是宣传普及有关动物的科学知识，对游人进行科普教育；对野生动物的习性、珍稀物种的繁育进行科学研究；同时，为游人提供休息、活动的专类公园。

据世界动物保护组织统计，目前，全世界动物园约有900个，其中欧洲353个，美洲250个，亚洲175个，非洲和其他地区较少。我国从最早的北京动物园（1906年）和上海动物园（1931年）起，至今建立的动物园（不含公园动物展区）共计28个。

动物园是集中饲养、展览和科研种类较多的野生动物或附有少数优良品种家禽家畜的公园绿地。首先要满足广大群众游览观赏的需要，同时要以生动的方式普及动物科学知识，包括达尔文进化论、珍贵动物以及动物与人的利害关系、经济价值等。

作为中小学生的直观教材和动物专业学生的实习基地，丰富动物学知识，掌握动物形态学、生态学、分类学、生理学、饲养学等。

动物园要配合有关部门进行科学研究：研究动物的驯化和繁殖、病理和治疗法、习性和饲养学，并进一步揭示动物变异进化的规律，创造新品种等。

依据动物园位置、规模、展出方式等的不同，可将我国动物园划分为四种类型。

（1）城市动物园 一般位于大城市近郊区，面积大于20 hm^2，动物展出比较集中，品种丰富，常收集数百种至上千种动物。

（2）人工自然动物园 一般多位于大城市远郊区，面积较大，多上百公顷。动物展出的品种不多，通常为几十种。园区以群养、敞放为主，富于自然情趣和真实感，如日本九州自然动物园，我国的深圳野生动物园。

（3）专类动物园 多位于城市近郊，面积较小，一般为 5~20 hm^2。动物展出的品种较少，通常为富有地方特色的种类，如泰国的鳄鱼公园。

（4）自然动物园 一般多位于自然环境优美、野生动物资源丰富的森林、风景区及自然保护区。此类动物园面积大，动物以自然状态生存，游人通过确定的路线、方式，在自然状态下观赏野生动物，富于野趣。

此外，在新加坡首创了世界第一个夜间野生动物园。园内以沟渠、溪流形成拦障，安装着特别的灯光，效果与自然月光近似，动物可在园地里自由漫步或随意奔跑。为便于游客观赏野生动物,园内专设有游览电车,穿行于部分畜养驯服动物的园林间。

6.2.2 动物园规划设计

1. 选址

动物园的用地应考虑功能定位,根据城市绿地系统来确定。

在地形方面,由于动物种类繁多,而且来自不同的生态环境,故地形宜高低起伏,要有山冈、平地、水面、良好的绿化基础和自然风景条件。

在卫生方面,动物园最好与居民区有适当的距离,并且位于下游、下风地带。园内水面要防止城市污水的污染,该地带内不应有住宅、畜牧场、动物埋葬地等。此外,动物园还应有良好的通风条件,减少疾病的发生。

在交通方面,动物园客流量较集中,货物运输量也较多,停车场应与公园入口广场隔开。

在工程方面,应有充分的水源和良好的地基,地下无流沙现象,便于建设动物笼舍和开挖隔离沟或水池,并可经济而安全地供应水电。

为满足上述要求,通常大中型动物园都选择在城市郊区或风景区内。如杭州动物园在西湖风景区,与虎跑风景点相邻;哈尔滨虎林园地处松花江北岸,与市区隔水相望。

2. 分区

① 动物展览部分:由各种动物笼舍组成,占有最大的用地面积。

② 宣传教育、科学研究部分:是全园科普科研活动的中心,主要由动物科普馆组成,一般布置在出入口地段,交通方便,场地开阔。

③ 服务休息部分:包括休息亭廊、接待室、饭馆、小卖部、服务站等。这部分不能过分集中,应较均匀地分布于全园,便于游人使用,因而往往与动物展览部分毗邻。

④ 经营管理部分:包括饲料站、兽疗所、检疫站、行政办公室等,宜在隐蔽偏僻处,并要有绿化隔离,但要与动物展览区、动物科普馆等有方便的联系。要有专用出入口,以便运输和对外联系。有的动物园将兽疗所、检疫站设在园外。

⑤ 职工生活部分:为了避免干扰和卫生防疫,一般在动物园附近另设一区。

⑥ 隔离过渡部分:规划一定宽度的隔离林带,一方面可以提高公园的绿化覆盖率,形成过渡空间,另一方面可以减少疾病的传播。

⑦ 展览顺序:动物园规划除考虑以上分区外,起着决定性作用的就是动物展览顺序的确定。

我国绝大多数动物园规划都突出动物的进化顺序,即由低等动物到高等动物,由无脊椎动物→鱼类→两栖类→爬行类→鸟类→哺乳类,在这个前提下,根据具体情况调整。在规划布置中还要争取有利的地形安排笼舍,形成既有联系又有绿化隔离的动物展览区。

各区所占公园的用地面积比例如下:

无脊椎动物+鱼类+两栖爬虫类 1/5~1/4;

鸟类 1/5~1/4;

哺乳类 1/2~3/5。

3. 设计要点

为了使规划全面合理,在制订动物园总体规划时,应由园林规划人员、动物学家、饲养管理人员共同讨论,确定切实可行的总体规划方案。

1) 陈列布局方式

动物园动物展出的陈列布局方式主要有下面三种类型。

(1) 按动物进化系统布局　这种陈列方式的优点是具有科学性,按进化顺序布局使游人具有较清晰的动物进化概念。

(2) 按动物原产地布局　按照动物原产地的不同,结合原产地的自然风景、人文建筑风格来布置陈列动物+展览点。

(3) 按动物的食性、种类布局　这种陈列方式优点是在动物饲养管理上非常方便经济。北京动物园在新制订的总体规划中就采用了这种布局形式。

2) 用地比例

动物园除展示动物外,应具有良好的园林风貌,为游人创造理想的游憩场所。根据《动物园设计规范》(CJJ 267—2017),动物园的用地比例应符合表 6.1、表 6.2 要求。

表 6.1　动物园建设规模

建设规模	建设规模指标	
	适宜陆地面积 A /hm²	展示动物 B /(种/只)
大型	$A \geq 50$	$B \geq 120$
中型	$20 \leq A < 50$	$50 \leq B < 120$
小型	$5 \leq A < 20$	$B < 50$

注:① 种/只为展示动物的种数或只数。
② 只数仅适用于专类动物园。

表 6.2　动物园用地比例(%)

用地名称		动物园建设规模		
		大型	中型	小型
用地建筑	动物园展区建筑	≤6.5	6.5~9.4	≤9.4
	科普教育建筑	≤0.7	0.5~0.7	≤0.5
	动物保障设施建筑	≤1.5	1.5~1.8	≤1.8
	管理建筑	≤1.4	1.4~1.7	≤1.7
	服务建筑、游憩建筑	≤2.9	2.9~3.6	≤3.6
园路、铺装场地	园路铺装场地	≤17	17~18	≤18
绿化用地	外舍场地、散养活动场地其他绿化用地	≥70	65~70	≥65

注:① 用地比例以动物园适宜陆地面积为基数计算。
② 动物展区建筑指各个动物展馆组合而成的建筑物。

3) 设施内容

① 文化教育性设施：露天及室内演讲教室、电影报告厅、展览厅等。

② 服务性设施：出入口、园路广场、停车场、存物处、餐厅等。

③ 休息性设施：休息性建筑亭廊、花架、园椅、喷泉、雕塑、游船、码头等。

④ 管理性设施：行政办公室、兽医院、动物科研工作室及其他日常工作所需的建筑。

⑤ 陈列性设施：陈列动物的笼舍、建筑及控制园界及范围的设施。

4) 出入口及园路

动物园的出入口应设在城市人流的主要来向，应有一定面积的广场便于人流的集散。出入口附近应设有停车场及其他附属设施。

动物园道路的布置方式，除在出入口及主要建筑可采用规则式外，一般应以自然式为宜。自然式的道路布局应考虑动物园的特殊性，便于游人到达不同的动物展览区。

5) 绿化种植

动物园的规划布局中，绿化种植起着主导作用，不仅创造了动物生存的环境，还为各种动物创造接近自然的景观，为建筑及动物展出创造优美的背景。同时，为游人游览创造了良好的游憩环境，统一了园内的景观。

① 动物园的绿化种植应服从动物陈列的要求，配合动物的特点和分区，通过绿化种植形成各个展区的特色。

② 动物园的园路可布置成林荫路的形式。陈列区应有布置完善的休息林地，草坪做间隔，便于游人参观陈列动物后休息。建筑广场道路充分发挥花坛、花境、花架及观赏性强的乔灌木的风景装饰作用。

③ 一般在动物园的周围应设有防护林带。在当地主导风向处，宽度可加大，并可利用园内与主导风向垂直的道路增设次要防护林带。在陈列区与管理区、兽医院之间，也应设有隔离防护林带。

④ 动物园种植材料，应选择叶、花、果无毒的树种，树干、树枝无尖刺的树种，以避免动物受害。最好也不种动物喜食的树种。

6.2.3 案例分析

■ 案例一：上海野生动物园

上海野生动物园位于城市的远郊，根据展示的动物分区安排，园内设有食草、散养动物放养区，水禽湖、鸟岛、猴岛等，模拟出动物在自然界的生存环境，群养或开敞放养，富于自然情趣和真实感（图 6.12）。同时还设置了儿童动物园、鸟类表演、骑马场、烧烤区等，在人们观光游览的同时，提供了多种多样的活动。

（上海市人民政府和中国国家林业局，1995）

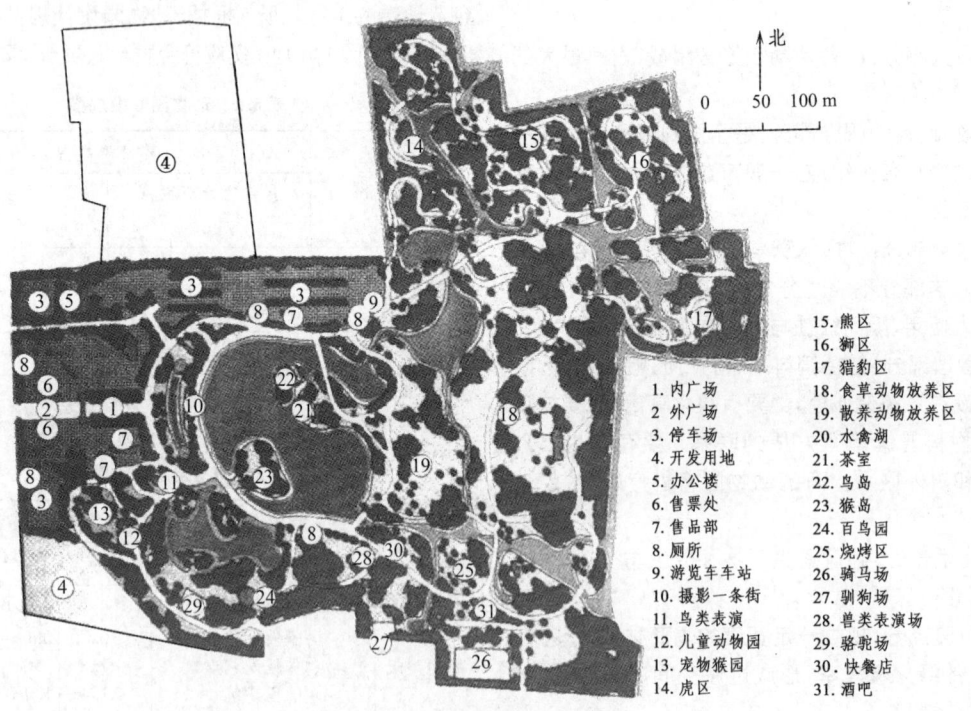

图 6.12 上海野生动物园平面图

1. 内广场 2. 外广场 3. 停车场 4. 开发用地 5. 办公楼 6. 售票处 7. 售品处 8. 厕所 9. 游览车车站 10. 摄影一条街 11. 鸟类表演 12. 儿童动物园 13. 宠物猴园 14. 虎区 15. 熊区 16. 狮区 17. 猎豹区 18. 食草动物放养区 19. 散养动物放养区 20. 水禽湖 21. 茶室 22. 鸟岛 23. 猴岛 24. 百鸟园 25. 烧烤区 26. 骑马场 27. 驯狗场 28. 兽类表演场 29. 骆驼场 30. 快餐店 31. 酒吧

■ 案例二：伦敦动物园

伦敦动物园为世界上最古老的动物园之一，成立于 1828 年 4 月 27 日。起初，园内动物为科学家的研究对象，后在 1847 年对公众开放。展出超过 755 种，15 000 只动物，收藏量是英国之最。伦敦动物园，位于摄政公园北部，被摄政运河穿越，占地 36 英亩。伦敦动物学会亦将，如象和犀牛等大型动物，由市区动物园迁往贝德福德郡的惠普斯奈德野生公园安置（图 6.13~图 6.16）。

（Henry Petty-Fitzmaurice，1828）

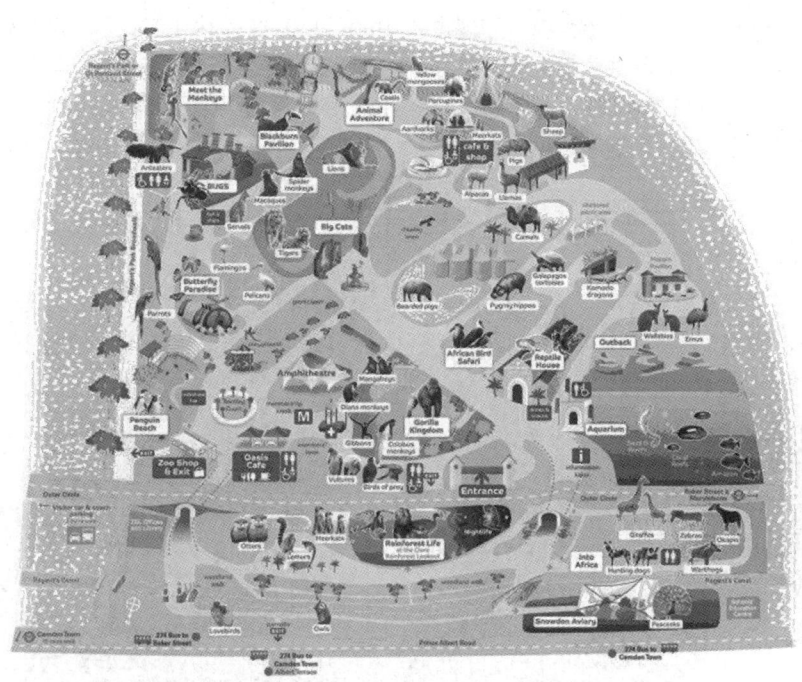

伦敦动物园位于伦敦市中心摄政公园（Regent's Park）北侧，是世界上最古老的动物园之一。它豢养了超过600种珍稀动物，从狮子、大象到企鹅、比拉鱼。

图6.13　伦敦动物园平面图
(lwjandsyy,2011)

图6.14　伦敦动物园入口

图6.16　伦敦动物园实景
(http://www.ycwb.com)

■ **案例三：奥克兰动物园**

动物园位于美国加利福尼亚州诺兰公园（knowland Park）园区内，园内生活着灰狼、灰熊等八种濒危的当地动物种。总体设计以保护动物栖息地的自然环境和人与动物的体验为核心。项目中的26个构筑物的选址是实现两个核心思想的关键要素。设计师将其放置在对土地影响最小的位置上，以此来保护自然环境和园区内现有的橡树林。同时，为了进一步减少影响，设计师还设计了一个空中缆车系统，取代了将游客送至加州步道的公路和一系列停车场。

图6.15　伦敦动物园内景

环形步道的首尾交接处有一个包含游客中心和解说中心的综合体。解说中心为游客们提供了一个能够更加了解动物和加州历史的机会。而在加利福尼亚保护大厅内，孩子们可以通过亲自动手实践，在复制的模型上探索山脉、沙漠、红杉林和河口，甚至还能探索城市住宅的环境，旨在让游客通过体验自然，唤醒他们对自然环境的责任感和环保意识（图6.17~图6.20）。

(Noll & Tam Architects, 1995)

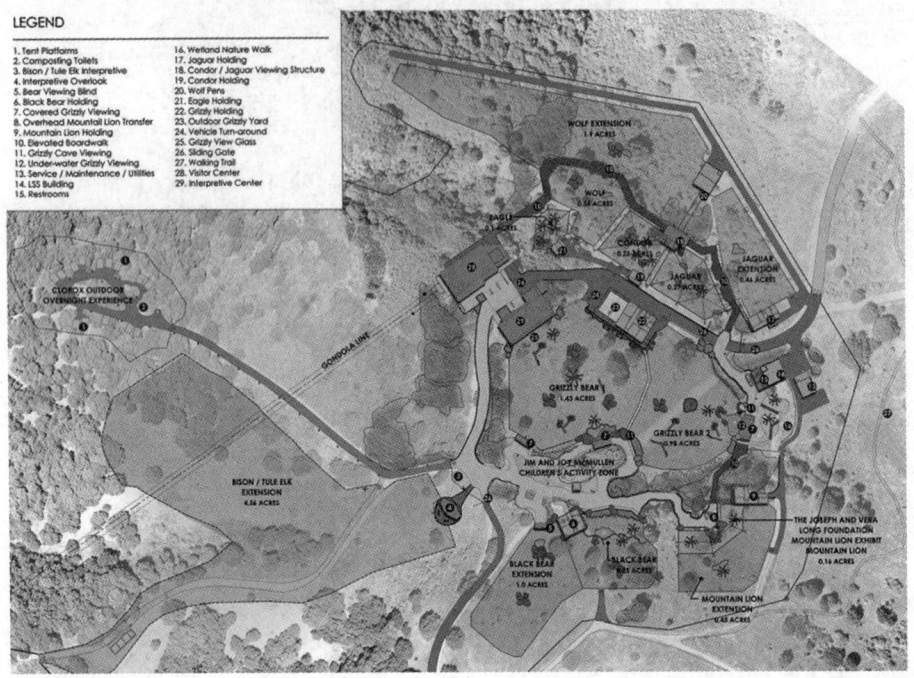

图 6.17　奥克兰动物园平面

图 6.18　奥克兰动物园空中缆车系统

图 6.19　奥克兰动物园解说中心

图 6.20　加利福尼亚保护大厅

(https://www.gooood.cn/california-trail-at-the-oakland-zoo-by-noll-tam-architects.htm)

6.3　儿童公园

6.3.1　儿童公园概述

根据儿童公园的规模、内容和我国城市建设的具体情况，一般儿童公园及儿童游戏场主要分为四种类型。

1. 综合性儿童公园

这种类型的儿童公园为全市少年儿童服务，一般宜设于城市中心交通方便地段，面积较大，可在几十公顷甚至一百公顷以上。综合性儿童公园的范围和面积可在市级公园和区级公园之间，内容可包括文化教育、科普宣传等。其中必要的建筑物和设施包括：科学宫、演讲厅、体育场、游泳池等。

2. 特色性儿童公园

强化或突出某项活动内容,并组成较完整的系统,形成某一特色。例如,哈尔滨儿童公园内的儿童小火车活动独具特色,深受少年儿童的喜爱。这类特色儿童公园考虑到儿童的年龄特点,为他们提供亲近自然、拓宽视野的机会,并使其在参与这些活动的过程中,加强对这些领域中专业知识的兴趣。

3. 一般性儿童公园

这类儿童公园主要为区域少年儿童服务,活动内容可不求全面,在规划中可以因地制宜,根据具体条件而有所侧重,但其主要内容仍然是体育和娱乐。这类儿童公园在其服务范围内,具有大小酌情、便于服务、投资随意、可繁可简、管理简单等特点。

4. 儿童乐园

一般在城市综合性公园内,为儿童开辟专区,占地不大、设施简易、规模较小,成为城市公园规划的组成部分,一般称之为儿童活动区。如北京紫竹院公园、上海杨浦公园、天津水上公园内都布置有儿童乐园。

6.3.2 儿童公园规划设计

1. 选址

在城市规划中,如何为儿童提供休息娱乐的场地,如何布局城市儿童公园系统,都是带有战略意义的重要问题。

从选址上,首先应考虑保护儿童公园不受城市水体和气体的污染以及城市噪声的干扰,保证儿童公园有良好的生态环境和活动空间。选址还要考虑交通条件,使家长和儿童能安全、顺畅、便捷地抵达。从合理布点考虑,较完备的儿童公园不宜选择在已有儿童活动场的综合性公园附近,以免浪费资金。如杭州花港观鱼公园,由于附近已建有杭州儿童公园,所以花港观鱼公园在公园规划中,不再考虑儿童活动的项目。

2. 功能分区

儿童公园的服务对象主要为幼儿、学龄儿童、青少年以及陪游的家长。作为主要游人的幼儿、学龄儿童和青少年,由于年龄段的不同,在生理、心理、体力上各有特点。儿童公园在功能分区规划时,必须根据他们的情况而划分不同的活动区域,见表6.1。

1)幼儿游戏场

这类游戏场有供游戏使用的设施以及休息亭、廊等供人休息使用。幼儿游戏场周围常用绿篱或彩色矮墙围范,一般活动场地成口袋形,出入口尽量少些。该区的活动器械宜光滑、简洁,尽可能做成圆角,避免碰伤。

表6.1 不同年龄组的游戏行为

年龄	游戏种类	结伙游戏	组群内的游戏	
			游戏范围	自立度(有无同伴)	攀、登、爬
<1.5岁	椅子、沙坑、草坪、广场	单独玩耍,或与成年人在住宅附近玩耍	必须有保护者陪伴	不能自立	不能
1.5~3.5岁	沙坑、广场、草坪、椅子等静的游戏,玩固定游戏器械的儿童多	多单独玩耍,偶尔和别的孩子一起玩,和熟悉的人在住宅附近玩耍	在住地附近亲人能照顾到	在分散游戏场有半数可自立,集中游戏场可自立	不能
3.5~5.5岁	秋千经常玩,喜欢变化多样的器具,4岁后玩沙的时间较多	参加结伴游戏,同伴人逐渐增多(往往是邻居孩子)	游戏中心在住房周围	分散游戏场可以自立,集中游戏场完全能自立	部分能
小学一、二年级儿童	儿童开始出现性别差异,女孩利用游戏玩具,成分逐渐变多,男孩以捉迷藏为主	同伴人多,有邻居、有同学朋友,结伴游戏较多	可在住房看不见的距离处玩	有一定自立能力	能
小学三、四年级儿童	女孩较多利用器具玩,跳橡皮筋、跳房子等;男孩喜欢运动性强的游戏	同伴人多,有邻居、有同学朋友,成分逐渐变多,结伙游戏较多	以伙伴为中心玩,会选择游戏场地及游戏品种	能自立	完全能

(唐学山,等,1997)

2)学龄儿童活动区

该区的服务对象主要为小学一、二年级儿童。一般的设施包括:螺旋滑梯、秋千、攀登架等。此外,还要有供开展集体活动的场地及水上活动的涉水池,障碍活动小区。有条件的地方还可以设室内活动儿童之家、科普展览室等内容。

3)青少年活动区

小学四年级至初中低年级学生,在体力和知识方面都要求设施的布置更有思想性,活动的难度更大些。

如开设少年宫,培养青少年音乐、绘画、文学、书法、电子、地质、气象等科技、文艺等方面的兴趣,积累基础知识,将对他们未来的学习、生活起重要作用。

4)体育活动区

青少年儿童正值成长发育阶段,所以在儿童公园中体育活动区是十分重要的活动场所。在公园的环境中开展体育活动有着优雅和舒适的感觉。

体育活动场地包括:健身房、运动场、游泳池、各类球场(篮球场、排球场、网球场、棒球场、羽毛球场等)、射击场,有条件的还可以设自行车赛场,甚至汽车竞赛场等。

5) 文化、娱乐、科学活动区

文化娱乐区主要扩大儿童知识领域,增强求知欲和对书籍的爱好,同时结合电影厅、演讲厅、音乐厅、游艺厅的节目安排,达到寓教于乐,培养儿童的集体主义感情的目的。

6) 自然景观区

满足儿童亲近自然的心理。可考虑设计一自然景观区,让天真烂漫的儿童回到山坡,回到水边,躺到草地上,聆听着鸟语,细闻着花香。

7) 办公管理区

为搞好儿童公园的服务工作,必须建立完善的办公管理系统。管理工作包括园内卫生、服务、急救、保安工作。

3. 规划设计要点

由于儿童公园专为青少年儿童开放,所以在设计过程中,应充分考虑到儿童的特点,注意以下设计要点:

① 儿童公园的用地应选择日照、通风、排水良好的地段。

② 儿童公园的用地应具有良好的自然环境,或经人工设计后达到环境要求。绿地一般要求占60%以上,绿化覆盖率宜占全园的70%以上。

③ 儿童公园的道路规划要求主次道路系统明确,尤其主路能起到辨别方向、寻找活动场所的作用,最好在道路交叉处设图牌标注。

④ 健康、安全是儿童公园设计的最基本要求。少年儿童正处于成长时期,在儿童公园中将得到美的享受、智的熏陶、体的锻炼。

⑤ 儿童公园的建筑、雕塑、设施、园林小品、园路等要形象生动、造型优美、色彩鲜明。

⑥ 儿童公园的地形、水体创造十分重要。地形的设计,要求造景和游戏内容相结合,使用功能和游园活动相协调。

⑦ 创造庇荫环境,供儿童和陪游家长休息和守候。一般儿童公园内的游戏和活动广场多建在开阔的地段上。

⑧ 儿童公园多采用黄色、橙色、红色、天蓝色、绿色等鲜艳的色彩,大多数采用暖色调,以创造热烈、激动、明朗、振作向上的气氛。

4. 植物配置

儿童公园的种植设计是规划的重要组成部分,也是创造良好自然环境的重要措施之一。

(1) 密林与草地 密林与草地将提供良好的遮阳以及集体活动的环境。创造森林模拟景观、森林小屋、森林浴、森林游憩等内容,从已建成的儿童公园建设经验中得到肯定。

(2) 花坛、花地与生物角 一般在长江以南的儿童公园中尽可能做到四季鲜花不断,在草坪中栽植成片的花地、花丛、花坛、花境,尽可能达到鲜花盛开、绿草如茵。

有条件的儿童公园可以规划出一块植物角,以欣赏植物的花、叶或香味。

(3) 儿童公园种植设计忌用有害植物 忌用有刺激性、有异味或引起过敏性反应的植物,以及有毒植物、有刺植物,给人体呼吸道带来不良作用的植物、生病虫害及结浆果的植物。

总之,上述各种对儿童的身体造成威胁或损害的植物,不得在儿童公园中种植,避免发生意外事故,保证儿童游园的绝对安全。

5. 活动设施和器械

儿童公园内场地、活动设施和器械的配置主要考虑以下问题。

1) 儿童游戏场地、设施、器械与儿童身高的关系

幼儿期(1~3周岁),儿童身高75~90 cm;学龄前期(4~6周岁),儿童身高95~105 cm;学龄期(7~14周岁),儿童身高110~145 cm。要根据儿童身高,考虑儿童的动作与器械的尺度关系,如方格形攀登架的格子间隔:幼儿为45 cm,学龄前儿童为50~60 cm,管径为2 cm为宜。学龄前儿童的单杠高度应为90~120 cm,学龄儿童的单杠高度应为120~180 cm。儿童平衡木高度应为30 cm左右。

2) 儿童游戏的场地和设施

(1) 草坪与铺地 柔软的草坪是儿童进行各种活动的良好场所。此外,还可设置软塑胶铺地砖或一些用砖、素土、马赛克等材料铺设的硬地面。

(2) 沙 在幼儿游戏中,沙土是最简单最受欢迎的。沙有一定松软感,幼儿可开展堆沙、挖沙洞、埋沙等游戏。一般沙土深厚度约30 cm为宜。

(3) 水 儿童公园中条件较好的,除设置儿童游泳池以外,还会设置嬉水池这个很受儿童欢迎的项目,一般设计成曲线流线型为宜,水深在15~30 cm。

(4) 游戏墙、迷宫 可用植物材料或砖墙、木墙设计迷宫和游戏墙。游戏墙应便于儿童钻、爬、攀登,以锻炼儿童的记忆、判断能力。迷宫是游戏墙的一种形式,可用常绿针叶树的树墙围成,也可以用砖、木头、竹子等材料做成,让孩子们在路线变幻、寻找出口中感到"迷"的乐趣。

(5) 隧道、假山、沟地、悬崖、峭壁 这类场地多为青少年开设,活动有一定的难度和冒险性。

6.3.3 案例分析

■ **案例一:香港月球之旅游乐园**

香港月球之旅游乐园是位于九龙京士柏运动场内的儿童游乐场,是香港第一个有主题的儿童游乐园。游乐场用地由近似梯形的三四层平台组成,包括了触觉墙、声碟、万花筒、管状钟、月球表面、吊桥等设施。这些活动给了儿童关于月球的粗略概念,是寓教于乐的主题儿童游乐园(图6.21、图6.22)。

(佚名,1989)

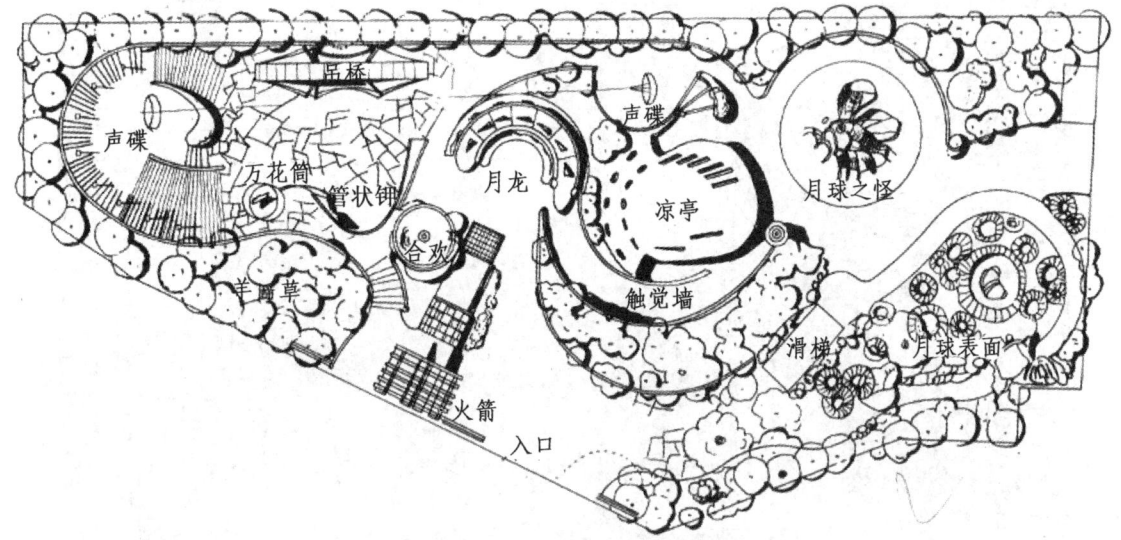

图 6.21 月球之旅乐园总平面图

图 6.22 月球之旅游乐园园景

■ **案例二**：阿姆斯特丹的网格游乐场景观设计

网格游乐场位于荷兰阿姆斯特丹，原先是一个公共的沥青广场。设计师在广场空间中用白色标记线画出网格线，并在网格交点上放置了不同的游乐设施。此外，设计师从各种交通基础设施的形态和色调中获得灵感来粉刷空间中的娱乐设施。五颜六色的地标定义了空间，有助于培养儿童良好的空间意识（图 6.23、图 6.24）。

（http://www.landscape.cn/landscape/10490.html）

6.4 城市湿地公园

建设城市湿地公园是对城市湿地进行保护性开发与综合利用的极好形式，是实现生态效益、经济效益和社会效益的重要举措。随着城市湿地公园的迅速发展，人们对城市湿地生态系统的认识也愈加深刻。

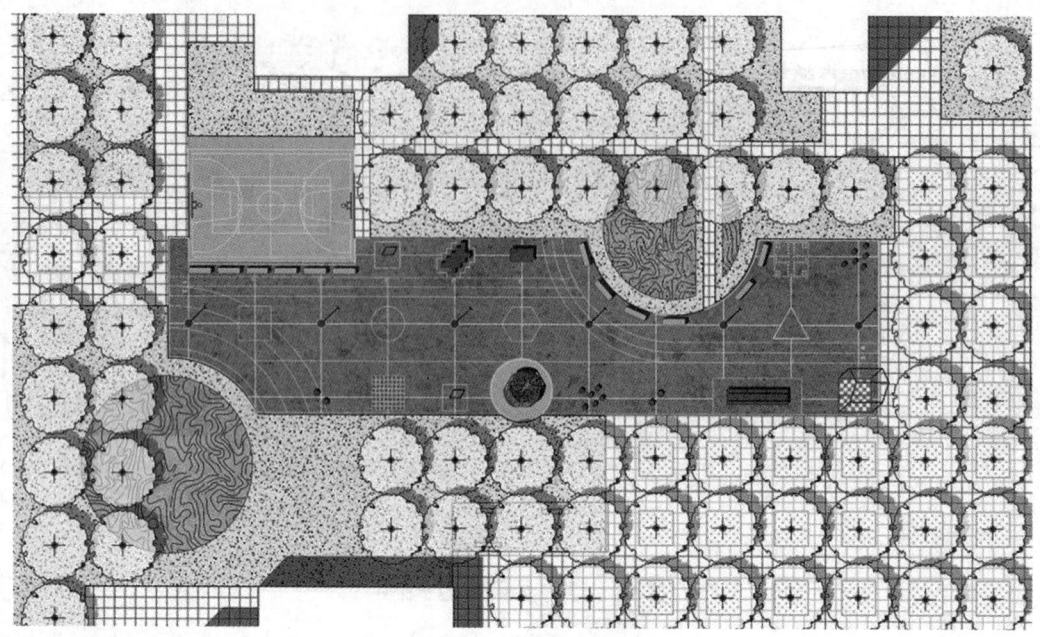

图 6.23　网格游乐场平面

图 6.24　娱乐设施

图 6.25　湿地风光

6.4.1　城市湿地公园概述

1. 相关概念

1）湿地的概念

湿地是陆地与水域全年或间歇地被水淹没的土地，是陆生生态系统和水生生态系统之间的过渡带，是一种复杂的生态系统。湿地应根据湿地的水文、土壤、植被等特点来定义，但由于难以确定积水湿地和水域的界线及无水湿地与陆地的界线，湿地边界很难确定。同时，湿地生物群落兼具陆地生物和水生生物的特性，自然环境复杂。况且不同国家，不同学科的学者对湿地研究的目的和重点不同，使得湿地还没有形成一个被世界各国，各机构广泛认可的定义。

1956 年美国鱼类与野生生物保护机构（FWA）对湿地的定义为：湿地表面暂时或永久有浅层积水，以挺水植物为其特征，包括各种类型的沼泽、湿草地、浅水湖泊，但是不包括河流、水库和深水湖。该机构在 1979 年重新给湿地作定义为：陆地和水域的交汇处，水位接近或处于地表面，或有浅层积水，至少有一至几个以下特征：

① 至少周期性地以水生植物为植物优势种。

② 底层土主要是湿土。

③ 在每年的生长季节，底层有时被水淹没。

定义还指出湖泊与湿地以低水位时水深 2 m 处为界。此定义被许多国家的湿地研究者所接受（图 6.25）。

1979 年加拿大湿地保护机构（Zoltal）把湿地定义为：水位在大部分时间接近或超过土壤表面，并长有水生植物的地区。1987 年加拿大专家又提出了一个湿地的定义：湿地是一种土地类型，其主要标志是土壤过湿，地表积水（水深小于 2 m，有时含盐量高），土壤为泥炭（泥炭层大于 40 cm）或潜育化沼泽土，生长水生植物，湿地生物或植物贫乏。

上述对湿地的定义是一种狭义上的定义。定义强调湿地土壤、生物、水文同时存在，相互作用构成湿地，这种定义能反映湿地的特征和内涵。

1971年在伊朗签署，并在1982年修订的《湿地公约》中对湿地的定义为："湿地系指不问其为天然或人工、长久或暂时之沼泽地、湿原、泥炭地或水域地带，带有或静止或流动，或为淡水、半咸水或咸水水体者，包括低潮时水深不超过6m的水域。"这个定义是一种广泛意义上的定义，它指明了哪些可以划为湿地，这对缔约国湿地的保护有着积极的影响。

在此论述的湿地是采用《湿地公约》中的定义，在城市中以及城市周边近郊区中符合这些条件的湿地。

2) 城市湿地的概念

城市湿地是指位于城市之中以及城市周边近郊区的湿地，或者纳入城市规划用地范围内的以及城市周边近郊区的湿地，包括人工湿地、自然与人工复合体的湿地和自然湿地三大类型。

城市湿地的第一种类型是人工形成的湿地。例如，水塘、稻田、水库以及在我国城市古典山水园林中"挖池堆山"所形成的湿地都属于人工湿地范畴。同时，由于湿地具有净化除污的功能，近来在城市中出现了以净化城市污水为主的人工湿地，这种湿地是人类根据湿地的功能模拟自然湿地的生态系统来净化水质为城市服务的，是人类利用湿地的一种方式。

城市中第二种类型的湿地是复合型湿地。众所周知，湿地是城市选址的最优条件。很多著名的城市，如上海、武汉、哈尔滨等都是依湿地而建的，在这些城市发展的初期阶段，城市规模小，城市周围有很多的天然湿地，随着城市面积的扩大这些湿地逐渐被纳入城市之中。人类对这些湿地进行改造和利用，如围湖垦荒、填埋作为城市用地，使得这部分湿地不再是纯粹的天然湿地，而是带有人类活动的烙印，这部分湿地就成为一种人工和自然相互作用的半人工、半自然或者自然的因素多一点，或者人为的因素多一点的复合型湿地。如杭州的西湖、扬州的瘦西湖都属于这一类型。

城市周边近郊区的湿地主要是指自然湿地（图6.26）。由于城市的扩张暂时还没有影响到这部分湿地，使其还保持着自然的属性。这种湿地距离城市较近，为城市发展提供重要的生态环境基础，同时湿地的综合功能也为城市发展所利用，也是城市居民郊野游憩和游览的好去处，与城市人民生活息息相关，因此把其列为城市湿地。这种湿地在城市湿地中的主要特点是其纯粹自然的属性，但当城市扩张，把该部分湿地纳入城市之中的时候，人类的活动将作用于这种湿地，其自然属性将随之改变，不再是纯粹的自然湿地，而成为第二种类型的湿地。这种湿地在城市湿地类型中的地位将由距城市更远范围内的湿地所代替。可见这种湿地发展是一种动态的过程，它会随着城市的发展而相应地发生改变。

图6.26　自然湿地

3) 城市湿地公园的概念

城市湿地公园是一种独特的公园类型，是指纳入城市绿地系统规划的、具有湿地的生态功能和典型特征的、以生态保护、科普教育、自然野趣和休闲游览为主要内容的公园。

4) 城市湿地公园与湿地公园

城市湿地公园与湿地公园都作为湿地保护、生态恢复与湿地资源可持续利用的有机结合体，近年来已成为政府部门宣传、建设的重点和学术界研究的热点。目前，我国的湿地公园分为林业部门的湿地公园和住房与城乡建设部门的城市湿地公园两种。然而，这两种湿地公园由于主管部门的不同，其定义、建设要求与条件和主导功能等都不尽一致，详细如下（表6.2）：

表6.2　城市湿地公园与湿地公园的区分

	城市湿地公园	湿地公园
主管部门	住房城乡建设部	国家林业和草原局
概念	在城市规划区范围内，以保护城市湿地资源为目的，兼具科普教育、科学研究、休闲游览等功能的公园绿地	拥有一定规模和范围，以湿地景观为主体，以湿地生态系统保护为核心，兼顾湿地生态系统服务功能展示、科普宣教和湿地合理利用示范，蕴涵一定文化或美学价值，可供人们进行科学研究和生态旅游，予以特殊保护和管理的湿地区域

续表

	城市湿地公园	湿地公园
建设条件	(1) 能供人们观赏、游览,开展科普教育和进行科学文化活动,并具有较高保护、观赏、文化和科学价值 (2) 纳入城市绿地系统规划范围 (3) 占地500亩以上能够作为公园 (4) 具有自然湿地类型的,或具有一定的影响及代表性	(1) 湿地生态系统在全国或者区域范围内具有典型性;或者区域地位重要,湿地主体功能具有示范性;或者湿地生物多样性丰富;或者生物物种独特 (2) 自然景观优美和(或者)具有较高历史文化价值 (3) 具有重要或者特殊科学研究、宣传教育价值 (4) 湿地公园的面积应在 20 hm² 以上。国家湿地公园中的湿地面积一般应占总面积的60%以上。湿地水质应符合《地表水环境质量标准》(GB 3838—2002)的要求
主要功能	湿地生态保护、生态观光休闲、生态科普教育。其中,湿地生态保护功能是构成其生态系统服务功能的基础;生态观光休闲、生态科普教育也是城市湿地公园的主要功能;发展中还应协调组织内部居民的生产生活活动与公园运营的关系	(1) 系统保护功能 强调对湿地公园的生态系统结构、过程与特征、功能和生物多样性进行系统保护,及地方历史、湿地和生态文化进行有效保护 (2) 科普宣教功能 为大众传播湿地知识、灌输湿地保护意识 (3) 资源合理利用功能 指在系统保护的前提下,发展绿色生态经济如生态观光、休闲度假等湿地资源合理利用项目
基本原则	(1) 生态优先 城市湿地公园设计应遵循尊重自然、顺应自然、生态优先的基本原则,围绕湿地资源全面保护与科学修复制定有针对性的公园设计方案,始终将湿地生态保护与修复作为公园的首要功能定位 (2) 因地制宜 在尊重基地及其所在地域的自然、文化、经济等现状条件,尊重所有相关上位规划的基础上开展公园设计,保障设计切实可行,彰显特色 (3) 协调发展 通过综合保护、系统设计等保障湿地与周边环境共生共荣;保持公园内不同区域及功能协调共存,实现科学保护、合理利用、良性发展	(1) 保护优先、科学修复、合理利用 国家湿地公园建设应从维护湿地生态系统结构和功能的完整性、保护野生动植物栖息地、防止湿地退化的基本要求出发,通过适度人工干预,保护、修复或重建湿地景观,维护湿地生态过程,展示湿地的自然和人文景观,实现湿地的可持续发展 (2) 统筹规划、合理布局、分步实施 国家湿地公园建设要根据湿地保护和区域经济发展等进行统筹规划;根据湿地的地域特点和保护目标合理布局;国家湿地公园建设可以先易后难,分步实施,分期建设 (3) 突出重点、体现特色、因地制宜 国家湿地公园建设应重点突出湿地景观,保留湿地的生态特征;最大限度维持区域的自然风貌,体现特色;在湿地生态系统服务功能展示和湿地合理利用示范、湿地自然景观和湿地人文景观营造时要因地制宜
规划目标	全面加强城市湿地保护,维护城市湿地生态系统的生态特性和基本功能,最大限度地发挥城市湿地在改善城市生态环境、美化城市、科学研究、科普教育和休闲游乐等方面所具有的生态、环境和社会效益,有效地遏制城市建设中对湿地的不合理利用现象,保证湿地资源的可持续利用,实现人与自然的和谐发展	在对湿地生态系统有效保护的基础上,示范湿地的保护与合理利用;开展科普宣传教育,提高公众生态环境保护意识;为公众提供体验自然、享受自然的休闲场所
功能分区	公园应依据基址属性、特征和管理需要科学合理分区,至少包括生态保育区、生态缓冲区及综合服务与管理区。各地也可根据实际情况划分二级功能区。分区应考虑生物栖息地和湿地相关人文单元的完整性。生态缓冲区及综合服务与管理区内的栖息地应根据需要划设合理的禁入区及外围缓冲范围	一般包括湿地保育区、湿地生态功能展示区、湿地体验区、服务管理区等区域

(参考《城市湿地公园规划设计导则》《国家城市湿地公园管理办法》《国家湿地公园管理办法》和《国家湿地公园建设规范》整理而成)

2. 城市湿地公园的特征

城市湿地公园是保持区域独特的自然生态系统并使之接近自然状态,维持系统内部不同动植物物种的生态平衡和种群协调发展,并在不破坏湿地生态系统的基础上建设各类附属设施,将生态保护、生态旅游和生态教育功能有机结合,突出主题性、自然性和生态性三大特点。

1) 主题性

城市湿地公园带有非常明确的主题,以湿地为中心的休闲观光、生态体验、科普教育等活动形成其核心内容,如湖州长田漾湿地公园。

2) 自然性

城市湿地公园内的湿地,无论它是人工湿地、自然湿地或自然与人工复合体的湿地中的哪一种类型,其景观无一例外都是要自然的,有原生态味道的,并因此而形成其独特的吸引力,为人类接触大自然提供良好的场所。

3) 生态性

城市湿地公园不同于一般的城市公园,对游人容量的控制特别严格,其目的就是为了保持其生态系统不受影响,维护其生态性。如杭州西溪国家湿地公园确定其最大游客量为2 000人/日,超过则不再售票。

3. 城市湿地公园的功能

城市湿地公园是集湿地生态保护、生态观光休闲、生态科普教育、湿地研究等多功能于一体的城市主题公园，下面是其功能的具体概括。

1) 保护生态环境

（1）蓄水防洪，调节径流，削减洪峰，补给地下水　湿地作为一个巨大的蓄水库可以储存雨季的降水，减少下游的洪水量。同时，湿地植被的存在可以减缓水流，从而调节径流和削减洪峰，延迟洪峰的到来。湿地强大的蓄水作用可以补给地下水，使城市湿地的地表水转换为地下水，为城市持续用水提供保障。

（2）净化水体　消除污染城市湿地的物理和化学属性，使得湿地具有去除和沉淀湿地水流中的污染物和漂浮物的作用，同时湿地中的各种微生物作为分解者可以分解有毒物质，从而达到净化水体，降解有毒物质的功能。

（3）调节城市区域气候，改善和提高城市环境质量　城市湿地的蒸发作用可以提高城市的空气湿度和保持一定的降雨量，降低城市的热岛效应。同时，湿地的植被可以滞尘、净化空气和降低噪音。

（4）保护和维持城市生物多样性　湿地是生物多样性最为丰富的生态系统，动植物种类繁多。城市湿地物种的多样性有利于城市生物多样性的维持和保护，有利于城市的可持续发展。

2) 生态观光休闲

城市湿地生态系统有着丰富的动植物资源、优越的生态环境和独特的自然景观，是适于人们休闲游乐和活动交往的场所。近水、亲水是人类的天性，人们都喜欢在有水的地方游览、游憩，湿地景观特性和大面积水域以及良好的生态环境能满足人们游玩的需要。城市湿地有着独特的自然景观，人们游憩其中会产生精神上的愉悦，缓解工作和生活压力。

3) 生态科普教育

人类文明几乎都发源于江河附近的湿地，同时湿地也是城市选址的最优条件。很多湿地还保留着人类早期活动的遗迹，所以城市湿地可以作为教学实习、科普和环境保护基地，提高人类对湿地的认识和环境保护的意识。

4) 其他功能

城市湿地以其丰富的自然资源和高效的生产力为城市的发展提供物质资料和重要的生态环境基础，具有较高的经济、生态环境和社会文化功能。

4. 国内外城市湿地公园发展概况

湿地是水域和陆地交互接壤的独特生态系统，人类的发展历史已经表明湿地具有巨大的经济、社会和环境价值。目前，湿地生态系统的保护与合理利用在国际上受到普遍的重视，有世界自然保护联盟（IUCN）、世界自然基金会（WWF）、湿地国际（WI）等国际性组织，已开展多方面的湿地研究，并组织重大合作研究项目。

1987年，在加拿大召开的第三届《湿地公约》缔约国大会上通过了湿地合理利用的定义："合理利用湿地是为了人类的利益而对湿地资源的可持续利用，并能维持生态系统的自然特征。"1993年，在日本钏路召开的《湿地公约》第五次缔约方大会，制定、通过了湿地合理利用指南：制定国家湿地政策、法律和法规；制定有关湿地调查、监测、研究、培训、教育和宣传的计划；在湿地区采取行动，包括制定覆盖湿地各个方面的管理计划。湿地作为全球可持续发展战略的重要资源之一，对经济的可持续发展起着重要的支持作用。例如，在北美地区，观鸟已成为湿地一项主要的产业。每年可直接产生的经济效益约250亿美元，还可以提供6万个就业机会。观鸟是一种可利用的非消耗性再生资源，主要依赖湿地生态系统。湿地公园的发展，为湿地保护注入了新的活力，也必将推动湿地整体保护事业向更好发展。

我国城市在很早就进行了城市湿地的开发和利用。传统的古典山水园林特别注重水在园林中的应用，如"一池三山""无园不水"，而这些往往是在小尺度上利用城市湿地。在我国古代，大尺度上开发和利用城市湿地当数对杭州西湖的利用和开发，把西湖作为景点结合城市的发展进行开发，使得西湖自古到今都是闻名遐迩的旅游胜地。

总体来讲，中国的城市湿地除了历史上形成的景点或作为景点开发以外，大多处于放任或不经意的利用状态，潜在的价值没有发挥出来。随着人类对湿地认识的不断深入，城市湿地越来越受到重视，但随着我国经济的发展、人口的增加和城市化进程的加快，城市湿地面临的威胁也越来越大，越来越突出。

随着人们对湿地生态系统服务功能和价值认识的不断深入，环保意识的加强，特别是我国于1992年加入《湿地公约》后，城市湿地的保护受到人们更多的关注。各个城市开始注意在生态原理指导下合理地利用城市湿地，各类湿地公园应运而生。2005年2月，建设部批准的全国第一个城市湿地公园是山东省荣成市桑沟湾城市湿地公园，这是我国城市湿地保护和利用的一个良好开端，在全国起到了良好的示范作用，各地也相继建立了各类湿地公园。迄今由中国建设部批准设立的国家城市湿地公园已达49处。湿地公园的建立对于城市湿地的保护和利用起着积极的作用，有助于遏制城市湿地生态环境的进一步恶化。同时各个城市也相继出台了一系列方针政策，设立湿地自然保护区，加大对城市湿地的保护和恢复。

6.4.2　城市湿地公园规划设计

1. 城市湿地公园规划设计内容与成果

1) 城市湿地公园规划设计内容

城市湿地公园总体规划包括以下主要内容：根据湿地区域的自然资源、经济社会条件和湿地公园用地的现状，确定总体规划的指导思想和基本原则,划定公园范围和功能分区,确定保护对象与保护措施,测定环境容量和游人容量,规划游览方式、游览路线和科普、游览活动内容,确定管理、服务和科学工作设施规模等内容,提出湿地保护与功能的恢复和增强科研工作与科普教育、湿地管理与机构建设等方面的措施和建议。

2) 城市湿地公园总体规划成果

城市湿地公园总体规划成果应包含以下主要内容:
① 城市湿地公园及其影响区域的基础资料汇编。
② 城市湿地公园规划说明书。
③ 城市湿地公园规划图纸。
④ 相关影响分析与规划专题报告。

2. 城市湿地公园资源调查与评价

城市湿地公园基础资料调研在一般性城市公园规划设计调研内容的基础上,应着重于地形地貌、水文地质、土壤类型、气候条件、水资源总量、动植物资源等自然状况,城市经济与人口发展、土地利用、科研能力、管理水平等社会状况,以及湿地的演替、水体水质、污染物来源等环境状况方面。

1) 地形调查

收集规划区域的地形图,对照图纸明确规划范围内的地形特征。

2) 水质调查

请有关部门协助调查规划区域内水系的水质,应明确其物质的分布与特性。一般要调查的项目包括:pH、BOD(生物化学耗氧量)、COD(化学需氧量)、SS(悬浊物的质量)、TN(全部氮气)、TP(全部磷)、大肠杆菌群的个数等。

3) 土地利用现状调查

根据现状图绘制,结合实地调查、空中照片对 $S=1/5\,000 \sim 1/10\,000$ 的土地使用现状图进行修正。

4) 植被调查

对被调查地区的植被情况进行调查。在被调查的地区内,从植物生长环境特性的角度出发对其相关事项进行考察,调查的范围为被调查地区及方圆 1 km 的范围内。根据实际调查绘制植被图,肉眼观察是否有构成被调查地区植物生态特征的主要植物物种的生长,并绘制由优势种构成的群落区分图。对那些不能进行实地考察的地区,应充分利用高空照片、地形图及已有的植被图等信息及分析结果,对与地形及植被相关的植物的各种生长环境进行预测后绘制。同时,还要进行典型植被群落的调查。运用植物社会学性植被调查法,对由植被图所显示的典型性植被群落进行植被的高度、层次结构、出现物种的数量,物种的组成、被度、群度、形成的地理条件等方面的调查。在对群落进行识别、界定的同时,对群落组成、群落特性进行调查。

5) 动物生态调查

分别对被调查地区的不同动物生态进行调查,并绘制每一种动物的清单及确认的地点(调查地点图),对动物生态的概要进行归纳。主要是哺乳类、鸟类、鱼类、昆虫类等动物。

6) 资源评估

资源评估常用的评价指标有:
① 生息动物的种数。
② 有无鸟类(猛禽类、水鸟)的生息。
③ 有无哺乳类的生息。
④ 有无爬行类的生息。
⑤ 有无两栖类的生息。
⑥ 有无树林。
⑦ 有无重要的湿性植物。

3. 城市湿地公园规划设计的目标

全面加强城市湿地保护,维护城市湿地生态系统的生态特性和基本功能,最大限度地发挥城市湿地在改善城市生态环境、美化城市、科学研究、科普教育和休闲游乐等方面所具有的生态、环境和社会效益,有效地遏制城市建设中对湿地的不合理利用现象,保证湿地资源的可持续利用,实现人与自然的和谐发展。

城市湿地公园是一种保护湿地资源、生态、环境与可持续发展的积极的管理措施和模式,也是一个完整的湿地生态系统,在规划设计中要求达到以下目标:
① 有效保护迁徙水鸟及其栖息地。
② 切实保护湿地整体环境并可持续利用。
③ 使用者环境体验和寓教于景作用。
④ 城市湿地与绿化、农田功能互补。
⑤ 保护并促进湿地管理产业化经营。
⑥ 成为湿地研究的重要基地或科研中心。

4. 城市湿地公园设计原则

城市湿地公园的规划设计应遵循系统保护、合理利用与协调建设相结合的原则。在系统保护城市湿地生态系统的完整性和发挥环境效益的同时,合理利用城市湿地具有的各种资源,充分发挥其经济效益、社会效益,以及在美化城市环境中的作用。

1) 系统保护的原则

(1) 保护湿地的生物多样性　为各种湿地生物提供最大的生息空间;营造适宜生物多样性发展的环境空间,对生境的改变应控制在最小的限度和范围;提高城市湿地生物物种的多样性,并防止外来物种的入侵造成灾害。

(2) 保护湿地生态系统的连贯性　保持城市湿地与周边自然环境的连续性;保证湿地生物生态廊道的畅通,确保成为动物的避难场所;避免人工设施的大范围覆盖;确保湿地的透水性,寻求有机物的良性循环。

(3) 保护湿地环境的完整性　保持湿地水域环境和陆域环境的完整性,避免湿地环境的过度分割而造成环境退化;保护湿地生态的循环体系和缓冲保护地带,避免城市发展对湿地环境的过度干扰。

(4) 保持湿地资源的稳定性　保持湿地水体、生物、矿物等各种资源的平衡与稳定，避免各种资源的贫瘠化，确保城市湿地公园的可持续发展。

2) 合理利用的原则

(1) 合理利用湿地动植物的经济价值和观赏价值。

(2) 合理利用湿地提供的水资源、生物资源和矿物资源。

(3) 合理利用湿地开展休闲与游览。

(4) 合理利用湿地开展科研与科普活动。

3) 协调建设原则

(1) 城市湿地公园的整体风貌应与湿地特征相协调，体现自然野趣。

(2) 建筑风格应与城市湿地公园的整体风貌相协调，体现地域特征。

(3) 公园建设优先采用有利于保护湿地环境的生态化材料和工艺。

(4) 严格限定湿地公园中各类管理服务设施的数量、规模与位置。

5. 功能分区与景观要素

1) 功能分区

城市湿地公园一般应包括重点保护、湿地展示区、游览活动区和管理服务区等区域。

(1) 重点保护区　针对重要湿地，或湿地生态系统这些较为完整、生物多样性丰富的区域，应设置重点保护区。在重点保护区内，可以针对珍稀物种的繁殖地及原产地设置禁入区，针对候鸟及繁殖期的鸟类活动区应设立临时性的禁入区。此外，考虑生物的生息空间及活动范围，应在重点保护区外围划定适当的非人工干涉圈，以充分保障生物的生息场所。重点保护区内只允许开展各项湿地科学研究、保护与观察工作。可根据需要设置一些小型设施，为各种生物提供栖息场所和迁徙通道。本区内所有人工设施应以确保原有生态系统的完整性和最小干扰为前提。

(2) 湿地展示区　在重点保护区外围建立湿地展示区，重点展示湿地生态系统、生物多样性和湿地自然景观，开展湿地科普宣传和教育活动。对于湿地生态系统和湿地形态相对缺失的区域，应加强湿地生态系统的保育和恢复工作。

(3) 游览活动区　可将湿地中敏感度相对较低的区域划为游览活动区，开展以湿地为主体的休闲、游览活动。游览活动区内可以规划适宜的游览方式和活动内容，安排适度的游憩设施，避免游览活动对湿地生态环境造成破坏。同时，应加强游人的安全保护工作，防止发生意外。

(4) 管理服务区　在湿地生态系统敏感度相对较低的区域设置管理服务区，尽量减少对湿地整体环境的干扰和破坏。

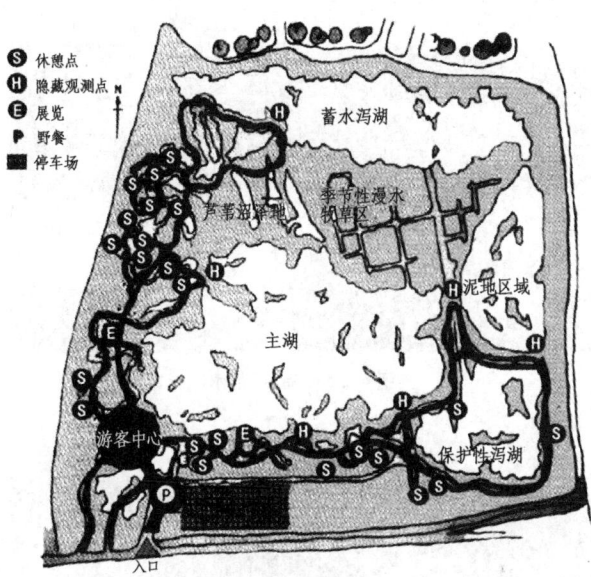

图 6.27　伦敦湿地公园平面图
（陈江妹，等，2011）

在比较成功的湿地公园建设实践过程中，合理的功能分区对公园内部良好运行起着重要作用，这方面具有比较典型意义的案例有伦敦湿地公园（图 6.27）。伦敦湿地中心（London Wetland Center）是世界上第一个建在大都市中心的湿地公园，离市中心 5 km，位于伦敦市西南部泰晤士河围绕着的一个半岛状地带，湿地公园共占地 42.5 hm^2，公园西、南两侧各临一条城市主干道，公园外围设有足够的泊车位，所以旅游者能非常方便地自行驾车前往。

按照物种栖息特点和水文特点，湿地公园被划分为 6 个清晰的栖息地和水文区域，其中包括 3 个开放水域即蓄水泻湖、主湖、保护性泻湖，1 个芦苇沼泽地，1 个季节性浸水牧草区域和 1 个泥地区域。这 6 个水域之间相互独立又彼此联系，在总体布局上以主湖水域为中心，其余水域和陆地围绕其错落分布，构成公园的多种湿地地貌。此公园的湿地展示区、游览活动区和管理服务区位于公园的南面和西面，提供各种娱乐休憩活动场地，与外界交通有较好衔接，便于公园日常管理，同时对重点保护区起到良好的缓冲作用。

2) 城市湿地公园景观的构成要素

(1) 水　水不仅是人类生存环境构成的重要物质要素之一，还是人类精神寓居的重要象征。因此，水既有其"有形"的一面，也有其"无形"的一面。"有形"，是指水体本身的物理形态和属性的客观体现，即水具有可塑性、可流动性以及其"色"与"影"的特性（图 6.28）。而"无形"，是指水体与其他要素的结合运用往往被赋予了人类的精神色彩，具有一定的文化内涵。水作为城市湿地景观特定的造景要素之一，自身独具的物质属性和精神属性依然是景观表达的主要方面。在城市湿地景观中，着重强调水在一个特定的功能体系下的自我修复和维持。

图 6.28 "有形"的水

图 6.29 植物的季相美

图 6.30 湿地鸟类

（2）驳岸 驳岸是水域和陆域的交界线，相对而言也是陆域的最前沿。看水时，驳岸会自然而然地进入视野；接触水时，也必须通过驳岸。因此，驳岸设计的好坏，决定了滨水区能否成为吸引游人的空间，并且作为城市中的生态敏感带，驳岸的处理对于滨水区的生态也有非常重要的影响。

（3）植物 植物要素是湿地景观的一个重要组成部分，它具有景观和功能的双重属性。作为主要的造景要素，植物自身具有优美的形态，同时还可以通过不同的组合利用方式形成美丽的群落景观，在不同的物候期表现出季相美（图 6.29）。湿地景观中的植物类型主要是水生植物和湿生植物。

（4）通道 任何景观只有加入了人的活动和参与才会有生机和活力，在"以人为本"思想指引下，景观的塑造更要强调人的参与和使用。城市湿地景观中的通道主要是为满足人的使用需求（诸如观赏、参与等）而纳入其中的。通道包括各种材质和形式，在满足功能要求的前提下，注重其形式美和与周边环境的统一协调。

（5）动物 城市湿地景观中的动物要素是指适合水生和湿生环境的各种脊椎和无脊椎动物（图 6.30）。动物是一个完善的湿地生物群落的重要组成部分，对于发挥城市湿地景观的功能效益具有重要作用，还因其具有活动能力，为景观增添了一种动态美。

6. 交通组织

1）道路系统

（1）规划建设必须以不破坏原有风貌和生态系统为前提；

（2）道路交通规划不仅要满足交通功能，更要根据游览需要和游人心理，形成安全、舒适的交通环境，增加沿途旅游风光，使游客能观赏到较好的景致；

（3）尽量利用现状，形成适宜的交通体系，使对外公路、内部公路及游览步行道功能明确，联系便捷；

（4）在材料选择上，优先使用对湿地环境影响较小的乡土材料。

2）游览方式

在不破坏城市湿地自然特性和自然演替的条件下，城市湿地公园可在水上或陆地上采取多种游览方式，如乘坐游船、竹排、电瓶车、动物车等，要对游览方式所需的工程技术措施进行生态化处理。

7. 环境容量控制

环境容量是指在不破坏城市湿地自然特性和自然演替条件下城市湿地公园可以容纳的游人数量。为确保城市湿地公园游人数量不超过生态环境的承受能力，确保游客有一个安全、舒适的游览环境，避免拥挤、混乱等情况出现，同时为城市湿地公园的内外交通、给排水、电力电信、服务供应等规划设计与建设提供充足的依据，需对风景区进行游人容量测算。

为科学预测游人容量，规划时应考虑各景区的资源特点，因地制宜地采用不同的方法来测算，再将各景区的游人容量相加，得出景区总的游人预测容量。如下诸湖湿地公园以湿地生态保育为前提，只进行适度保护性开发，并通过控制游船的数量、规格、游览时间来限制游人量，从而达到保护湿地的目的。

湿地公园的游人容量主要取决于景区水体的生态环境容量。生态环境容量是指在一定时间内，旅游地域的自然生态环境不致退化的前提下，景区所能容纳的活动量。其大小取决于旅游地自然生态环境净化与吸收污染物的能力,以及一定时间内每个游客所产生的污染物量。此外,还与区域内生物对人类活动的敏感度有关。一般包括水体环境容量、大气环境容量、固体垃圾环境容量、生物环境容量四个部分。生态环境容量 Q_e 计算模式为:

Q_e = Min{水体环境容量、大气环境容量、固体垃圾环境容量、生物环境容量}

一般来说,在水体环境容量、大气环境容量、固体垃圾环境容量、生物环境容量中,景区的水体、大气和固体垃圾环境容量不会成为生态环境容量的限制因子,而主要取决于其生物环境容量。生物环境容量是指旅游活动对区内鸟类、水生生物不产生显著影响的条件下,所能容纳的旅游人数。生物环境容量的计算可采用:

$$Q_v = 水体可供游览面积 \times \frac{船均载客量}{船均生物影响承受标准面积}$$

例如:下渚湖湿地公园水体总面积为 126 万 m^2,设水体可用于游览的比例为 30%,船均载客量 20 人,船均生物影响承受标准面积按 2 500 m^2 计算,则该景区生物环境容量为:

$$Q_v = (126 \times 10^4) \, m^2 \times 30\% \times \frac{20 人}{2\,500 \, m^2} = 3\,024 人$$

此外,规划能从陆路进入该湿地公园的游览道路面积约为 17 240 m^2,若按 10 m^2/人计算,日游人容量为

17 240 m^2 ÷ 10 m^2/人 = 1 724 人

因此,该湿地公园日游人容量即为:

3 024 人 + 1 724 人 = 4 748 人

若全年宜游天数为 270 天,则年游人容量约为 128 万人。

6.4.3 案例分析

■ 案例一:杭州西溪湿地公园

1)项目背景

西溪国家湿地公园位于杭州市区西部,距西湖不到 5 km,为罕见的城中次生湿地,东起紫金港路西侧,西至绕城公路东侧,南起沿山河,北至文二路延伸段,总面积约 11.64 hm^2,共分三期建设,总投资 88.4 亿元人民币,建设期六年。

在保护区界限以外为外围保护地带,东至紫金港,南至老和山麓,西至绕城公路西侧绿带,北至余杭塘河,用地面积 15.7 hm^2。外围保护地带以外的周边景区控制区,主要涉及五常乡、闲林镇的两湿地水网区域,用地面积约为 50 hm^2。其生态资源丰富、自然景观质朴、文化积淀深厚,曾与西湖、西泠并称"三西",是目前国内第一个也是唯一的集城市湿地、农耕湿地、文化湿地于一体的国家湿地公园。

2)设计原则

生态优化、注重文化、最小干预、修旧如旧、可持续发展。

3)总体布局(图 6.31~图 6.38)

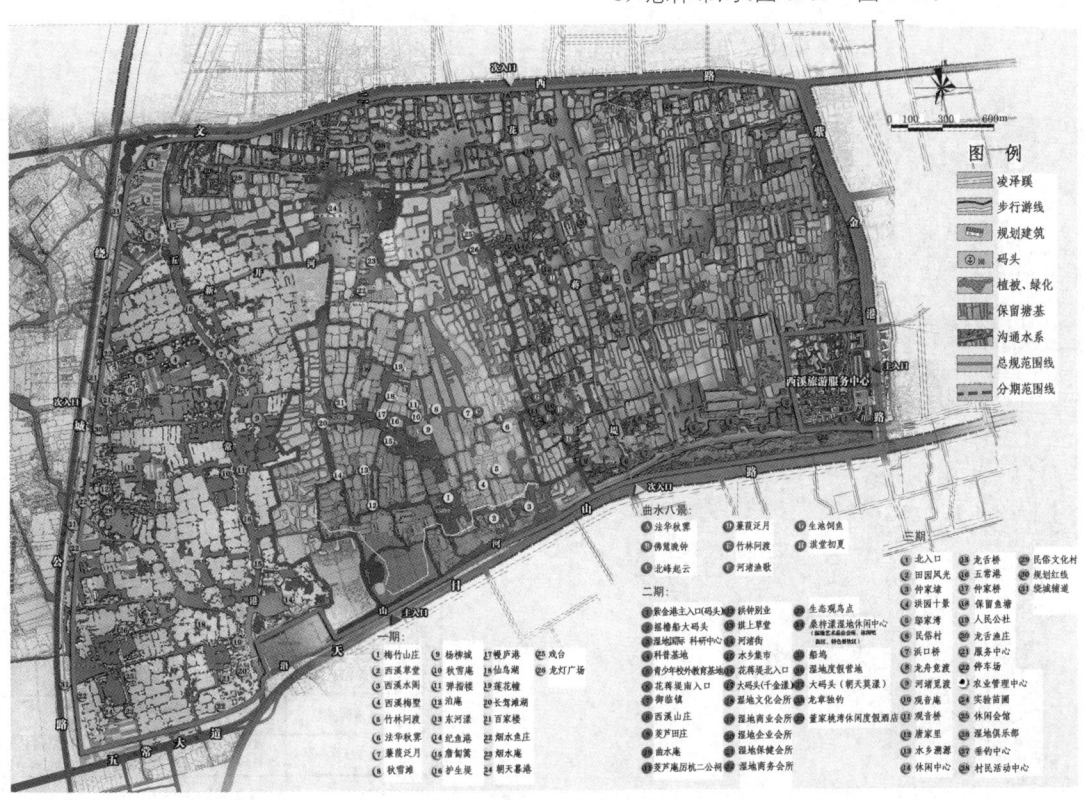

图 6.31 总平面图
(杭州市城市规划设计研究院,杭州西溪湿地公园规划设计文本)

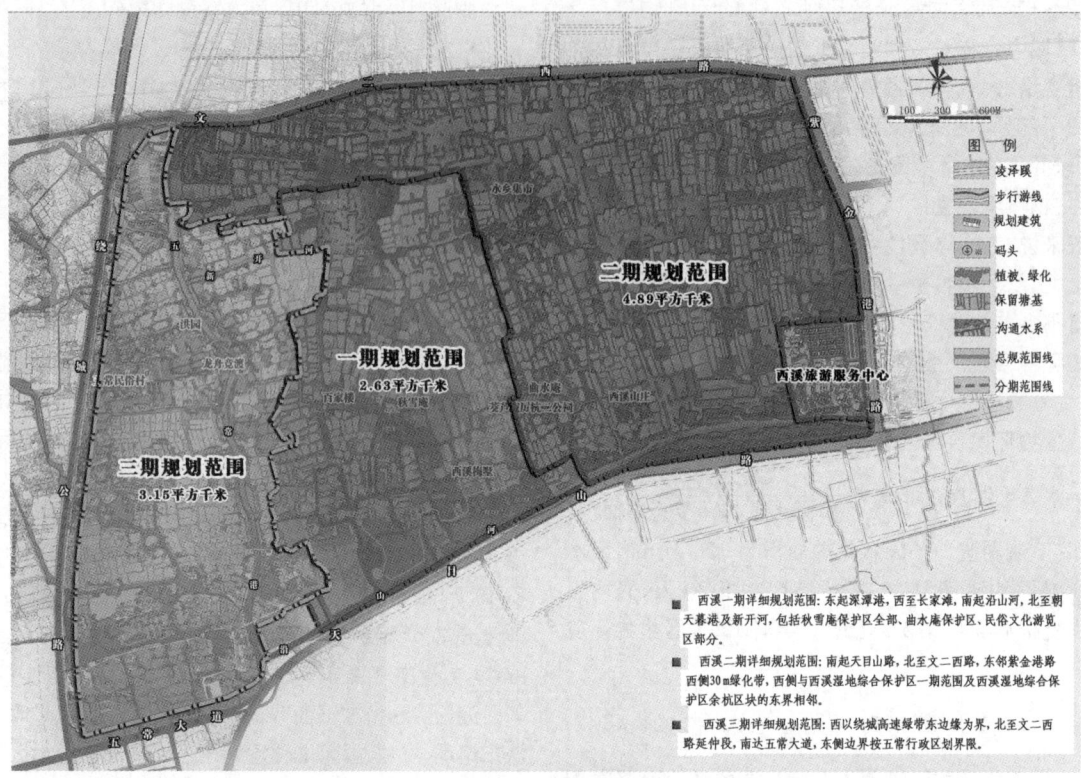

图 6.32 分期界限图
(杭州市城市规划设计研究院,杭州西溪湿地公园规划设计文本)

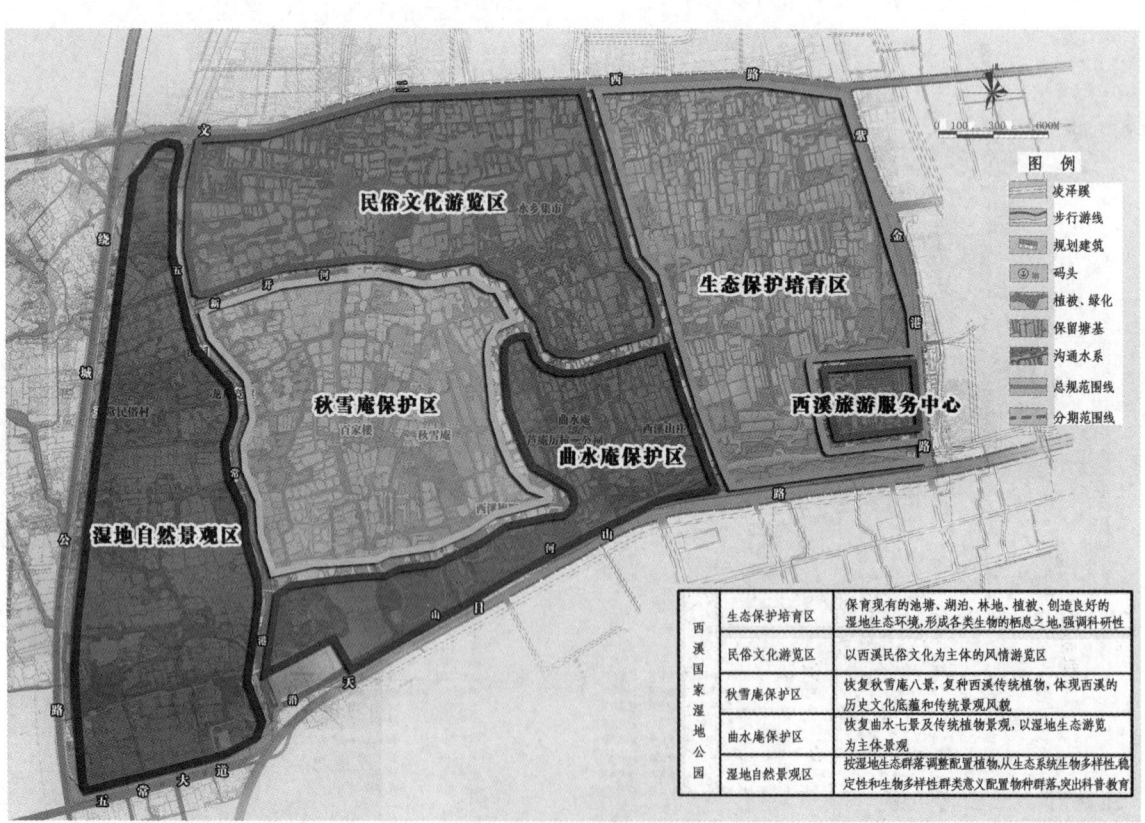

图 6.33 功能分区图
(杭州市城市规划设计研究院,杭州西溪湿地公园规划设计文本)

图 6.34 杭州西溪湿地公园拥有丰富的自然景观

图 6.35 对自然最小干扰的铺地

图 6.36 自然和人工融为一体

图 6.37 利用自然材料建成的构筑物

图 6.38 被植物覆盖的自然水岸

公园分为东部湿地生态保护培育区（二期）、中部湿地生态旅游休闲区（一期）和西部湿地生态景观封育区（三期）。

一期保护工程主要包括生态保护区、生态恢复区、历史遗存保护、服务设施区。

根据总体规划，西溪湿地公园二期涵盖了湿地生态保护区、民俗文化展示区、曲水庵湿地景观区等。规划功能结构形态为"一堤三区"。"一堤"即花蒋堤特色景观带；"三区"即湿地生态保护区、民俗文化展示区、曲水庵湿地景观区。

① 花蒋堤特色景观带：花蒋路位于二期范围的中心地带，是衔接东西两个湿地生态区的景观带，全长2.3 km。景观带内将建设河渚古街、西溪民俗博物馆、水街水市、企业会所、俱乐部、休闲度假配套设施等。

② 生态保护区：位于花蒋路东侧，保育现有的池塘、

林地、植被、河汊港湾,拆迁农居,整合水系,在部分农居拆迁地贯通或开挖水面,创造良好的湿地生态环境,形成各类生物的栖息地。该区域将成为国际湿地生态系统的重要区块,不对外开放,仅针对科考人员及特殊人群。

③ 民俗文化展示区:位于花蒋路北段两侧,整合现有农居,降低建筑密度,营造良好的湿地农(渔)耕生态环境,恢复西溪湿地的历史及民俗文化景点。建立与生态旅游相适应的配套服务设施,全面展示西溪湿地独特的民俗文化风情,开展湿地生态休闲度假活动(图6.39)。

④ 曲水庵湿地景观区:位于花蒋路南段西侧,整合现有农居,大幅降低建筑密度,恢复西溪湿地的历史文化景点,如交芦庵、厉杭二公祠、曲水八景等。恢复种植传统湿地植物,以历史文化和湿地景观为主题,展示和研究西溪湿地独特的历史文化和湿地景观。

作为开发及投资力度最大的区域,湿地公园三期分为西溪五常民俗文化村、农耕文化体验村、西溪艺术集合村和湿地大众休憩村四大功能区块(图6.40~图6.43)。西溪国家湿地公园三期以绕城公路为界,北、南两侧分别为文二西路、五常大道,东侧衔接了西溪国家湿地公园的民俗文化区、秋雪庵湿地文化区等。

4) 结构特色——"一带、两片、多点"

"一带"是指以五常港为轴,分为西片与东片。西片为体现水乡风情、五常文化的"水乡溯源",东片为体现农耕、渔耕文化的"河渚觅渡"。"多点"是指在西片范围内根据现状、旅游需要设置的多个景点及旅游服务点。

(1) 西片 水乡溯源

① 西片节点之一:田园风光。位于西区北侧、文二西路以南地块。本节点以优美的田园风光和树木、鱼塘为景观基调,以满足游人观光游览、劳作实践、自助旅游等需求。

图6.39 古典与现代的融合
(http://wenku.baidu.com)

图6.40 与环境相得益彰的建筑
(http://wenku.baidu.com)

图6.41 自然掩映下的建筑
(http://wenku.baidu.com)

图 6.42　模仿自然村落
(http://wenku.baidu.com)

图 6.43　艺术家部落
(http://wenku.baidu.com)

② 西片节点之二：五常风情。

a. 五常风情之民俗村：位于荆源路与绕城辅道交会处。对本区块的建筑以传统西溪民居样式为基础进行改造，加强建筑空间的组合。村内以满足旅游服务为主要功能，设民俗馆、戏台、擂台、五常兵器陈列、武术表演等反映五常民俗文化的特色内容。村口设入口广场、牌坊，附设停车场，形成西溪湿地公园的西大门。

b. 五常风情之洪园：洪园位于民俗村东北、五常港西岸，是三期主要的文化内涵载体。洪园规划以"洪园十景"的恢复为基础，结合园林建有宗祠、洪府、书院（藏书楼）、戏台等建筑。

c. 五常风情之龙舟竞渡：位于五常港原浜口桥地段，可利用河道的长度约 450 m，其南北两端分别为洪园与观音庵，本段也是五常港河道整治的重点地段。五常龙舟有深厚的历史渊源和独特性，每年的龙舟比赛就在浜口桥一带。这里体现了五常风情的重要文化素材——龙舟竞渡。

③ 西片节点之三：回龙农苑。位于场地最高端、龙舌嘴及西溪名园北侧。龙舌嘴的改造，包括建筑形象色彩的统一整治，改造为家庭旅游接待点，以特色农家餐饮为主要内容。建设停车场、游客服务点等旅游配套设施，结合龙舌嘴村的改造，建特色餐饮街。五常港以东部分，辟为度假野营地，以休闲度假为主要内容。

(2) 东片　河渚觅渡

东片规划重点是与湿地公园核心保护区块——秋雪庵湿地文化区的密切融合。区块内农舍点全部外迁，拆除的建筑用地可利用为果林、菜地及其他绿化。规划考虑区块内设置零星散落布局的乡村建筑，主要沿五常港龙舟竞渡一线，满足节庆活动观看龙舟比赛的要求。通过局部水塘的串联、沟通，既满足地块内部水上交通的环线组织，形成开合有序的水上旅游线，又保证与西溪湿地公园其他功能区块的交通联系。河渚觅渡区块在文化内涵上，重点体现农耕文化、渔耕文化，展现乡村郊区的诗境、画境。

(谭善隆，2012)

■ **案例二：香港湿地公园**

1) 项目背景

香港湿地公园是多学科、多部门合作的成果，成功解决了各项目标之间的可能冲突。1999 年香港旅游协会及渔农处（现为渔农自然护理署）发布了《国际湿地公园及游客中心可行性研究》，以确定扩展天水围北部的生态缓冲区成为国际著名湿地景点的可行性。渔农自然护理署聘请了 Met Studio 设计公司和英国野生鸟类与湿地基金会对该项目制定战略性管理规划。香港建筑署负责建筑设计、景观设计。湿地公园规划总面积 60 hm²，整个设计和施工过程经历了 44 个月。2002 年 8 月开始铺设管道，2003 年 4 月到 2005 年 1 月进行主体建筑和外部工程的施工。在 2004 年 8 月进行全球招标竞赛后，签署了展示设备施工和安装的合约。展品首先在美国、澳大利亚、英国、中国内地和香港等地进行装配，最后于 2005 年 4 月到 2006 年 4 月在场地进行组装和施工，历时 5 年建成，并于 2005 年 5 月正式开放。湿地公园建成的两年里，每年接待近 54 万人次的游客，并且赢得了很多奖项，其中包括 2006 年度香港园境师学会（HKILA）颁发的"卓越园境"奖（Excellence in Landscape）的金奖，是环境保护实践和

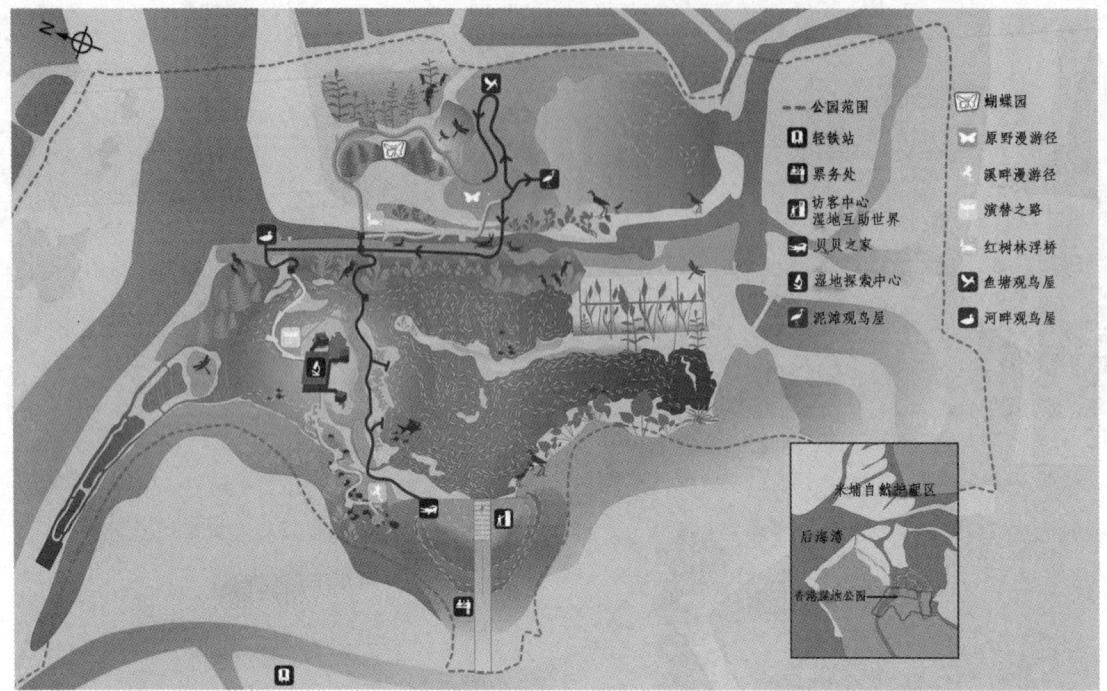

图 6.44 香港湿地公园平面图

图 6.45 香港湿地公园鸟瞰

可持续发展两者相结合的成功范例,它充分发挥了自然保育、旅游、教育和市民休闲娱乐这些截然不同并可能相悖的多种功能,在香港或整个亚洲都是独一无二的。它不仅补偿了因为都市发展而失去的湿地,更是分隔了天水围与后海湾拉姆萨尔公约湿地和东北面的米埔沼泽区(图6.44,图6.45)。

2) 设计目标

香港湿地公园的规划设计目标主要有以下几点:成为一个世界级的旅游景点;展示香港湿地公园的多样性;丰富香港的旅游资源和游客的旅游体验;成为独具特色的教育、研究和资源中心;提供可与米埔沼泽自然保护区相辅相成的设施。

3) 设计理念

为了实现上述多样化的设计目标,香港政府成立了专责小组,并选择了资深的景观设计师,确立了三个主要的生态设计理念:环保优先的理念、可持续的理念、人物和谐共生的理念。

4) 功能布局

整个湿地公园被划分为旅游休闲区和湿地保护区。其中旅游休闲区主要是为游客提供在不破坏自然的前提下,能欣赏、研究、洞悉自然的场所,主要包括室内游客中心和室外展览区等。湿地保护区占地约 60 hm²,由不同的生境构成,包括淡水和咸淡水栖息地、淡水湖、淡水沼泽、芦苇床、草地、矮树林、人造泥滩、红树林、林木区等,使游客能够亲身体验湿地的自然环境和湿地的生物多样性。

(1) 旅游休闲区的布局 旅游休闲区会带来大量的人类活动干扰,其布局的首要原则是避免与关键的环境相冲突。设计中将游客设施安排在接近入口和城市的位置,避免对栖息地产生不必要的侵扰,并能有效地将城市的嘈杂隔绝在外围(图 6.46)。湿地公园中旅游休闲区主要包括入口广场、访客中心、溪畔漫游径及湿地探索中心。

(2) 入口广场 为游客提供进入湿地公园的准备场所,包括停车场、售票处及管理机构。入口处的水景和草坡地有效地将城市的嘈杂隔绝在外围,而入口处独特的景观墙和广场上富有特色的灯柱以及草坡地上的陶艺作品则能提前让人们感受到湿地公园的奇妙(图 6.47)。

图 6.46 游客中心鸟瞰

(3) 访客中心 是整个湿地公园的聚焦点，包括 5 个以湿地功能和价值为主题的展览廊："湿地知多少""湿地世界""观景廊""人类文化""湿地挑战"，一个可容纳 200 人次的放映室，课室及资源中心，餐厅及礼品店，儿童游戏区等。访客中心是人流的汇集点，也是公园中最重要的旅游景点，布置在接近入口和城市的位置，不仅在最大程度上避免了人类活动对外界生物的干扰，并完成公众性较强的展览、教育、参与活动(图 6.48)。

图 6.47 草坡上的陶艺作品

图 6.48 访客中心

一条沿途设有"传意牌"的溪畔漫游径将游客从访客中心带到了湿地探索中心，"传意牌"向人们介绍重建湿地和山溪自然生命周期的各个阶段。湿地探索中心是一座户外教育中心，周边环绕着大大小小的水池。游客在这里可以观察水体中的各种生物、认识如何管理公园。通过简单的机械装置控制水位，还能了解到历史上中国内地和香港居民重要生产生活方式中的各种湿地农耕方法(图 6.49)。

图 6.49 入口水景

(4) 湿地保护区的布局 湿地保护区是湿地公园的核心。避免人类活动的干扰，营造良好的生境是其布局的原则。湿地保护区的访客设施集中在保护区北部连接访客中心的地方，不同的教育路径、探索中心及观鸟屋为访客特别是学生提供认识湿地的机会。同时，设计利用土丘、树林及建筑物分隔访客及生物栖息地，减少人类对野生动物的影响。

(5) 湿地生境的创造 除了避免人类活动的干扰之外，对湿地生境的营造和再造也是体现人与自然和谐共生理念的重要方面。湿地生境的创造主要包括水体与土壤、植被种植等方面的设计。

水体与土壤营造的技术关键运用在护岸的处理、生物廊道的设计等。主要措施有：

① 护岸处理以自然生态驳岸为主，充分考虑因水位变化而带来的景观效果变化(图 6.50)。

图 6.50 自然护岸
(亚太景观，2011)

图 6.51　木栈道
(http://www.tubuchina.cn)

② 栈道采用全木制，浮桥的形式减少下方空间支撑结构物的面积，保存了栈道下方原有生物环境(图 6.51)。

③ 公园内设置全步行系统，因此桥梁不需采用跨越式，而是采用裂纹式铺装，标高和地面一样，中间留有通道，避免隔断生物迁移。

④ 硬质铺装道路尽量避免穿过湿地保护区，如需铺装硬质道路，则应设有水流涵洞或排水涵管，并在涵洞、管底堆放中小型碎石，增加动物通过速度和局部隐秘性。

⑤ 进行大量的土壤试验，来测试那些从苗圃处不容易买到的乡土湿地植物的繁殖率和生存率，以达到湿地群落生物的最大化和景观的多样性。

⑥ 香港本地的野生湿地植物资源相当丰富，在配置时应遵循物种多样性，再现自然的原则，体现"陆生—湿生—水生"生态系统的渐变特点，植物生态型从陆生的乔灌草—湿地植物或挺水植物—浮叶沉水植物等，主要措施有：

a. 大量使用在香港苗圃常见的乡土湿地植物物种，尽可能地模拟自然生境，而且能将维护成本和水资源的消耗降到最少。

b. 湿地湖泊中水生植物的覆盖度小于水面积的 30%。

c. 除考虑到水生植物自身的水深要求之外，还需要考虑其花期和色彩、高低错落搭配，并安排好游人的观赏视角，以免相互遮挡。

(汤学虎、赵小艳，2008)

■ **案例三：云南嵩明丹凤湿地公园**

1) 项目背景

丹凤湿地公园地处云南省嵩明县。嵩明县位于云南中部，昆明市东北部，距昆明 43 km，东邻宜良、南靠昆明官渡、西南与富民相邻、西北及北面与寻甸接壤、东北与马龙相连。丹凤湿地公园位于嵩明县城老城区东北部，毗邻嵩明传统商业区，规划范围南至兰茂大道，东靠普沙河，为西北至东南方向的带状用地，面积约 18.9 hm²(图 6.52)。

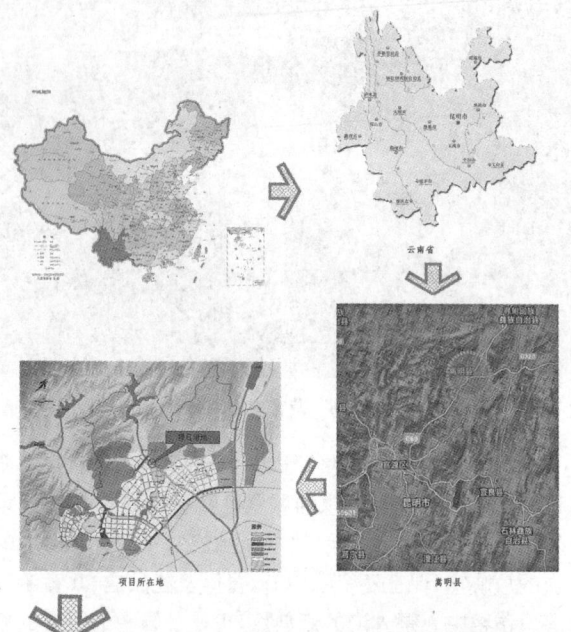

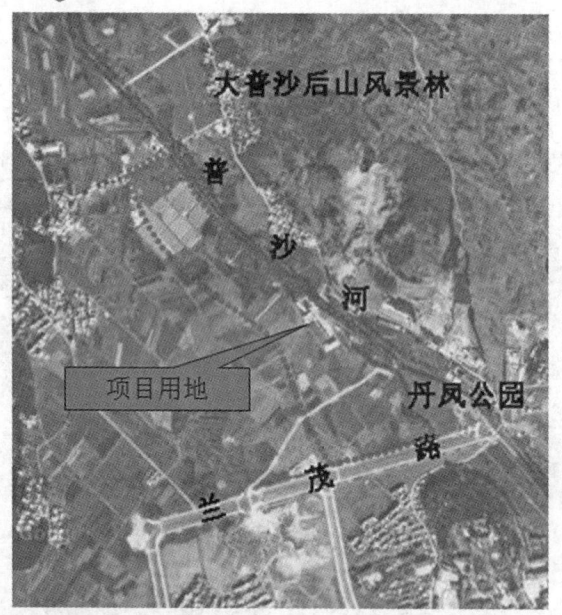

图 6.52　丹凤湿地公园区位图

湿地公园周边集合了居住、文化娱乐、公共服务设施等各类用地。基地南侧现状为黄龙山公园，东侧毗邻普沙河及大普沙后山风景林，基地西、北侧在城市总规中规划为文化娱乐、公共服务设施和居住用地，地理区位及景观资源非常优越。基地四周为城市道路，南临邻县县城主干道兰茂大道，东靠河滨路，交通十分便捷。

现状用地大部分为农田，除此之外还有一些少量的废旧厂区、农舍建筑、简易大棚、水塘等。另外，清水海引水工程输水管线穿过基地北侧。基地中零星散布着一些水塘，面积较小。嵩明县重要的河流——普沙河，紧邻基地东北侧。普沙河水源来自上游的大石头水库，水质条件优越，可以考虑作为湿地公园水源。基地地形为较平缓的带状用地,整体呈西北略高、东南略低的走势,总高差接近8 m,总长度约为1.1 km。基地所在的嵩明县属北亚热带季风气候,夏无酷暑,冬无严寒,四季如春,植物种类多样。公园现状多为农田、菜地及少量杂木林。

嵩明县城市绿地系统规划以创建"健康宜居在嵩明,山水林城共相融"为总体目标,将嵩明县打造成为昆明市的后花园。在绿地系统布局上,通过生态廊道连通城市各绿色斑块,从而形成"五廊、九道、九片、十三园"城市绿地景观结构体系。丹凤湿地公园作为"十三园"中的一园,既是"五廊"中的"中央湖泊公园—灵应山公园—黄龙山公园—丹凤湿地公园—大普沙后山风景林"生态廊道的组成部分之一,也是"九道"中所定义的"入城口—古盟台—黄龙山公园—丹凤湿地公园"老城主要景观轴线重要节点之一。在绿地系统规划中,丹凤湿地公园被定位为专类公园,其建设内容为:"建成集湿地生态保护、生态观光休闲、生态科普教育、湿地研究等多种功能为一体的生态型主题公园"。丹凤湿地公园完成了4大功能任务:

① 作为"五廊"之一的组成部分,要充分发挥绿地系统中所要求的生态廊道功能。

② 作为城市湿地,要充分发挥绿地系统中所要求的湿地生态功能。

③ 作为"九道"之一的组成部分,要充分发挥绿地系统中所要求的老城主要景观轴线重要节点的特色形象功能。

④ 作为专类公园,要充分发挥绿地系统中所要求的休闲娱乐、科普教育等满足当地人们各种活动的功能。

2) 规划目标

作为嵩明县第一个湿地公园,丹凤湿地公园的建设对保护城市生物多样性、提升城市景观质量、丰富市民休闲娱乐活动和提升基地周边的土地经济价值有重要意义。规划设计以强调湿地公园的生态功能为主,通过挖掘基地特有的文化属性,在保护湿地景观风貌的同时,突出城市湿地公园的游憩主题,形成具有地方特色的城市开放空间。

3) 规划策略

对应上述任务解析以及规划目标,总结出以下4方面规划策略:

(1) 策略一:建设多功能的城市生态廊道 廊道是具有通道功能的景观要素,是联系景观斑块的重要纽带,通过廊道可把孤立的生境斑块连接在一起,从而使之成为一个整体,对生物多样性的保护具有重要作用。绿道的建设不仅连接野生动物的生境,而且是城市慢行道的一部分,将供人休闲活动的区域连接在一起。因此,无论对于自然要素还是人类活动角度来说,连通是廊道的关键词。本规划策略借鉴廊道理论,具体解决湿地公园在绿地系统中多方面的连通作用。

(2) 策略二:恢复与构建物种多样的湿地生态系统景观 一般来说,生物多样性越高,越有利于生态系统的稳定,湿地生态系统也是如此。构建生物多样性较高的湿地生态系统景观可以通过两个规划途径,即以景观空间格局为出发点的规划途径和以物种为出发点的规划途径。

(3) 策略三:打造地方性特色城市形象节点 根据凯文·林奇的城市意向理论,节点在城市景观中起到了重要的形象作用。丹凤湿地公园位于"九道"中之一的"入城口—古盟台—黄龙山公园—丹凤湿地公园"景观轴线之上,是这条轴线上重要节点之一。通过对城市绿地系统规划的研究,笔者发现,这条"老城"景观轴线之上的所有节点都具有特殊的历史意义,承载了地域的文化属性。因此,体现地方特色与尊重历史文化是丹凤湿地公园形象设计的主要出发点。

(4) 策略四:创造城市活力休闲空间 湿地具有自然观光、游憩、娱乐等方面的功能,蕴涵着丰富秀丽的自然风光,其特有的湿地景观风貌具有很强的景观美学价值和休闲娱乐价值,成为人们观光休闲的好地方,这也是湿地建设成湿地公园的重要前提功能条件之一,而且对于湿地生态知识的科普教育以及湿地文化的展示等方面也具有一定的积极影响。丹凤湿地公园地处城市建设区内,周边多为文化娱乐和居住用地,故而在兼顾湿地公园生态效应的同时,还应该成为一个具有活力的城市休闲空间,以满足人们室外游憩娱乐、文化教育等多方面的活动需求。

4) 形象构思

(1) 基于丹凤传说的湿地公园整体形象设计 城市湿地公园处于特定的地域环境,公园的设计思想以及元素选用应当源于本土,并很好地彰显地域文化。丹凤湿地公园基地附近有一座丹凤桥。相传元末年间,嵩明人在开挖河道时在此挖出一对凤凰,捉住了其中一只,故而在此修建一座"丹凤桥"以作纪念。在规划设计时,考虑丹凤湿地公园狭长的地形,故而设计依托"丹凤"的传说,以化身在此的凤凰为设计源泉。结合前期对湿地公园的功能布局的分析,衍生出公园凤凰形态的平面构图,与南侧黄龙山公园的"黄龙"遥相呼应。公园中的茶室建筑方案也提取和抽象出"凤"的造型,塑造出独特的凤凰建筑造型(图6.53)。

(2) 基于民族特色文化的湿地公园小品设计 嵩明素有"花灯之乡""龙狮之乡"的美誉。境内定居民族主要有彝族、回族、苗族、汉族,另外有白族、壮族等少数民族寄居。少数民族的聚集,碰撞出了多彩绚烂的民俗文化。丹凤湿地公园的规划设计汲取优秀的民族文化,提取"花灯""龙舞""火把"等元素,转变为设计符号,并结合湿地景观节点,设计精巧的景观雕塑小品设施和导向系统。

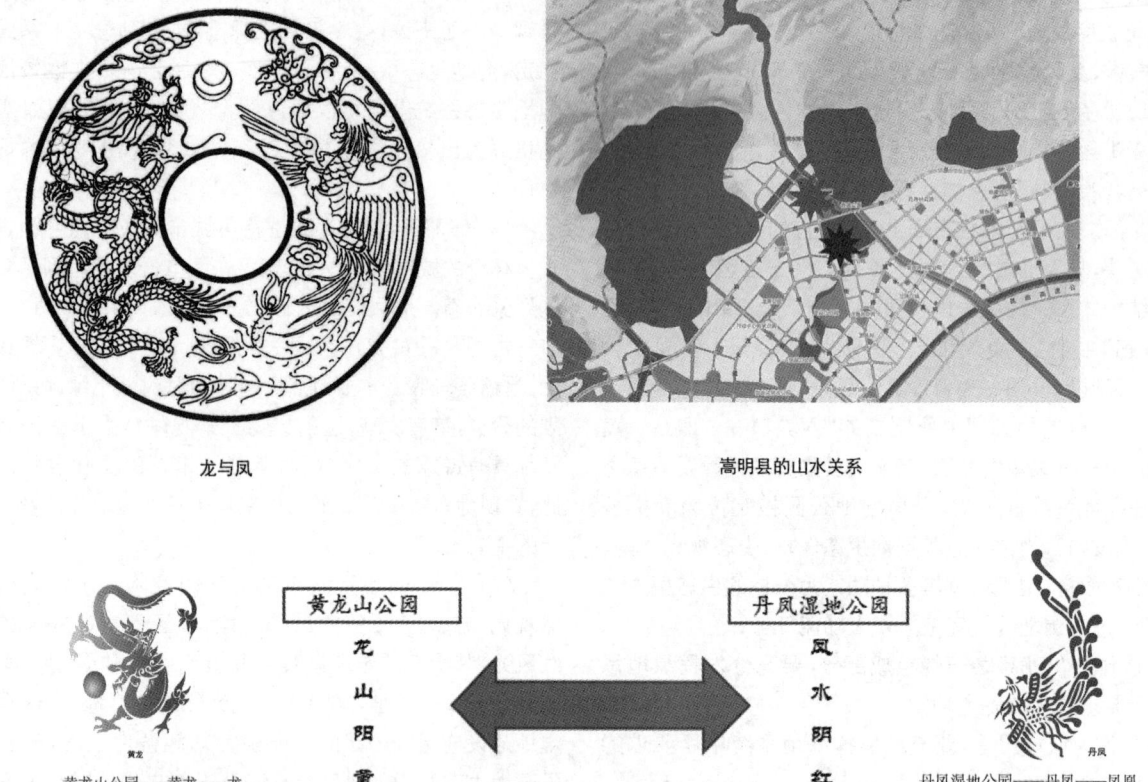

图 6.53 黄龙山公园与丹凤湿地公园意向关系——"龙与凤""阴与阳""山与水""黄与红"之间元素的呼应

5）总体布局与分区规划

丹凤湿地公园基地较为狭长，按照基地西北高、东南低的走势，将空间由北向南依次划分为5个功能区：蓄水沉淀区、湿地净化展示区、湿地体验区、休闲娱乐区和观赏湖区。整个公园越往南越接近市区，越往北越接近郊区。因此，由南至北，有5个分区中人们的活动内容对湿地的干扰程度越来越低。公园水系从北至南贯穿全园，并形成不同大小的水面，构成了丰富的景观结构层次。

（1）观赏湖区　观赏湖区水体开阔，环湖设计了多样的水上栈道及休憩小节点，如公园主入口休闲广场、水滴广场等。茶室和湿地展示中心建筑临水而建，在景观上相互因借。湖面的中心设置三座灯塔，模拟"三潭印月"的水上景观，形成主、次入口的视线焦点，主要景观内容如下：

① 主入口中心广场：主要以硬质铺装为主，一侧结合城市道路设计停车场，作为丹凤湿地公园的主入口。广场北侧以一片景墙、南侧以湿地展览及游客服务中心建筑限定广场空间，使人们的视线引向中心湖面的景观。沿河的亲水平台空间做下沉处理，满足人们亲水的需求。

② 湿地展览及游客服务中心：建筑主体靠近城市道路和公园主入口，方便管理和维护。建筑室内外借鉴"巴塞罗那德国馆"的流动空间设计，采用简洁纯净的几何体块，通过墙体的穿插和空间虚实的变化，打造极具现代气息的展览建筑，让室内外景观融为一体（图6.54）。

③ 餐饮及娱乐建筑：建筑主体靠近城市道路和公园次入口，以方便管理和维护。同时，建筑也紧邻中心湖面，以取得很好的观景效果。建筑造型采用多个体块组合，产生空间穿插与虚实的变化，形成丰富的空间效果。

④ "水滴"平台：将此处设计成圆环形亲水平台，游客可以在此欣赏右侧的生物桥以及左侧的主入口以及水生花卉园景点（图6.55）。

⑤ 生物桥：规划中设置了一座跨过兰茂大道的生物桥，连通丹凤湿地和黄龙山，以形成两条通道：慢行观景道和生物通道。慢行道采用渗水铺装材料建造，满足自黄龙山腰到湿地公园观赏湖区的人行及自行车交通联系。生物通道则自黄龙山腰至丹凤湿地形成斜坡，桥体回填自然土并栽植适宜的乡土植物，以方便小动物的迁徙。

⑥ 水生花卉园：种植多彩多姿的湿地花卉植物，其地处中心湖面的南侧，同时也靠近城市主要道路兰茂大道附近。在丰富湿地公园景观同时，也丰富了兰茂大道的街景。

⑦ 观景挑台：观景挑台位于生物桥的末端，与主入口相对。可以从生物桥到达此处，木质的挑台高出水面，游客可以在此欣赏美景，登高远眺。

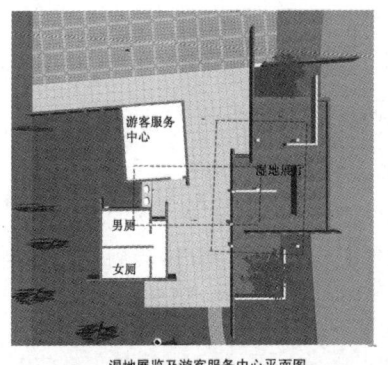
湿地展览及游客服务中心平面图

展览建筑沿湖效果图

湿地展览及游客服务中心建筑主入口效果图

图 6.54 湿地展览及游客服务中心

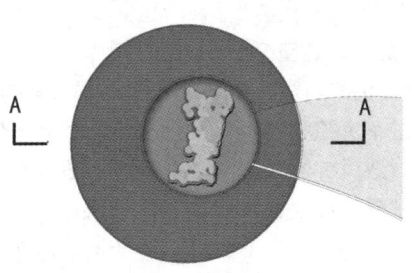
方案二 平面图

"水滴"效果图

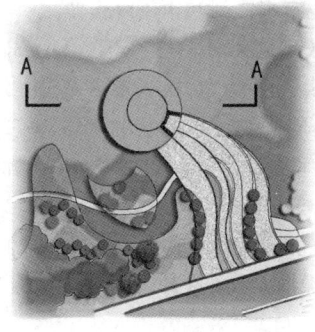
方案一 平面图

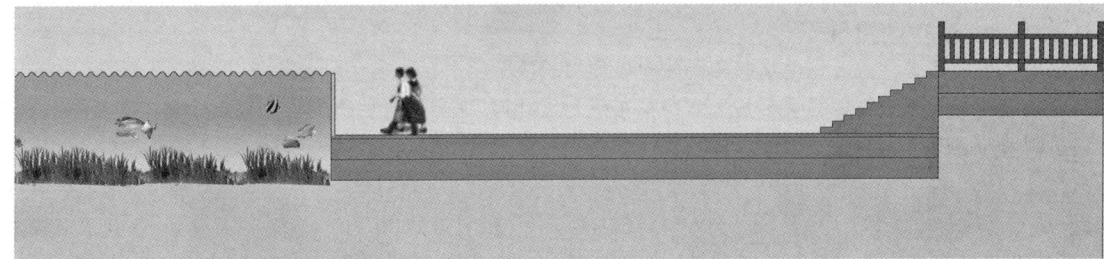
方案一 A-A断面图

方案二 A-A断面图

图 6.55 "水滴"平台

⑧ 花架：爬满藤蔓以及植物的花架，兼具景观性和实用性，游客可在此休憩、聊天。

⑨ 次入口广场：次入口广场位于湿地公园东侧，以硬质铺装为主，中心有一圆形绿岛。次入口广场的右侧是生态停车场，方便游客停车，穿过广场，游客到达餐饮及娱乐建筑进行休闲游憩。

⑩ 生态厕所：湿地生态厕所循环利用水资源，造型独特的生态厕所与周围的环境融为一体，同时保障了湿地的原生态美。

⑪ 生态停车场：位于主入口以及次入口侧面，方便游客停车需要。

⑫ 三潭印月：中心湖区中央处设置三潭印月景点，夜里可照明，以形成中心湖区的视线焦点。

(2) 休闲娱乐区　休闲娱乐区的活动内容以"动"为主，游人量也较大。设计突出"水"的优势，以"桥世界"为主题，建设极具趣味性的水上乐园。桥世界中设置了各种各样新奇有趣的桥横跨在水上，比如好玩有趣的秋千桥、惊险刺激的独木桥、望而生畏的高架桥、需要齐心协力才能通过的同心桥等等。这些设施增添了湿地公园的娱乐性，是市民休闲娱乐的好去处。

(3) 湿地体验区　与休闲娱乐区相比较，此区的活动内容以"静"为主，游人量相对较小。主要模拟自然野趣的湿地景观风貌，以蜿蜒的水体、多变的水上栈道和湿地动植物为主要造景元素，供人们体验优美的湿地景观。此区主要景点有：

① 观鸟台及鸟类科普廊：以竹、木为材料而建的朴素自然廊架，里面放置关于湿地鸟类的科普图册等，同时也可供人休息停留。

② 瞭望塔：位于湿地视野开阔处，游客登高而望远，四周景色尽收眼底。

③ 湿地氧吧：在自然湿地中，可呼吸新鲜空气，欣赏自然美景，达到赏心、悦目、益智、怡情的心境。

④ 木栈道：用木质材料做成简单亲水的木栈道，让游人可以亲近湿地水面与湿地植物，体会到湿地的自然气息。

⑤ 观鱼栈道：游客漫步其间，喂食鱼类，感受湿地渔乐风情。

(4) 湿地净化展示区　主要为游客展示湿地净化水质的过程。利用生态岛将水体分隔成若干支流，通过植物以及微生物的作用进行过滤净化。局部设计简易的汀步，满足游览需求。另外，该区还设置人类饮水工程纪念廊景点。昆明市清水海引水工程以清水海为中心水源，通过输水管道将水输送至昆明等地，从而解决目前昆明缺水的问题，该引水管线刚好横跨丹凤湿地公园的北部。在规划中，并没有采取遮蔽输水管线的方法，而是通过在输水管线一侧架构科普文化长廊，介绍人类引水工程的文化知识，以教育人们应该保护和珍惜日益紧张的水资源，该景点与湿地的"水"文化主题相契合。

(5) 蓄水沉淀区　是整个公园水系的上游部分。主要作用是引入普沙河的河水和收集储备雨水，形成较为开阔的水面，并通过水生植物对水体进行初步的沉淀净化。该区水中堆岛，形成凤首的形态，水面的四周各设置水榭、景亭、平台等景观建筑形成点景。

(汪辉，等，2015)

■ 讨论与思考

1. 城市湿地公园的界限如何确定？
2. 城市湿地公园的旅游开发与湿地保护之间的矛盾如何解决？
3. 城市湿地公园与湿地公园的主要区别有哪些？在规划设计时，它们各自的侧重点又倾向于哪些方面？
4. 如何区别城市湿地公园与城市水景公园？

■ 习题

山东省某市拟在其建成区与郊区之间规划一植物园（见下图），占地约112公顷。要求针对此地现状，做出符合市民需求，又具有现实开发可行性的植物园规划设计方案。

1) 规划设计要求

(1) 用地内应包含以下内容：

① 适当面积的铺装广场，为市民及游客提供集散和休憩场地；

② 适当的公共服务设施，如休闲活动设施、展览温室、科普馆、标本陈列室、科研场所、医疗服务设施等；

③ 适当的景观小品，如坐凳、亭、廊架、景墙、雕塑、标示牌等。

(2) 设计目标：

① 植物选择符合当地自然地理气候；

② 尊重场地，因地制宜，寻求当地文化和周边环境密切联系的设计理念；

③ 体现功能性、科学性、艺术性的有机结合；

④ 提高游客参与性，再现地域文化景观。

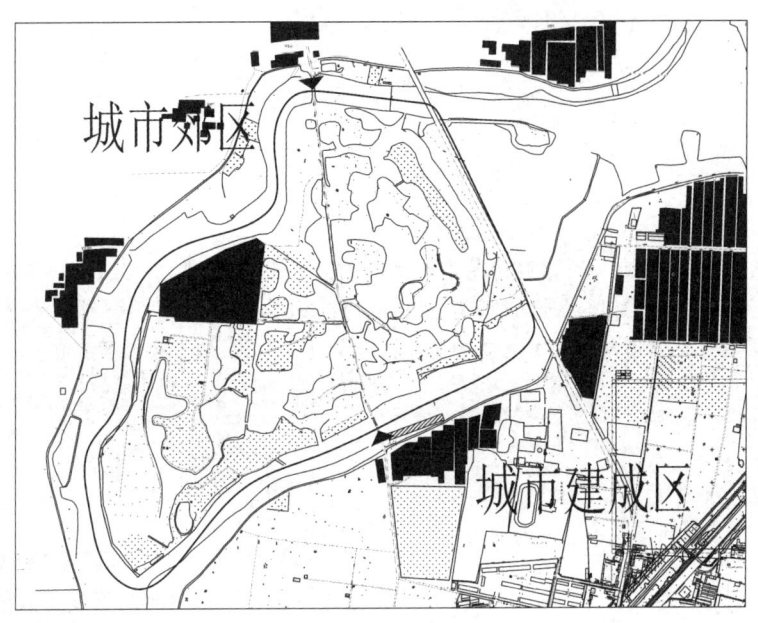

2) 图纸内容

(1) 总平面图1张(1∶3000);

(2) 总体鸟瞰图:不小于A2图幅;

(3) 景点效果图:4~6个,不小于A4图幅;

(4) 分析图:功能分区图、交通流线分析图、景观节点和轴线分析图、竖向分析图等其他分析(比例自定);

(5) 设计说明:200~300字,另附主要树种名录;

(6) 表现形式:手绘、钢笔淡彩或电脑表现。

3) 图纸要求

A1或A1加长图幅,表现形式:手绘、钢笔淡彩或电脑表现。

7 游 园

> 【导读】 游园是城市公园绿地中可达性最强的基本单元,是承担社区居民日常户外游憩、健身、自然体验等多种功能的公共绿色空间。本章在讲述游园绿地功能、类型、构成的基础上,重点讲述游园绿地的设计方法和设计要点。在第七章的学习中,需重点注意理解游园的主要功能并区分与社区公园、城市公园所存在的异同,掌握游园规划与设计的特征。

7.1 游园概述

近年来,随着城市建设的发展,城市环境日益受到各方面的重视。在美化和改善城市环境的过程中,城市园林绿化建设迅速发展起来。其中,作为城市公园绿地的游园,发展较为引人注目。游园是城市中量大面广的一种公园绿地,它与城市居民的日常生活密切相关,在美化城市和保护生态环境中也发挥着重要作用。

7.1.1 游园概念与类型

1. 游园概念

中华人民共和国住房城乡建设部 2018 年颁布实施的《城市绿地分类标准》(CJJ/T 85—2017)中将游园定义为:"城市公园绿地体系中,除'综合公园''社区公园''专类公园'以外,用地独立,规模较小或形状多样,方便居民就近进入,具有一定游憩功能的绿地"。游园是多以绿化为主的公共游憩场所,通常分布于街头、历史保护区、旧城改建区,绿化占地比例不小于 65%,是散布于城市中的中小型开放式绿地。虽然有的游园面积较小,但同样具备游憩和美化城市景观的功能。游园在城市中分布最广,利用率最高。发展游园是见缝插绿、提高中心城区和老城区绿化水平的良策。这些规模较小、形式多样、设施简单的公园绿地在市民户外游憩活动中发挥着重要作用。近年来,很多城市都十分重视在中心城区内建设游园,积极消除市区内公园面积少的遗憾,受到了市民的普遍赞誉。

2. 游园类型

(1) 点状游园 是指在城市中呈点状零星分布、面积较小的绿地。有的以单纯的植物造景为主,不设置硬质铺装等游憩设施;有的于其中安排简单的户外活动、休息设施,为周边居民和路人提供休憩和停留场所。

(2) 带状游园 主要是沿水滨、道路建设的规模较小,不足以归入"综合公园"或"专类公园",且具备游憩功能的绿地。带状游园的宽度宜大于 12 m,根据相关研究表明,宽度 7～12 m 是可能形成生态廊道效应的阈值。从游园的景观和服务功能需求来看,12 m 是可设置园路、休憩设施并形成宜人游憩环境的宽度下限。游园的规模没有下限要求,在建设用地日趋紧张的条件下,小型的游园建设也应予以鼓励。

7.1.2 游园功能与特征

1. 游园功能

(1) 改善人居环境 城市绿地具有释放氧气、吸收二氧化碳、杀菌减噪、减轻风沙污染、净化城市空气、蒸腾吸热、缓解"热岛效应"、保持水土、涵养水源等生态作用。游园不仅可以有效地改善城市生态环境,同时也给被硬质景观包围的市民提供了接触自然的机会。美国风景园林大师哈普林(Lawrence Halprin)曾经说:"我们还不能确切地知道,从生态学的角度看,为满足人们生活和个性需要多少城市开放空间,但我们确实知道绿地的重要性,知道我们需要同自然环境要素保持经常的接触。"游园把自然因素引入城市街头,满足了人们与自然环境接触的心理需要,使现代城市生活变得更健康、更有活力、更丰富多彩。

(2) 提供游憩活动场所 游园为市民提供日常游憩活动的场所。在工业时代,城市片面追求经济效益,道路被汽车占领,城市人性化空间消失,人们日益躲入狭窄的个人空间,缺乏交流。冷漠的城市空间对人们的日常生活方式和心理带来极大负面影响,并以种种"城市病"的形式表现出来。而游园可以把人们吸引到户外生活中,促进人与人的交流,以及人与自然的交流。绿地内有良好的环境和游憩设施,是人们锻炼身体、消除疲劳、恢复精力的好场所。一个优美亲和的游园空间可以促进人与人的聚集、接触、交流,能有效缓解现代城市生活中的紧张、单调带来的精神压力。人的聚集也促进了户外集体文化活动的产生,从而引导市民继承与发展具有地方特色的城市文化,形成健康的生活方式。在市场经济社会,由游园产生的游憩活动会带来潜在的经济价值,如使周边地价增值、周边服务业增收等。

(3) 寓教于乐 人们在游园中休息、游玩的同时,还能获取知识、陶冶情操、提高艺术修养。游园中可设各种小品、纪念物等,更有一些绿地以传达科普知识和文化信息为特色,使人们在休憩游览的同时增长文化知识,接受艺术熏陶,达到寓教于乐的目的。游园作为城市公共绿地的一部分其包含的文化内容还有更深层次的意义。《关于城市未来的柏林宣言》称:"城市政府应保护历史遗产,使其成为集艺术、文化、景观和建筑于一体的优美场所,给居民带来欢乐和鼓舞。"作为人类文明的集中表现区域,城市有许多值得保护的历史文化遗存,人们可利用绿地的形式来保护它,从而最大限度地保留城市发展的历史印记,体现城市的文化底蕴。事实上,蕴含了文化内涵的绿地是一本无言的书,游人通过它阅读历史受到教育,它赋予城市性格特征,唤起了市民的乡土自豪感。

(4) 美化城市形象 景观是一个整体,由许多相关的景观要素构成,它们相互交错,形成多种多样的联系,理想的城市空间环境应该是一个诸要素有秩序且和谐的有机体。游园是城市整体景观的有机组成部分,它与城市硬质景观在功能上互为补充,形式上相和谐,精神上相呼应,这种配合关系在游园的设计中尤为重要。由于游园大多分布较散、尺度小,在进行景观设计时更要注重绿化景观与建筑景观的相映成趣、和谐统一,这也是创造动人城市景观的基本方法。

在全球信息化和经济一体化的今天,城市景观面临的重大威胁是个性与特色的逐渐消失,城市风貌的日趋雷同。由于游园受自然环境的影响更大,所以其形式较建筑物有较大的可塑性,比较容易结合当地特有的自然环境和文化,产生有特色的设计,凸显地方景观特色。构思巧妙、风格独特的游园能极大地赋予公共空间乃至城市景观以个性色彩。

(5) 防灾避灾 当城市遭到地震、火灾等灾害时,城市游园能够成为城市居民紧急疏散和救灾的最及时有效的通道,其中的开敞空间还能作为居民的临时居住点。而且大量的绿地还能有效降低建筑密度,从而降低灾害的破坏程度,并能对火灾等起到一定的隔离作用。

现阶段我国游园的建设主要针对其景观、生态、游憩等功能,即平时使用功能,只有很少一部分考虑到了防灾避险、应急避难这一重要功能。而公园绿地,尤其是游园与城市居民的生活联系十分紧密,其本身具有一定的可达性且分布广泛,应成为城市防灾体系的重要组成部分。

国外在此方面的研究相对我国较为领先,其防灾避险绿地体系的建设,防灾公园与城市形态、城市总体规划的结合值得我们借鉴和学习。我国一些一、二线城市在近几年作了有益的尝试,也建设了一些具有防灾功能的游园,其中可行与不足并存。

2. 游园特性

不同类型的绿地景观在服务对象、适合的功能形式等方面有一定差异,通常游园具有以下特性。

(1) 公共性 游园贴近市民的生活,它是城市居民休闲娱乐、接近自然的重要场所,人们可以自由出入,是现代城市生活中不可或缺的部分。游园也是对城市街道空间在功能和景观上的补充,是城市的有机组成部分。

(2) 多样性 游园可以有多变的类型、丰富的主题,还可以将艺术与自然结合形成丰富多样的形态。在自然景观上,植物形成城市的绿色基底,更带来丰富的季相变化。各种植物蓬勃生长,给单调的城市人工环境带来变幻和生动的自然气息。

(3) 时代性 随着人民生活方式、审美习惯的改变,游园的功能和形式也发生了相应的变化,会增减设施、场地,甚至进行改建。但相对于城市建筑等硬质景观,游园的范围、形式有一定的稳定性。它能在城市变迁中留下一些印记,保留城市的历史记忆。

(4) 袖珍性 "见缝插针"式的游园是在当前城市土地资源紧张、环境恶化的背景下应运而生的,它占地面积小,布局灵活多变多呈带状或斑块状布置。既能缓解城市用地矛盾,又能增加城市公园绿地面积,是最贴近人们生活的绿地空间。

7.1.3 国内外游园发展概况

1. 国外游园发展概况

由于各个国家的城市绿地分类标准不同,与游园相类似的绿地类型有许多其他名称,如美国的近邻娱乐公园、市区小公园或袖珍公园,日本的街区公园和近邻公园等。

目前,世界上许多国家政府及社会十分重视城市游园建设。市民的绿化意识及保护意识不断增强,游园的设计注重与周边环境相互协调,体现城市的独特形象,反映城市的文化特色,这些都是国外优秀绿化城市成功的关键。

美国游园多称为市区小公园或袖珍公园(Pocket Park),又称小游园、迷你公园等等,实质是一种小型公共开放空间。市区小公园也是在美国城市急剧扩大,城市用地日益紧张的情况下出现的。人们将城市中的空地、废弃物堆放点改造成花园或游憩点,最大限度地争取城市中的绿化用地,改善城市日益恶化的环境。位于纽约53号大街的佩雷公园(Palay Park)就是这类袖珍公园的首例(图7.1)。佩雷公园由Zion & Breen事务所设计,基地周围的建筑密度很高,设计师在基地的尽端布置了一面水墙,潺潺的水声掩盖了街道上的嘈杂。水墙两侧的矮墙被绿色蔓性植物所覆盖,围合成一处私密且自然的空间。

园林规划设计

a. 实景图

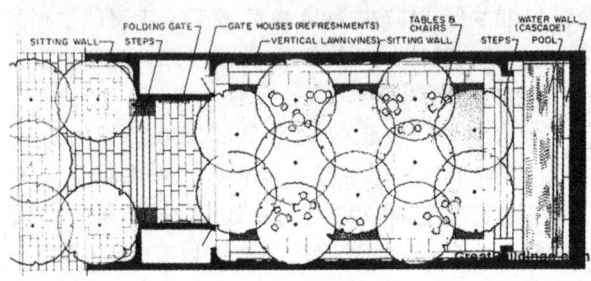

b. 平面图

图 7.1　佩雷公园
(http://blog.sina.com.cn)

场地内种植着槐树，树冠限定了空间的高度。精致的白色镂空桌椅和随意摆放的盆花，营造出温馨、亲切的环境气氛。对于市中心的购物者和公司职员来说，这里是一个愉悦的休息空间，每当夜幕降临时，水墙底侧的灯光亮起，如梦如幻，令人流连忘返。

在日本，遍布城市各个角落的街区公园和近邻公园是公园绿地中数量最多、分布最广的绿地形式，它是日本公园体系金字塔的基础。在保护环境，为人们特别是为老人和孩子，提供休息娱乐场所等方面发挥着重要作用（图7.2）。

从国外多年的实践看，在"贴身"的生活圈内，设置大众使用的运动设施，是推动群众性体育运动的最便捷方法之一。这种设施并不一定是什么运动器械，它也许是草地，也许是广场、河滩。日本在1964年东京奥运会之后，在城市公园系统中，都有机地配置了这些设施，"寓运动于一般性公园内"，其功效在此后数年的实践中，得到了充分的印证。这种把运动空间有机组合于小型休闲公园绿地的做法值得借鉴。

20世纪70年代后，城市化和环境的矛盾日益突出，因此日本政府规定高层建筑周边必须修建一定数量的袖珍绿地（图7.3）。同时，由于土地价格增长，在市区修建大型公园的成本也相应增长，按服务半径修建小型公园的公园体系应运而生。以东京中心区为例，截至2000年4月，共建造袖珍公园和社区公园2 854处。

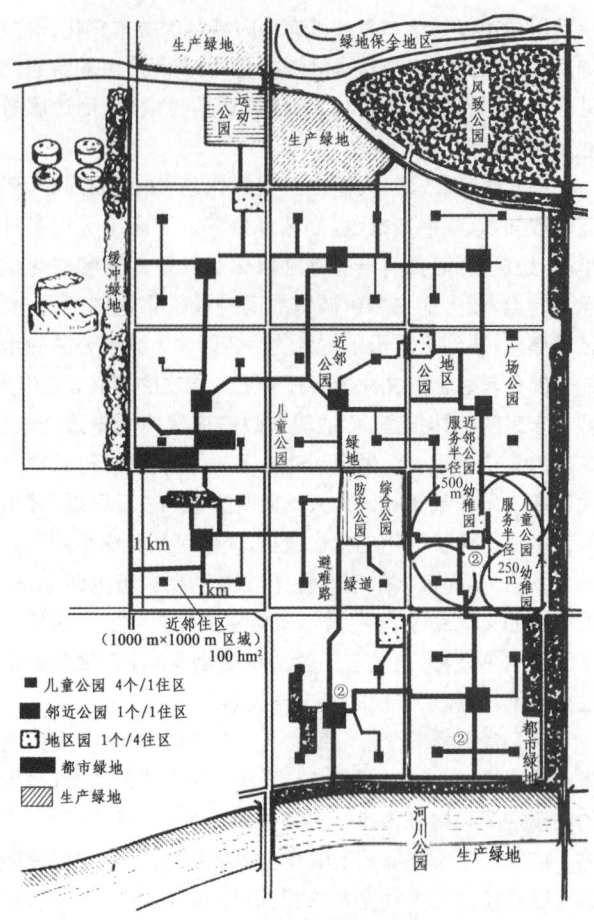

图 7.2　日本公园体系图
（青木司光、东京农业大学造园学科，1985）

图 7.3　惠比寿公园

2. 我国游园发展现状

在我国，游园的形成与当前的城市建设密不可分，形成原因大致可以分为两种：一种是由新区开发而形成；另一种是由旧城更新而形成。旧城更新的形成方式更具有普遍性。传统的绿地建设方法就是"填空式绿化"，在建筑、路桥施工完毕后才开始考虑怎样"见缝插针"地建设绿地，形成许多无法弥补的缺陷。而随着环境问题日益突出，有些地方又不惜巨资拆房建绿地，造成城市建设能源的大量浪费和绿地景观的破碎化。

城市游园以其微小、便捷且具有观赏性、休闲性、生态环保性,得到城市居民的青睐,成为城市公园及其他休闲开放空间的重要补充。我国城市游园的建设虽然在数量上取得了一定的成绩,但是其与城市整体景观不相协调、游园的功能设计与实际需求不相符等问题,使城市游园景观未能起到应有的美化、点缀城市环境和促发市民积极活动的作用。

近年来,随着政策的改变以及对城市绿地的不断重视,各城市都先后制订城市绿地系统规划。游园作为城市绿地系统的一部分,也得到了飞速的发展。如厦门市规定游园的服务半径是 250 m,上海普陀区的游园服务半径是 500 m,也就是说市民步行 5 min 左右就可以到达城市公共空间。安庆市的纱帽公园、上海苏州九子公园、郑州市金水西路游园景观等,都是在新的社会条件下,体现游园新发展趋势、促进民俗文化再生的典范。

湛江市商务中心区的街旁小游园凤凰苑,位于霞山区中心地带,北接解放东路、霞山绿苑和步行街,西接人民大道及人民广场,东临儿童公园。它具体位于公交车站旁边,为市民等候公交车时提供遮阳避风的舒缓空间(图 7.4)。凤凰苑(图 7.5)属于下沉式绿地,在高程上与连接的解放东路人行道路面大约相差 1 m,采用"金角银边草包肚"的手法。周边密植高大乔木,下沉场地设计成微地形的树林草地,利用高大行道树和丰富植物群落进行隔离。通过不同高度、多层次的植物组合,形成内外两个观赏面。既可以为街道提供观赏景观,又可以成为内部景观的天然屏障,加上微地形的处理,让身处其中的使用者能获得闹市中的宁静。

凤凰苑大量地运用了湛江的特有材料火山岩,能较好地起到防滑的作用。运用不同的加工方式,用于地面铺装、道牙、挡土墙饰面以及大体量的置石,体现变化与统一、节奏与韵律的设计手法。凤凰苑因地处繁华闹市之中,做成下沉式小游园能获得更好的休憩环境。使用者能在柔软舒服的疏林草地上享受阳光或进行聚会,也可于小园亭、曲廊和林下坐凳上获得私密空间。夜间入口小广场成为市民自发的展示舞狮表演的场所。

7.2 游园规划设计

7.2.1 游园硬质环境设计

游园的硬质景观规划设计受其自身条件的限制,更多地关注各种设施设计,体现人本主义的理念。

1. 道路设施

游园中的道路设施主要有园路、集散小广场、坡道、台阶等等,它是一座游园的首要组成部分。

1) 道路系统的可达性 对于游园的道路系统来说,良好的可达性是十分重要的。因为人们往往希望最快、最便捷地到达自己的目的地,特别是当能够看到目的地时,人们急于到达的心情就更加明显。在一些绿地中经常能看到行人"修"出的小路,这就体现出道路设计中可达性的不足。所以在进行道路设计时,就要充分考虑到行人的行走习惯,使行人能够十分便捷地到达目的地。在不希望行人穿越的区域,可采取一些有效地阻隔手段,如遮挡视线或是加高加密绿篱等,避免由于行人穿越对绿地造成的破坏。对于绿地道路来说,系统性是值得设计师关注的问题,道路的布置不应该只是考虑到平面构图上的需要,更重要的是要考虑它的合理性。

2) 铺装材料的人性化 地面硬质铺装也是道路系统的重要组成部分,它的设计主要在平面内进行,色彩、构成和表面质感处理是其组成设计要素。除了美化环境的基本功能之外,它还具有划分场地、警示、诱导和指示等功能(图 7.6)。户外一般不要大量使用表面过于光滑的地面铺装,因为它极易使人滑倒。有些地面铺装的表面纹理过于粗糙或孔洞太多,走在上面易感不适。道路铺装应采用色彩自然、材质适宜,使人安全、舒适的"人性化"设计方案。

道路"人性化"设计的另一个重要方面就是道路的无障碍设计。供轮椅通行的道路宽度至少要在 1.2 m 以上,纵向断面坡度在 1/25 以下。当这种坡度持续 50 m 以上时,应设置 1.5 m 长度以上水平部分作为休息平台以便停息。铺地应采用防滑材料,形成平坦没有凹凸的地坪,不宜铺设石子路。当绿地与人行道之间有高差时,一般入口最好全部或部分采用坡道的形式,方便轮椅的进出。当园

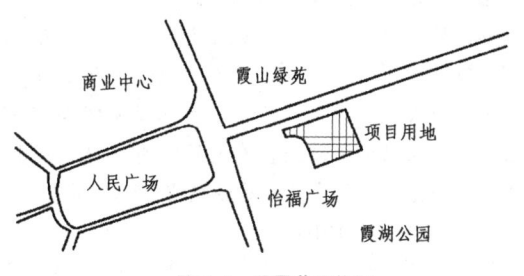

图 7.4 凤凰苑区位图

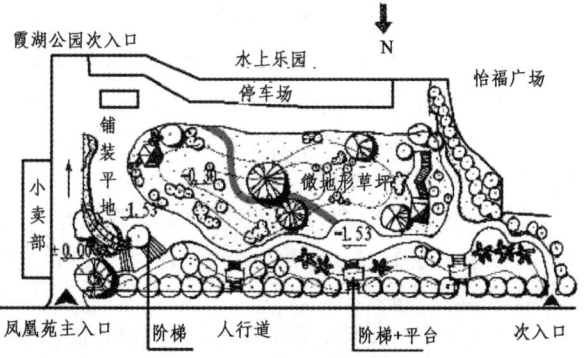

图 7.5 凤凰苑平面图

图 7.6　道路铺装材料

内有不同高差的场地需要用台阶连接时,也应该在台阶附近设置坡道方便残疾人上下。在一些需要设置台阶而又无法设置坡道的地方,可以使用供轮椅上下的专用设备。

2. 休息设施

休息设施包括坐凳、坐椅、休息亭廊以及台阶、花坛边缘等能够让游人坐下来休息的各种设施。因为城市游园的主要功能就是为城市居民提供优美舒适的户外休憩空间,所以休息设施质量的好坏将直接影响到城市游园使用率的高低。

1) 休息设施的类型

一般将休息设施分为以下两种类型:

(1) 基本坐位　基本坐位也就是我们常见的坐凳、坐椅、休息亭廊等等,是绿地中休息设施的主要形式。只要有足够的空闲坐位,人们总是会挑选位置最佳、最舒适的坐位,这就要求有充裕的基本坐位,并将它们安放到精心选定、章法无误的地方,为使用者提供尽可能多的有利条件。

(2) 辅助坐位　辅助坐位包括台阶、矮墙、栏杆、花坛等各种能够暂时为人们提供小坐条件的设施,它们常常能够成为人们乐意停留的场所。辅助坐位还有另一个重要的功能,就是能够对坐位的数量起到调节作用,"根据相对较少的基本坐位与大量的辅助坐位的相互关系所作的空间设计还具有一个优点,它能在只有少量使用者的情况下合理地发挥作用。否则,众多空空荡荡的凳椅容易造成一种萧条的景象,似乎此地已被人抛弃和遗忘了"(盖尔 J,2002)。

2) 休息设施的尺度

这里所说的休息设施的尺度主要指主要坐位和辅助坐位的尺寸。根据普通成年人休息坐姿的尺寸测量,一般将普通坐椅的尺寸设计成坐面高 38~40 cm,坐面宽 40~45 cm。单人椅 60 cm,双人椅 120 cm 左右,三人椅 180 cm 左右。靠背坐椅的靠背倾角为 100°~110°。

一般尺度比较接近人体坐姿尺度的相关设施,如花坛边、台阶、矮墙等,都是可以作为人们小坐休息的设施。特别是在人流量波动比较大的游园,应该有意识地将这些设施的尺度设计成接近人体坐姿的尺度,以便在人流高峰期主要坐位不够的情况下为人们提供更多的休息场所。

3) 坐椅的材料和质感

坐椅的制作材料十分丰富,有木材、石材、混凝土、铸铁、钢材、塑料等等,各种材料的质感有较大的差别。

木材是一种极好的制作坐椅的材料,它触感、质感好,热传导性弱,所以触感基本上不受气温变化的影响,且易加工,色彩比较自然,容易让人产生亲切感。但是普通木材耐久性较差,容易损坏,所以常常需要在木材中注入防腐剂等药剂来改变木材的质地以增强它的耐久性。

石材质地坚硬,不易加工,触感冰凉,且夏热冬凉,但其耐久性极好,且较美观。若布置得当,同样是不错的户外坐椅材料。

现在在不少公园或街边经常能看见的就是用仿木材料制作的坐凳,这种仿木材料一般为强度较高的硬质塑料,触感和质感都较好,也易于加工,但是耐久性较差,在室外比较容易变形,表面老化较快。

不锈钢也是户外休息设施经常使用的材料,它光洁度高,较为美观,但是由于金属的热传导性极强,受环境温度的影响较大,所以在夏季炎热、冬季寒冷的地区大量使用就不太合适了。

总之,制作坐椅的材料质感要求较高,并应具有足够的强度,这是保证休息设施舒适性和安全性的基本前提。

4) 坐椅的朝向与位置

根据"边界效应"理论,人们都比较倾向于在一个大空间的边界上逗留,这样在满足人们"人看人"需求的同时又可以减少别人对于自己的干扰,而且还可以随时离开自己的坐位参与到人群的活动中去。所以在大空间的边缘可以多布置一些坐位(包括主要坐位和辅助坐位),一般朝向活动发生比较多的空间,可以让人们随时观察到周围人群的动态。

公园的坐椅往往沿园路紧贴道路边缘放置,通过大量的观察和调查发现,这是一种不太适宜的布置方式。所以在道路旁的休息设施应该退后一段距离,或是在道路两旁使用凹空间,形成一个半私密性的空间,避免休息人群与行人之间的相互干扰。在宽度较窄、周围环境比较幽静的小路旁布置一些坐位,这是常常会成为人们促膝交谈的场所。后部最好有一定遮挡和围合,以增强人的安全感(图7.7)。

图7.7 坐椅的朝向与位置

人们在选择坐位时,除了需要重点考虑朝向之外,阳光同样也是人们考虑的重要方面。冬天有阳光、夏天有树荫的地点总是人们的首选位置。所以绿地边缘或者林下的坐位就成了人们最佳的休息场所,特别是一些落叶乔木的树下,夏天能够遮挡炎热的阳光,冬天又能让温暖的阳光洒在坐椅上,其下的坐位往往最受人们青睐,而没有任何遮挡的坐位则常常受到人们的冷落。

(5) 坐位的形式

无论是坐位的构造与造型还是它们之间摆放的相对位置,都会影响人们如何选择使用它们。

从图7.8中可以看出,不同的坐位形式在很大程度上会限制或引导人们对它们的使用。一般当人们面与面之间的角度等于或大于180°时,便会给人们的交流带来不便,同时也会减少陌生人之间目光的干扰;相反,当两人面与面之间的角度小于180°时,则会方便人们的谈话和交流,同时也会促使两人目光的交叉和干扰。基于此,在进行坐位的设计和布置时,就要充分考虑不同人群的不同需要。一般呈弧线或成角度布置的坐位比较容易达到预定的效果。当需要促进彼此之间的交流时,人们往往面对弧线的圆心方向就坐,构成一种内聚性空间。如围绕着树干设置的桌子和园椅,就可以为家人朋友进行户外的野餐提供方便;或是围绕着一小块绿地设置一圈坐位,使人们能和其他人方便地交谈,这种形式的休息设施构成了一种内向型的场所,可以在这里举行小型的聚会。

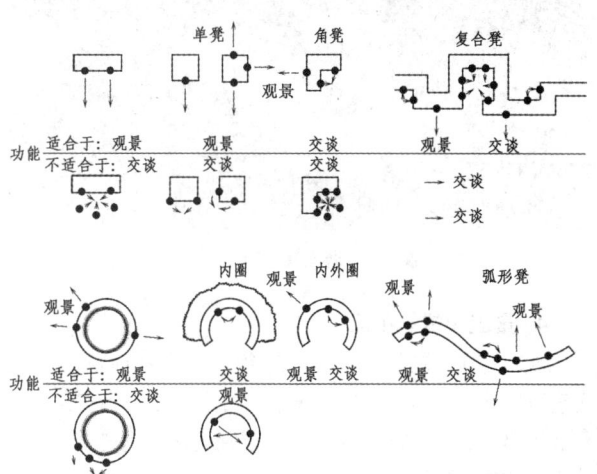

图7.8 不同坐位形式对交流的影响
(布思 N K,1989)

而当人们背对圆心方向就坐时,就会产生相反的效果。只要相互之间保持一定的距离,就可以互不干扰地干自己的事情,这种外向型的坐位布置方式更加适合于观景而不是谈话和交流。坐位布置方式的属性也不是绝对的,一些坐位的形式可以让使用者十分方便地选择他们所需要的方式。如"S"形的长凳就是一个比较典型的例子,人们通过调整自己就坐的方向就可以很快地改变与他人之间的空间关系。

3. 游乐健身设施

户外游乐健身器具是十分受居民青睐的设施,人们不仅可以在一个绿色空间中锻炼身体,还可以与其他参加锻炼的人交流聊天。近些年,随着我国全民健身运动的开展,在一些大中城市的街头绿地或公园中出现了大量设有健身游乐器具的小型场地,供周围的居民免费使用。这些健身器具一般都由专门的厂家设计和生产,比较容易在城市中普及,而且器具的品种也比较丰富,是配备街头绿地中健身活动区器具的不错选择。另一个值得注意的地方就是游乐健身场地,也应该为人们提供可以遮阳的场地,方便人们的锻炼和休息。设置儿童游乐设施的场地地面应该比较柔软,可以使用沙子或橡胶地面(图7.9)。游乐健身器具要足够牢固,避免出现过于尖锐的部件等。游乐健身场地应该与周边环境有适当的绿化隔离,特别是在靠近马路的城市游园中,绿化隔离既可以减少活动人群与城市交通之间的相互干扰,又可以在一定程度上减少汽车排放的废气对活动人群的不良影响。

容积极向上,才能称得上是城市中的精华与亮点(图7.10)。一些局部的小品与装饰常常也是渲染整个游园主题的"点睛之笔",可以让人在细节上更加深刻地体味地域文化特征,从而从多个层面向游人展示丰富的地方文化。

图 7.9　游园儿童游乐设施

图 7.10　日本府中游园的民族文化表现

4. 景观构筑与小品

城市游园中的景观构筑常常能够成为某栋建筑、某个地区甚至是整个城市的标志性景观。每个地区都有它的历史和独特的地方文化,设计师应该充分利用这些地方文化中的精华,用现代景观的语言来营造独具地域文脉的城市景观,这也是在现代城市景观设计中避免设计效果趋于雷同的有效手段。景观构筑的形式和体量应该与周围环境相协调,内

(1)照明设施　城市游园的夜间照明对于绿地的使用率来说有很大的影响,因为城市游园的使用高峰期一般都集中在晚饭后,即傍晚至天黑这段时间。如果没有任何照明设施,人们会很难在暗弱光线中继续正常使用游园,即使勉强能够使用,也可能会因治安问题造成许多难以预料的后果(图7.11)。所以夜间照明设施对于延长绿地使用时间、提高绿地使用率有着十分重要的作用。

室外照明壁灯

室外指示壁灯

低杆广场灯

灯具等小品的设计主要遵循几个基本原则:
(1)造型新颖独特,同时又能与四周环境相协调,起到点景、衬景的双重作用;
(2)不与时代相脱节,能反映时代的气息和特点;
(3)满足功能的需要,与绿化、铺装等共同设计,显而不现,创造出良好的氛围。

高杆广场灯

高杆步道灯

草坪地灯

景观射灯

图 7.11　照明设施规划设计

在进行室外照明设施规划时,要注意以下几个要点:

① 配置光源时,应避免使光源直接进入视野范围。同时,为避免产生侧面眩光,可选择可控制眩光灯具,或挑选合理的布光角度。

② 为安全照明,庭院灯等照明设施设置开关、布线等,都应视照明灯具具体用途和使用时间而定。灯具数量则应根据电力状况而定。

③ 室内观赏室外庭院照明时,如室内光照强,会在室内玻璃上映照出室内光源,从而影响观赏效果。因此,应在室外靠近窗口的地坪上布置照明,以减少反射。

④ 午夜后应关闭树木照明,以使树木得到"休息"并节约能源。

⑤ 水下照明应尽量采用低压灯具,以确保安全。

(2) 服务设施规划　服务设施包括电话亭、商亭等小品设施。这些小尺度的形态在空间布置上有很大的适应性,并可以新颖的造型、鲜明的色彩及合适的布列方式成为景观构成因素。根据服务范围适当设置,宜成组布置于通行人流附近,形成吸引人群逗留的因素。

(3) 卫生设施　包括垃圾箱、烟灰缸、洗手器、公共厕所等。这些设施的造型也应该与环境相协调,特别是还要勤于管理,否则不但不能服务于景观,还会严重破坏原有的环境。

公共厕所的设计是需要在城市游园设计中多加考虑的。它的相间距离一般为:商业街公共厕所之间的间距宜为300~500 m;流动人口高度密集的街道公共厕所之间的间距宜小于300 m;一般街道公共厕所之间距离以750~1 000 m为宜;居民住宅区公共厕所间距100~150 m。

(4) 信息系统　主要是指为游人提供相关信息的各种标志、标识、宣传展板以及警示牌等等。这些看上去不太起眼的小型设施的设计却能在细微之处体现出人文关怀,它们不仅能够向游人指引游览路线,而且在某些重要景点用文字和图画向游人介绍并引导游观赏景物,让游人对于设计者的设计意图有更加深刻的理解。绿地中的宣传展板也是进行科普教育的重要工具。即使是一些警示牌,也应该尽量避免使用例如"禁止""严禁"之类带有强烈命令口吻的话语,而应该使用诸如"小草在生长,请勿打扰"之类,既能够起到警示作用,又充满人情味的话语来提醒游人哪些事情可以做,哪些事情不该做。这些标志的尺度、色彩以及造型都应该和周围环境协调一致,并与其他设施相结合,使其成为成景要素。信息系统的设计应避免造成视觉环境破坏、空间次序混乱、视觉信息过量刺激等不良后果。

7.2.2 游园软质景观设计

在游园的定义和要求中,我们可以看到绿化占地比例不少于65%的说明。可见,在城市游园的景观中,植物景观的比重是很大的。因此,游园空间的设计离不开合理的植物的配置。要让人们获得良好的观赏体验,植物景观的种植设计应该是一个生机盎然、协调统一的整体,使观赏者能够在游园这个整体背景下体验和欣赏植物景观。

游园不仅是让人们回归自然、暂时忘却都市嘈杂纷繁的场所,也是平衡城市生态的重要空间。因此,游园景观的布置就不能仅仅考虑美观和景观的问题,还要考虑如何合理规划设计,使之更有利于城市生态环境的平衡。除非特别的需要,尽量不选用需要消耗大量费用和资源进行日常运行和维护的景观元素,如需要大量人工进行施肥、灌溉和修剪的草地和花灌植物等。

1) 游园的植物种植设计生态原则

(1) 适地适树　各种植物的生长习性不尽相同,有喜光、喜阴;喜干燥、喜水湿;喜暖、怕热;喜酸性土壤、喜中性或碱性土壤等。如果植物的立地条件与其生长习性相悖,植物的生长往往不良或死亡,更谈不上有良好的景观效果。因此,种植设计时要根据游园中不同地段在光照、气温、水湿以及风力影响等方面的差别进行合理设计,选择与立地环境相适应的适宜植物。

(2) 尽量形成植物群落　进行种植设计时,我们应对各种大小乔木、灌木、藤本植物、草本等地被植物进行科学的有机组合,尽量将各种形态不同、习性各异的植物进行合理搭配,形成多层复合结构的人工植物群落(图7.12)。这样,可以有效地增加城市绿地植物的选用量,提高绿地单位面积植物的量值,增强绿地在保护环境、改善气候、平

图 7.12　复合结构人工植物群落

衡生态等方面的功能。因为植物在自然界中几乎都是以群体的形式而存在的。植物在自然界的种群关系,比单个植物更加具有相互保护性。

2）植物种植设计遵循美学的统一原则

这一原则是通过以下六点的成功组合来实现的:简洁、多样、重点、均衡、序列和比例。这些原则要点是通过对植物材料形状、大小、质感、色彩的选择应用来创造的。

（1）简洁　即运用简单的线条、形状来满足景观的实际功能。创造简洁设计的关键是反复。反复可以相同的形式、质感、色彩及某一种植物材料来体现。例如,采用相同质感的不同品种植物在整个设计中重复使用而达到简洁的效果;同样,采用相同色彩不同品种的植物也可达到简洁的效果。在景观中反复使用同一种植物材料,形成较大的影响,也能造成统一的效果。值得注意的是,为了防止单调,必须避免单一使用重复的植物材料。

（2）多样　多样便是常常用来打破重复并引发游人兴趣的另一个原则要点。多样原则的要点是利用植物形态、大小、色彩或质感中的一种或几种的改变,以增加景观的丰富度并能够创造植物种植设计的不同风格。通过园林中植物的形状、大小、质感和色彩的变化,可以避免景观单调乏味,从而达到引人入胜的效果。由于多样性是重复性的对立面,因此仔细地平衡它们的关系是非常必要的。太多的反复会导致景观单调乏味,太多的变化也会引起视觉混乱,多样性与大量重复性结合使用则能保持整体一致性。由于多样性会创造强烈的对比,也应谨慎单一使用。

（3）重点　重点意味着强调重要的特征并使次要的特征处于从属地位。例如,我们在设计街旁游园的入口处时总是希望能够吸引行人的视线,因此,通常使用具有不同形态、大小、色彩、质感且特点突出的植物来强调入口,从而达到这一效果。在入口周围种植引人注目的植物,则起到衬托主体、强调重点的作用。重点原则需要通过多样性原则实现,成为重点的植物必须具有特别突出的特征,才能够长时间吸引游人的视线。

（4）均衡　指在植物组景中具有虚拟或真实的轴线,轴线两侧的植物可以是对称的或完全相同,也可以是不对称的不完全相同,但却在重量感上保持一致。这种重量感可以是物质上的,也可以是视觉上的。使用形式均衡但大小不同的对象,可以创造非对称的均衡。例如,在一个种植单元中,一边的浅色植物可以通过另一边几株大小相似但视觉重量较轻的植物实现均衡。再有,当植物种植单元中的植物质感发生变化时,质感粗糙的植物就需要较多质感细腻的植物与之保持均衡。在种植设计中,均衡的作用是增强轴线的对称性。

（5）序列　植物在构成空间时能形成空间序列。同样,植物也可以形成自身的景观序列。这种序列可以通过植物的质地、色彩和形式的渐变来实现,也可以由以上各特征联合起来共同实现。不过,这三个要素不能同时改变,否则会因为变化太多而使序列感消失。序列的应用可以将行人的观赏视线从一个视觉焦点转到另一个视觉焦点,观赏者察觉不出任何不协调。为了形成这样的序列变化,所有的形式、质感、色彩的变化都应该是渐变的。

（6）比例　人们倾向于将物体大小与人体做比较,因此,与人体具有良好尺度关系的物体总是被认为是合乎标准的、正常的。太大的比例会使我们感到畏惧,而太小的比例则具有从属性,使人产生俯视感。通常景观表现总是希望使人们感到舒适、放松,因此多数植物种植设计总是采用人们习惯的标准尺度。当然也有例外,如日本庭院,由于采用一种非常亲密的尺度设计,因此会使得一个狭小的空间看起来大一些。游园中有许多小尺度的景观设计就可以通过比较好的控制比例关系来营造"以小见大"的景观空间

7.3　案例分析

■ 案例一：如皋街旁游园

1）项目背景

场地位于如皋市主城区东南角,北临水绘园,南面定慧禅寺,西靠如皋高等师范学校,有着浓厚的文化氛围。如皋街旁游园与如皋高等师范学校和定慧禅寺的观音塔仅一河之隔,有良好的观景角度。作为古城河内外交通枢纽的交界地,观音塔在场地南面形成了一个竖向的景观立面,场地北临居民住宅区。因此,该场地需要满足附近居民的户外休憩需求,将其打造成结合休憩、活动、观景为一体的活动空间（图7.13、图7.14）。

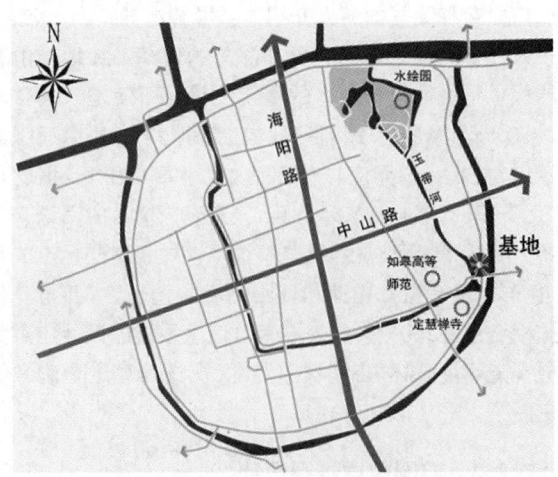

图7.13　如皋街旁游园基地分析图一

水绘园

如皋高等师范学堂

如皋高等师范学堂

图 7.14　如皋街旁游园基地分析图二

2) 设计概念与构思

(1) 共融　用现代手法阐释如派盆景、古典园林等元素，将景观与文化融合为一个整体，注重与周围环境的融合，充分借景观音塔。

(2) 沟通　保证一定的停留聚集空间，通过开敞空间、私密空间等不同空间的穿插，提供人们所需的交流和休憩场所，为场地注入更多活力。

(3) 激活　赋予公共空间新的活力，激发城市生活。通过动静结合的公共活动以及丰富的植物配置，创造出宜人舒适、活力充溢的城市公共空间（图7.15）。

3) 景观布局

基地范围内主要设置四种功能区域，分别为开敞空间、过渡空间、私密空间和主题空间。从使用者需求和文化需求出发进行设计，通过不同空间的转换达到步移景异的游览感受，在功能上满足使用者休憩、娱乐、运动和交流等需求（图7.16、图7.17）。

4) 主题空间

(1) 主题空间为抬高0.6 m的平台，通过设置高差来营造不同的空间感受，由开敞空间过渡到私密空间。高差和门洞产生的对景增加了场地的趣味性和观赏性，

共融　　　　　　　沟通　　　　　　　激活　　　　　　　场所感

图 7.15　如皋街旁游园设计概念与构思图

图 7.16　如皋街旁游园设计总平面图

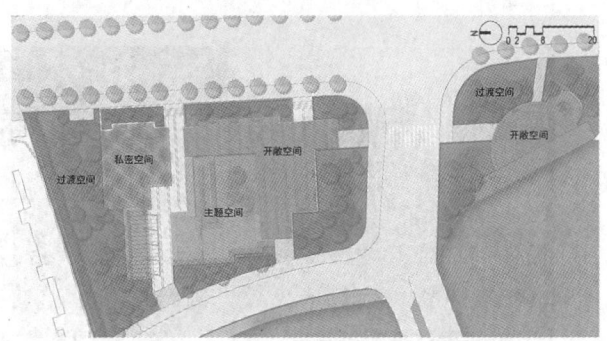

图 7.17　如皋街旁游园功能分区图

图 7.18　如皋街旁游园中央景观

图 7.19　如皋街旁游园私密空间

同时平台可以作为人们欣赏广场表演和交流的重要活动场所。

(2) 中央景观采用如皋特色的"两弯半"如派盆景为主题，突出当地的艺术文化特色。在此基础上配合中小型盆景、景石和花卉灌木，形成中心视线焦点，提升景观品质(图 7.18)。

5) 私密空间

私密空间是人们亲切交流的场所，入口处采用花坛和台阶消除高差，廊架和榉树广场为人们提供交流休息的场所(图 7.19)。

6) 开敞空间

临水广场作为开敞空间，采用圆弧形式呼应佛教圆融之观，"缘石"景石与定慧禅寺遥相呼应，临水广场可供人拍照留念(图 7.20)。

图 7.20　如皋街旁游园开敞空间

(严军，2016)

■ 案例二：如皋市商务区河滨水游园

1）项目背景

本项目位于江苏省南通市如皋市商务区，滨临河道，面积约 20 000 m²。政府希望在美化河道的同时，将其打造为如皋市的海绵城市建设示范段。地块呈东西走向，基地周围分布有商业办公设施和居住区（图 7.21）。

2）设计构思与立意

通过下凹式绿地的设计来体现海绵城市的理念，伴随着生态理念的表达，将局部绿化打开，形成景观节点，最终在平滑的游步道上展开。在保障场地夜间安全性的基础上，通过光影变幻营造丰富怡人的滨河景观（图7.22）。

3）设计要点

① 保证滨水带状游园的行洪功能，保障行人安全，强调植物复层栽植。

② 多采用乡土树种。采用"大乔木——小乔木——整形灌木——地被"的植物配置模式，营造层次丰富的河道景观。

③ 在下凹式绿地的水陆交错带上栽植水生植物群落以净化水质，丰富岸线景观，为生物增加横向交流的生态通道（图7.23～图7.25）。

（严军，2016）

现场照片

区位基地概况

场地位于如皋市区南侧，呈东西走向，面积约为 20 000 m²

西侧较窄部分约200 m长、20 m宽；东侧约400 m长、45 m宽。

基地周围分布有商业办公设施和居住区。

图 7.21 如皋市商务区河滨水游园项目背景分析图

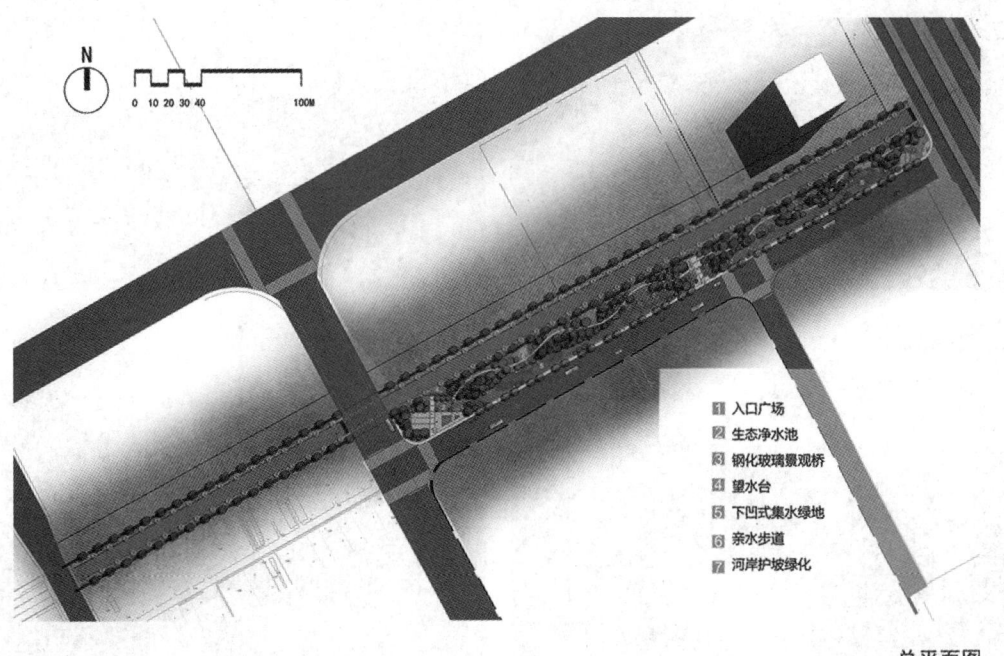

总平面图

图 7.22 如皋市商务区河滨水游园设计总平面图

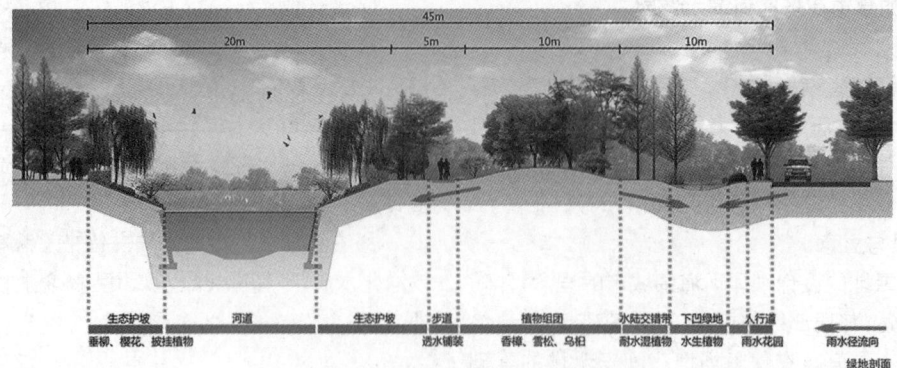

图 7.23　如皋市商务区河滨水游园绿地剖面图

图 7.24　如皋市商务区河滨水游园下凹式绿地效果图

图 7.25　如皋市商务区河滨水游园建成实景

■ 讨论与思考
1. 游园的主要功能是什么？地位如何？
2. 游园作为与市民联系最紧密的公园绿地类型，设计中应注意哪些方面？

■ 习题

某南方城市小游园基地，周边分布有商业区、学校和住宅区用地，建筑风格较为复古，场地中有百年古树。现请你对该小游园进行设计。设计区域面积为 150 m×120 m（见下图）。

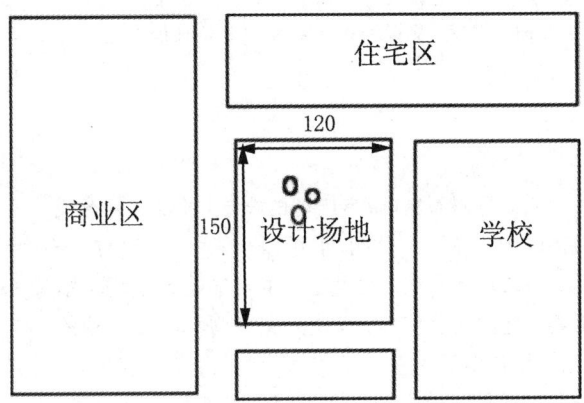

1) 规划设计要求
(1) 充分利用周围环境，突出地域文化特色，满足周边人群使用需求；
(2) 对基地中的古树进行保留设计；
(3) 体现可持续的理念。

2) 图纸内容
(1) 总平面图(1∶500)；
(2) 植被设计图，可在平面图上标注；
(3) 局部剖面图(1∶200)；
(4) 鸟瞰图；
(5) 分析图若干；
(6) 设计说明不少于300字。

8 城市广场

【导读】 城市广场是"以游憩、纪念、集会和避险等功能为主的城市公共活动场地",是城市空间和城市公园绿地的重要构成要素之一。伴随着城市建设的深入,城市广场已成为一个包容市民休闲活动、承载城市文脉的公共绿色空间。本章在讲述城市广场绿地功能、类型、构成的基础上,重点讲述城市广场绿地的设计方法和设计要点。在本章的学习中,需重点注意并理解城市广场的主要功能并区分与游园、社区公园的异同,掌握城市广场规划与设计的特征。

8.1 城市广场概述

8.1.1 城市广场相关概念

古今中外,广场定义众说纷纭。凯文·林奇(Kevin Lynch)认为"广场位于一些高度城市化区域的中心部位,被有意识地作为活动焦点。通常情况下,广场经过铺装,被高密度的构筑物围合,有街道环绕或与其相通。它应具有可以吸引人群和便于聚会的要素。"

美国克莱尔·库柏·马库斯(Clare Cooper Marcus)与卡罗琳·佛朗西斯(Carolyn Francis)编著的《人性场所——城市开放空间设计原则》(*people places——design guidelines for urban open spaces*)一书中指出:"广场是一个主要为硬质铺装的汽车不得进入的户外公共空间。其主要功能是漫步、休闲、用餐或观察周围世界。与人行道不同的是,它是一处具有自我领域的空间,而不是一个用于经过的空间。当然可能会有树木、花草和地被植物的存在,但占主导地位的是硬质地面;如果草地和绿化区域超过硬质地面的数量,我们将这样的空间称为公园,而不是广场。"

《城市规划原理》(第3版)提出"广场是由城市功能的要求而设置的,供人们活动的空间。它通常是城市居民社会生活的中心,广场上可进行集会、交通集散、游览休憩、商业服务及文化宣传等"。而《中国大百科全书》中认为城市广场是"城市中由建筑物、道路或绿化地带围绕而成的开敞空间,是城市公众社会生活的中心,又是集中反映城市历史文化和艺术面貌的建筑空间。"

根据《城市绿地分类标准》(CJJ/T 85—2017),城市绿地分类中增加了广场用地,标准中对广场用地的定义为"以游憩、纪念、集会和避险等功能为主的城市公共活动场地"。

由此可以看出,城市广场的概念,可以大到形成一个城市的中心或一个公园,也可以小到一块空地或一片绿地。城市广场是城市公共空间的一种重要空间形式,它占据着一定的时间和空间,是人文景观和物质景观的结合体;是城市中环境宜人、适合大众的公共开放空间,体现并继承和发展历史文脉。它对城市有典型意义,是城市风貌、个性的体现,并顺应市民的需求,为市民提供了室外活动和公共社交的场所。

城市广场是城市外部公共空间体系的一种重要构成形态,不仅拥有一般城市开放空间的共性,而且还具备独特的个性特征,主要表现在:

(1) 公共性 城市广场供公共使用,任何市民都可以用以通行或休息。

(2) 开放性 任何时间都可供公众通行或休息。

(3) 综合性 城市广场不仅可作为市民休闲、娱乐的室外场所,同时它还可以根据其定位不同加载其他的功能。比如,可以在广场中注入文化、历史、宗教等元素,使它除了可供公众休闲之外,还能承担起更多的社会任务和责任。

现代城市的规划和设计是一个复杂的系统工程,在城市的总体规划中对广场的布局、数量、面积、分布则取决于城市的性质、规模和广场的功能定位。

8.1.2 城市广场类型

1) 根据广场地形划分

根据广场地形的不同,可以分水平式广场、提升式广场、下沉式广场。

(1) 水平式广场 广场地平没有地势层次上的落差变化,多出现在一些交通集散、商业街等广场。

(2) 提升式广场 广场地平呈抬升的趋势,其空间层次划分为三级:平坦区域、提升区域、高点区域。

(3) 下沉式广场 广场的地势呈下沉的趋势,广场的主要区域低于水平面,一般呈三个梯级:平坦区域、下沉区域、低点区域。

提升与下沉式比水平式广场具有空间层次的变化,但要注意起伏要适度,既不能过高也不能过低,否则会对人的心理和行为产生影响。

2) 根据广场的平面形态划分

从广场的平面形态,可以分为单一形态和复合形态。

(1) 单一形态　这类广场的平面空间形态都是由单一的规则或者不规则的几何状构成,通常又可以分为正方形、梯形、长方形、圆形、椭圆形和自由型广场。例如:巴黎旺多姆广场,布鲁塞尔大广场。

(2) 复合形态　这类广场是指由数个基本几何图形以有序或无序的结构组合而成的广场。例如:罗马帝国广场,威尼斯圣马可广场。

3) 根据广场在城市总体结构中的位置和地位划分

共分为三个结构等级,城市级——地区级——街区级,它们是构成城市广场系统的基本模式。

(1) 城市级　提供全市性服务的广场。

(2) 地区级　提供地区性服务的广场等。

(3) 街区级　提供居住区级公共服务的小游园,户外活动场地等。

4) 根据性质、功能用途划分

按照性质、功能和用途的不同,可以将城市广场分为以下几类:

(1) 市政广场　是进行集会、庆典、游行、检阅、礼仪和传统民间节日活动的广场。市政广场多毗邻城市行政中心而建,其周围建筑以行政办公为主,也可能会有其他重要的公共建筑物。

(2) 纪念广场　是为了缅怀历史事件和历史人物而修建的广场。纪念广场多结合城市历史,与有重大象征意义的纪念物配套设置。纪念性广场通常突出某一主题,形成与主题一致的环境气氛,广场内布置有各种纪念性建筑物、纪念碑和纪念雕塑等,供人们瞻仰、凭吊。

(3) 商业广场　是用于集市贸易、展销购物、顾客休憩的广场,一般设置在商业中心区或大型商业建筑附近,可连接邻近的商场和市场,使商业活动区趋于集中。现代的商业广场以步行环境为主,集购物、休息、娱乐、观赏、饮食和社会交往于一体,内外建筑空间相互渗透,广场设施齐全,建筑小品尺度和内容极富人情味。

(4) 文化广场　是用于进行文化娱乐活动的广场,常与城市的文化中心或有价值的文物古迹结合设置,其周围安排有文化、教育、体育和娱乐性公共建筑。

(5) 游憩广场　是供市民休憩、交往和观光的广场,周围一般是商业、文化、居住和办公建筑。游憩广场是居民进行城市生活的重要行为场所,与城市居住区联系密切,并常与公共绿地结合设置。游憩广场贴近市民的生活,是城市中富有生气的场所,也是最为普遍的广场类型。

此外,在城市建设过程中,出现了一些交通广场,是由于城市公共绿地欠缺而对交通岛进行改造而来。由于它对交通与市民的安全影响较大,已经逐渐消失。

8.1.3　城市广场历史沿革

1. 中国城市广场历史沿革

城市广场一直是西方文化中最重要的社交性外部空间形态。中国古代是否有城市广场一直有争论。很多学者认为中国传统城市空间注重内向式庭院空间,而西方传统城市空间则突出广场这一外向式空间形态。然而,城市广场的本质是一个为公众提供休憩、交往的中介空间,仅从这点看,中国古代已具有这种空间性质的广场。但中西文化、观念、习俗与政治的不同,造成中西广场的发展不平衡,并使中国古代城市广场的发展呈隐性发展状态。

1) 中西不同的广场观

中西城市空间模式的不同使得中国古代城市广场在城市中处于附属空间地位。西方城市规划中城市广场不仅占据着重要的地理位置(图 8.1),同时也是居民政治及社交文化中心。L.克里安甚至称没有广场和标志物的城市不是真正意义上的城市。而中国的城市在其漫长的形成过程中,一般将宫城置于城市之中心。《考工记》有云:"匠人营国,方九里,旁三门,国中九经九纬,经涂九轨,左

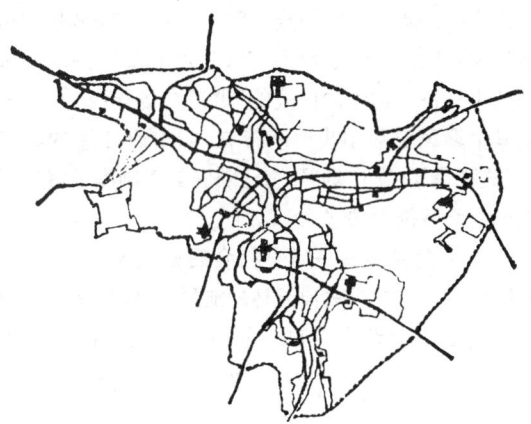

a. 西方城市中的城市广场作为城市的中心

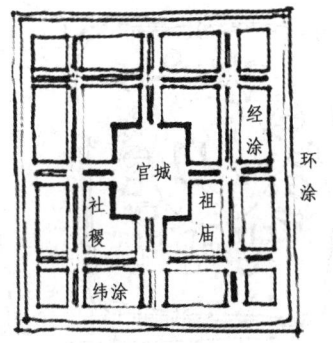

b. 中国城市规划以宫城为中心

图 8.1　中西不同的城市空间观

祖右社,面朝后市,市朝一夫。"尽管基本按其型制进行规划的城市仅元大都一地,但其他朝代的城市规划多深受其影响,这种严谨、封闭的、以宫城为中心的古代城市空间格局使中国古代早期少有公共活动空间。这也导致了对中国古代城市广场的研究大多停留在个案之中,无法探究出一条有序、清晰的脉络。

2)中国古代"自上而下"与"自下而上"的广场

关于城市规划,东南大学王建国教授提出"自上而下"的理论,即指主要按人为的作用,依某一阶层甚至个人的意愿和理想模式来设计、建设城镇的方法;"自下而上"是指主要按"自然的力"或"客观的力"的作用,遵循生物有机体的生长原则,多年累积叠合,自发形成城镇的方法。城市广场是城市空间的构成要素,其在形成及发展过程中也顺应这些人为的或自然的作用肌理。

(1)"自上而下"的广场案例

① 最初的聚落"广场"形态——原始社会的先人们多以氏族聚居为主,这种被称之为城市萌芽的聚居形态并不能称之为城市,但其所形成的空间模式值得研究。其中最有代表性的遗址——西安半坡村遗址(图8.2)距今6 000余年,东西宽约200 m,南北长约300 m,分居住、陶窑、墓葬三区。在其居住区域内,约40余座住房环绕一个中心广场布置,广场中心偏东有一处大房子,可能是氏族公共活动——氏族会议、节日庆祝、宗教活动的场所。这种以广场为中心的布局方式组成了整个部落的核心,是部落精神的内聚,体现了氏族社会生产、生活的集体性以及成员之间的平等性。这种内向式的"聚落广场"形态在同一时期的其他聚居部落中也时有存在,如陕西临潼的姜寨遗址,但这种最初的"广场"形态已随着封建制度及城市里坊制的确立而逐渐消失了。

② "台场"空间——奴隶社会后期的殷末周初,台与囿的结合造就了中国古典园林的雏形。台,是指用土堆筑而成的高台,《黄帝内传》中说:"……因立台榭,无屋曰

台,……"台最初的功能是登高以观天象、近神明,并逐渐演变为登高远眺、观赏风景。这种供帝王将相游观、交往、娱乐,开放的"台场"空间,结合植物与水体,不仅使之成为园林的雏形,也是中国古代城市中不多见的公共开放空间之一。

③ 寺观"广场"空间——魏晋南北朝是中国园林的转折期,也是思想领域十分活跃的时期,儒、道、佛、玄诸家争鸣,彼此阐发。寺观发展迅速,寺观园林不仅是举行宗教活动的场所,也是居民公共活动的中心。《洛阳伽蓝记》曰:"京邑士子,至于良辰美日,休沐告归,征友命朋,来游此寺。雷车接轸,羽盖成荫。"到了唐朝,佛教兴盛,城市中寺观园林较多。封建时代的城市,市民居住在封闭的坊里之内,公共活动较少,寺观园林前的空间就成了公共活动的场所。佛教提倡"是法平等,无有高下",佛寺更使其成为各阶层市民平等交往的公共中心。寺观前场地经常举行法会、斋会,还有杂技、舞蹈表演及设摊买卖等交易行为,是一个极为生动的"广场"空间。

④ "市"与"瓦"——最早起源于里坊制中的"市",周边以高墙包围,市内店铺排列,中设广场。但早期的"市"多为商业场所,并实行宵禁,严格管理。直到经济繁荣的唐代,"市"才逐渐取消禁锢,昼夜喧呼,灯光不绝,成为真正意义上的普通市民商业交往及情感交流的场所。而从宋代之后,这一时期的开放式城市布局促成了"市"逐渐被"瓦"所取代。"瓦",宋元时城市娱乐场所,也叫"瓦舍""瓦肆",设有表演杂剧、曲艺、杂技等勾栏,也有卖药、估衣、饮食之摊所。北宋东京之钧客直(军乐队)时常在此助兴排练。它是市民主要的娱乐、交往场所。历史上也多有记载,耐得翁《都城纪胜》:"瓦者,野合易散之意也。"张端义在其《贵耳集》阐述瓦为"士大夫必游之地,天下术士皆聚焉。"

(2)"自下而上"的广场案例 中国古代的一些城镇多顺应地形以及居民共同遵奉的社俗和道德准则而有机形成。其相应所形成的城镇广场则少受人为的、统一的规划观念影响,而以功能合理、自给自足、适应地域条件为准绳,形式自然,具有很高的艺术价值,极富生命力。这些广场空间多散布于自然村镇中,如四川罗城中心广场(图8.3),广场平面呈纺锤形,为街道空间的变异,视觉中心为基地中抬起的一处戏台,广场利用透视原理及障景等手法使狭长的广场空间具有丰富的序列、层次感。再如,江南水乡中兼作贸易、交往及休憩功能的桥头广场及传统村镇中以戏台、照壁、民居建筑所界定的交往空间,都属于广场空间范畴。

综上所述,中国古代城市中具有多种公共开放的空间形式。这些公共空间在形式上自然整合,从内容本质上看,具有广场空间性质。它们在封建压抑的政治社会中为市民提供了平等交往、娱乐的世俗场所,是极富人性和生命力的"广场"空间。

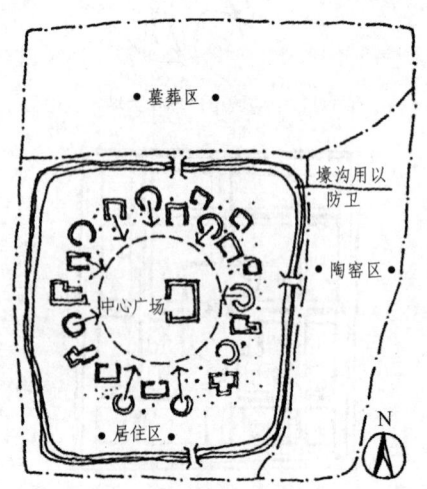

图8.2 西安半坡村遗址意向图

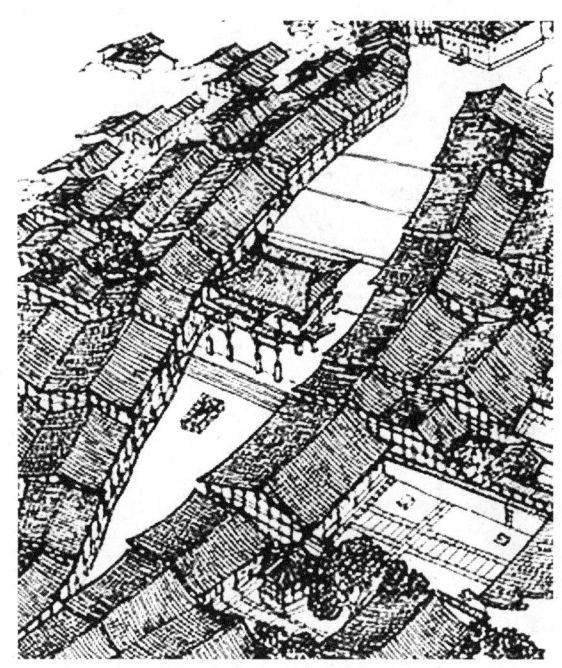

图 8.3 四川罗城中心广场
(卢济威、王海松,2007)

3) 鸦片战争后中国的城市广场

鸦片战争后,帝国主义的侵略使中国沦为半封建半殖民地国家,帝国主义不仅将许多城市划为租界,而且按其规划意图新建了一些城市,如大连、青岛、哈尔滨等。受当时西方正盛行的形式主义规划手法的影响,这一时期中国的城市广场多注重广场形式美,平面造型及植物配置多以放射形、对角线形、圆形为主。如大连沙俄时期尼古拉广场,即今中山广场是一个圆形广场,周围与十条道相连,呈放射形(图8.4)。又如青岛总督府前广场,其形状则为对角线形。但这些具备形式主义烙印的城市广场只不过是城市空间形式上的补充,它们或是烘托主体建筑,或是作为交通的中介,而鲜少有对市民公共参与性的关注。

图 8.4 中山广场
(http://www.china.com.cn)

4) 新中国成立初期受苏联影响的城市广场

建国初期,百废待兴。我国先后建成了许多城市集会广场,如改建后的天安门广场、太原五一广场、兰州东方红广场等,但广场的建设深受苏联影响,具有很强的政治纪念性。这些广场具有以下特征:

(1) 模式化 布局、构图追求规则、对称,广场以举行大型群众集会为主,平面模式较单一。东南大学刘鼓川先生曾经对20世纪50年代的城市广场做过调查并得出了如图8.5的模式。

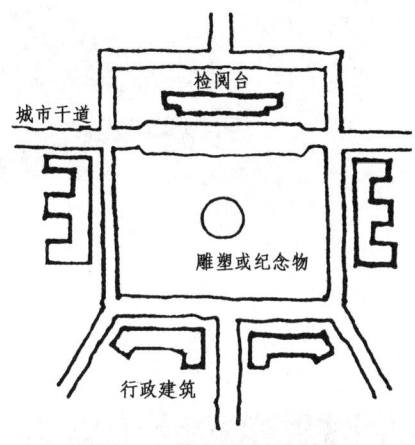

图 8.5 刘鼓川先生得出的模式

(2) 大型化 广场规模较大,注重纪念气氛的营造,纪念气氛浓重。

(3) 忽视环境 忽视城市历史文脉,缺乏对人的关怀,绿化较少,可坐性差。

5) 人性空间成为当前中国城市广场的主题

伴随着城市物质文明建设的发展,人们更加迫切地追求精神文明,追求优美开放的室外交往空间。20世纪90年代,随着物质生活的丰富,市民开始更多地参与社会活动,追求个性,寻求生活的意义。城市广场的设计与发展顺应需求,形成高峰期。具有鲜明个性的城市广场相继建成,如改造后的大连人民广场、上海人民广场、深圳南国花园广场、北京西单文化广场、南京鼓楼广场等等。目前,我国城市广场一般具有以下特征:

(1) 以"人"为主题的设计取向 广场的设计在注重功能与形式的同时,以人为主体,充分考虑人的需求与活动。人是城市广场空间的主体,离开了人的广场是毫无意义的。人性化广场空间的创造是基于对人关怀的物质建构,它包括空间领域感、舒适感、层次感、易达性等方面的塑造。现代中国城市广场的设计充分考虑了人的尺度,迎合人的行为心理,运用多种素材、手段努力营造宜于沟通、交流、共享的人性空间。万科西九广场位于石坪桥商圈中心。万科集团充分利用原址地形捕捉场地历史文化及自然风貌,传承发扬重庆本土文化,将重庆山脉跳跃的线条以及两江交汇的情景艺术抽象为线型流畅的平面布局,形

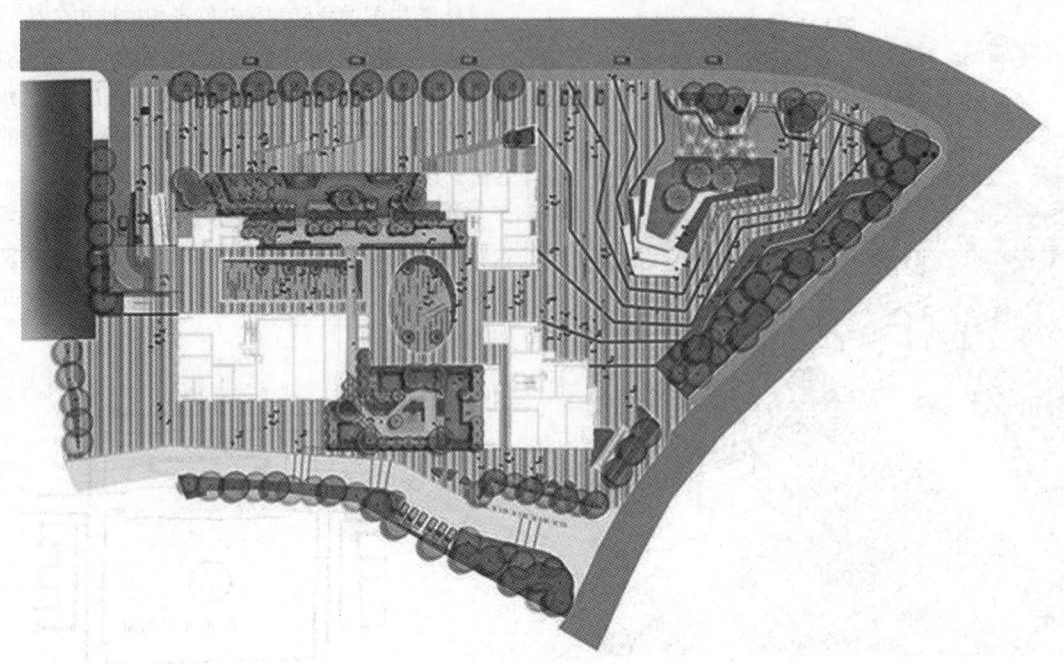

图 8.6 西九广场平面图
(http://blog.sina.com.cn)

图 8.7 西九广场效果图
(http://blog.sina.com.cn)

图 8.8 西安大雁塔广场
(http://xian.qq.com)

式包括铺地、带状种植池、台阶、线型水系等,共同打造了一个半围合式的广场空间,显示了重庆本土风貌特征。吸引不同年龄、不同兴趣爱好的人来此休闲,从而营造出一个充满活力、独特创新的重庆城市广场空间景观(图 8.6、图 8.7)。

(2) 城市广场注重历史文脉　城市广场是具有独特环境特征的城市空间,这种特征不仅包括客观事物,空间、植物、水体、人的活动等,也包含难以触知的文化联系和人类在漫长时间跨度内所赋予空间的历史环境氛围。现代城市广场的设计以人为主体,关注历史、文化等人文因素,尊重地方特色。如南京汉中门广场与古城墙相结合;深圳南国花园广场在体现现代时尚的同时,以乡土植物造景诠释了南国风情;以水景为特色的西安大雁塔广场在设计上以慈恩寺大雁塔及喷泉广场为主轴,结合了传统与现代的元素构成,成为全国重要的唐文化广场(图 8.8)。

(3) 综合考虑自然环境质量　城市广场是一个从自然中限定的,比自然更有意义的城市空间。它不仅是改善城市环境的节点,也是市民向往的、自然休闲的场所。追求自然景观是现代城市广场赢得市民喜爱的重要因素。现代中国城市广场设计中,植物与水等软质自然要素被大量引入城市广场,其可塑性也是创造多姿多彩的城市广场空间的物质基础之一。如安徽芜湖中心广场利用乔、灌木多重组合,并结合雕塑、跌泉、喷泉、旱喷,营造出一个市民向往的、生机盎然的自然空间。

(4) 城市广场活动内容丰富　由于广场空间具有平等开放的特点,市民的广泛参与促成了城市广场空间设计的多样化。现代中国城市广场充分利用各种软、硬质景材及造景手段来营造满足不同年龄、不同层次的市民活动空间,并通过多样化空间来促进、丰富广场活动,增强广场的活力。如南京鼓楼广场利用地形及植物的构造功能,结合喷泉、构筑物,创造了一个可集会、商贸、游憩、健身、科普的多功能广场。

（5）空间形式得到了加强　设计时在考虑形式的基础上融合了古典和现代的多种空间设计手法,强化了景观设计,丰富了城市景观。深圳笋岗片区中心绿化广场借助强有力的视觉和空间手段形成自身完整的形态,其表面肌理强有力的方向感引导着人的活动,以此把用地南北两侧的街道联结起来,与地表流动的线条一起编织成一方城市绿洲(图 8.9、图 8.10)。

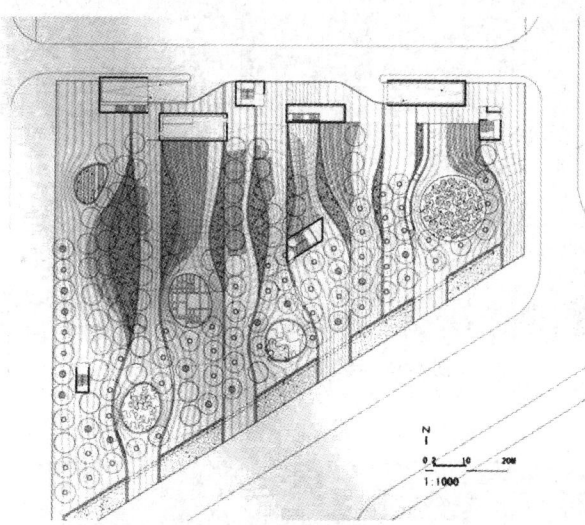

图 8.9　深圳笋岗片区中心绿化广场平面图
(吴彪,2012)

图 8.10　深圳笋岗片区中心绿化广场鸟瞰
(吴彪,2012)

综上所述,城市广场是一个不断发展的城市空间形式。从西安半坡的"广场空间"、唐宋之瓦市到今日的休闲广场,它从侧面展示了中国从原始社会演变到现代社会的文明历史。它表明以人为本、尊重历史文脉是城市广场赖以发展的条件之一。

2. 西方城市广场的历史沿革

城市广场一直是"西方文化中最重要的社交性外部空间形态",是西方城市空间的重要构成元素,也是与其市民生活密不可分的户外活动场所。同时宗教是西方古代文化的集中体现,西方古代城市广场无不具有宗教氛围。国外城市广场的发展经历了一个漫长而有序的过程。

1) 古希腊城市广场

古代希腊文明是西方文明最重要的起源。作为古希腊文明之一的城市广场最初产生与古希腊城邦奴隶民主制下居民的公共生活的发展是分不开的。最初的广场应当说源于古希腊之广场遗迹(Agora)——一个谈天、交易甚至辩论的宗教场所。早期的古希腊广场多顺应地形,呈不规则形状,如阿索斯广场(Assos Agora),广场以建筑物或神庙组成封闭之空间,供市民休憩(图 8.11)。

2) 古罗马城市广场

宗教和君权在古罗马时期大行其道,使得城市建设以体现政治力量和组织性为目标。城市广场(Forum,也称方场)是城市社会宗教与政治的中心,形式上在继承古希腊形式基础上有所发展,注重尺度与比例关系。与古希腊不同的是,它的尺度、比例体现于广场建筑之间,与人似乎无关。古罗马广场善于利用规整之空间突出广场的形象,具有严格的轴线关系。广场周围建筑以神殿、法院、市场为主,并有古罗马时期使用最多的空间元素"券柱廊"围绕广场。古罗马人首先提出了场所精神,而古罗马帝国之君主将这种"场所精神"演变成现实的物质空间,即为帝王服务的罗马帝国广场群:恺撒广场、奥古斯都广场、韦帕香广场、乃尔维广场和图拉真广场……(图 8.12)。这些广场具有较高的形式艺术和优美的空间,但却忽视了生活功能,较少考虑人的尺度。从以上阐述可以看出,西方城市广场在初期是与政治、宗教紧密相连的,但城市广场是人们聚会、交往的场所,注定要由神圣走向世俗与人性。

3) 中世纪的城市广场

这一时期的城市广场是由君权、教权向世俗的过渡。中世纪的城市拥有统一而强大的教权,世俗一直在与宗教斗争。中世纪的城市广场是市民生活的大起居室,是各种民间活动和政治活动的集合,是集市、贸易的中心,是富有生活气息的场所。

正如扬·盖尔(Jan Gehl)所说:"中世纪城市由于发展缓慢,可以不断调节并使物质环境适应于城市的功能,城市空间至今仍能为户外生活提供极好的条件,这些城市和城市空间具有后来的城市中非常罕见的内在质量,不仅街道和广场的布局考虑到了活动的人流和户外生活,而且城市的建设者们具有非凡的洞察力,有意识地为这种布置创造了条件。"中世纪的城市广场在注重人性的同时,形式上多显不规则形,布局自由灵活,围合性较好,并注重与人的尺度相宜。其广场大多是因城市生活需要自发形成的,是高度密集的城市中央区开拓出来的区域,因而多采用封闭构图。如意大利著名的锡耶纳市市中心坎波广场(图8.13)。

4) 文艺复兴时期的城市广场

文艺复兴时期的广场是欧洲古代广场中最具影响力的广场。文艺复兴的到来使宗教被贬抑,科学得以弘扬,世俗精神得到确定,人文主义突破了封建的局限,产生了专门的市民广场。广场是城市生活的主体,成为市民交往的空间,同时也成为组织城市空间的主要手段。文艺复兴时期的城市广场注重构图的完整性,古典美学法则被广泛运用,追求人为的视觉秩序和庄严的艺术效果,对形式的追求近乎完美(图8.14)。文艺复兴时期的形式设计原则与古希腊、古罗马及中世纪一样,都来源于一门古老的学科——数学。在古希腊哲学理论中,毕达哥拉斯认为"万物皆数",数是宇宙秩序的控制者。文艺复兴不仅仅将数、比例作为一种技术手段,而且将其作为一种"艺术意图"。在文艺复兴时期,比例理论具有不可估量的价值,它使广场的形式空间得到了空前的发展,为后人留下了许多辉煌的广场作品。理论家阿尔伯蒂曾试图通过对维特鲁威的理论研究来寻求长方形广场的最佳比例关系。

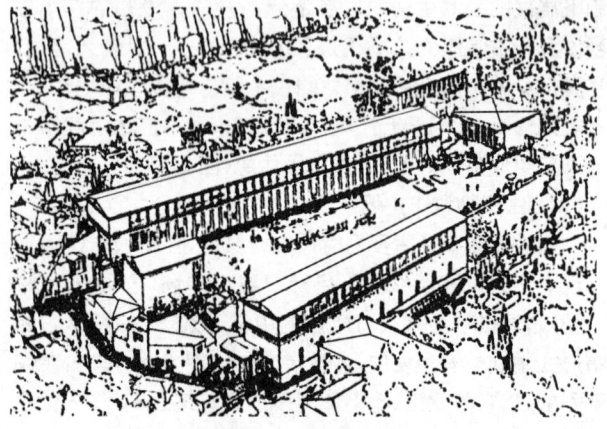

图 8.11 阿索斯广场
(曾思玲,2012)

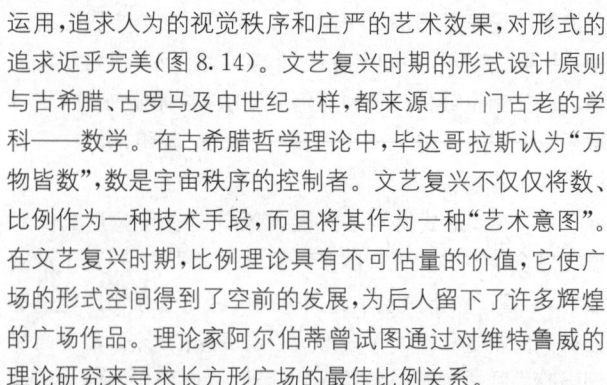

图 8.13 锡耶纳市市中心坎波广场
(http://www.cnrr.cn)

图 8.12 罗马帝国广场群
(http://www.chinabaike.com)

图 8.14 文艺复兴时期的城市广场
(http://italy.tingroom.com)

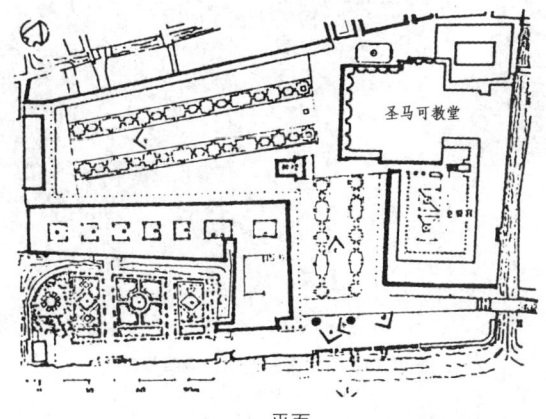

a. 平面

b. 俯瞰

图 8.15 威尼斯圣马可广场

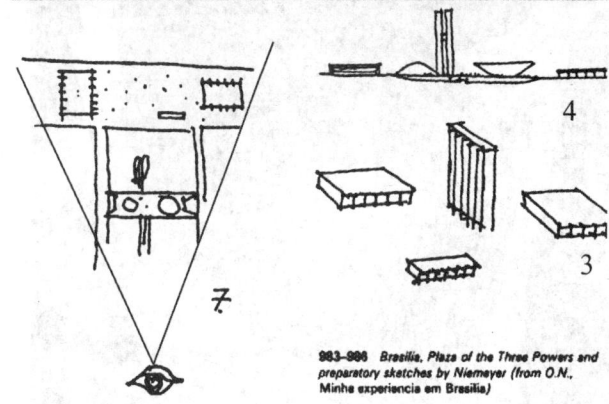

图 8.16 巴西利亚三权广场

威尼斯圣马可广场被拿破仑称为"欧洲最美丽的客厅",是威尼斯的中心广场。广场起源于9世纪,直至18世纪达到完美(图8.15)。广场呈L形,面积约1.28 hm²,由两个小广场组成:Piazza 和 Piazzetta。前者是城市的市民广场,后者是从海上进入威尼斯的主要入口广场。广场中心的方塔是广场空间的标志,它与空间的焦点——圣马可大教堂有机地将两个广场联系在一起,使之浑然一体。两个小广场均呈不规则形,增加了透视感,广场空间的布置手法高超,建筑的构成复杂而精巧,是城市广场历史上的一个经典。

5) 工业革命带来的城市空间之"冬天"

文艺复兴之后,对西方城市空间产生巨大影响的是以蒸汽机的发明为标志的资本主义产业革命。工业革命带来了城市的扩大,城市人口迅速增加,建筑密集,城市建设趋向无序。汽车抢占广场空间,绿地减少,居住条件恶化。城市广场的发展停滞不前,人性被技术取代,富于人文环境、尺度宜人的传统城市广场湮没在城市钢筋混凝土"森林"中。在这种形势下,1933年国际现代建筑会议(CIAM)第四次会议提出的《雅典宪章》(Chapter of Athens)强调从功能需求出发,现代城市应解决好居住、工作、游憩、交通四大功能。但功能主义的过分强调却使城市广场等城市空间的文脉被忽略,城市广场的个性与主题丧失,不同城市的空间差异越来越小,正如扬·盖尔所说:"在整个人类定居生活的历史进程中,街道和广场都是城市的中心和聚会的场所,而随着功能主义的到来,街道和广场被认为是多余的,代之以公路、行人道和无际的草地……",城市广场对人的关怀和其对城市生活的积极意义未能体现。如巴西的新首都巴西利亚之三权广场(图8.16),有合理的功能分区和丰富的形式构图(呈三角形广场),但因其缺乏对人的关怀被建筑师波特曼称为"不理解人的尺度和毫无人情味的地方"。鉴于此,CIAM第九次会议上对功能主义提出了质疑,提出了城市应具有可识别性的要求。在其后的几次会议中,功能主义受到了冲击,人与环境的问题得到重视。

6) 人性回归成为现代西方城市广场设计主题

城市广场是市民的"起居室",是居民交往、休闲之场所,它必然是一个充满人性的场所。二次大战之后,百废待兴,随着物质的丰富,市民意识到"富裕生活"不是占有物质的多少而是生活本身。于是市民开始崇尚参与社会活动,追求个性,寻求生活的意义。城市广场设计顺应了需求,蓬勃发展,形成了城市广场建设的又一高峰期。现代城市广场主要具有以下特点:

(1) 以"人"为主题的设计取向得以建立 广场的设计在注重形式与功能的同时,以人为主体,充分考虑人的需求与活动。广场空间趋向小型化,尺度宜人,功能以休闲为主。

荷兰蒂尔堡山广场是一个三角形状的平台，在三角形空间的中间有一棵菩提树，广场边缘种植一排梧桐树。人的活动是广场的主要焦点，雕塑和植栽只是作为剧场的布景。广场上的坐凳后靠草坪、面倚大树，旱喷提供了很好的景观视线。旱喷作为现代景观要素之一，作为动态的景观，它天然地拥有聚集人流的优势，它能吸引人的参与，尤其能为孩子们提供很好的互动场景。隧道出入口的设计非常人性化，很好地考虑了无障碍通行的要求。平台中设计了很多的空间，为当代使用者提供了许多使用机会（图8.17～图8.19）。

图8.19　荷兰蒂尔堡山广场实景二
(http://design.cila.cn)

美国国家911纪念广场位于911事件世贸中心"双子大厦"遗址，广场中两个下沉式的空间，象征了两座大楼留下的倒影，也可以理解为两座大楼曾经存在过的印记。巨大的高差，让大瀑布格外壮观，水流的不断漫下，让人能感觉到时间流逝却不再复返，也以此缅怀曾经的"双子大厦"与遇难者，更深刻地理解生命的意义。在跌水池的护栏上，使用了金属板饰面，并镂空刻上了超过3000名遇难者的名字（图8.20、图8.21）。

（3）综合考虑环境质量　市民对自然的渴求，使现代城市广场设计由硬铺装面积大、绿化少的广场转向尺度宜人，富有生机的"自然"广场。这是现代城市广场与古代城市广场的重要区别之一。植物与水等软质素材被大量引入城市广场，同时还出现了一些以某种自然元素为主题的城市广场。

伊拉·凯勒水景广场（劳伦斯·哈普林设计）就是波特兰大市大会堂前的喷泉广场（Auditorium Forecourt Plaza）。水景广场的平面近似方形，广场四周道路环绕，正面向南偏东，对着第三大街对面的市政厅大楼。除了南侧外，其余三面均有绿地和浓郁的树木环绕。水景广场分为源头广场、跌水瀑布和大水池及中央平台3个部分。最北、最高的源头广场为平坦、简洁的铺地和水景的源头。铺地标高基本和道路相同。水通过曲折、渐宽的水道流向广场的跌水和大瀑布部分。跌水为折线形、错落排列。水瀑层层跌落，颇得自然之理。经层层跌水后，流水最终形成十分壮观的大瀑布倾泻而下，落入大水池中（图8.22、图8.23）。

殊途同归，虽然东西方仍存在文化的差异，但是对于城市公共活动空间中人们的需求，人们对自然的渴望，并不存在东西方的差别。回顾中外城市广场，人性空间是最具有活力的，注重人性、尊重历史文脉是城市广场赖以发展的基础，人性是中西方广场的共同主题，这使得注重文化传统、环境质量、以人为本的城市休闲广场最终进入城市，成为市民的"起居室"、城市的"客厅"，也为人的社会生活注入了活力，成为一种积极的城市空间。

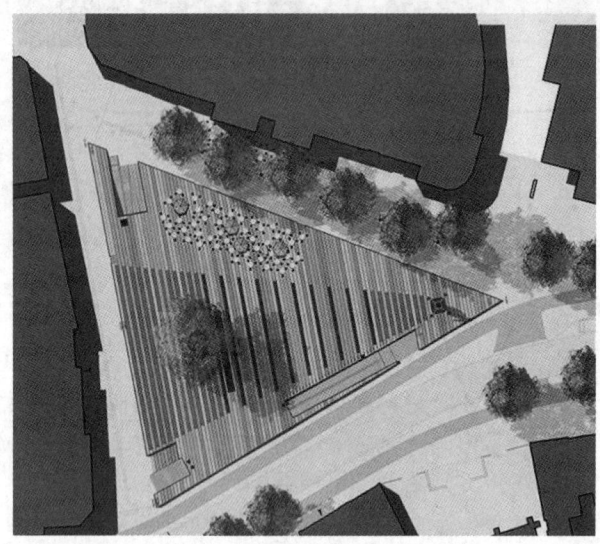

图8.17　荷兰蒂尔堡山广场平面图
(http://blog.sina.cn)

图8.18　荷兰蒂尔堡山广场实景一
(http://design.cila.cn)

（2）珍视文化传统，保护历史遗迹　现代城市广场对历史文化的有机继承不仅使城市空间具有个性和可识别性，也使得城市空间具有时空连续性，并使市民对广场具有归属感与认同感。

8　城市广场

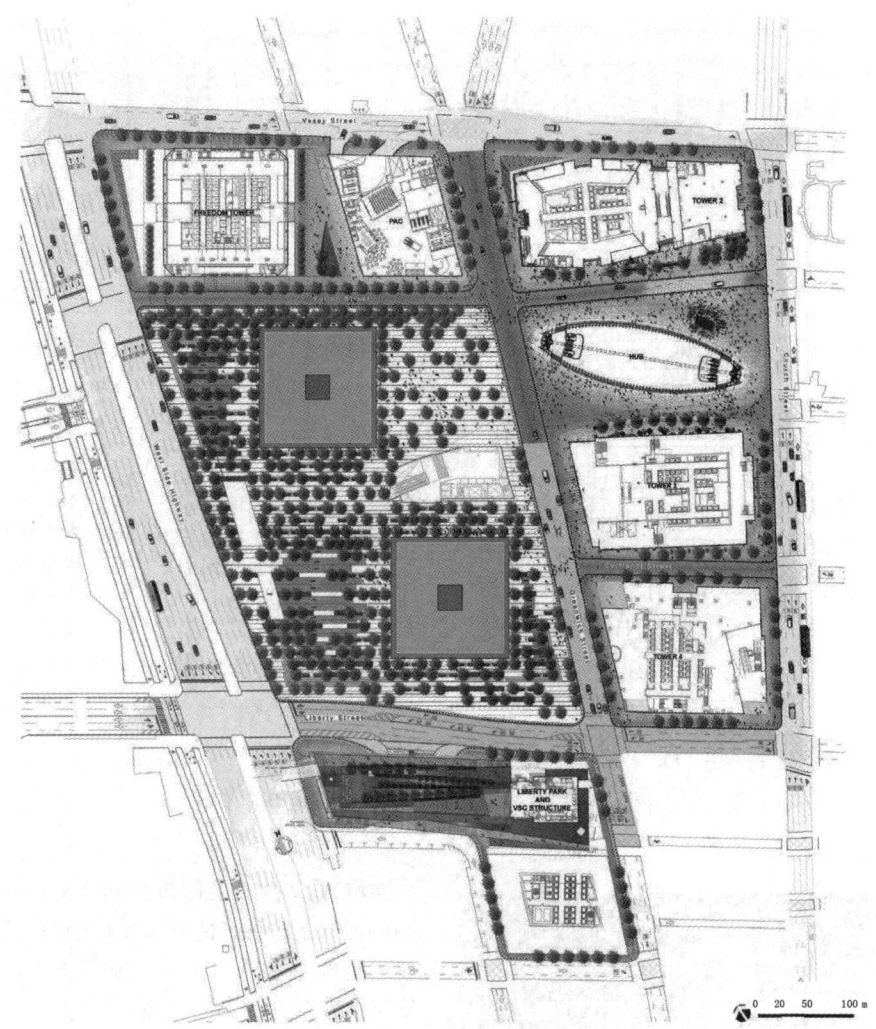

图 8.20　美国国家 911 纪念广场平面图
（阿拉德 M，2004）

图 8.21　美国国家 911 纪念广场局部鸟瞰
（廖绍棠，2013）

151

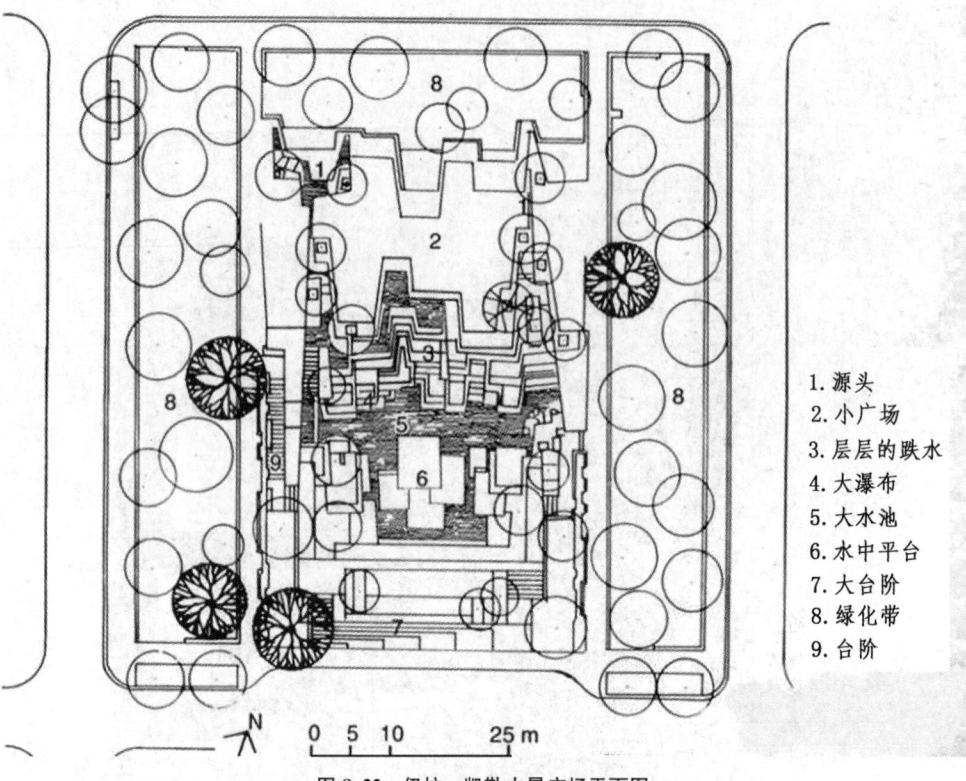

图 8.22　伊拉·凯勒水景广场平面图
(http://down6.zhulong.com)

1. 源头
2. 小广场
3. 层层的跌水
4. 大瀑布
5. 大水池
6. 水中平台
7. 大台阶
8. 绿化带
9. 台阶

图 8.23　伊拉·凯勒水景广场实景
(http://blog.sina.com.cn)

8.2　城市广场规划设计

8.2.1　城市广场规划设计的原则

1. 人本原则

国际建筑师联合会第十四次会议宣言指出："经济规划、城市规划、城市设计和建筑设计的共同目标应当是探索并满足人的各种需求。"满足人类生存和发展的需求，不仅是城市发展的最终目标，还是人类社会进步的根本动力。从中世纪对神的崇拜到文艺复兴时期对人性的解放；从工业革命之后对技术的盲目崇拜到今天提倡以人为本，提出可持续发展战略，都是人类对自身的重新认识和觉醒，是人类社会的进步和飞跃。今天对人文主义思想的追求是一种新的社会发展趋势，具体到城市空间环境的创作上，则要充分认识和确定人的主体地位和人与环境的双向互动关系，强调把关心人、尊重人的宗旨具体体现于空间环境的创作中。现代城市广场是人们进行交往、观赏、娱乐、休憩活动的重要城市公共空间，其规划设计的目的是使人们更方便舒适地进行多样性活动。因此，现代城市广场设计要贯彻以人为本的人文原则，要特别注重对人在休闲广场上的环境心理和行为特征进行研究，人本原则涉及与人相关的环境心理学、行为心理学，这些理论在城市休闲广场设计中有着重要地位。创作出不同性质、不同功能、不同规模、各具特色的城市广场空间，以适应不同年龄、阶层、职业的市民的多样化需求。

2. 整体性原则

好的城市广场往往是城市的标志，设计初期的广场定位是很重要的。在城市公共空间体系中，城市广场有功能、性质和规模的区别，每一个广场只有正确地认识自己的区域特质，恰如其分地表达和实现其功能，才能共同形成城市广场空间的有机整体。因此，必须对城市广场在城市空间环境体系中的分布作全面的把握。

3. 传承与创新原则

城市是人类文明的结晶和人文荟萃之地。随着城市的产生、建设和发展，人类在不断建造适应自身生活的建筑环境的同时，社会文化价值观念也随之更新变化。陈旧、过时的东西不断地被新奇、现代的事物取代,一部分有价值的历史文化、建筑文化得以保留,如古建筑、古迹等。这种文化继承的深层含义使得人们在怀念过去、研究历史、品尝意义、积累信息的同时,得以保留共识,并延续着融入人类文化感情的历史文脉。与此同时,随着信息社会的到来,科学技术的飞速发展,知识文化产业在城市中正有着愈来愈重要的地位。信息交换、科技交流、文化艺术作为城市文化知识产业的主要活动,正在加速城市文化的蜕变,形成与传统全然不同的文化形态。城市空间环境,特别是城市广场,作为人类文化在物质空间结构上的投影,其设计要尊重历史、延续历史、继承文脉,又必须站在当前的历史地位,反映当代的特征,有所创新、有所发展,实现真正意义上的历史延续和文脉承传。因此,继承和创新有机结合的文化原则在城市广场设计中应充分重视、大力倡导。

4. 生态原则

在人类创造有史以来与日俱增的、丰富物质生活的同时,城市化进程加快、人口剧增、资源过度消耗,使城市生态环境日益恶化,人类正面临着空前的、因生态环境恶化而带来的压力感和紧迫感,不得不重新审视自己的社会经济行为。人们已深刻地意识到不能片面地追求经济效益,而忽视生态环境的保护,认识到人类应与自然和谐共处,为后代提供一个良好的生态发展空间,实现可持续发展。坚持可持续发展的生态原则,就是要遵循生态规律,包括生态进化规律、生态平衡规律、生态优化规律、生态经济规律,体现"实事求是,因地制宜,合理布局,扬长避短"。在城市广场设计中就是要转变过去那种只重视硬质环境设计而忽视软质环境设计的状态,加强两者的结合。一方面应用园林设计的方法,通过融入、嵌入、美化和象征等手段,在点、线、面等不同层次的空间领域中引入自然、再现自然。另一方面,要强调其生态小气候的合理性,在气温、声、日照等方面做到以人为本。

5. 公众参与原则

参与是指在事件活动之中,人以各种行为方式与客体发生直接和间接的关联。在广场空间环境中应引导公众积极投入"活动参与"和"决策参与",使"人尽其才,物尽其用",发挥主客体直接交换的互动作用。调动市民的参与性,首先要唤醒内驱力,从需求着眼,让广场关联到每个人,使更多的人从更多方面参与城市广场的建设活动;其次要为人们留有多种自由性和多层次性的选择,诱发市民的积极活动;最后作为活动的空间载体,要富有较深厚的文化内涵,使人既能受到文化的感染又可以积极参与文化意义的认知和理解活动,使广场具有永久生命力。只有市民的身心投入,才有广场空间的生命活力,也能逐步使广场具有人情味。

若广场的活动内容具有吸引力,可调动参与者的积极性,使参与者在活动中发挥自己的创造性潜力,促使活动内容深化,扩大活动的深度与广度,从而实现在更大范围内进行社会交往、思想交流和文化共享,并为参与者提供自我表现、扮演角色的机遇。

参与性不仅表现在市民对广场活动的参与上,也体现了设计师在广场初步设计过程中充分了解到市民的意愿、意见并发挥市民的群体智慧,使广场设计更具有合理性上。对于设计师而言,应该注重让公众参与政策、方案制订的全过程,让公众了解规划的全部内容,使公众的自身利益得到设计的保护,让公众真正成为广场的主人。

8.2.2 城市广场规划设计的要求

从城市规划的工作阶段上看,广场规划设计属于修建性详细规划阶段。但是由于城市广场与其他城市空间相比,在建设上的要求有所不同,其规划设计在内容和深度上既有修建性详细规划的共性,又有自己的特殊性。

城市广场规划设计的主要任务是:以广场规划研究为依据,详细规定建设用地内的空间布局与各种设施,用以指导广场的施工图设计和施工。

广场规划设计内容除了《城市规划编制办法实施细则》要求的修建性详细规划的内容外,还应包括以下方面:

① 提出广场地区的建筑布置与控制要求,形成良好的空间围合界面。

② 进行广场地区的道路交通规划设计,确定各类静态交通设施的位置与规模。

③ 环境艺术工程意向设计

a. 地上标志物(雕塑、景墙等)与小品建筑建设要求。

b. 各类水体用地范围、形式及喷泉喷射高度和造型要求。

c. 夜间照明设计及装饰照明设计要求。

d. 广场地面铺砌设计要求。

e. 广场色彩设计要求。

④ 提出植物配置、植物造型与植物色彩要求。

广场规划设计成果形式分为规划说明书与规划图纸两部分:

(1) 规划说明书 包括现状条件分析、规划原则和总体构思、用地布置与景观组织、广场空间组织与广场地区建筑空间围合、交通组织与人流车流分析、绿化布置与种植要求、广场配建设施建议、工程管网综合与竖向设计、环境艺术工程设计意向、主要经济技术指标与工程量及投资估算。

(2) 规划设计图纸

① 广场区位图图纸：比例 1/1 000～1/5 000，标明广场在城市中的位置，包含周围城市道路红线、规划用地范围、反映出规划用地与周围地区的关系。

② 广场现状图图纸：比例为 1/500～1/1 000，标明自然地形、地貌、道路、绿化、工程管线及各类用地和建筑的范围、性质、层数、质量等。

③ 规划总平面图：比例为 1/300～1/800，标明各种不同铺砌的硬地、草地、花卉种植地、树林、水体用地、通道、停车场地，以及地上标志物（雕塑、景墙等）、建筑小品、配建设施及环境艺术小品的布置。

④ 绿化规划图：比例为 1/300～1/800，以规划总平面图为依据，反映出各类绿地的布局，表示出植物的配置、树种的选择和栽培方式、树距等，以及园林建筑设施和园林小品的轮廓尺寸、铺地大样等。

⑤ 定位设计与竖向设计图：比例为 1/300～1/800，将总平面的内容进行定位，标明主要设施与场地的定位坐标和高程，各类场地的纵坡和地面水排出方向，标出步行道、台阶、挡土墙位置和墙顶标高等。

⑥ 工程管网综合规划图：比例为 1/300～1/800，标明各类市政公用设施和管线的平面位置间距、管径尺寸、埋设深度以及有关设施和构筑物位置。

⑦ 广场主要设施分布图：比例为 1/300～1/800，图上应标明广场主要设施的类型、位置、数量。

⑧ 表达规划设计意图的模型和鸟瞰图：为满足广场规划设计的方案比较与审查，还可提供若干表达规划设计意图的分析图。

8.2.3 城市广场空间尺度的设计

城市广场空间尺度很难度量，文艺复兴时期，艺术家用其丰富的尺度、比例造诣寻求广场的最佳尺度。西特（Sitte）认为："西方古老城市的巨大广场平均尺度为 142 m×58 m，这个范围内的尺度是可以给人深刻印象的。当然，这还取决于广场空间体的高与宽的比例关系及建筑特征。"而广场与周边建筑的关系也影响着城市广场的尺度以及身处其中的市民的感受（表 8.1、表 8.2）。

表 8.1　广场与周边建筑的关系

D/H	人的感受
<1	有紧迫感，建筑间互相干扰过强
1～2	空间比例较匀称、平衡，是最为紧凑的尺寸
>2～4	有远离感，广场的封闭性开始薄弱
>4	建筑间相互影响薄弱

注：D 为广场两边建筑的间距；H 为建筑高度。

表 8.2　广场的封闭性

d/h	α	D/H	封闭性
1	45°	2	广场的封闭感好
2	27°	4	人可以看到建筑整体和部分天空，且注意力开始分散，是封闭感的最小限度
3	18°	6	远处群建可以看到，注意力分散
4	14°	8	无空间的容积感

注：d 为人的视野距离；h 为建筑从眼视点以上高度；α 为人的观察视角。

由上表可以得出，$1 \leqslant d/h \leqslant 2$（$2 \leqslant D/H \leqslant 4$）时城市广场的封闭感适中，尺度宜人。但是，以上广场尺度的研究是建立在西方古老的城市广场与建筑的紧密联系之上的。而现代城市广场与建筑的结合较松散，空间上受建筑的影响微弱。广场的空间尺度由以下两个方面构成：

（1）整体空间尺度　城市广场平面尺度的迥异会产生不同的公众形象。通常会认为相对较大空间而言，小空间给人的印象要小。事实上在超过某一限度时，广场越大给人的印象越模糊。西特认为给人深刻印象的城市广场面积约为 0.83 hm^2。而得到普遍认同的城市广场有：威尼斯圣马可广场（1.28 hm^2）、美国威廉斯广场（0.563 hm^2）、南京汉中门广场（2.2 hm^2）、南京鼓楼广场（1.86 hm^2）、大连中山广场（2.26 hm^2）、深圳南国花园广场（1.5 hm^2）、日本埼玉县榉树广场（1.8 hm^2）……由此可以看出，城市广场的空间尺度趋向小型化，抛开其他因素，其本身的平面尺度以 1～2 hm^2 为宜。受城市规划、周边建筑关系、广场自身功能定位等因素的影响，可以根据前人的设计尺度和模数经验，对城市广场的面积进行定性定量的调控，使广场成为宜人、亲和、生动的城市空间。

（2）次空间尺度（广场的二次围合）　受地价、交通的影响，在城市提供符合人的尺度和美学法则的整体广场空间比较困难。另外，由于人的行为及年龄层次的不同，要求所处场所可进行多种活动，这就需要对城市广场进行二次围合，以"场中场"手法进行布局（即在广场中产生多个次广场）。这种围合的方式和手法有很多，如：

① 界面上升。

② 界面下沉。

③ 绿化限定：是具有积极意义的限定，绿化软性分割了广场空间，形成公共性、私密性、半私密性的空间，有利于开展多种活动。

④ 构筑物限定：其一为构筑物围合形成次空间，其二为构筑物占领形成空间。广场的二次围合丰富了广场空间层次，对围合方式的运用必须从人的自身尺度中寻找设计源泉。吉伯德（Fredderik Gibberd）通过对人视野的研

究得出了以下结论：

认清一个朋友的最远距为 24.38 m，当两人相距 0.9～2.4 m 时，可以看清面部表情，而辨认身体姿态的最大距离是 137 m。对于城市空间而言，亲切的城市空间，其宽度一般不大于 24.38 m；文雅的空间一般不大于 137 m。将人的自身尺度原则运用到广场的空间围合中去，尤其对空间的二次围合，可在小型广场内产生具有宏伟感的文雅空间，也可在巨大广场内营造文雅的、亲切的甚至私密的空间，使广场的主体——人的活动具有多样性，从而使城市广场更具人性和生命力（图 8.24）。

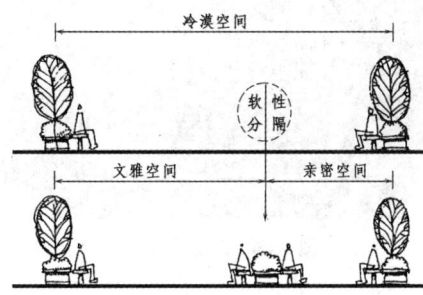

图 8.24 绿化软性分割示意图

8.2.4 城市广场硬质景观的设计

从形态上看，广场由点、线、面及空间实体构成，作为实体环境的具体要素则主要指可视形象。单个或多个环境要素的组合可以隐含人的空间行为、感情要素和文化内涵等。广场硬质实体环境的具体要素一般包括：建筑、铺地、雕塑、小品、照明等。

1. 建筑

建筑是人类为了居住、生产以及某种特殊需要而建造的围护结构。建筑是在人类社会之中的，不应把建筑仅仅理解为一幢建筑物、一个建筑群、一个建筑体系，它包含着人和人之间的各种关系，反映政治、经济、文化、社会、艺术、民俗等的需要，以及它们之间的关系。

建筑是城市的细胞，是城市文化和历史最集中的体现。在城市不同地段所布置的标志性建筑、景观建筑、窗口建筑等构成城市空间特点。广场中的建筑是广场形象的第一体现者，当人身处广场的时候，对广场的第一印象首先来自于建筑的整体形象与色调，这里的建筑既包括围合建筑，也包括广场中占主导地位的建筑。如巴黎的市府大厦广场，广场位于里沃利路和塞纳河之间，大厦由几座带金字塔形屋顶的大楼组成，四周布满了雕塑，市府大厦威严、宽大的正面笼罩了整个广场。由于人对总体印象总是不满足的，这就需要建筑中的细部发挥作用。人的视角与建筑物大约呈 45° 时，可以看清建筑的细部轮廓。人们往往是先了解整个广场的结构以后才会进入到建筑中去。也就是说，就人而言，第一层次的空间和第二层次的空间存在着序列关系，除非这种关系因为某种情况而被打断。

广场中的建筑对广场的围合作用与墙、地面有所不同。首先，它的内部有人的存在，具有内外的引力关系，当人从建筑内出来或从广场进入建筑时，它事实上使广场得以延续，内外空间关系的强化就使整个广场空间有了一个扩大和深入。另外，人在建筑内和在广场中的感觉是不一样的，建筑内部空间部分地归入到广场空间之中，建筑对于广场就有了双重意义：其外墙的色彩、装饰、高度等是直接形成广场空间的要素，其内部又成为广场空间的从属空间。在这种情形之下，人的流动也会在两个空间之间相互穿插。

2. 铺地

铺地是广场设计的一个重点，因为广场的基础是以硬质景观为主，其最基本的功能是保证市民的户外活动，铺装场地以其简单的方式表现出较大的宽容性，可以适应市民多种多样的活动需要。铺地可划分为复合功能场地和专用场地两种类型：复合功能场地没有特殊的设计要求，不需要配置专门的设施，是广场铺地的主要组成部分；专用场地在设计或设施配置上具有一定的要求，如露天表演场地、某些专用的儿童游乐场地等。

从工程和选材上，铺地应当防滑、耐磨、防水排水性能良好。花岗岩是用于铺装的一种材料，有高雅、华贵的效果，但投资大，雨雪天防滑效果差，且需要与一定的场合相匹配。过去大多数广场铺地用的水泥方砖和现在流行的广场砖相比较刻板而单调，但若在重点地方稍加强调，会对比衬托出一种意想不到的美感。天然材料的铺地，如砾石、卵石、木材则显得淳朴甜美、富有野趣、更具亲和力，是广场铺地中步行小径的理想选材。另外，科学的发展也促生了许多环保人工材料（如压膜混凝土等）可以创造出许多质感和色彩搭配，是一种价廉物美、使用方便的铺地材料。国外在这方面研究得很深，这一点值得我们每一位设计师关注学习与思考。

3. 环境小品

城市广场是市民的"起居室"，市民休闲、交往有赖于城市广场舒适的环境，主要包括休憩设施以及环境设施两个方面。

1) 休憩设施

现代城市广场必须为市民提供足够的休憩设施，这是体现以人为本设计原则的最基本需要。北京天安门广场面积约 40 hm²，但无休憩设施，因此，它是城市的"客厅"，而非城市的"起居室"。美国学者威廉·怀特（William H. Whyte）通过对曼哈顿广场的调研，提出关于广场坐位的参数值：每 2.5 m² 的广场应提供 1.3 m 长度的坐位。该数值提供了一个提高广场可坐率的定量参考值，但需综合考虑广场人流量、地理区位及服务半径等条件。鉴于此，城市广场的设计应充分利用花坛边缘、树池、台阶以增加

图 8.25 休憩设施

休息场所,提高可坐率。如大连人民广场每 2.5 m² 提供了 0.012 m 长的坐位,可坐率差,使得本地市民去广场活动较少。而南京新街口花园广场及汉中门广场则在每 2.5 m² 提供了 0.6 m 长的坐位,从而使广场成为真正意义上市民的"起居室"(图 8.25)。

2) 环境设施

包括照明、音响、电话亭、标示牌、果皮桶、盥洗室等等。它们不仅是市民休闲功能上的需求,也是视觉上的需要。环境设施作为广场中的元素,既要支持广场空间,又要表现一定的个性,在实用、便利的前提下,要注重整体性、识别性和艺术性。

4. 广场的可达性

城市广场的可达性是城市结构需求,亦是广场自身发展活力的需要。现代广场与古代广场的主要区别在于日益复杂的城市交通对城市广场规划设计的影响。

城市广场的可达性是指从城市空间中任意一点到该广场的相对难易程度,其相关指标有距离、时间等。可达性是创造以人为本的城市广场最基本、最原始的衡量指标之一。保障市民以最简捷的路线安全进入广场是城市广场区位设计的根本。城市交通、周边环境对广场的干扰过强会严重影响城市广场的可达性及市民的休闲活动。大连中山广场、太原五一广场(改造前)、南京红山广场均存在这样的问题,即这些广场具有交通岛性质,市民进入广场的路线被干扰、阻断甚至切断,市民安全、舒适的休闲活动受到了广场周围交通的严重威胁。对这种广场形式应加以改造和限制。另外,市民是否能够便捷、平等地享用广场自然空间的服务是城市广场可达性的重要指标,即所谓的资源享用的公平性和社会平等性,这其中最重要的内容是无障碍通行设计(图 8.26)。关心残障人是现代文明的标志之一,在城市广场规划设计中应充分考虑到残障人的要求,诸如无障碍道路体系、休憩、活动乃至盥洗设施均应予以考虑。

图 8.26 无障碍设计

8.2.5 城市广场软质景观的设计

人与自然的结合一直是城市空间的追寻目的之一,城市广场可以向城市引入自然空间,不仅在生态上与自然环境相平衡,而且在形态上呈有机的联系。城市广场的自然景观是吸引市民的动因之一,它包括植物、水体、动物等内容。

1. 植物

狭义地讲,植物是城市广场构成要素中唯一具有生命力的元素。作为自养生物和城市生态系统的生产者,植物在其生命活动中通过物质循环和能量交换改善城市生态环境,具有净化空气、保持水土、调节气温等生态功能。它还具有空间构造、美学等功能,是建造有生命力的城市广场空间必不可少的要素。

1) 植物的视觉功能

植物绿化给人的直观感受包括视觉、听觉、嗅觉、触觉,视觉一般占主导地位,触觉和嗅觉对盲人而言尤为重要。植物的视觉观赏特性包括植物的大小、色彩、形态、肌理、季相变化和组合方式,丰富的特性与植物本身的可塑性为城市广场的植物设计创造了有利的条件。目前我国广场的绿化设计已从最初的单一型(多以草坪广场为主)理性过渡到生态型。城市广场的植物设计多以草坪、地被为基调,乔、灌木复层组团布置,花卉、色叶植物大色块栽植。同时,将植物模纹图案及造型巧妙点缀其中,并重视乡土树种的运用,融合地方植物文化,以求营造自然、敞朗、明快、个性鲜明、富于立体效果的广场绿色视觉空间(图 8.27)。

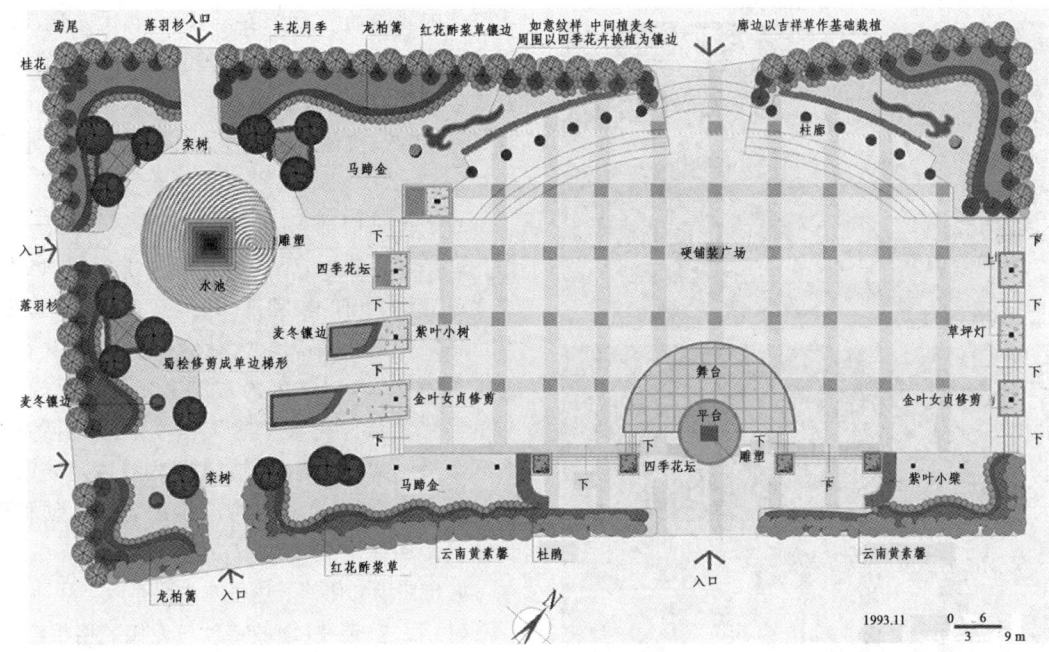

图 8.27 植物景观规划图

同时,城市广场的绿化量也影响广场植物给人的视觉感受。以往的研究多以绿地率作为评判标准,但市民休闲时不可能从空中去感受广场。日本学者大野隆造从人的评判角度提出了"环境绿视量"的概念。环境绿视量是指从各个不同人的视点和角度,来评价视环境构成中的绿视率。基本方法是模拟景观,包括天空、植被、建筑、地面等在视网膜中的成像构成,输入计算机后进行数据分析。研究结果表明:当环境绿视量小于15%时,人工的痕迹明显增大;而绿视量大于15%时,则自然的感觉会增强;绿化占视野15%时,大部分人对于环境绿化感到最低限度的满意。所以,设计中应在保证广场硬地空间情况下,尽量提高环境绿视量。而提高环境绿视量的最有效办法是种植乔木。因为据美国心理学家布雅夫(Buhyoff)研究表明,树木大而少往往比树木小而多更具有风景质量。而从视觉角度看,由于草地与人是垂直状态而树木与人处于平行状态,具有相同投影面积的草地的成像,要小于树木在人眼中的成像。

1) 植物的构造功能

(1) 空间分隔　植物的空间分隔包括广场与道路间的分隔以及广场内部分隔。利用植物将广场和街道相隔,可以使广场的活动不受外界的干扰,这种分隔宜采用不遮挡人的视线、分枝较高的乔木。而植物在广场内部的分隔是基于广场空间二次围合的考虑。这种简单的分隔使广场生成若干文雅、亲切的空间,广场的可坐率提高、环境绿视量增加。这种分隔是植物在广场构造功能中最有意义的功能之一。

(2) 软化　植物也被称之为软质景观,它可以丰富街道的景色,对广场内硬质景观所产生的生硬感受起缓和作用。研究表明,随着绿化量的增加,广场周边高层建筑给人的压迫感会减少。特别是对于板式高层建筑来说,建筑物下部50%～60%的部位,如被绿化遮挡,对压迫感的缓和作用就更加明显,如南京鼓楼市民广场北侧电信大厦底部用蜀桧等植物遮挡,大大缓和了大厦对广场的压迫感。

(3) 遮阳　良好的植物荫庇不仅可以改善广场的小环境状况,提高夏季广场的使用率,而且具备三维空间构造功能,交织的树冠形成所谓"场"的庇护空间是构成广场次空间的重要元素之一(图8.28)。城市广场应重视

图 8.28 广场植物遮阳功能示例

图 8.29 广场水体设计示例

遮阳问题,体现对人的关怀,设计时应遵循以下原则:因地制宜,尽量保留原有场地的乔木;在保证广场空间整体性的同时,尽量在次空间及边缘种植荫庇乔木;广场高大荫庇树种应以落叶为主,兼顾冬季市民对阳光的需求。

综上所述,城市广场的设计应充分利用植物的各种特性、功能,提高环境绿视量,营造市民所向往的自然空间。

2. 水

水是自然景观中"最典型的元素"。人类对水有特殊的感情,在城市广场中布置水体,从人的感受和环境改善角度及空间构成上都具有很大作用。水是一种特殊的材料,它既不同于绿化的软,也不同于铺装的硬。宋郭熙在《林泉高致》中指出:"水活物也,其形欲深静,欲柔滑,欲汪洋,欲回环,欲肥腻,欲喷薄……"。水的多种情态为城市广场的水体设计提供了丰富素材。城市广场的水体设计宜以小型为主,可自然、可规整。平静水面、微风吹过、涟漪微起,给人以意境遐想;流动水体(喷泉、旱喷泉、叠泉、水幕等)婀娜多姿,让人们通过声、形体验自然(图 8.29)。

8.2.6 城市广场人文景观设计

广场作为一种文化是和其他文化一同产生、相互作用、共同发展的。一个成功的、真正具有独特文化内涵的广场,应该是城市中多种文化活动的载体,包含有各种特定文化内涵的场所,诸如建筑文化、休闲文化、商业文化、观演文化、地域民俗文化、雕塑文化、宗教文化等,通过这些文化元素,将发展目标、优势产业、风土人情、自然地理、历史传统、价值观念等地方文化特征有机地融入广场之中。

对于市民们而言,广场历来是休闲游乐的最佳场所。回顾欧洲古代广场,不管其大小如何,也不管其位置是在市政厅前、教堂前、还是在市场前,都是人们日常世俗活动的所在。现代社会经济快速发展,人们的身心很易疲劳,以休闲为主的文化形式正成为市民追求的文化主流。在繁忙的工作之余,人们更加渴望一个尺度宜人,风格高雅,情趣盎然的休闲场所,也正是广场中人们的休闲活动构成了广场的活动和魅力,显现了当地的休闲文化。

城市广场文化的表达手法主要有以下几种:

(1) 民族、传统、地域特色与现代风格相结合　民族文化、传统文化、地域文化在其形成过程中,已树立和具备社会所认可的形象和含义。借助于这些形式与内容去寻找新的含义或形成新的视觉形象,既可以使设计的内容与民族、传统、地域文化联系起来,又可以结合当代人的审美趣味,使设计具有现代感。对于民族文化、传统文化、地域文化与现代风格之间的关系有两种不同处理方式。

① 传统的符号、现代的精神:这是将传统与现代相结合最常见的一种方式,即是将传统园林、建筑中的各种特征性构件、造型、色彩等提炼出来,进行简化或抽象化后,作为一种符号插入到现代广场设计中,使其成为一种有特色的装饰。这种处理方式使现代广场与历史传统隐隐约约地联系起来,让人能够感受到传统的"痕迹"。例如,采用一些传统的或地域性符号、图案作为广场地面铺装花纹;或者将传统广场上牌坊、照壁、望柱等形式加以提炼、改进,作为广场上的小品等,使广场的整体风格仍是现代的。例如南京汉中门广场(图 8.30),该广场内有南京现

图 8.30　南京汉中门广场鸟瞰
(http://info.upla.cn)

存历史最为悠久、始建于南唐的城门。因此，汉中门广场的规划设计不仅充分挖掘历史文化的积淀，还与时代特征紧密结合。广场上绿地和铺装图案采用方格的形式，隐喻中国古代城市的方格网布局模式。设置记事碑、石灯笼、石鼓凳、石井遗址、抽象辟邪等传统风格小品，以体现南京六朝古都的历史风貌。

在西方有许多这种手法的成功实例，例如美国新奥尔良市的意大利广场。新奥尔良市有许多意大利移民，他们渴望有一个反映他们民族特色的社区广场。设计者查尔斯·摩尔(Charles Moore)在这个广场中大量使用了意大利的传统符号：古罗马的柱式、意大利传统园林中的喷泉、意大利版图的铺装等。所用材料、工艺、色彩、布局手法等却都是现代的，因此整体仍是现代风格。

② 现代的外壳、古典的精神：这种处理方式保留了传统文化的精髓和意境，或在整体上仍沿袭传统布局，在材料处理方式与形式上却呈现一定的现代感；或保留传统园林中的造园素材，使用现代的布置手段。这种处理方式比上述直接引用传统符号要深入与复杂，要求设计师既要对传统文化有较深刻的理解与感悟，也要熟悉现代设计中的各种手法。这是一种理性的处理方法，其目的是在浮躁的现代社会再现古典的意境和思想精髓。因此说它有着现代的外壳、古典的精神。例如，位于美国波特兰市河滨公园的日裔美籍人历史广场，是一个为向二战期间被囚禁的11万日裔美籍人道歉而建的纪念广场。设计师穆拉色从日本传统文化中汲取元素，使作品带有禅的意味，颇具私密感和思想深度。

(2) 在细节上体现人文关怀与对地方的尊重　在一些细节上体现人文关怀，也能丰富广场文化内涵。例如，在苏格兰爱丁堡，公园、街道上设有许多长椅。这些长椅的特色在于，它们是普通市民捐赠的，并且在醒目的位置还刻有捐赠者姓名和千奇百怪的留言。例如，"女儿今天出生了，我们祝福女儿快乐成长。露丝的父母亲捐"等等。长椅上的只言片语却使得冰冷的长椅弥漫着温暖和爱。这种手法完全可以借鉴到我们的城市广场设计中来，使我们的广场更加人性化。再如设计师彼德·沃克(Peter Walker)在设计日本埼玉县新都心广场时，充分尊重当地市民喜爱榉树的习惯，种植了256棵榉树，满足了当地人的乡土情结(图8.31)。

总之，在城市广场的规划设计中，设计师应该充分研究当地的历史变迁，尊重历史文脉，以历史作为原动力，唤起对历史的回忆和联想，延续城市文脉，体现城市特色，并使市民产生认同感和亲切感。场所只有反映时代特征化、容纳历史文化，才能为人接受。

图 8.31　日本埼玉县新都心广场

8.3　案例分析

■ 案例一：东营垦利区黄河广场

1) 项目背景

广场北部为垦利区区政府，周边为城市主干道且紧贴居民生活区。广场北部为中心路、南部为新兴路、西部为和平路、东部为中心路，面积为51.7亩(图8.32、图8.33)。

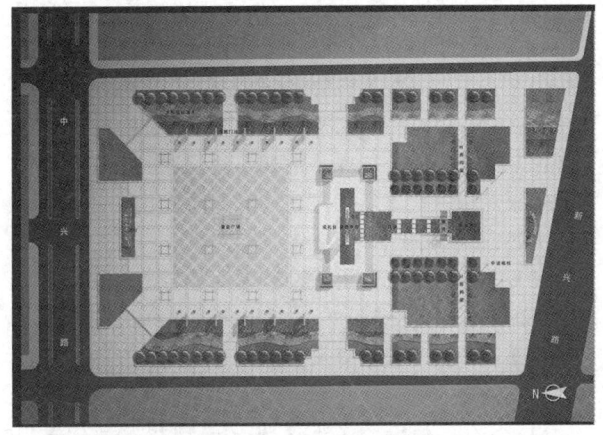

图 8.32　垦利广场平面图

图 8.33　垦利黄河广场鸟瞰图

2) 设计基本思路

(1) 广场应集休闲、娱乐、集会、市政等多项功能于一体,运用雕塑、喷泉、水面、铺装、绿化、灯饰、音响等多种造园手法,力求能够体现垦利区特色和黄河三角洲文化。其中绿化面积约占总面积的40%;道路、铺装面积占总面积的40%;喷泉占面积的20%。

(2) 因广场北部为县政府,集会场地应设于场址北部面积应在10 000 m²左右,休闲娱乐区及体育活动区应设置于场地南部及东部,广场东南西北各方应设计出入口。同时,还要考虑到广场周边环境,必须与广场相适应。北侧要与县政府的庭院改造相结合;西侧要考虑垦利宾馆的环境改造;东侧及南侧应考虑沿街建筑的立面及性质。公共管理用房可考虑建设在广场西侧。

(3) 绿化采用规则式与自然式相结合,乔、灌、草相搭配,选择适合本地生长的植物,做到三季有花,四季常绿。

3) 设计主题

(1) 设计意图 大手笔、大尺度、大气、简洁、方正、规整。

(2) 广场性格 厚重、古朴、凝重、粗犷,戒浮华。

(3) 广场定位 集市政、集会、休闲、娱乐为一体的市民文化广场。

(4) 广场特色 体现垦利区石油文化和黄河文化。

4) 功能分区

(1) 广场北部 集会区按业主要求设计面积约10 000 m²的集会场地,以满足人流集散需要。

(2) 广场中部 主题区由观礼台、雕塑式景框水帘、水池等景点组成。景点抽象式的形象隐喻出广场的两大文化主题:石油文化、黄河文化。

(3) 广场南部 休闲区设计大片的草坪、叠水、喷泉水池、构架、铺装、休息设施,以营造出欢乐祥和的气氛,并且满足市民的休闲娱乐需求。

5) 细部景观

(1) 旗台 位于广场北部,为一大型花岗岩石台,上铭"垦利黄河广场"字样,以点出广场主题(图8.34)。

(2) 浮雕门墙 共十个浮雕门墙,墙上做浅浮雕和阴刻文字,以记载河伯等十个与黄河有关的人物传说故事。

(3) 集会场地"井"字形铺装 网格型的铺装,铺成"井"字:井即油井,寓意垦利为油井之乡,胜利油田的主要基地。

(4) 龙形模纹绿篱 中国人把黄河称作黄龙,中华民族是龙的传人。黄河是哺育中华民族的母亲,因此拟用金叶女贞铺成龙的弯曲形状,又寓黄龙。

(5) 观礼台 在台上可以从高处观看集会广场群众聚会和各种聚集活动的盛况,观礼台的石壁可以做浮雕。以反映垦利石油工人开矿打井、垦利人民垦荒种田的伟大创业精神。

(6) 景框水帘 由两个相对而立的巨大雕塑式"提油器"组成,形象地反映了垦利区石油文化特色。水从天上而来,暗合了李白的"君不见,黄河之水天上来,奔流到海不复回"的诗句(图8.35)。

(7) 廊桥 桥上设置廊架,取黄河大桥形状。

(8) 喷水池 水从观礼台跌落而下,观礼台之处的水体隐喻为黄河上游,从廊桥之下流入大的方水池。从跌水至踏步为"H"形构架,休息构架设计成"H"形,为"黄河"二字的首写拼音字母(图8.36)。

(南京林业大学风景园林学院,2003)

图 8.35 垦利黄河广场效果图一

图 8.34 垦利黄河广场入口效果

图 8.36 垦利黄河广场效果图二

图 8.37 西雅图城市中心广场平面图

图 8.38 西雅图城市中心广场鸟瞰图

■ **案例二：西雅图城市中心广场**

1）项目背景

西雅图城市中心广场位于西雅图城市中心地区，面积为 30 500 m^2，周边为商业区，连同西雅图城市中心广场形成一个特大城市街区（图 8.37、图 8.38）。

2）设计思路

提供一种以交通为主导的对现存城市路径的连接，提供新的、强调周边文化符号的、景观化的功能。在严格的设计条件和渐进式的城市策略下，通过激活现有的城市基础设施，以鼓励行人的步行和文化的增长。由此，设计释放了西雅图中心广场和城市未来绿地的发展。设计中七个不同的功能区域通过中心庭院和渐变的地形组织起来，带来了流动和多样化的纪念园。这七个区域为西雅图中心街区和周边相邻街区提供了设施。通过每个功能联系着现存的西雅图文化，设计不仅承载新意义上的市民互动，而且挑战西雅图的未来设计：如何与城市一同发展，协同城市中重要的现存部分，并展望新的、积极变化的公共基础设施。

3）设计分析

西雅图城市中心广场分为七个功能不同的分区，力求通过不同的分区体验让市民更多更快地参与到街区生活之中，并且从中找到属于自己的乐趣。西雅图城市中心广场的目标是促发经济活力，支持健康生活，创建一个真实的地方，展示环境管理，并提供一个健康高效的公共基础设施（图 8.39～图 8.41）。

4）细部景观

西雅图城市中心广场的功能区中有小型体育活动场地、露天音乐厅、休息绿地、停车场、商业小广场等设施。复合不同功能的西雅图城市中心广场是真正意义上的超大街区的中心枢纽（图 8.42、图 8.43）。

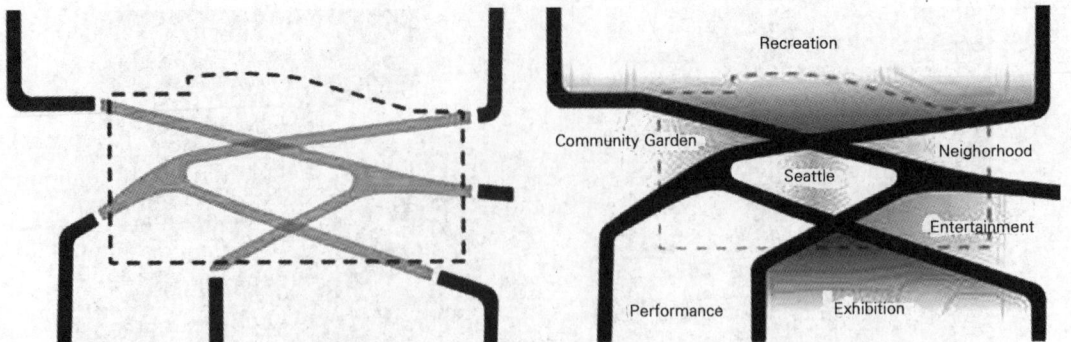

图 8.39 西雅图城市中心广场功能分区与道路分析

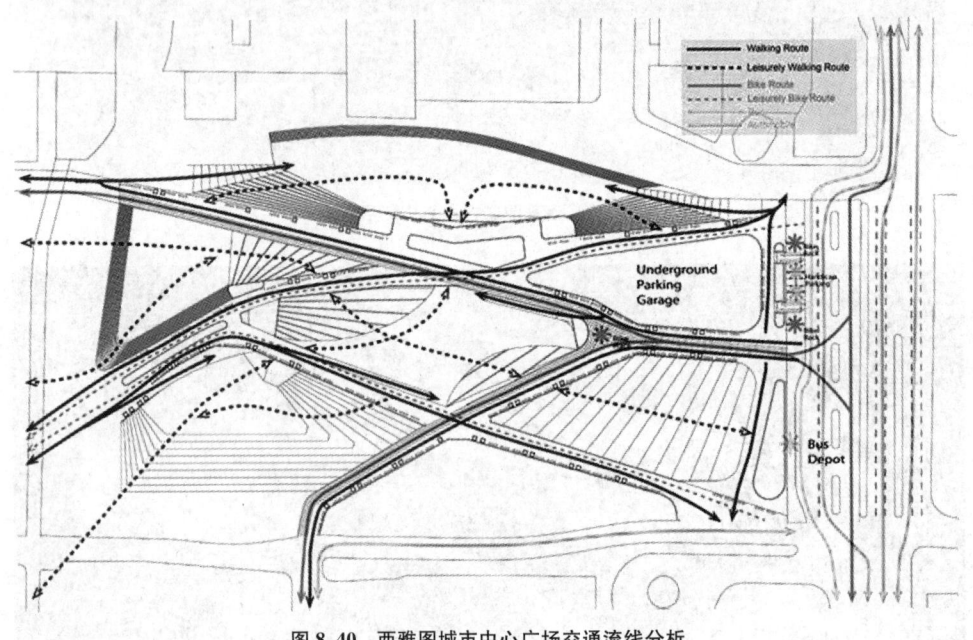

图 8.40 西雅图城市中心广场交通流线分析

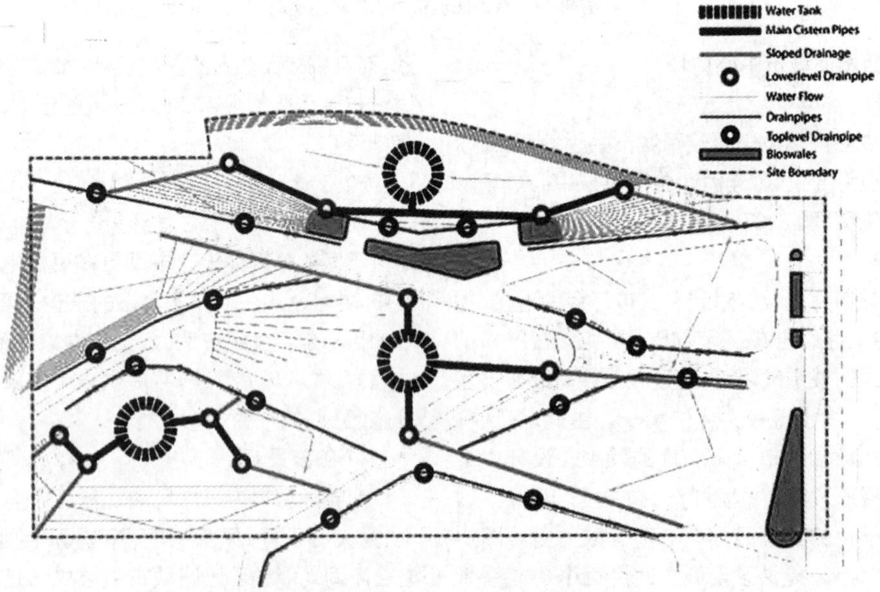

图 8.41 西雅图城市中心广场景观结构分析

图 8.42　西雅图城市中心广场效果图

图 8.43　西雅图城市中心广场夜景效果图

(零壹城市事务所,2012)

■ **讨论与思考**
1. 谈谈城市广场在城市绿地系统规划中的地位和作用。
2. 城市广场与城市公共绿地有何区别?
3. 城市广场的主题如何确定? 如何表达?

■ **习题**

基地位于中国西北某城市商业中心,当地日照强烈、少雨干旱、西北风盛行。用地周边分布有商业区、办公区和住宅区用地,南部、东部为城市道路(见下图)。现请对该广场进行设计。

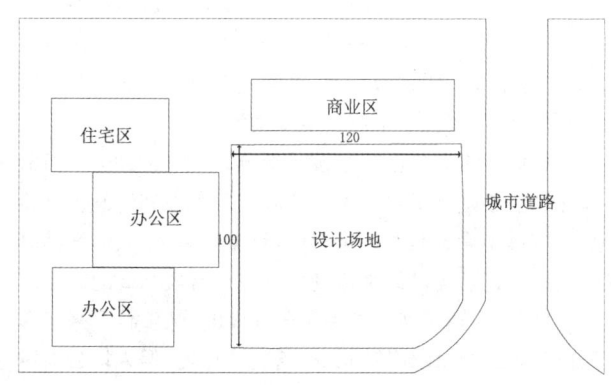

1) 规划设计要求
   (1) 突出地域文化特色和商业休闲特点、与周边环境协调、功能与景观并重、有一定的文化艺术性;
   (2) 需留出一定的开敞空间以组织商业展览活动;
   (3) 强调绿化造景;
   (4) 可适当增加相应配套设施。
2) 图纸内容
   (1) 总平面图 1∶500;
   (2) 植被设计图,可在平面图上标注;
   (3) 局部剖面图 1∶200;
   (4) 鸟瞰图;
   (5) 分析图若干;
   (6) 设计说明不少于 300 字。

9 居住用地附属绿地

【导读】 随着经济发展、城市化水平的提高,人居环境已经成为全世界共同关注的课题。居住区是城市的重要组成部分,它一般占城市总用地面积的35%左右,其绿地使用率是其他类型绿地的5~10倍,因此居住区用地附属绿地作为人们日常生活中使用频率最高的园林绿地类型,直接影响到居民生活质量和城市生态环境质量。随着城市人口的不断增加,人均绿地占有率不断下降,人们已不满足基本的生活居住环境,要求增加城市绿地占有率,提高居住环境的质量。在这种背景下,居住区绿化发展的潜力巨大,如何搞好居住区绿化,使植物造景具有特色已是人们关注的热点。

9.1 居住区及其附属绿地概念

9.1.1 居住区概念

根据《城市居住区规划设计标准》(GB 50180—2018)中的规定,居住区按步行时间或人口规模可分为十五分钟生活圈居住区、十分钟生活圈居住区、五分钟生活圈居住区、居住街坊四级。

十五分钟生活圈居住区:以居民步行十五分钟可满足其物质与生活文化需求为原则划分的居住区范围;一般由城市干路或用地边界线所围合,居住人口规模为50 000人~100 000人(约17 000套~32 000套住宅),配套设施完善的地区。

十分钟生活圈居住区:以居民步行十分钟可满足其基本物质与生活文化需求为原则划分的居住区范围;一般由城市干路、支路或用地边界线所围合,居住人口规模为15 000人~25 000人(约5 000套~8 000套住宅),配套设施齐全的地区。

五分钟生活圈居住区:以居民步行五分钟可满足其基本生活需求为原则划分的居住区范围;一般由支路及以上级城市道路或用地边界线所围合,居住人口规模为5 000人~12 000人(约1 500套~4 000套住宅),配建社区服务设施的地区。

居住街坊:由支路等城市道路或用地边界线围合的住宅用地,是住宅建筑组合形成的居住基本单元;居住人口规模在1 000人~3 000人(约300套~1 000套住宅,用地面积2~4 hm²),并配建有便民服务设施。

各级标准控制规模,应符合表9.1中的规定。

居住区用地由住宅用地、配套设施用地、公共绿地以及城市道路用地等四项用地组成。

表9.1 居住区分级控制规模

距离与规模	十五分钟生活圈居住区	十分钟生活圈居住区	五分钟生活圈居住区	居住街坊
步行距离/m	800~1 000	500	300	—
居住人口/人	50 000~100 000	15 000~25 000	5 000~12 000	1 000~3 000
住宅数量/套	17 000~32 000	5 000~8 000	1 500~4 000	300~1 000

[《城市居住区规划设计标准》(GB 50180—2018)]

① 住宅用地 住宅建筑基底占地及其四周合理间距内的用地(含宅间绿地和宅间小路等)的总称。

② 配套设施用地 是与居住人口规模相对应配建的、为居民服务和使用的各类设施的用地,应包括建筑基底占地及其所属场院、绿地和配建停车场等。

③ 城市道路用地 居住区道路、小区路、组团路及非公建配建的居民小汽车、单位通勤车等停放场地。

④ 公共绿地 满足规定的日照要求、适合于安排游憩活动设施的、供居民共享的集中绿地,应包括居住区公园、小游园和组团绿地及其他块状、带状绿地等。

9.1.2 居住用地附属绿地概念

根据《城市绿地分类标准》(CJJ/T 85—2017)的规定,居住用地附属绿地是指居住用地内的配建绿地。该绿地类型在城市绿地中占有较大比重,与城市生活密切相关,是居民日常使用频率最高的绿地类型。

根据《城市居住区规划设计标准》(GB 50180—2018)中的规定,新建各级生活圈居住区应配套规划建设公共绿地,并应集中设置具有一定规模,且能开展休闲、体育活动的居住区公园;公共绿地控制指标应符合表9.2的规定。

当旧区改建确实无法满足表9.2的规定时,可采取多点分布以及立体绿化等方式改善居住环境,但人均公共绿地面积不应低于相应控制指标的70%。

表9.2 公共绿地控制指标

类别	人均公共绿地面积/(m²/人)	居住区公园 最小规模/hm²	居住区公园 最小宽度/m	备注
十五分钟生活圈居住区	2.0	5.0	80	不含十分钟生活圈及以下居住区的公共绿地指标
十分钟生活圈居住区	1.0	1.0	50	不含五分钟生活圈及以下居住区的公共绿地指标
五分钟生活圈居住区	1.0	0.4	30	不含居住街坊等绿地指标

注:居住区公园中应设置10%~15%的体育活动场地。

居住街坊内集中绿地的规划建设,应符合下列规定:
① 新区建设不应低于0.50 m²/人,旧区改建不应低于0.35 m²/人。
② 宽度不应小于8 m。
③ 在标准的建筑日照阴影线范围之外的绿地面积不应少于1/3,其中应设置老年人、儿童活动场地。

相对应于居住区用地的组成,居住用地附属绿地包括宅旁绿地、配套公建绿地、小区道路绿地、组团绿地,其中包括了满足当地植树绿化覆土要求,方便居民出入的地下或半地下建筑的屋顶绿地。

① 组团绿地:供本组团居民集体使用,为组团内居民提供室外活动、邻里交往、儿童游戏、老人聚集等良好室外条件的绿地。组团绿地集中反映了小区绿地质量水平,一般要求有较高的规划设计水平和一定的艺术效果。

② 宅旁绿地:也称宅间绿地,是居住区最基本的绿地类型,多指在行列式建筑前后两排住宅之间的绿地,其大小和宽度决定于楼间距,一般包括宅前、宅后以及建筑物本身的绿化。它只供本幢居民使用,是居住区绿地内总面积最大、居民最经常使用的一种绿地形式,尤其适宜于学龄前儿童和老人。

③ 居住区道路绿地:是居住区内道路红线以内的绿地,其连接城市干道,具有遮阴、防护、丰富道路景观等功能,一般根据道路的分级、地形、交通情况等进行布置。

④ 配套公建绿地:也称为专用绿地,是各类公共建筑和公共设施四周的绿地。其绿化布置要满足公共建筑和公共设施的功能要求,并考虑与周围环境的关系。

⑤ 其他绿地:包括居住区住宅建筑内外植物栽植,一般出现于阳台、窗台及建筑墙面、屋顶等处。

9.2 居住用地附属绿地规划设计

9.2.1 设计条件分析

居住用地附属绿地规划除了要完成一般的场地调查分析内容外,还要重点注重以下几个方面的条件分析:

1. 居住区总体规划

实际上,居住区景观设计的现场条件并不代表基地现状本身,更多的是指小区的总体规划与设计,包括规划总图、建筑单体、地库及其他设施设计等。小区总体规划与设计是景观设计最基本的依据,也是景观设计的平台,合理的小区总体规划将为居住区留出较大的中心绿地、宅间绿地等。

景观设计的内容和指标都要确定在小区总体规划规定范围内。另外,总体规划建筑与道路的布局形态也决定和制约了居住园林景观的布局与形态。总体规划还确定了该项目适合做的产品形式,别墅、多层、小高层、高层或是复合地产等其他形式,每一种形式所带来的景观设计条件是不一样的。总体规划对项目风格也有界定,根据不同项目的不同受众,开发商和策划方会通过种种途径,比如通过以往的经验、问卷调查、对成功案例的分析等,赋予项目一种适合特定消费人群年龄及心理特征的产品风格。产品风格则包括建筑风格、景观风格以及项目的整体视觉形象等。项目风格的定位决定着居住区景观设计的方向,设计者必须在定位的风格基础上予以整合、升华,而不是照搬照套。景观风格应沿袭建筑的特色,保持建筑立面上的某些元素,使景观与建筑融为整体,而不能格格不入。

在景观设计中,首先要了解小区总体规划中建筑单体底层出入口位置以及与室外标高的衔接情况;第二,各建筑一层平面要能看到小区内的各功能分区,比如有无沿街商铺、架空层等;第三,小区总体规划中的室外地库、地下管线及其他地下构筑物也要在设计中考虑到;第四,要充分考虑地下设施的埋深及覆土情况,也要考虑地库各出入口分布位置情况;第五,树木、建筑小品的安排不能与这些地下构筑物发生冲突;第六,小区总体规划的消防要求要加以考虑,如道路景观的规划设计往往要注意消防通车要求,一些居住用地附属绿地中的空地和草坪还要考虑作为消防登高场地处理等。

在景观设计之初,需要对甲方所提供的建筑规划总图、建筑一层平面图、地库平面图等资料进行整理及汇总,理清景观设计现场限制条件,从而制作一张园林景观设计依据总平面图(图9.1):

① 标出用地红线、园林景观设计范围线、建筑控制线等。

② 一般甲方提供的规划总平面图中各个建筑单体位置为建筑屋面图,在园林景观设计中无法确定各建筑出入口位置,因此需要用建筑底层平面图来替换规划总平面图中的各个建筑屋面图。

③ 标明室外地库的范围线及地库顶板标高,各地库出入口、采光井、通风口等在总平面中的位置。

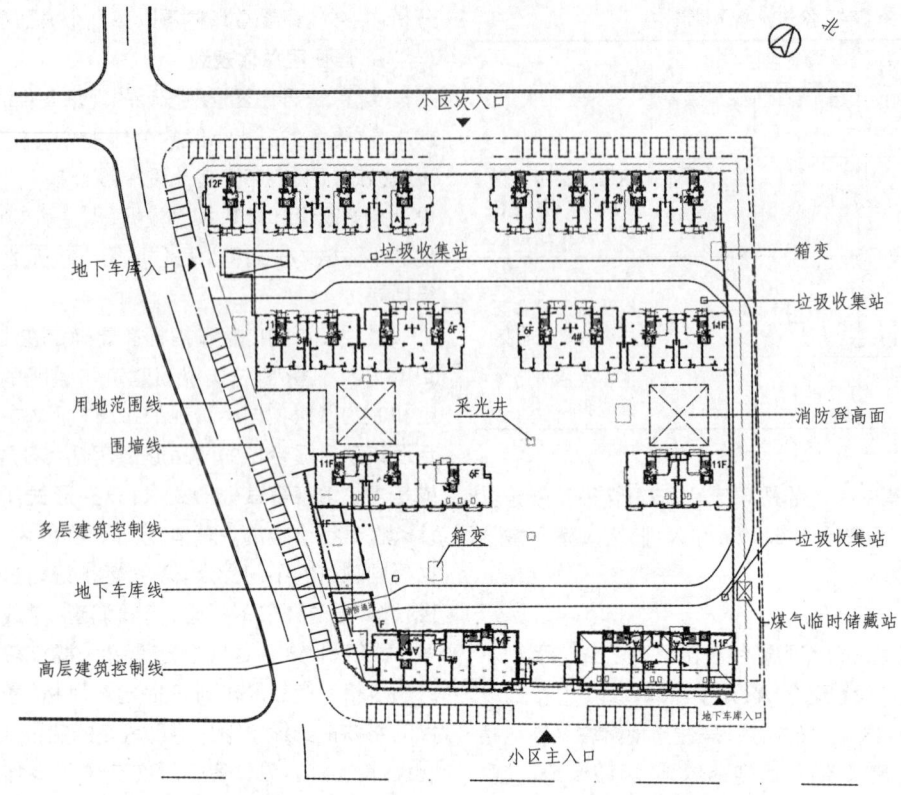

图 9.1 设计依据总平面图

④ 影响园林景观的其他地下设施的位置及深度情况。

⑤ 标明室外场地的规划竖向标高。

⑥ 标明车行道、消防通道及消防登高场地的位置。

⑦ 标明小区中室外配电箱、垃圾处理站等设置的位置。

⑧ 其他与园林景观设计相关的标注,如保留现状树木位置等。

2. 居住区内居民情况

居民情况包括居民人数、年龄结构、文化素质、共同习惯等。

居住用地附属绿地规划设计还要考虑居民的室外活动需求,根据居民的这些需求布置适当的活动设施与内容,如儿童游戏场、健身场地、散步道、休息亭廊等。

3. 居住区所在地区的地域性

不同地区的人们都具有不同的生活习惯和文化环境,居住用地附属绿地规划设计应针对不同方的地域特征进行构思与景点设置,设计出特色鲜明的绿地景观。

9.2.2 立意构思与布局

立意构思是设计者根据功能需要、艺术要求、环境条件等因素,经过综合考虑所产生出来的总设计意图。布局是在经过对基地分析、设计立意、功能分区确定的条件下进行的规划。布局的内容主要包括:

① 大致确定功能分区。

② 确定主要景点位置。

③ 根据小区道路系统进行分析布局。

④ 深入分析小区道路和各个景点之间的关系。

■ **案例一:江苏省扬州市新能源美琪"月亮家园"小区设计布局**

设计构思直接来源于该小区的策划主题"月亮文化",因此小区的构思定位确定为:以植物、水体、石、木等自然材料为主,通过园林布局手法,创造一个全面反映月亮纯洁、高雅、宁静、温馨特性的生态文化家居环境。其景点设计也充分反映月亮主题,在小区绿地中设计了"荷塘月色""花月春江""明月松间照,清泉石上流""云破月来花弄影""月华如水""桂子飘云""月桂宫"等一系列月亮文化特色景点。

整个小区以中心组团绿地为设计主体,以"明月""花月""朗月""圆月"四个组团为辅助,形成众星拱月的结构。中心组团除入口广场外均采用自然式的园林布局,以小品刻画为主,通过水边的密林、疏林草地、石质驳岸、水生植物和岛屿等元素来创造一个生机勃勃的生态小环境,将月亮素材,如荷塘月色加入其中,获得丰满的园林景观,提高景点的文化内涵。其余四个组团中"花月"宜用规整式布局以反映繁华、绚丽等特性,"明月"宜典雅流畅,"朗月"宜开敞,"圆月"宜大气自然(图9.2)。

(王浩,等,2001)

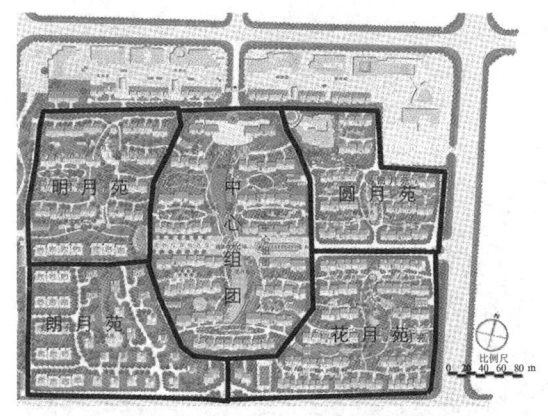

图 9.2　"月亮家园"主题景观布局

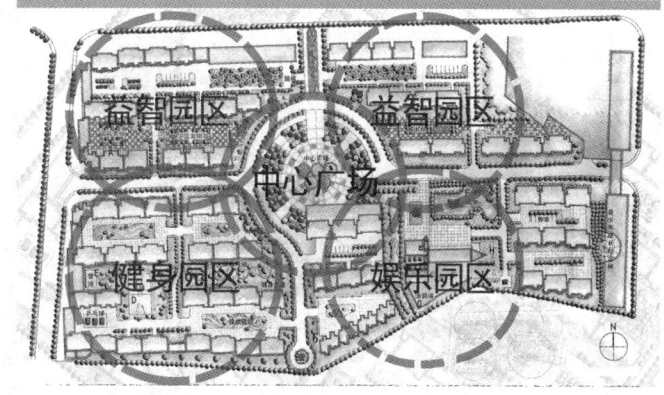

图 9.3　南京万欣公寓花园功能分区

■ **案例二：南京江宁万欣公寓花园设计布局**

该设计充分考虑居住区中不同年龄层次居民的活动特点与心理需求，通过益智园区、健身园区、娱乐园区的有机联系，使得整个居住环境和活动场所做到少有所乐、中有所适、老有所属，创造出一个人文荟萃、绿意浓浓、生机盎然，凝聚高品位和精彩生活的社区（图 9.3）。

（王浩，等，2000）

■ **案例三：南京翡翠谷小区设计布局**

项目设计主题为塑造典雅尊贵、浪漫康健、碧水翠谷中的城市花园。翡翠色泽翠绿、通透，象征着高贵、典雅，是古典灵韵的象征。以翡翠自然属性之美来修饰户主的内在品位和格调，衬托出户主的高贵、气质、高雅。设计理念来源于林语堂先生的一句幽默之言——世界大同的理想生活。翡翠花园背倚青山、侧傍碧水，奢享都市七万平方米珍稀自然之景，尽享都市绿色健康生活。项目吸纳草地、森林、湿地、花丛等浪漫风景元素，品味高贵、健康的生活方式，将大自然的碧水翠谷与城市的尊贵生活糅合在一起，打造一个尽享典雅尊贵、浪漫康健又回归碧水翠谷的运动型城市花园小区。

整个小区包含维多利亚花园、翡翠森林氧吧、生态湿地景观三大分区。维多利亚花园设计以"典雅、尊贵、浪漫、康健"为主题，营造一个丰富的景观层次空间，充分利用小区外部的青山绿水，达到内外交融，成为碧水翠谷上的城市花园。翡翠森林氧吧注重园林野趣、因地制宜、节约成本，形成自然美丽风光带，成为小区的天然绿色背景。生态湿地景观以良好的生态湿地环境为基础，尊崇原生态的自然园林打造手法，充分依托秀美的湖水，打造生态自然的湿地景观（图 9.4～图 9.7）。

（南京盖亚景观规划设计有限公司，2015）

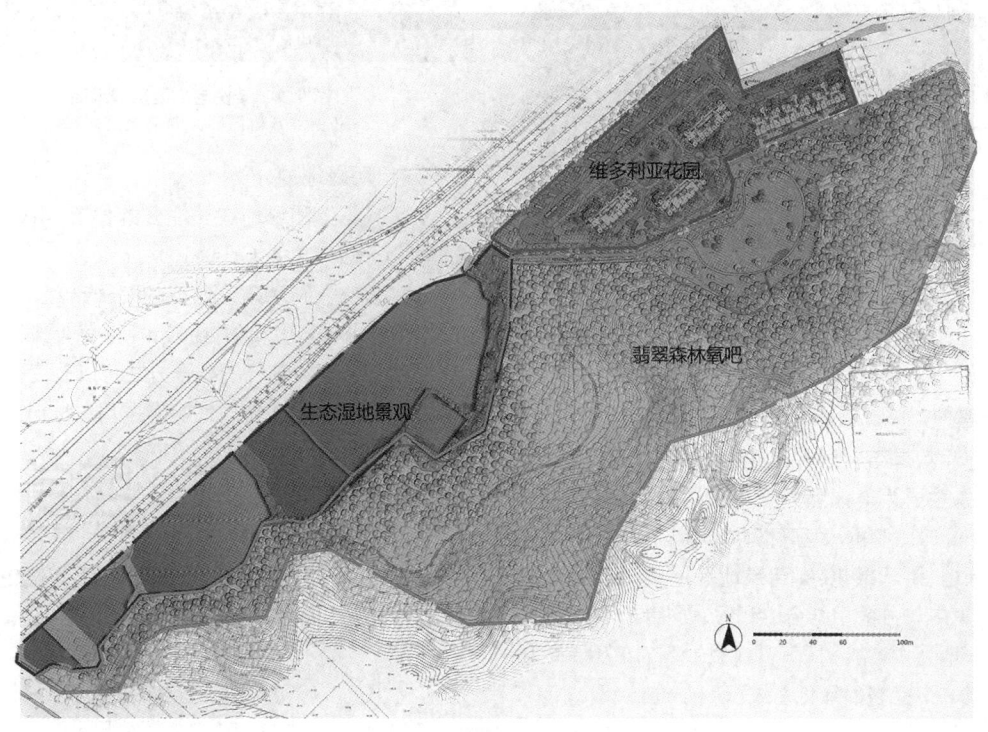

图 9.4　翡翠花园总体布局

图 9.5 居民活动广场

图 9.6 居民休憩空间

图 9.7 儿童活动空间

9.2.3 居住用地附属绿地各组成部分规划设计

1. 组团绿地

组团绿地通常是结合居住建筑组布置的。服务对象是组团内居民,主要为老人和儿童就近活动、休息提供场所(图 9.8、图 9.9)。有的小区不设中心游园,而以分散在各组团内的绿地、路网绿化、专用绿地等形成小区绿地系统,也可采取集中与分散相结合、点、线、面相结合的原则,以住宅组团绿地为主,结合林荫道、防护绿带以及庭院和宅旁绿化构成一个完整的绿化系统。

图 9.8 某高层住宅小区里的组团绿地
(香港日翰国际文化有限公司,2006)

图 9.9 某住宅小区里的组团绿地
(香港日翰国际文化有限公司,2006)

1) 组团绿地的分类

(1) 根据组团绿地在居住区的位置,组团绿地的布置类型可以分以下几种(图 9.10):

① 庭院式:利用建筑形成的院子布置,不受道路行人和车辆的影响,环境安静,比较封闭,有较强的庭院感。

② 林荫道式:这样的布置方式可以改变行列式住宅的单调狭长空间感。北方居住区常采用这种形式布置绿地。

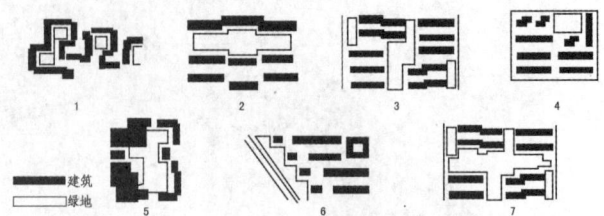

图 9.10 组团绿地方式
(同济大学建筑城规学院,2005)

③ 行列式：这样的绿地布置可以打破行列式山墙间形成的狭长胡同的感觉，组团绿地又与庭园绿地互相渗透，扩大绿化空间感。

④ 独立式：利用不便于布置住宅建筑的角隅空地作为绿地，充分利用土地，避免出现消极空间。

⑤ 结合式：绿地结合公共建筑布置，使组团绿地同专用绿地连成一片，相互渗透，可扩大绿化空间感。

⑥ 临街式：在居住建筑临街面布置，使绿化和建筑相互映衬，丰富街道景观，也成为行人休息之地。

⑦ 自由式：组团绿地与庭院绿地穿插结合，扩大绿色空间，构图亦显得自由活泼。

（2）根据组团绿地的空间环境，即绿地四邻建筑物的高度及绿地空间的形式，组团绿地可以分为以下几种：

① 封闭型院落式组团绿地：四面被住宅建筑周合，空间较封闭，故要求其平面与空间尺度应适当加大。

② 开敞型院落式组团绿地：至少有一面，面向小区路或建筑控制线不小于 10 m 的组团路，空间较开敞，故要求的平面与空间尺度可小一些。

■ **案例：淮北某小区组团绿地**

该组团绿地根据小区规则形的道路作为网格形布局。组团绿地外围布置林荫树阵，既提供了林下的休息空间，又使其组团绿地内部免受小区道路的干扰影响。组团内部为开阔的草坪活动广场，上置各类活动器械，以满足小区居民的公共活动需求（图 9.11～图 9.13）。

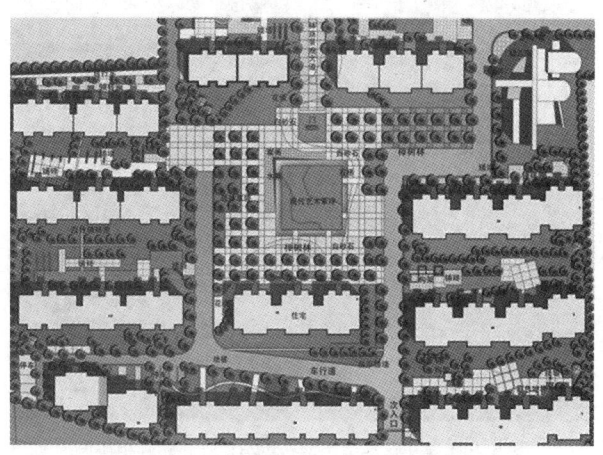

图 9.12 淮北某小区组团绿地平面

图 9.11 中心组团鸟瞰

图 9.13 中心组团透视图

2. 宅旁绿地

宅旁绿地是住宅内部空间的延续和补充，它虽不像组团绿地那样具有较强的娱乐、游赏功能，但却与居民日常生活起居息息相关（图 9.14）。结合绿地可开展各种室外活动，如儿童林间嬉戏、绿荫品茗弈棋、邻里联谊交往，以及衣物晾晒等场地无不是从室内向户外铺展，具有浓厚的生活气息，使现代住宅单元楼的封闭隔离感得到较大程度的缓解，以家庭为单位的私密性活动和以宅间绿地为纽带的社会交往活动都得到满足和协调（图 9.15～图 9.17）。

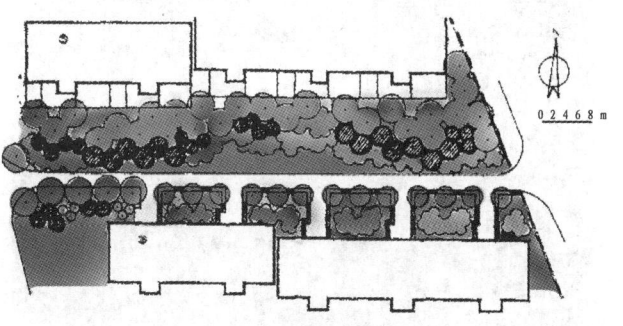

图 9.14 宅旁绿地示意图
（赵建民，2001）

宅旁绿地规划设计要点：

① 结合住宅类型及平面特点、建筑组合形式、宅前道路等因素进行布置。创造宅旁的庭院绿地景观，区分公共与私人空间领域。

② 应体现住宅标准化与环境多样化的统一。依据不同的建筑布局做出宅旁及庭院的绿化规范设计。

③ 植物配置应依据地区土壤与气候条件，居民的喜好以及景观变化的要求。同时，也应尽力创造特色，使居民有一种归属感。

3. 居住区道路绿地

居住区道路绿地是居住区内、道路红线以内的绿地，其连接城市干道，具有遮阳、防护、丰富道路景观等功能，一般根据道路的分级、地形、交通情况等进行布置。小区道路绿地是绿化系统的一部分，也是居住区"点、线、面"的"线"的部分，它起到连接、导向、分割、围合等作用，沟通和连接居住区公共绿地、宅旁绿地等各项绿地。

根据居住区的规模和功能要求，居住区道路可分为居住区级道路、小区级道路、组团级道路及宅前小路四级，道路绿化要和各级道路的功能相结合。

居住区内道路一般有车行道和步行道两类。在人车分行的居住区交通组织体系中，车行交通与步行交通互不干扰，在居住区中各自独立形成完整的道路系统，此时的步行道往往具有交通和休闲双重功能。

下面是居住区道路分级及绿化设计要点。

1) 居住区级道路

居住区级道路为居住区的主要道路，是联系居住区内外的通道。除人行外，车行也比较频繁，车行道宽度一般需 9 m 左右，行道树的栽植要考虑遮阳与交通安全，在交叉口及转弯处要依据安全三角视距要求，保证行车安全。此三角形内不能选用体型高大的树木，只能用不超过 0.7 m 高的灌木、花卉与草坪等(图 9.18)。

2) 小区级道路

居住小区的主要道路，一般路宽 7 m。小区级道路以人行为主，是居民散步之地(图 9.19)。树木配置应活泼多样，根据居住建筑的布置、道路走向以及所处位置、周围环境等加以考虑。在树种选择上，可以多选小乔木及开花灌木，特别是一些开花繁密、叶色有变化的树种，如合欢、樱花、五角枫、红叶李、乌桕、栾树等。

图 9.15　某小区宅旁绿地布置与建筑外轮廓相协调

图 9.16　某小区宅旁绿地以不同的形状和颜色来活跃气氛

图 9.17　根据当地气候特点和植物特色设计的宅旁绿地
图 9.15～图 9.17(香港日瀚国际文化有限公司，2006)

图 9.18　居住区级三角路口绿地
(http://www.ddyuanlin.com)

每条路可选择不同的树种、不同断面的种植形式,使每条路的种植各有个性。在一条路上以某一两种花木为主体,形成合欢路、紫薇路、丁香路等。在台阶等处,应尽量选用统一的植物材料,以起到明示作用(图9.20)。

3) 组团级道路

组团级道路以通行自行车和人行为主,绿化与建筑的关系较为密切。一般路宽2~3 m左右,绿化多采用开花灌木(图9.21)。

4) 宅前小路

宅前小路一般路宽2.5~4 m左右,它是住宅建筑之间连接各住宅入口的道路。它把宅间绿地、公共绿地结合起来,形成一个相互关联的整体,绿化与建筑的关系较为密切(图9.22、图9.23)。

图9.19 小区级道路绿化
(http://www.ddyuanlin.com)

图9.20 行道树起到明示的作用
(http://www.ddyuanlin.com)

图9.21 组团级道路绿化
(香港日翰国际文化有限公司,2006)

图9.22 宅前小路绿化示例一
(http://www.ddyuanlin.com)

图9.23 宅前小路绿化示例二
(http://www.ddyuanlin.com)

4. 配套设施用地绿地

在居住区公共建筑和公共用地内的绿地,由各使用单位管理,按各自的功能要求进行绿化布置。这部分绿地称为配套设施用地绿地。该绿地具有改善居住区小气候、美化环境、丰富居民生活等方面的作用,也是居住区绿地的组成部分。

1) 中小学及幼儿园的绿地设计

中小学及幼儿园是培养、教育青少年及儿童,使他们在德、智、体、美、劳各方面全面发展、健康成长的场所。绿化设计应考虑创造一个清新优美的室外环境。同时,室内应保证既不曝晒,又很明亮,利于学习。

庭院之中应以大乔木为骨干,形成比较开阔的空间,再在房前屋后、边角地带点缀开花灌木。这样既可使青年年及儿童有充足的室外活动空间,做到冬天可晒太阳、夏季可遮阳玩耍,又有丰富多彩的四季景色。此外,幼儿园应有较集中的大草坪供幼儿嬉戏玩耍(图9.24)。

图9.24 广州佛山南海机关幼儿园
(http://www.yuhua.gov.cn)

教室前应以低矮的花灌木为主,不影响室内通风采光。中小学校操场周围应以高大乔木为主,树下可设置体育锻炼用的各种器械。幼儿园的开阔草坪中可开辟一块100 m²左右的场地,设置幼儿游戏器械,地面用塑胶材料铺面,以避免幼儿跌伤。

中小学和幼儿园都可以开辟一处动物角或植物角,面积可根据校园大小,以100～500 m²大小设计安排,以培养儿童认识自然、热爱自然的意识。

在植物的选择上,校园内应选用生长健壮、不易发生病虫害、不飞絮、无毒、不影响青少年及儿童生理健康的树种。在青少年及儿童可以到达、容易触摸到的地方,严禁种植有刺、有毒的植物。

2) 商业、服务中心环境绿地设计

居民日常生活需要就近购物,如日用小商店、超市等,又需理发、洗衣、储蓄、寄信等,居住小区的商业、服务中心是与居民生活息息相关的场所。因此,绿化设计可以规则式为主,留出足够的活动场地,场地上可以摆放一些简洁耐用的坐凳、果皮箱等便于居民来往、停留、等候等。节日期间可摆放盆花,以增加节日气氛。

3) 售楼处景观

售楼处景观的主要功能是配合楼盘销售,其设计与营建在楼盘销售之前,其景观大致有如下特点与设计要点:

(1) 展示性 售楼处景观是整个小区景观形象的代表,人们在看不到未来小区实景之前,只能通过售楼处景观来体验与感受小区楼盘景观的品质,这决定了其景观设计必须精细并具有高品质、有特色。

(2) 协调性 售楼处景观作为未来整个小区景观的展示窗口,其风格应与未来整个小区景观风格相统一、相协调呼应。

(3) 时效性 售楼处景观是临时的,完成售楼任务后需要拆除,有些售楼处景观在完成售楼任务后需长久保留,转换功能使用,成为未来小区景观的一部分。因此,在景观设计中需要根据实际情况做出相应处理。

(4) 尺度及规模较小 售楼处景观往往空间有限、面积较小,场地空间受制约因素较多,因此,要重视细节设计。在空间处理上,可以借鉴"小中见大"的空间处理手法。

(5) 提供室外洽谈的场所 售楼处承担着接待与楼盘销售洽谈的功能,因此,需要在售楼处花园中创造休憩、停留空间,为客户与销售人员营造一个安逸、宁静、舒适、优美的户外洽谈环境。

5. 其他绿地与绿化

1) 阳台、窗台绿化

阳台与窗台绿化不仅增加了人们接近大自然的机会,还美化了居住环境。

(1) 阳台绿化设计 应按建筑立面的设计要求考虑。西阳台夏季西晒严重,宜采用平行垂直绿化。植物形成绿色帘幕,可遮挡烈日直射,起到隔热降温的作用,形成清凉舒适的小环境。在其他朝向较好的阳台,可采用平行水平绿化。根据具体条件应选择适合的构图形式和植物材料,如选择不影响室内采光的落叶攀缘植物,栽培管理条件好的可采用观花观果的植物,如金银花、葡萄等。

(2) 窗台绿化设计 美化建筑立面,也是建筑绿化空间序列的一部分(图9.25、图9.26)。

图9.25 窗台绿化
(http://www.ivsky.com)

图9.26 窗台的花朵配合着墙面的图案
(http://www.ivsky.com)

2) 墙面绿化

墙面绿化是垂直绿化的主要形式,是利用具有吸附、缠绕、卷须、钩刺等攀缘特性的植物绿化建筑墙面。居住区建筑密集,墙面绿化对居住环境质量的改善尤为重要(图9.27)。

墙面绿化要根据居住区的自然条件、墙面材料、墙面朝向和建筑高度等选择适宜的植物材料。墙面材料常用木架、金属丝网等辅助植物攀缘于墙面,经人工修剪,将枝条牵引到木架、金属网上,使墙面得到绿化(图9.28)。墙面朝向不同,适宜采用的植物材料也不同。如在朝南墙面,可选择爬山虎、凌霄等;朝北的墙面选择常春藤、薜荔、扶芳藤等(图9.29)。

图9.29 爬山虎墙面绿化二

图9.27 蔷薇与红色砖墙相互映衬
(http://www.ivsky.com)

图9.28 爬山虎墙面绿化一

3) 屋顶绿化

绿化的屋顶不仅增加了绿化面积,能防止紫外线照射,使屋顶具有降温、绿化的效果,同时,还可以防止火灾。因此屋顶绿化,是开拓城市绿化空间、美化城市、调节城市气候、提高城市环境质量、改善城市生态环境的重要途径之一。其绿化方式主要有:

(1) 棚架式　在载重墙上种植藤本植物,如葡萄、猕猴桃等在屋顶做成简易棚架,高度2 m左右,藤本植物可沿棚架生长,最后覆盖全部棚架。

(2) 地毯式　在全部屋顶或屋顶的绝大部分,种植各类地被植物或小灌木,形成一层"绿色地毯"。地被植物等种植土壤厚度在20 cm即可正常生长发育,这种绿化形式的绿化覆盖率高,特别在高层建筑前、低矮裙房屋顶上。若采用图案化的地被植物覆盖屋顶,效果更好(图9.30)。

(3) 自由式　采用有变化的自由式种植地被、花卉、灌木,植物种植从草本至小乔木,种植土壤厚度在20～100 cm,会产生层次丰富、色彩斑斓的植物景观(图9.31)。

(4) 庭院式　把地面的庭院绿化建在屋顶上,除种植各种园林植物外,还要建亭、园林小品、水池等,使屋顶空间变化成有山、有水的园林环境。这种方式适用于在较大的屋顶面积上。一般建在高级宾馆、旅游楼房等商业性用房上(图9.32)。

(5) 自由摆放　主要将盆栽植物自由地摆放在屋顶上,灵活多变地达到绿化目的。

图9.30 地毯式屋顶绿化
(www.gxlzyc.com)

图 9.31　自由式屋顶绿化
（www.ddyuanlin.com）

图 9.32　庭院式屋顶绿化
（www.ddyuanlin.com）

9.3　案例分析

■ 南京名城世家小区景观规划设计

1) 项目背景

小区位于南京雨花台区小行里198号，基地具有宁南特色的自然丘陵地貌，景色优美。该地块是城南主城的重要组成部分，周边交通便利，具有得天独厚的区位优势。

2) 折衷主义景观设计

折衷主义又称集仿主义，小区景观设计根据楼盘策划并针对小区住户不同群体的审美倾向，大胆采用折衷主义设计理念，创造了一个多元化、集仿式的园林景观。在该案例中，从风格特征、空间体验、地形处理、手法创作、植物配植等方面进行糅合集仿，形成一个折衷主义的现代小区景观。

（1）风格特征　世家小区中最为明显的是对于风格的集仿，小区中有中式的亭廊、欧式的喷泉跌水、东南亚风情的格调、日式风格的小品置石、新中式的竹境等等。这种多元化的风格集仿，形成了典型的折衷主义景观。

（2）空间体验　小区的景观设计通过山、水、树木、亭廊等造园要素把整个小区景观分隔、围合成大大小小、高高低低的不同空间，从而达到步移景异的景观效果。使居民在穿越这些空间中形成不同的空间感受。有欧式典型的开阔空间、中式细腻的微空间，雕塑带来视觉体验，流水形成听觉体验等，丰富的空间体验更好地诠释着折衷主义景观的美妙、奇丽（图9.33、图9.34）。

（3）地形处理　小区景观营造中，叠山挖池典型自然化的山水地形构架，也有规则式的台地处理形式，以自然式为主又相互糅合，形成丰富的地形。

（4）手法创作　小区景观创作手法多变。设计手法既体现中国古典园林强调的"三境"（物境、情境、意境）的营造，采用借景、障景、虚实结合等手法进行创作，体现了西方景观创作中所提倡的人本精神、生态设计的手法。多种创作手法的结合，使得小区景观环境优美、科学实用。

（5）植物配植　小区景观在合理选择树种的基础上，采用多种配置方式，有孤植的观赏树、列植的行道树、乔灌草结合的密植、活动的草坪、软化的驳岸绿化等等。多样的植物配置形式，改善周边环境，形成树林氧吧，供居民享受。

3) 景观布局

景点分区包括一个中心景观区，四个组团景观区（主入口景观区、次入口景观区、宅间景观区、商业景观区），两个景观带（规二路沿河景观带、宁芜铁路防护林带）。

图 9.33　亲子空间

图 9.34　小剧场

(1) 主入口景观区 是连接整个小区景观视线的主轴线,是半开敞的景观区域。主入口采用树阵叠水的造景手法,形成类似建筑中庭的空间,既形成视线的焦点,又满足了入口的人流集散,很好地组织了交通。入口广场设计树阵、叠水,树池内种植高大挺拔的乔木,配合叠水,气势磅礴(图9.35)。

(2) 中心景观区 中心景观区是整个小区的景观精华,由水景串连整个景区,设有叠水瀑布、儿童活动场地、密林小径、弧形构架、小型露天剧场等景点(图9.36)。

(3) 次入口景观区 在规二路沿河景观带的次入口,铺装采用圆形,既具美感,又很好地组织了交通人流,更与溪涧清音的叠水瀑布形成视点轴线,环环相扣(图9.37、图9.38)。

(4) 宅间景观区 这个区域的景观主要以组团绿化为主,延续中心景观区域的设计风格,利用季相变化的景观树木,构成色彩斑斓,春华秋实的景象。采用多变的植物配置方式,形成有起伏、有节奏的生态景观(图9.39～图9.45)。

(5) 商业景观区 这部分景观以铺装为主,为底层商铺提供开放的经营空间。

(6) 规二路沿河景观带 采用开放的景观方式,沿河绿地多植垂柳、碧桃等植物,沿河设计铺装,让人们近距离地享受河岸风光。

图9.35 南京名城世家小区主入口景观

图9.36 南京名城世家小区中心水景

图9.37 南京名城世家小区次入口景观平面

图9.38 南京名城世家小区次入口处的对景——跌水景亭

图9.39 南京名城世家小区中心景观区鸟瞰

图9.40 趣味驳岸

图 9.41 水景和雕塑

图 9.42 框景

图 9.43 南京名城世家小区弧形廊架细部景观

图 9.44 弧形廊架细部景观

图 9.45 多视角的水岸景观

(7) 宁芜铁路防护林带　这个区域景观的主要功能就是遮挡以及隔离噪音,河道采取封闭的方式,多栽植速生、高大的防护林,以减轻铁路噪音的妨碍。

(汪辉、吕康芝,2014)

■ 讨论与思考

1. 什么是居住区?什么是居住小区?两者有何区别又有何联系?
2. 什么是居住用地附属绿地?它包括哪些类型?
3. 组团绿地、宅旁绿地、配套公建、其他绿地在设计手法上有何不同,请结合你熟悉的居住用地附属绿地实例分析说明。
4. 如何根据地方特色来营造居住区的植物景观?
5. 居住区绿化树种应如何选择?

■ 习题

1. 某房地产开发公司在你所居住的省会城市建设某居住小区(见附图)。图中外围粗虚线为小区的用地范围线。要求针对此地总体规划,作出符合居民需求的小区绿地规划方案。

   1) 规划设计要求

     (1) 用地内应包括以下内容:

       ① 适当面积的铺装广场,以供小区居民聚集活动;

       ② 适当的休息设施,如坐凳、亭或花架等;

       ③ 适当面积的运动健身及儿童活动设施空间;

       ④ 适当的水景;

       ⑤ 其他你认为需要的小区户外设施。

     (2) 小区中的道路可以结合小区绿地景观设计在满足总体规划的要求下进行适当调整。

     (3) 在绿地设计需要考虑到小区用地中部分区域为地下车库范围,其覆土深度仅为1.2 m。

   2) 图纸内容

     (1) 总平面图1:500;

     (2) 总体鸟瞰图;

     (3) 功能分析平面图、交通分析平面图、景观视线分析平面图1:1 000;

     (4) 小区中心绿地平面图1:250;

     (5) 结合上述景观视线分析平面图做5张景点透视;

     (6) 规划设计说明(不少于300字)。

   3) 其他要求

     2号绘图纸若干,表现方法不限。

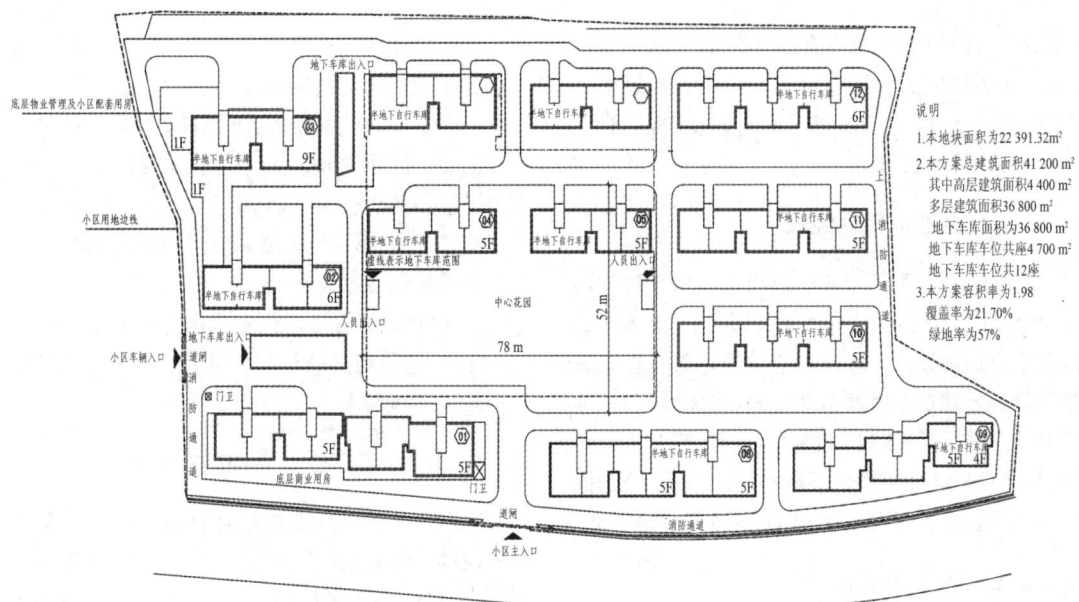

10　单位附属绿地

【导读】　单位附属绿地是指专属于某一部门或某一单位的绿地,如机关、学校、医院、工业企业酒店商业等具有独立用地类型的单位在自己的用地范围内建设的绿地。希望通过本章的学习,能明确单位附属绿地的概念和绿地特征,了解不同类型单位附属绿地因使用功能不同而形成的不同设计目标及设计要点,结合案例加深对单位附属绿地设计技巧的掌握。

10.1　工厂企业绿地

工厂企业单位附属绿地指各类生产资料、生活资料制造或加工等工业单位的庭院附属绿地。这类附属绿地可以减轻因各种生产活动造成的环境污染,改善和提高企业生产与经营活动的环境质量。

10.1.1　工厂企业的用地组成

为了节约城市用地,工厂企业一般建造在城市边缘地段或者是填土地面上,建筑密度较大,尤其是位于老城区的工业场地,用地更加紧张。一般工厂企业用地包含主要建筑用地(指管理办公建筑)、生产区用地、仓库储藏用地、道路用地,还有一些预留用地供未来工厂扩建所需。工厂企业的绿地规划要根据这些用地的实际状况来设计,考虑到使用者的活动范围和工厂企业的性质,合理安排绿地布局。

10.1.2　工厂企业绿地的作用

工厂企业绿地是工厂环境的有机组成部分,也是城市园林绿地的重要组成部分。其具有环境、社会和经济三个方面的作用和效益。

(1) 环境效益　净化空气,吸收有害气体,吸滞粉尘,减少空气中的含菌量和放射性物质;净化水质,降低噪声;保持水土,调解小气候,监测环境污染。

(2) 社会效益　美化厂区,改善工矿企业面貌;避灾防火;利于工矿企业精神文明建设,提高企业声誉和知名度;增强企业凝聚力。

(3) 经济效益　直接创造物质财富,表现在树木的疏伐,植物产生的原料;间接产生经济效益表现,在创设净美的环境,有利于改善环境,吸引投资。

现阶段,工厂企业绿地管理既有工厂企业自行养护,又有养护外包,今后的趋势是养护外包,既可获得更有效的绿化结果,又节省工厂企业自身的人力、财力。

10.1.3　工厂企业绿地的特点

工厂企业绿地在净化环境、改善小气候、减噪等许多方面的功能都与城市园林绿地相同。但是工厂企业绿地毕竟不同于城市园林绿地,还具有一些独有的绿地特点:

① 工厂企业绿地立地条件比较复杂,环境条件较差,不利于植物的生长。

② 厂区内部用地紧凑,绿化用地面积较少,通常不会出现大面积的绿地。

③ 绿化要保证工厂的安全生产和正常运作。

④ 绿地景观要与厂区主要特色相结合,充分考虑工厂职工的环境需求。

10.1.4　工厂企业绿地的规划原则

工厂企业的绿地规划是其总体规划的一个重要组成部分,在决定总体规划时应给予综合的考虑和合理的安排,发挥绿地在改善环境、卫生防护等方面的综合功能。要注意因地制宜、合理布局,形成自身独特的景观特色。所以工厂企业绿地规划设计应该遵循以下几点基本原则:

① 要与建筑主体相协调,统一规划,合理布局,形成点、线、面相结合的厂区绿地系统。

② 满足生产和环境保护的要求,把保证工厂的安全生产放在首位。

③ 以植物景观为主,突出工厂绿地特色。充分为职工休息和生产服务。

④ 充分利用空间资源,扩大绿色植物的覆盖面积,尽量提高绿地率。

10.1.5　工厂企业绿地规划设计

一般工厂企业的绿地规划设计可以分为厂前区、生产区、仓储区、职工休闲区等。因此工厂企业的绿地环境规划设计包含了厂前区绿地环境设计、生产区绿地环境设计、仓储区绿地环境设计、内部休憩绿地设计、工厂道路绿化设计、工厂防护林带设计等。

1) 厂前区绿地环境设计

厂前区主要包括主要入口、厂前建筑群、广场等，一般位于上风向。这里是工人进出的主要场所，往往和城市主要道路相连接，体现着工厂的形象与面貌。其环境的好坏直接影响到城市的环境面貌。其绿地从设计形式到植物选择搭配以及养护管理都要求比较高，以期有较好的景观效果。

(1) 大门环境　大门是工厂的出入要道。绿地设计首先要考虑交通的方便性、引导性和标志性；其次，要与建筑的体形色彩相协调，还要注意与场外街道绿化连成一体，两侧较远处种植高大乔木，大门附近用一些观赏价值较高的矮小植物或者是建筑小品重点装饰，形成绿树成荫、多彩多姿的景观效果；第三，大门周围墙体绿化要充分注意到卫生、防火、防污染、降低噪音，并且要与周围景观相协调，一般可采用攀缘植物进行垂直绿化。

(2) 厂前建筑群、广场环境　这里是厂前区的空间中心，周围环境条件相对较好，有利于植物景观的布置。一般采用规则式布局，并结合一些花坛、雕塑、水池等。远离建筑的地带可以采用自然式的规划布局，设计草坪、花境、树丛等。因为这里建筑物较多，要根据不同建筑物的特点分别设计布置，既有一定的独立性，又与整个厂前区绿地环境相统一。

2) 生产区绿地环境设计（图10.1、图10.2）

生产区周围绿地环境设计较为复杂，因为这里是生产的重要场所，污染比较严重，管线分布较多，空间相对较小，绿化条件较差。生产车间还要注意室内的采光和通风，对植物种类的要求也比较高。根据生产的性质、种类和生产特点，一般将生产区分为：有污染的生产车间、无污染的生产车间、有特殊要求的生产车间。

图10.1　生产区绿化一

图10.2　生产区绿化二

(1) 有污染的生产车间　多数是一些化工生产车间，该区域污染较为严重，产生大量的有害气体、粉尘、烟尘、噪音等，一般植物难以生长，必须选用一些抗污性强的，有特殊功能的植物品种。首先要考虑有害气体的扩散、稀释，利用耐污染植物吸附有害物质，净化空气；其次要注意土壤的污染，可以利用一些人工培土、设计花坛、大型花盆等，更利于植物的正常生长。

在污染严重的车间周围绿化，所栽植物种类是否合适是成功的关键，不同的植物对环境的适应能力和要求也不同。树种的抗污染能力和污染的程度有重要关系，也和林相的组成有关，复层混交林的抗污染能力明显强于单层疏林的抗污染能力。

(2) 无污染的生产车间　无污染的生产车间本身对周围环境不会产生有害的污染物质。相对于有污染的生产车间，周围的环境绿化较为自由，除了不影响交通和管线外，没有其他的限制性要求。在场区总体绿地规划设计的要求下，各个车间还要体现出各自不同的特点，充分考虑职工工余时间休息的需要，特别是一些宣传栏前可以布置花坛、花台，种植花色艳丽、姿态优美的花木，再设置一些坐椅、水池、花架等园林小品，形成良好的休息环境。

大多数生产车间还要考虑通风、采光、防尘、防噪。北方地区要注意防风，南方地区要考虑隔热等一般性的要求。在不影响生产的情况下，可以设置些盆景，做一些立体化的绿化形式，将车间内外连成一个整体，创造一个自然的休息环境。

(3) 有特殊要求的生产车间　一般是一些要求洁净程度较高的生产车间，例如精密仪器生产、工艺品生产、食品生产、电脑软件生产等，这些车间周围的环境质量直接影响到产品的质量和使用寿命，因此对周围的绿地环境要求非常高，要求防尘、清洁、隔热、美观，有良好的采光和通风条件，所以对于植物的选择有特殊的要求，一般应该选择抗病力强、无飞絮、无花粉、吸尘能力强的树种，同时还要考虑绿地在竖向上的设计，做好乔木、灌木、草坪三者高中低的绿地景观效果。

总的来说，整个生产区的绿地规划设计的要点有：
① 注意树种的选择，特别是有污染的车间附近。
② 注意不同性质的车间对于采光和通风的要求。
③ 处理好植物种植和各种管线位置的关系。
④ 满足生产运输、安全、维修方面的要求。
⑤ 考虑职工对于车间周围绿地布局形式以及观赏植物的喜好和周围植物四季的景观效果。

由于经济的迅速发展，生产车间的种类很多，对于环境的要求也有所差异，因此，实地考察工厂的生产特点、工艺流程、对环境的要求和影响、绿化现状场地管线分布等，对于做好生产区绿地规划设计是十分重要的。

3) 仓储区绿地环境设计

仓储区周围的绿地规划设计一般要根据仓库内的储存物品、交通运输条件来考虑，以不影响其功能操作为前提，满足使用上的要求，务必使货物装卸运输方便；还要注意防火的要求，不宜种植针叶树和油脂较多的树种。绿化以稀疏种植乔木为主，一般树木的间距以 7~9 m 为宜，绿化布置应该追求简洁。

露天仓库应该在周围种植一些生长健壮、防火防尘效果好的落叶阔叶树，与周围的环境进行隔离；地下仓库相对简单，考虑土层厚度，栽植的草皮、乔灌木能起到装饰、隐蔽、降低温度、防止尘土飞扬的作用即可。

4) 内部休憩绿地设计

内部休憩绿地的设置是满足职工在工作之余恢复体力、放松精神、调剂心理需要的幽雅环境，一般位于职工休息易于到达、环境条件较好的场地；面积一般不大，要求布局形式灵活，考虑使用者生理和心理上的需求。休憩绿地的设计要结合厂内的自然条件，如小溪、河流、池塘、洼地、山地以及现有的植被条件等，对现状加以改造和利用，创造自然优美的休息空间。

设计要点主要有：
① 结合厂前区布置。
② 结合厂区内的公共设施或人防工程布置。
③ 主要在生产车间附近布置。
④ 利用现有的条件，因地制宜开辟休息绿地。

5) 工厂道路绿化

工厂道路是厂区的动脉，连接工厂内外交通路线，把工厂内部的小块绿地、游园、花坛联系在一起，形成完整的厂区绿地系统，对改善厂区环境有着重要作用，是工厂绿地景观的重点之一。

工厂道路设计一般是采用一板两带式。道路绿地景观通常设计成规则式和自然式相结合的形式。在厂内主要道路多采用规则式，具有统一的行道树或者其他列植树，通过与周围树木搭配，在前后层次处理，单株和丛植的交替产生变化感，一般变化幅度较小，节奏感较强。其余的道路可以根据不同的要求来设计，确定道路的形式。在工厂道路绿化景观上，首先要创造良好的行道环境，体现道路绿地的遮阳、降温、阻挡灰尘、降低噪音、吸收有害气体、净化空气的功能；其次，要保证车辆通行的安全，在限定车速的情况下，路口安全视距大约 20 m；第三，与工程管线相配合，按照树木与管线设施的规定距离来进行种植设计，必要时注意对树木的修剪；第四，不能影响车间的采光和通风。

对于厂区内部的铁路，通常设置隔离防护林带，防止工人随意穿行，隔离防护林带还有固基、降噪、滞尘的作用。

6) 工厂防护林带

工厂防护林带绿地的主要作用是隔离工厂有害气体、烟尘等污染物质对工人和居民的影响，降低有害物质、尘埃和噪音的传播，以保持环境的清洁度。工厂防护林带在工厂绿化设计中占有重要地位。防护林带的宽度要根据污染危害程度、当地实际情况和绿化条件来综合考虑。按国家卫生规范，将防护林带的宽度定为 5 级：1 000 m、500 m、300 m、100 m、50 m。设置类型主要包括防污、防火、防风等林带。

在工厂的上风方向通常设置二至数条防护林带，防止风沙吹袭以及邻近企业所产生的有害排出物污染。在下风方向设置防护林带，必须根据有害排出物排放、降落和扩散的特点，选择适当的位置和种植类型，并定出宽度。在一般情况下，污物从工厂烟囱排出时并不立即降落，所以在靠近厂房的地段不必设置林带，林带设置在污物开始密集降落的范围内和受影响的地段内，卫生防护林带的范围内不宜布置可供散步休息的小道和广场、坐凳。如果需要重点美化，可在穿过卫生防护地带的车行和人行道口旁的林缘，用灌木、花卉或绿篱加以美化。

防护林带因其性质、作用的不同，其结构一般可分为透风式、半透风式、封闭式三种。透风式一般多是由乔木组成，不配置灌木，主要是减弱风速、阻挡污染物质，在距离污染源较近处使用。半透风式也是以乔木为主，在林带两侧配置一些灌木，主要适合于防风或者是远离污染源的地方使用。封闭式林带由大乔木、小乔木、灌木多种树木组合而成，防护效果好，有利于有害气体的扩散和稀释。

10.1.6 工厂企业绿地树种选择

1) 抗烟尘树种

香樟、青冈栎、广玉兰、榉树、国槐、银杏、刺楸、榆树、朴树、重阳木、刺槐、苦楝、臭椿、三角枫、桑树、悬铃木、泡桐、五角枫、乌桕、青桐、麻栎、皂荚、女贞、冬青、桃叶珊瑚、枸骨、桂花、石楠、夹竹桃、栀子花、木槿、紫薇、蜡梅等。

2) 滞尘能力较强的树

榕树、青冈栎、广玉兰、臭椿、国槐、悬铃木、朴树、银杏、榆树、麻栎、柳树、榉树、刺槐、皂荚、海桐、女贞、珊瑚树、枸骨、夹竹桃、石楠等。

3) 防火树种

青冈栎、栲、苦槠、银杏、泡桐、栓皮栎、麻栎、枫香、乌桕、柳树、国槐、刺槐、臭椿、珊瑚树、厚皮香、交让木、山茶、油茶、罗汉松、女贞、海桐、大叶黄杨、枸骨、蚊母树、夹竹桃等。

4) 抗二氧化硫(SO_2)的树种

(1) 抗性强的树种　棕榈、木麻黄、青冈栎、相思树、榕树、侧柏、广玉兰、银杏、白蜡、北美鹅掌楸、梧桐、重阳木、合欢、皂荚、刺槐、国槐、海桐、蚊母树、山茶、女贞、小叶女贞、十大功劳、九里香、凤尾兰、夹竹桃、枸骨、枇杷、枸杞、紫穗槐等。

(2) 抗性较强的树种　华山松、白皮松、云杉、赤松、龙柏、侧柏、广玉兰、椰子、柳杉、日本柳杉、三尖杉、杉木、木麻黄、青桐、臭椿、桑树、楝树、榔榆、朴树、黄檀、榉树、枫杨、七叶树、板栗、无患子、柿树、垂柳、梓树、泡桐、国槐、银杏、乌桕、枫香、旱柳、垂枝、刺槐、杜仲、凹叶厚朴、毛白杨、罗汉松、冬青、珊瑚树、栀子花、胡颓子、卫矛、八角金盘、含笑、木槿、桃树、石榴、蜡梅、枣、沙枣、丁香、八仙花、连翘、金银木、紫荆、紫薇、丝兰、地锦、紫藤等。

(3) 反应敏感的树种　雪松、油松、马尾松、湿地松、悬铃木、苹果、梨、郁李、毛樱桃、樱花、贴梗海棠、梅花、玫瑰、月季等。

5) 抗氯(Cl_2)气体的树种

(1) 抗性强的树种　龙柏、侧柏、棕榈、广玉兰、合欢、皂荚、国槐、臭椿、苦楝、白蜡、杜仲、构树、桑树、柳树、海桐、蚊母树、山茶、女贞、夹竹桃、枸骨、小叶女贞、凤尾兰、丝兰、木槿、无花果、紫藤等。

(2) 抗性较强的树种　云杉、桧柏、铅笔柏、榉树、青桐、楝树、朴树、板栗、乌桕、悬铃木、水杉、旱柳、天目木兰、凹叶厚朴、毛白杨、泡桐、梧桐、重阳木、梓树、鹅掌楸、银杏、白榆、杜仲、君迁子、珊瑚树、栀子花、罗汉松、桂花、小叶女贞、卫矛、无花果、石榴、紫荆、紫穗槐、柽柳、枇杷、山桃、石楠、地锦等。

(3) 反应敏感的树种　薄壳山核桃、枫杨等。

6) 抗氟化氢(HF)气体的树种

(1) 抗性强的树种　棕榈、龙柏、侧柏、青冈栎、朴树、桑树、香椿、皂荚、国槐、白榆、杜仲、海桐、蚊母树、山茶、枸骨、花石榴、凤尾兰等。

(2) 抗性较强的树种　云杉、柳杉、桧柏、白皮松、广玉兰、白玉兰、垂柳、榉树、青桐、楝树、臭椿、刺槐、合欢、杜仲、白蜡、梧桐、乌桕、小叶朴、梓树、泡桐、鹅掌楸、柿树、凹叶厚朴、银杏、女贞、小叶女贞、油茶、桂花、含笑、珊瑚树、无花果、枣树、木槿、紫薇、丁香、樱花、天目琼花、金银木、地锦、月季、丝兰等。

(3) 反应敏感的树种　侧柏、杏、梅、榆叶梅、紫荆、葡萄、金丝桃等。

7) 抗乙烯的树种

(1) 抗性强的树种　棕榈、悬铃木、夹竹桃、凤尾兰等。

(2) 抗性较强的树种　黑松、香榧、榆树、枫杨、重阳木、乌桕、白蜡、柳树、罗汉松、女贞、紫叶李等。

(3) 反应敏感的树种　刺槐、臭椿、合欢、月季等。

8) 抗氨气的树种

(1) 抗性强的树种　杉木、柳杉、广玉兰、银杏、榉树、朴树、皂荚、白玉兰、女贞、蜡梅、紫荆、石楠、石榴、无花果、木槿、紫薇等。

(2) 反应敏感的树种　悬铃木、薄壳山核桃、杜仲、杨树、枫杨、刺槐、小叶女贞、珊瑚树、木芙蓉、紫藤等。

9) 抗臭氧(O_3)的树种

柳杉、日本扁柏、黑松、青冈栎、悬铃木、枫杨、刺槐、银杏、榉树、鹅掌楸、女贞、夹竹桃、冬青、枇杷、连翘、八仙花等。

10.2　公共事业单位绿地

10.2.1　教育机构绿地规划设计

教育机构绿地规划设计是公共事业单位绿地规划设计的重要组成部分之一，主要是指校园园林绿地规划设计。根据使用人年龄的不同和教育事业不同阶段的要求，可以把教育机构绿地规划分为三个不同的部分：幼儿园绿地规划、中小学绿地规划、大专院校绿地规划。

1. 幼儿园绿地规划设计

幼儿园是对3～6岁幼儿进行学龄前基础教育的机构。早期教育是一种启蒙教育，孩子们活泼可爱，对一切都充满了好奇。这个时期婴幼儿具有十分明显的特点：

① 可塑性大，生长发育快，模仿能力强，接受能力强，活泼。但是对于外界了解很少，缺乏思维能力和创造力。

② 儿童年龄愈小，年龄特征的变化愈快。他们的思维首先是直觉行动性。约3岁以后的儿童就具有了形象思维的特征，以后慢慢发展成为简单的逻辑性思维。

③ 这一阶段的孩子是爱好娱乐，喜欢游戏的。由于年龄较小，反应能力差，适宜静态的游戏和娱乐，5岁以后逐渐转向动态的游戏和娱乐。

1) 根据该时期婴幼儿的特点幼儿园内部布局有以下几个特点：

(1) 面积小　幼儿园一般是建在居住小区内部，覆盖面积相对较小，生源也十分有限，所以幼儿园的规模比较小。

(2) 功能简单　幼儿园主要是进行学前教育,教学任务简单,要求的功能也简单,一般设计一些小型的场地和一些简单的活动器械供幼儿们游戏。

(3) 室外活动面积有限　幼儿园本身规模就很小,加上为幼儿的安全考虑,主要是在室内学习和玩耍,室外空间只提供少量的活动设施。

幼儿园环境设计要符合孩子们的心理,以活泼、动人、美丽和色彩明快为特点,如常用一些动物雕塑、卡通人物形象雕塑(图10.3)等。

2) 幼儿园的绿地规划设计

一般可分为大门的绿地规划、建筑区的绿地规划、户外活动场地的绿地规划三个部分:

(1) 大门的绿地规划　是绿地规划布局的重点之一,它应该具有活泼、动人、美丽,适应儿童的特点,给儿童可爱、亲切的印象。

(2) 建筑区的绿地规划　主要结合周围主要建筑环境、地形和朝向与其他部分统一安排,使建筑物与室外的环境良好地结合起来。

(3) 户外活动场地的绿地规划　户外活动场地是幼儿集体活动、游戏的主要场地,更是重点绿化场所。在户外活动场地内通常设有沙坑、花架、涉水池、小亭以及各种幼儿活动的器械(图10.4)。在这些附近以种植树冠宽阔、遮阳效果好的落叶乔木为主,使儿童及活动器械在夏天免受阳光的灼晒,在冬天又能享受阳光的温暖。整个场地应该开阔通畅,不宜过多种植,以免影响儿童活动。户外活动场地的绿地铺装和材质色彩要结合这时期儿童的特点来设计,符合儿童的心理,适合儿童的使用,为他们所喜爱。场地约40%要进行硬质铺装,如水泥、块石、瓷砖等。其余部分应铺草地。这些铺装可以做出一些儿童喜

图10.4　幼儿园户外活动场地

图10.5　幼儿园环境绿化

欢的艺术形象,如动物形象化的图案等,以取得良好的效果。

在整个幼儿园绿地规划设计当中选用的花木要有严格的要求,不宜种植多飞毛、多刺、有毒、有臭及引起过敏反应的植物,如悬铃木、皂荚、海州常山、夹竹桃、枸骨、鸢尾等;必须是无毒、无刺、不会产生任何危害的种类,如选用开花的白玉兰、迎春、垂丝海棠、蜡梅、紫薇、紫藤、紫荆、芭蕉、罗汉松、杜鹃花等,使园中鲜花烂漫,四季如春(图10.5)。

3) 幼儿园绿地规划设计要点

① 必须设各班专用的室外场地,同时另设全园共用的室外活动场地。场地应设游戏设施、沙坑、洗手池和戏水池(水深<0.3 m),并可适当布置小亭、花架、动物房、苗圃及供儿童骑自行车的小区。

图10.3　幼儿园小构筑物

② 浪船、吊箱等摆动类器具周围应有安全围护设施。
③ 户外要避免尘土飞扬并注意保护儿童安全。
④ 种植形态优美、色彩艳丽、无毒无刺无飞毛的植物，乔木应注意通风采光需求。
⑤ 学校周围注意用绿篱或乔灌木林带隔离。

2. 中小学绿地规划设计

中小学的绿地规划设计和幼儿园的绿地规划设计有很大的区别。到了中小学阶段，孩子们思维活跃，已经有了一定的判断能力，也是可塑性最强的时期。中小学的校园环境设计应生动活泼并带有启迪性，充分发挥环境育人的作用，常用名人雕塑和带有启发性的造型小品等，要求格调明快、一目了然。

这一时期少年的主要特征是：
① 他们的年龄分别在6～11岁和12～16岁。
② 他们的好奇心大幅度的增强，据有关专家测定，这一年龄段是人一生中形象记忆和情绪记忆的最佳时期。
③ 小学各年级和初中一年级均属于少年时代，他们酷爱科学和运动。
④ 12～15岁的孩子，在德、智、体方面已全面发展，酷爱并勇于参加科技活动和体育锻炼。

中小学生是祖国的明天，是具有时代特征的新一代，对于他们的教育有其特殊性，需要全社会各行业的关注，从各个方面创造使他们健康成长的环境。

中小学校园面积一般较小，在1 hm²左右。除教室、操场外，可绿化的面积较小，个别校园除去教室外，几乎没有绿化的面积。所以中小学校园绿地规划要结合实际场地，制订有效的绿地规划方案(图10.6)。

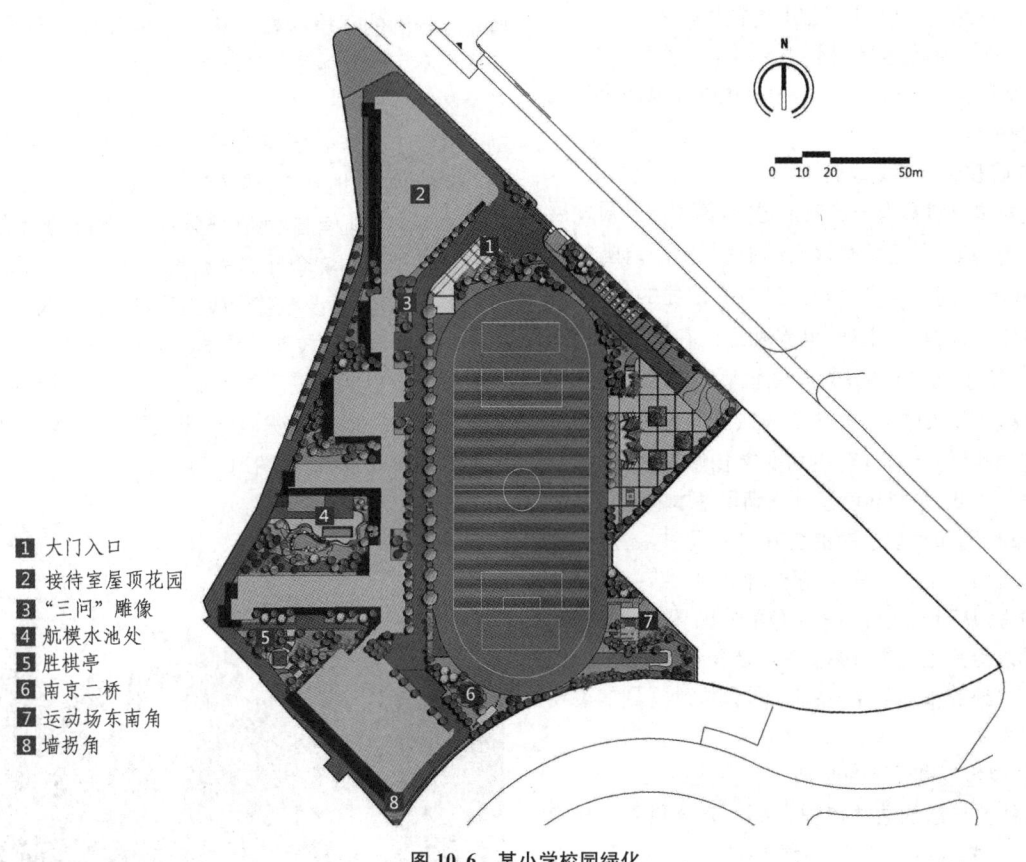

1 大门入口
2 接待室屋顶花园
3 "三问"雕像
4 航模水池处
5 胜棋亭
6 南京二桥
7 运动场东南角
8 墙拐角

图10.6 某小学校园绿化

1) 一般中小学校园绿地的规划

可分为：校园出入口绿化、主体建筑周围绿化、体育运动场绿化、校园道路绿化、校园四周绿化。

(1) 校园出入口绿化 校园出入口至教学楼前通常是校园绿化、美化的重点。在校园门口或教学楼前设置小广场、树池、花坛、水池、雕塑等来突出校园的特色，美化校园环境；可以在入口主道种植绿篱、花灌木，以及树姿优美的常绿乔木，使入口主道四季常青。

(2) 主体建筑周围绿化 主要是为了在教学楼周围形成一个安静、清洁、卫生的环境，为教学创造良好的条件，其布局形式要与建筑相协调，方便师生通行，多规划成规则式布局，还要注意教室通风、采光的需要，靠近建筑的地方不宜种植过高的乔灌木，以免影响光线和通风。

(3) 体育运动场绿化 运动场是学生进行体育锻炼的主要场地，容易形成喧闹、嘈杂的环境，所以运动场和教学主体建筑要有一定距离，两者之间用树木组成紧密型的树带，以免影响正常的室内教学。场地周围绿化以高大浓荫的乔木为主，可利用季节变化显著的树种，如榉树、枫香、乌桕、五角枫等，使场地随季节变化呈现出不同景色。场地周围尽量少种灌木，以留出更多的活动空间。

(4) 校园道路绿化　以乔木为主，形成一定的遮阳效果，可以点缀一些常青树和花色艳丽的花灌木等，使树种丰富四周，且可以考虑挂牌标明树种及其价值等。

(5) 学校四周绿化　常采用常绿树和落叶树相结合，乔木与灌木混合栽植，形成一定的绿篱，以减少噪声，给学校一个安静的学习环境。

2) 中小学绿地规划设计要点

(1) 校前区绿化　标志集散区，常绿植物占大比例，注意景观和行道树设置。

(2) 教学科研区绿化　安静优美，布置花坛、草坪、雕塑小品等，要有简洁开阔的景观设计，注意四季色彩。教学楼附近绿地规划要注意通风采光，方便师生行走。

(3) 运动场绿化　以高大落叶乔木为主，种植形态优美、色彩艳丽的树种，注意隔音效果。

(4) 道路绿化　以遮阳为主，学校周围注意用绿篱或乔灌木林带隔离。

3. 大专院校绿地规划设计

大专院校是培养具有一定政治觉悟，德智体全面发展的高级人才的园地，通常都有很大的面积，安静清幽的环境，丰富活泼的空间。当代大学生又具有明显的特点：他们正处于青年时代，其人生观、世界观正处在树立和形成期，各方面正逐步走向成熟；大学生们朝气蓬勃，思想活跃，精力旺盛，可塑性强，又有着个人独立的见解；大学生们掌握一定的科学知识，具有较高的文化修养，思维和判断力都很强。因此，校园环境设计在满足基本的使用功能后，更应注重构思和表现主题的含蓄性。同时，还应特别注重学校本身所具备的特有的文化氛围和特点，并贯穿到环境设计中去，从而创造出不同特色的校园环境。良好的校园环境可以给师生们提供必要的物质条件，更能够给他们提供不可或缺的精神条件。所以，校园绿地规划的重要性是不言而喻的。

1) 校园绿地规划设计的原则

(1) 以种类丰富的园林植物为主　充分利用园林植物的特点，创造校园绿色空间，在绿中求美，保护和改善校园环境。如果在校园绿地面积较大的情况下，可以考虑选用一些枝干具有观赏性的花木，设计一些知识型、趣味型的小块绿地，或者建造一些专类花园。在设计中要注意做到适地适树和对乡土树种的使用，提高绿化的成功率。还要考虑到乔灌草相结合，一般以乔木为主，灌木为辅，常绿与落叶相结合，通过不同品种花木的配置形成层次鲜明的校园景观，达到夏季郁郁葱葱，冬季又景色可观的目的。

(2) 注意环境的实用性、包容性、围合性　争取能够创造具有依托感的氛围，凡是能形成一定围合、隐蔽、依托的环境，都会使人渴望停留其中，使师生在充满温馨而又实用的校园环境中感到轻松，得到休息。设计一些适合小集体活动的场所，为学生提供相互沟通和交流的平台。

(3) 注意点、线、面相结合　点是景点，线是校园道路，面就是校园绿地，设计应考虑三者之间的相互补充和依托，使校园内景色和谐完美，形成一个统一的有机整体。

(4) 设计层次丰富的校园空间　多层次的校园空间供学生、教师学习、交往、休息、娱乐、运动、赏景和居住。通过环境的塑造，体现校园内的文化气息和思想内涵。

(5) 建造适当的校园园林小品　园林小品的设置使环境更具有实用性，可以通过小品使校园内充满教育意义和人情味、亲切感以及鲜明的时代特征。

2) 各个分区绿地规划设计

大专院校都有明显的分区，一般可以分为：校前区、教学区、行政及科研生产区、文体区、生活区。设计前，要了解用地周围的环境和校园总体环境规划对该区的定位。校园内不同的功能区对环境的要求有所不同，如入口区和教学区讲究严整的秩序性，而生活区则比较强调活泼生动。掌握上述特征，就可以使方案构思有章可循，紧扣主题。同时，要因地制宜，传承学校风貌。校园休闲绿地设计应充分利用现有自然条件形成自身特色，在满足功能的同时又使学校环境个性非常鲜明。各个分区绿地规划设计应各有特色，又要与整个校园风格保持一致。

(1) 校前区　校前区是学校的门户和标志，它应该具有本校园明显的特征。该区绿化应以装饰性为主，布局多采用规则而开朗的手法，以突出校园的宁静、美丽、庄重、大方的高等学府气氛(图10.7)。

图10.7　校前区环境

(2) 教学区　教学区绿地规划设计一般包括教学楼周围绿地规划设计、实验楼周围绿地规划设计、图书馆周围绿地规划设计。这里应该强调安静，体现庄严肃穆的气氛(图10.8)。

教学区环境以教学楼为主体建筑，环境绿地规划布局和种植设计形式要与大楼建筑艺术相协调。现在多采用整齐式的布局,因此在不妨碍楼内采光和通风的情况下,要多种植落叶大乔木和花灌木,以隔绝外界的噪声。为了满足学生课间休息的需要,教学楼附近可留出一定数量、面积的小型活动场地。

图 10.8　教学区环境

实验楼周围的环境,应根据不同性质的实验室对于绿化的特殊要求进行设计,重点注意防火、防尘、减噪、采光、通风等方面的要求,选择适合的树种,合理地进行绿化配置。如在有防火要求的实验室外不种植含油脂高及冬季有宿存果、叶的树种;在精密仪器实验室周围不种有飞絮及花粉多的树种;在产生强烈噪声的实验室周围,多种枝叶粗糙、枝多叶茂的树种等等。

图书馆周围的环境,应以装饰性为主,并应有利于人流集散。可用绿篱、常绿植物、色叶植物、开花灌木、花卉、草坪等进行合理配置,以衬托图书馆的建筑形象。周围还可以规划一些校园小品,创造多种适合学生学习、活动的场地。

(3)行政及科研生产区　行政区是校园里的一个重要场所,不仅是行政管理人员、教师和科研人员工作的场所,也是学生集中活动之处,还是对外交流和服务的一个重要窗口。因此,行政办公区环境绿地规划如何,直接关系到学校在社会上的形象。

行政区的主体建筑一般是行政办公楼或综合楼等,其环境绿地规划设计要与主体建筑艺术相一致。一般多采用规则式,以创造整洁而有理性的空间环境,使师生在工作和学习当中达到心灵与环境的和谐。植物种植设计除了依托主体建筑、丰富环境景观和发挥生态功能以外,还要注重艺术效果,在空间组织上多设开放空间,创造具有丰富景观内容和层次的"大庭院",给人以明朗、舒畅的景观感受。在靠近建筑墙体的地方种植一些攀缘植物,进行墙面的垂直绿化,同样也能产生较好的环境绿化美化效果和生态功能。

(4)文体区　文体区绿地规划设计主要包含校园活动中心环境规划设计和体育活动中心环境规划设计。该区在学校占有十分重要的地位,是学生主要的休闲、活动、娱乐、学习和交流的场所。

校园活动中心一般多设在校园绿化景区的中心位置,其绿地规划设计,主要是结合周围大环境考虑,以交通方便、环境优美、有着亲切宜人的气氛为宜,注意与学生居住区和教学区的联系。校园活动中心的环境设计要设置一些校园景观小品,提高师生学习、交流的氛围。由于这里是师生室外活动的主要场所,在植物配置方面,应当选用相对易于管理的树木和草坪品种。树木以体形高大、树冠丰满、具有美丽色彩的乔木为主。校园休闲绿地非常注重方案的构思立意,好的设计往往以形表意,将积极、进取的思想融入方案中,实现寓教于环境的目的。从平面构图开始,方案设计就应注重紧扣主题。其次,小品运用和景点设置也要为主题服务,如常采用放置名人雕塑、刻名言警句、营造带有启迪和教育意义的景点等。

体育活动中心的环境规划设计相对于其他的环境设计较为简单。首先,其规划设计要远离教学区,靠近学生生活区。其次,要注意周围的隔离带规划设计和各个场地的隔离设计。这样一方面有利于学生就近进行体育活动,另一方面可避免体育活动对其他功能区的影响。体育活动中心周围的植物配置应以高大乔木为主,提高遮阳和防噪效果。网球场、排球场周围常设有金属围网,可以种植一些攀缘植物,进行垂直绿化,进一步美化球场环境。草坪通常以耐阴、耐践踏草种为主,如狗牙根、结缕草等。

体育馆周围的绿地规划设计应该布置得精细一些。在主要入口两侧可设置花台或花坛,种植树木和一二年生花草,以色彩鲜艳的花卉衬托体育运动的热烈气氛。

(5)生活区　大专院校内为方便师生学习、工作、生活,往往有各种服务设施,但主要是以宿舍区为主。宿舍区的环境规划设计应该充分考虑学生学习、休息。周围要求空气清新,环境优美、舒适,花草树木品种丰富。注意选用一些树形优美的常绿乔、开花灌木,使宿舍周围四季均有景可观,为学生提供一定的室外学习和休息的场地。因此,在楼周围的基础绿带内,应以封闭的规则式种植为主。其余绿地内可适当设置铺装场地,安放桌椅、坐凳或棚架、花台及树池。在场地上方或边缘种植大乔木,既可为场地遮阳,又不影响场地的使用,保证绿化的效果(图10.9)。

生活区环境规划设计多采用自然绿化的手法,利用装饰性强的花木布置环境。还可以考虑在生活区开辟一些林间空地,设置小花坛,留一定的活动场地等。生活区内

图 10.9 南林大研究生公寓环境

图 10.10 医院绿化环境

通常还有超市、邮局、报亭等,要充分考虑其环境规划设计的要点,使其有明显的绿化特点。

3) 大专院校绿地规划设计要点

(1) 绿地空间丰富、集中、方便使用,创造多种适合于学习、活动的绿地场所。

(2) 教学区周围绿地要与建筑主体相协调,提供一个安静、优美、适宜学习的绿色空间。

(3) 校园主楼前广场绿地突出学校特色,结合教学要求进行绿地布置。

(4) 运动场和校园其他建筑之间要注意林带分隔。

(5) 校园应设置雕塑,可对学生起到很好的教育作用。

10.2.2 医疗机构绿地规划设计

医疗机构绿地主要是指医疗机构用地中供患病者、康复期患者及亚健康人群治疗与休养的室外公共绿地。其主要功能是满足患者或疗养人员游览、休息的需要,起着治疗、卫生和精神安慰的作用,同时可利用一些天然的疗养因子,达到预防和治疗疾病的目的,给医疗机构创造一个安静优雅的绿化环境(图10.10)。

1) 医疗机构的类型及其规划特点

(1) 医疗机构的类型

① 综合型的医院:一般设施比较齐全,包括内、外科的门诊部和住院部。

② 专科医院:主要是指只做某一个或少数几个医学分科的医院,例如口腔医院、儿童医院、妇产医院、传染病医院等。

③ 休、疗养院:主要是指专门针对一些特殊情况患者的医疗机构,供他们休养身心、疗养身体的专类医院。

④ 小型卫生所:主要是指一些社区、农村的小型医疗机构,医疗设施相对较为简单。

(2) 规划特点 综合型的医院和专科医院由多个使用功能要求不同的部分组成,在对其进行总体规划时,要严格按照各功能分区的要求进行。一般可分为医务区和总务区两大组成部分,医务区又可以分为门诊部、住院部、辅助医疗等部门。门诊部是接纳各种患者、诊断病情、确定门诊治疗或者住院的场所,以方便患者就诊为主要目的,通常靠近街道设置,另外还要满足医疗需要的卫生和安静的条件。住院部是医院重要的组成部分,要有专门区域,设置单独出入口,要求安排在总体规划中卫生条件最好,环境最好的地方,以保证患者能安静地休养,避免一切外界的干扰和刺激。辅助医疗部门主要是由手术部、药房、化验室等组成,一般是和门诊部、住院部相结合设计。总务区属于服务性质的地方,包含厨房、洗衣房、锅炉房、制药间等,一般设在较为偏僻的地方,与医务区既有联系又有隔离。行政管理部门可以单独设立,也可以与门诊部相结合设置,主要针对全院的业务、行政和总务管理。

休、疗养院的规划一般要求周围的环境条件较好,通常设置在风景区内。根据周围具体的环境进行总体规划,主要是给疗养人员提供良好的休养环境。小型卫生所的规划更为简单,因为它主要是针对某个范围内的人群设立的,通常只有几间房屋,周围设计一些小块的绿地就可以满足要求。

2) 医疗单位绿地分区规划设计

医疗机构中的园林绿地,一方面可以创造安静的休养和医疗环境,另一方面也是医院卫生防护隔离的地带,对改善医院的周围环境有着良好的作用,如调节小气候、降低噪音、阻挡灰尘、调节湿度、杀灭细菌等。一般医院中的绿地面积占总用地面积的50%左右,个别医院的绿地面积可能更大些,如疗养院、精神病医院等。

医院的绿地布局根据各组成部分的功能要求有所不同,其绿地也有不同的布局形式,通常可以分为门诊区绿地、住院区绿地、辅助医疗及总务区绿地、外围绿带等。

(1) 门诊区绿地　门诊区一般位于医院的出入口的位置，靠近街道，是医院和城市街道的结合区域，人员流动比较集中，需要有较大面积的缓冲场地，形成开朗的空间。门诊区绿地规划设计的主要目的是满足人流的集散、候诊、停车等多种功能，还要体现医院的风格与风貌。因此，门诊区绿地的设计应该重点装饰美化，做到与城市街景相协调，可以设置一些花坛、花台等，条件较好的地方还可以设置喷泉和主题性雕塑，形成开朗、明快的格调。喷泉的水流还可以增加空气中的湿度，提高疗养功能。入口场地的周围可以种植整形绿篱、开阔的草坪、花开四季的花灌木，以提高门诊区的景观效果，但是色彩不宜过于艳丽，以常绿素雅为宜。场地中还要稀疏种植一些高大乔木，但是要注意保持门诊室的通风和采光，一般高大乔木应在门诊室 8 m 以外的地方种植，同时，设置一些坐凳供患者休息。医院临近街道的围墙通常采用通透式，使得医院内部的绿地草坪与街道上的绿化景观相呼应。

(2) 住院区绿地　住院区一般在医院环境最好、地势较高、视野开阔的位置。住院区内绿地规划设计的主要目的是为患者提供良好的室外活动场地，既保健还能净化空气；既促进患者康复，还有一定的隔离作用，避免不同区域的相互影响。所以，在住院楼的周围绿化要精心设计，在住院楼的向阳面可以因地制宜布置小游园，为住院患者提供休息疗养的室外场所，园中的道路起伏不宜太大，不宜设置台阶踏步等，应充分考虑患者使用的方便性。中心位置还可以布置小型广场，点缀些水池、喷泉等园林小品。广场内应多设置一些坐凳、花架等，方便患者休息，也是亲属看望患者的室外接待处。这种广场还可以兼作日光浴场、空气浴场等。

住院区的植物配植应有明显的季节性，使长期住院患者能感到自然界的变化，季节变换的节奏感宜强烈些，使之在精神、情绪上比较兴奋，从而提高药物的疗效。常绿树与花灌木应保持一定的比例，树种也可丰富多彩些，可以多种植一些药用植物，使植物种植与药物治疗联系起来，增加药用植物知识，减弱患者对疾病的精神负担，有利于患者的心理辅疗。住院楼的周围不宜采用垂直绿化，以免影响室内的卫生环境。整个住院区内的绿地，除铺装地外，都应该铺设草坪，以保持环境的清洁卫生和优美。

另外，一般患者与传染病患者不能共同使用一个花园，以避免相互接触传染。因此，在住院区内应该考虑分设不同的花园供一般患者和传染病患者分别使用，两者之间应设一定宽度的隔离地带，隔离植物宜选用杀菌作用良好的植物。

(3) 辅助医疗及总务区绿地　除总务部门分开以外，辅助医疗一般常与住院门诊部组成医务区，不另行布置。厨房、锅炉房等杂务院可以单独设立，周围用树木作隔离。医院太平间、手术室要有专门的出入口，应在患者视野之外，有良好的隔离绿带。特别是手术室、化验室、放射科等地方，周围应绿化，但要避免种植有花絮和绒毛的植物。

(4) 外围绿带　医疗机构的外围绿带通常是防止周围的烟尘和噪音对医院的影响，起到隔离外部干扰的作用。外围绿带的设计一般相对简单些，通常采用乔、灌、草相结合，密植 10~15 m 的防护林带。

医疗机构的绿化，除了考虑其各部分的使用要求外，其庭院绿化还要起到分隔的作用，保证各区之间不相互干扰。总之，医疗单位的绿化，在植物种类选择上，应多选用有杀菌能力的树种，并应尽可能结合生产，在绿带中可选用经济树木，在树下或花坛中种植药用植物，使医院绿化既美观又实用。

3) 特殊医疗机构的绿地规划

(1) 儿童医院　主要接收年龄在 14 周岁以下的生病儿童。在绿地设计中要注意安排儿童活动的场地和儿童活动的设施，其外形、色彩、尺度均要符合儿童的心理需求。树种选择要尽量避免种子飞扬，有异味、有毒、有刺的植物以及易引起过敏反应的植物。局部还可以布置一些图案式的装饰和园林小品。良好的绿化环境和优美的布置，可以减弱儿童对疾病和医院的恐惧感。

(2) 传染病医院　主要是接收有急性传染病、呼吸道系统疾病的患者。此类医院周围的防护绿带特别重要，一般外围应该设置宽度达到 30 m 的隔离绿带，并要保证常绿树木的数量。考虑冬季仍有防护效果，在不同病区之间用密林、绿篱隔离，防止不同疾病的患者交叉传染。室外要设置一些活动的场地和设施，为患者提供良好的活动条件。

10.2.3　体育场馆绿地规划设计

大型的公共事业单位，如高等学校，一般都设有体育功能区，主要是供广大青年学生、教职工开展各种体育健身活动。各个城市内部通常也设有体育健身的场馆，主要是为广大市民提供运动健身的场所。体育活动场馆外围常用隔离绿带，将之与其他区域分隔开来，以减少相互之间的干扰(图 10.11)。

1) 体育场馆用地组成

体育场馆的用地一般根据不同的体育运动来做相应的划分，通常包括：体育馆建筑用地、各种球场用地、训练房、游泳池等，其中各种球场用地包含了足球场兼作田径场的区域和篮球场、网球场、排球场等。

2) 体育场馆绿地规划

首先，要根据体育场馆的总体规划进行，形成一个有自身特色的绿地规划布局。其次，各个分区的绿地规划要根据总体的绿地规划风格进行,还要形成自己独有的绿地规划风格;最后,规划中植物的配置要注重乔、灌、草三者之间的结合使用,以形成立体的绿地规划系统。

图 10.11　体育场馆外围环境

3) 体育场馆绿地设计

体育场馆的绿地一般根据各个分区的具体要求进行设计,通常包含各类球场的绿地设计、游泳池周围的绿地设计、体育建筑设施周围的绿地设计等。

(1) 各类球场的绿地设计　各类球场包括了篮球场、排球场、网球场、足球场等。篮球场、排球场周围主要种植高大挺拔、分枝点高的大乔木,以利于夏季遮阳,给锻炼者提供休息的林荫空间。不宜栽植带有刺激性气味、易落花落果或种毛飞扬的树种。树木种植的距离是以成年树冠不伸入球场上空为标准,树木下面可以设置坐凳,供人休息、观看比赛。林下草坪的铺设,要注意草种的选择,要求能耐阴、耐践踏。网球场和排球场周围通常设置金属围网,可以考虑在围网上面进行垂直绿化,例如种植茑萝、牵牛花、木通等攀缘植物,进一步美化球场环境。

足球场同时又是田径场,场地周围跑道的外侧可以种植一些高大乔木,方便运动员在运动间隙休息蔽荫。如果设置看台,则必须将树木种植在看台的后面以及左右两侧,以避免影响观看比赛。场地内部的草坪,因为使用较为频繁,必须选用耐践踏的草种,如选用狗牙根、结缕草等进行场地草坪的铺设。

(2) 游泳池周围的绿地设计　游泳池周围的绿地上种植的植物宜选用常绿的乔木,防止落叶飞扬,影响游泳池的清洁卫生,但不宜选用具有落花、落果、有毒、有刺的植物。在远离水池的地方可以适当地种植一些落叶或者半常绿的花灌木,结合外围的隔离绿带进一步美化游泳池的周边环境。

(3) 体育建筑设施周围的绿地设计　主要是指体育馆周围的绿地,在体育馆大门的两侧可以设置一些花坛或花台,种植一些色彩艳丽的花灌木衬托体育运动的热烈气氛。绿地的地被植物可以使用麦冬、红花酢浆草、络石等或者铺设草坪。

各种运动场地之间可以使用一些花灌木进行空间的隔离,减少相互之间的干扰。此外,还要考虑体育运动给绿地带来的损坏,及时对损坏部位进行修复,使之快速恢复生长,而不影响整个环境的绿色景观效果。总之,在不影响体育活动的情况下,尽量提高体育场馆的绿化率,进一步美化体育场馆的绿地环境。

10.2.4　博物馆、展览馆、图书馆等绿地规划设计

博物馆、展览馆、图书馆等都属于公共场所,主要是广大市民、游客参观、游览和学习的地方,人流比较集中,针对性较强。其绿地规划设计根据不同的场地,设计形式也有所不同。

1) 博物馆、展览馆、图书馆等绿地构成及功能特征

博物馆、展览馆、图书馆的绿地组成主要是其周围的外部空间绿地,内部的绿地很少,甚至没有。外围的绿地功能主要是为广大市民和游客创造一个相对良好的游览、学习场所,便于人员的集散,提供休息的空间(图 10.12)。

图 10.12　南京图书馆

2) 博物馆、展览馆、图书馆等绿地设计

博物馆的绿地要注意博物馆本身的性质,也就是陈列物品的种类、时代等。根据这些东西,再结合其建筑主体的风格而设计。博物馆的人员流动比较集中,多是一些参观游览的人员,绿地设计时要考虑人群的集散,通常在博物馆门前设置小型的广场,周围种植高大乔木,配置一些花草灌木,形成一个绿色的空间景观。植物种植和选种还要考虑博物馆的通风和采光,保证游客的正常观赏和物品的保存。

展览馆比较灵活,因为其展览的物品经常发生变化,

观赏人群也经常改变。其绿地的规划设计一般是总体上采取以不变应万变的形式,局部地方可以采用可移动的绿化景色,如一些花盆、花架等。设计时还要考虑游览人员休息空间的设置,给游人创造美好的观看展览的环境。展览馆通常要开辟出一块场地,方便展览物品的运送,可以在其周围设置一些整形过的绿篱作为隔离带。

图书馆绿地设计和前两者有所不同,因为图书馆的绿地要考虑为其使用者提供一些看书、学习的场所。图书馆周围绿地的设计以围绕图书馆建筑为主,创造一个安静、优美的场所。在周围种植一些大乔木,下面设置一些坐凳,布置一些花坛、花架等,图书馆绿地周围要注意设计隔离带,避免外界对图书馆内部形成干扰。有条件的情况下,可以在图书馆内部设计小型的庭院绿地,做些园林景观小品,增加图书馆绿地的景观效果,给图书馆增添魅力、提高人气。

10.3 行政办公及研发机构绿地

10.3.1 行政办公机构绿地规划设计

行政办公机构主要是指一些行政管理部门(如市政厅)。这些部门的绿地通常都是为了美化环境,消除外界干扰,提升工作环境,为内部人员提供休息、娱乐的场所而设计的。由于行政部门的类别不同、大小不同,大到国家政府机关,小到局属机关,因此,其绿化形式各不相同,但是,绿地规划的设计原则基本上是一致的。

1) 绿化为主,突出重点

在普遍绿化的基础上,要突出单位自身的绿化特点和风格,应在重点部位重点装饰。特别是入口及主要办公楼前,应通过绿化突出建筑及入口的空间特点,更好地衬托出自身的形象。

2) 为行政办公人员提供良好的室外休息活动的环境

行政办公人员一般都在办公室内长时间的工作,休息时大多是到室外调节放松一下,这时良好的室外环境就显得尤其重要。

3) 布局合理,联成系统

行政办公机构的绿地规划要纳入总体规划中去,规划时要注意点、线、面的有机结合,使其各部分绿地有机地联系在一起,提高审美和实用价值。

行政办公机构的大门入口代表着单位的形象,入口处的绿地设计是重点之一,设计形式要与大门的形式及色彩等统一考虑,形成自己的特色风格。一般大门两侧采用规则式种植,树种以树冠整齐、耐修剪的常绿树木为主,最好与大门的高度形成反差,以示强调。周围的围墙尽量采用通透式,以及垂直绿化,使得墙内外绿化形成一体。

行政办公楼绿化的规划设计通常以封闭型为主,主要对办公楼起装饰和衬托作用。装饰性绿地最好以草坪为基调,上面可以种植一些珍贵的、树形舒展的开花小乔木以及开花繁多的花灌木(图10.13、图10.14)。要注意树木的种植位置不要遮挡建筑的主要立面,而且树形应与建筑相协调,以衬托和美化建筑。楼前的基础种植从功能上看,要将行人与楼下办公室隔离,保证室内的安静;从环境上看,楼前的基础种植是办公楼与楼前绿地的衔接和过渡。因此,植物种植宜简洁、明快,多用绿篱和较整齐的花灌木,以突出建筑立面及楼前装饰性绿地,并要注意保证室内的通风和采光。

图10.13 行政办公环境一

图10.14 行政办公环境二

若是行政办公机构内部有较大面积的绿化用地,还可以考虑设计一个庭院绿地,并结合其机构的性质和功能进行立意构思,使庭院富有个性。绿化时要做到体现时代气息和地方特色,植物选择要做到适地适树,植物配置要错落有致、层次分明、色彩丰富。总之,要通过绿地设计为行政办公人员提供幽雅、清新、整洁的工作和休息环境。

10.3.2 研发机构绿地规划设计

研发机构通常是一些搞科研开发、新产品研发的机构单位或部门。这些机构单位的绿地规划设计目的一般是要为科研开发提供良好的环境,为科研人员提供良好的室外休息和活动场所。科研机构周围的绿地设计，要提高周围的环境质量，注意设置防尘净化绿带，种植树冠庞大的树种，阻滞粉尘，减少空气的含尘量；机构主体建筑要求自然采光良好，乔木要和建筑保持一定的距离。树种的选择要以无飞絮、无异味、无种毛的树种为佳。总之，科研机构的绿地规划设计就是要保证科研开发有良好的环境，给科研人员一个舒适的休息环境。

10.3.3 软件园附属绿地规划设计

软件园是随着科学技术的发展而出现的新型工业园地，是发展软件产业的综合体，是以生产知识和信息产品的产业活动为主要内容，以精密的创造性智力劳动为主要特征的科技产业园区。

软件园的绿地规划设计主要是为新兴的产业发展提供良好的生产环境，为在里面的工作人员提供良好的休息和活动场所。软件园内部的绿地设计要与体现软件产业的快速发展相结合，体现出软件园的绿地规划特色，与软件园的总体规划相统一，与周边环境相协调，达到最佳的绿地景观效果(图10.15)。

软件园的植物配置要求不能影响内部产业的正常运转，以防污染、防尘、降低噪音的树种为主，常绿树种和落叶树种相结合，点缀一些花灌木进行立体绿化。园区内部通常设有一些小型的游园，设置一些花坛、花台、小型的雕塑和喷泉等园林小品，再设置一些坐凳，以方便工作人员利用工作间隙到里面休憩、游玩，放松紧张的工作情绪。

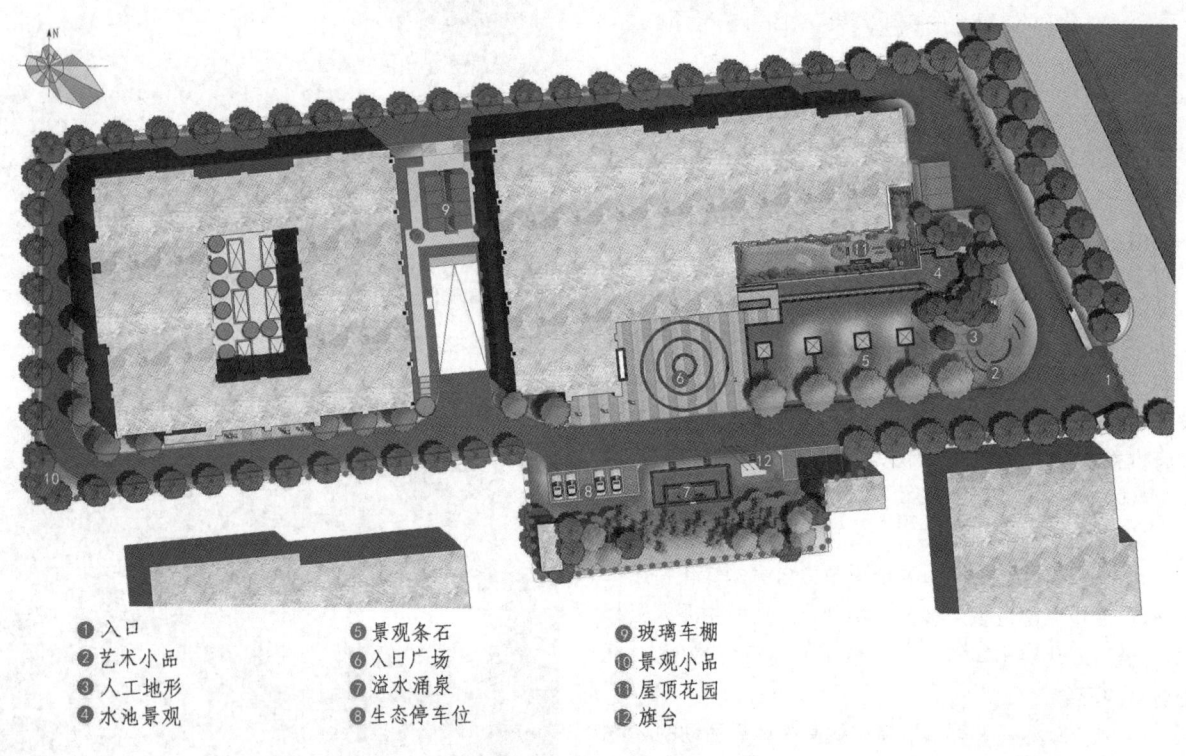

① 入口　　　⑤ 景观条石　　⑨ 玻璃车棚
② 艺术小品　⑥ 入口广场　　⑩ 景观小品
③ 人工地形　⑦ 溢水涌泉　　⑪ 屋顶花园
④ 水池景观　⑧ 生态停车位　⑫ 旗台

图10.15　某软件园平面

软件园的绿地规划设计作为一种新出现的城市附属绿地，还有许多方面有待完善和提高。

10.4　酒店宾馆、商业设施绿地

10.4.1　酒店宾馆绿地规划设计

酒店宾馆是供国内外游客住宿、就餐、娱乐和举行各种会议、宴会的场所，而宾馆庭院绿地则是星级宾馆最重要的组成部分之一。它为中外游客提供幽静、舒适的生活和休息场所，从而形成花园式、现代化的空间环境和高质量的生态园景观。在创造丰富空间景观的同时，也要满足人员与车辆的频繁出入、停车、商务活动以及短期休憩等多功能的要求。

1) 酒店宾馆绿地组成及其特点

酒店宾馆庭院依其所在区域可以分为室内庭院和室外庭院两部分，其绿地组成大体上也可以分为室内庭院绿地和室外庭院绿地。宾馆庭院绿地的功能特点主要是为中外宾客提供休息的空间，创造绿化景观，使宾馆主体建筑及附属建筑与绿化融为一体，环境幽雅、景色宜人，吸引国内外宾客慕名而来。

2) 酒店宾馆绿地设计

酒店宾馆绿地总体规划设计宜疏密相间、大小结合，既要有清新开阔的大草坪，又要有小巧玲珑的专类园。绿化布局适宜简洁开阔,乔、灌、草和色彩艳丽的花卉相结合,形成一个立体的绿地景观效果。在植物造景的同时,既要满足植物与环境生态适应性上的统一,又要通过艺术构图原理体现出植物个体、群体的形式美及游客在欣赏时产生的意境美(图10.16～图10.18)。

图10.16　酒店宾馆入口环境

图10.17　酒店宾馆室外环境一

图10.18　酒店宾馆室外环境二

酒店宾馆的室内庭院绿化主要是要强调植物造景的效果,利用不同的植物组合、层次,使之与四周景物融合而构成理想的景观画面,在场地允许的条件下,还可以增加一些水景效果。室内庭院的绿化配置除着重平视效果外,还需要特别注意其景观俯视的效果。

酒店宾馆的室外庭院绿地设计要考虑酒店的建筑风格。利用借景和障景的手法,借取周围可以利用的景色,使绿化空间延伸扩大。整体绿化布置要为宾馆建筑创造良好的环境,有条件的可以考虑屋顶花园绿地的设计,使之成为宾馆盈利的一部分,为旅客提供活动的场所,如开办露天歌舞会、茶座等,并为宾馆环境增添魅力。

10.4.2　商业设施绿地规划设计

商业设施绿地主要是集室内、室外环境于一体的综合性活动场所,它为各种商业活动提供公共社交空间,提供既完善又丰富的景观设施,集购物、娱乐、休闲为一体,把生活中必要的购物活动变成愉快的休闲享受。商业设施绿地建设应立足于商业环境的设计,使之成为商业中心区鲜明的标志物。根据国外对商业宣传的经验,吸引注意、引起兴趣、刺激欲望、加深印象、鼓励购买是促使人们从外部激发到实现购买的整个过程。商业设施绿地的设计与建设,就是为了更好地辅助商业经营者完成这一过程,在为消费者提供服务的同时,也满足了商家的经营需要。

商业设施绿地的景观形态应以商业活动需求为主,在景观设计上可以突出商业主题,以利于吸引人流驻足观看。考虑到现代城市中人们对自然环境的渴望,在景观设置的过程中不能忽视对自然因素的利用,如树木、花卉、草坪等,但在造型与布置方面可考虑与商业性结合,展现自身特色。与其他绿地的另一点不同在于广告设计也是商业设施绿地的重要内容,在景观设计中应综合考虑。例如,广告的形式、广告的内容都可丰富商业景观,从而创造出别具一格的商业文化。结合景观设计,创造新颖多样的广告载体,更好地发挥广告的标识作用,进一步加强绿地的商业氛围,提高绿地的文化品位。

10.5　案例分析

■ 案例一:南京六十六中校园环境景观

1)设计背景

南京六十六中位于南京市区城北东井亭附近,整个校园平面呈不规则形。由于校园整体为老校区,其中新建和拆除了部分建筑,因此本次校园环境设计是改造与新建相结合的环境整合。

2)设计指导思想

该校园环境设计力图打破常规的、普通的环境设计思路和方法。中学是青少年受教育的场所,因而校园环境的设计不单是种树栽花、绿化植草、铺装修路,或是单纯满足人们的视觉审美要求,更应把环境作为学生受教育、获得知识与资讯场所的一部分。通过对学生室外活动需求及心理特点的认真分析与探讨,并相应地对户外环境设计要素精心构思与合理组织,从而创造出一个具有教育意义和吸引力,并富有青少年生活气息与情趣的积极活动空间(图10.19、图10.20)。

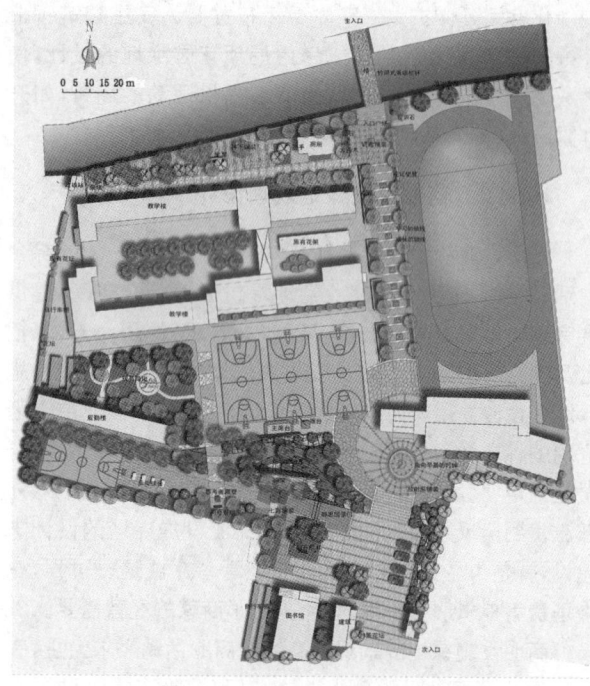

图10.19 南京六十六中校园总平面

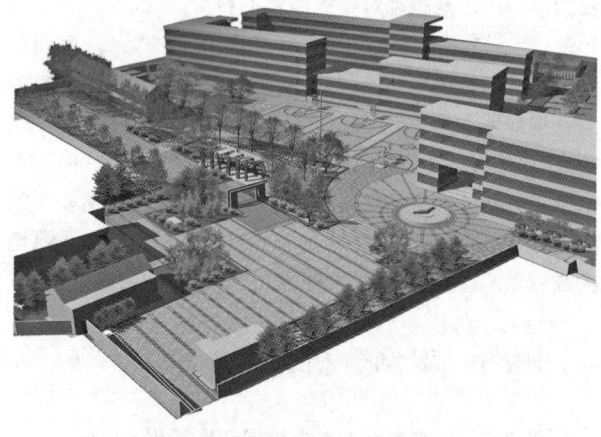

图10.20 南京六十六中校园鸟瞰

3)特色景观

(1)校园主入口轴线处理 北入口为进入校园的主入口,进入学校北大门即为十里长沟的桥。过了桥为一个入口铺装小广场,广场铺地上刻钥匙造型;广场后的学校主干道形成一个以新宿舍楼为背景的轴线,称为"学习的轴线""成长的轴线"。在轴线铺地上刻"语文、数学、英语、政治、物理、化学、历史、地理、生物"九门功课文字;而前面铺装广场的钥匙,喻示着高中正是开启这九门功课的钥匙

图10.21 "学习的轴线"

图10.22 "生物铺地"

(图10.21、图10.22)。

(2)西北部林下铺装 教学楼之北现状为大树所形成的林荫地,树下为水泥铺地并凌乱地停放自行车。保留这些大树,树下设置各种材质铺装、花池及坐凳,以形成林荫休息空间(图10.23、图10.24)。

(3)新宿舍楼南部圆形小空间 小空间的圆形花坛上设校训石景,处在校园主入口轴线的终点上,和校园主入口形成对景。同时,结合全新宿舍的入口,又形成了轴线上的框景。圆形小广场既满足了人流集散,又形成了独立的宿舍楼南入口的学生出入场所(图10.25、图10.26)。

(4)升旗台南侧休闲绿地 这部分的绿地是较为轻松的学生休息空间。学生在此可以晨读、谈心、举行小型露天的讨论会等。绿地中部有一个构架,造型活泼、颜色丰富,充分反映了青少年的活泼与朝气,是学生休息的地方。此处附近设一个小雕塑,以思考者或学生读书为创作主题,喻示学习在于对事物的深入思考这一主题(图10.27~图10.31)。

(南京盖亚景观规划设计有限公司,2006)

图10.23 保留树种

图10.24 林下空间

图10.25 圆形花坛近景效果

图10.26 圆形花坛轴线景观效果

图10.27 休闲空间

图10.28 激励学生学习的景门

图10.29 从远处看雕塑

图10.30 景亭

图10.31 校园构架

■ **案例二：南京新城科技园现代企业加速器项目景观**

1) 项目背景

南京新城科技园是南京市主城区最大的高新技术产业园，是江苏省和南京市共同打造的南京河西新城现代服务业核心区。现代企业加速器项目由新城科技园投资建设，位于建邺区河西大街以南的高端产业集聚区，边界分别是：青山路、香山路、白龙江东街、嘉陵江东街（图10.32、图10.33）。项目占地面积 4.5 hm²。基地分为A、B两个地块，每个地块内各有3幢高层企业研发办公建筑（图10.34～图10.39）。

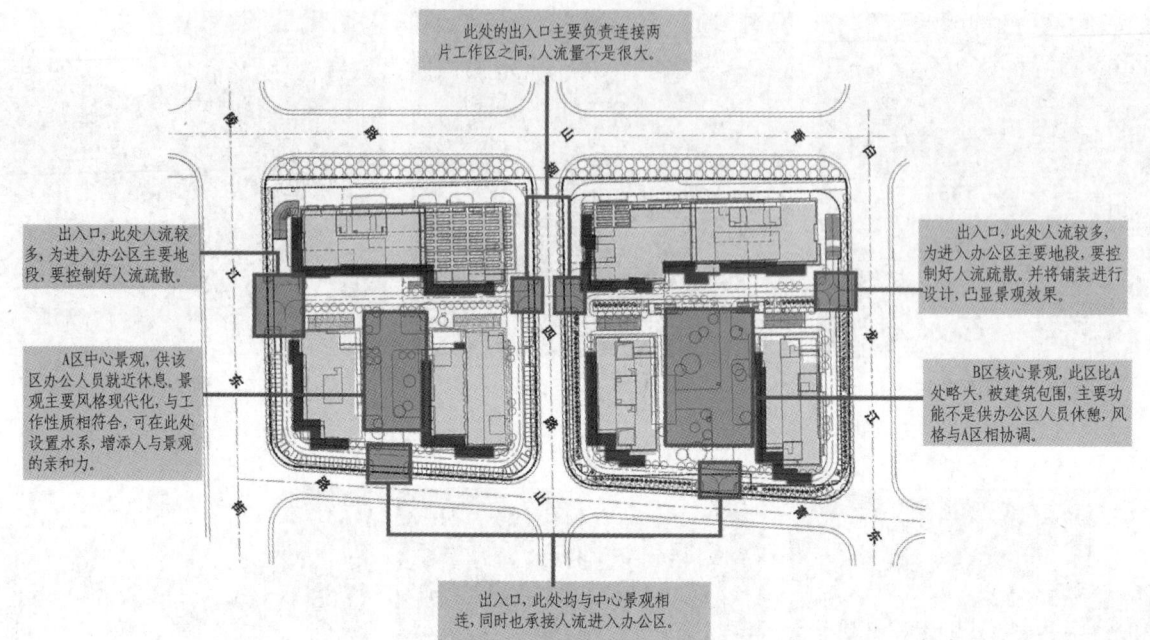

图10.32　南京新城科技园现代企业加速项目基地解读

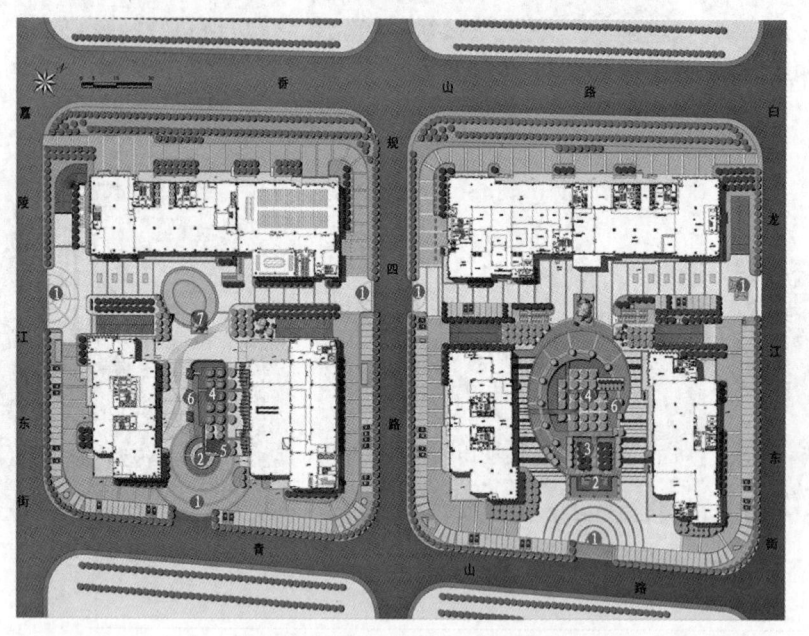

景点名称：
① 入口
② 跌水瀑布
③ 景观构架
④ 树阵
⑤ 景墙
⑥ 木平台
⑦ 植物岛

图10.33　南京新城科技园现代企业加速项目总平面

图 10.34　南京新城科技园现代企业加速项目 A 区鸟瞰

图 10.35　南京新城科技园现代企业加速项目 A 区人视效果

图 10.36　南京新城科技园现代企业加速项目 A 区夜景鸟瞰

图 10.37　南京新城科技园现代企业加速项目 B 区鸟瞰

图 10.38　南京新城科技园现代企业加速项目 B 区人视效果

图 10.39　南京新城科技园现代企业加速项目 B 区夜景鸟瞰

2）设计思路

① 满足功能要求，安排多种空间，满足各类室外使用功能。

② 设计合理动线，方便人流、车流交通聚散（图 10.40）。

③ 基于项目的背景，景观元素应体现高科技文化内涵、景观风格应体现时代感、景观设计手法应体现创新性（图 10.41～图 10.44）。

④ 由于大部分景观都是在地库顶板上建成，景观设计应采用可操作的工程技术，充分考虑荷载、地库顶板覆土等各种限制因素。

（南京盖亚景观规划设计有限公司，2011）

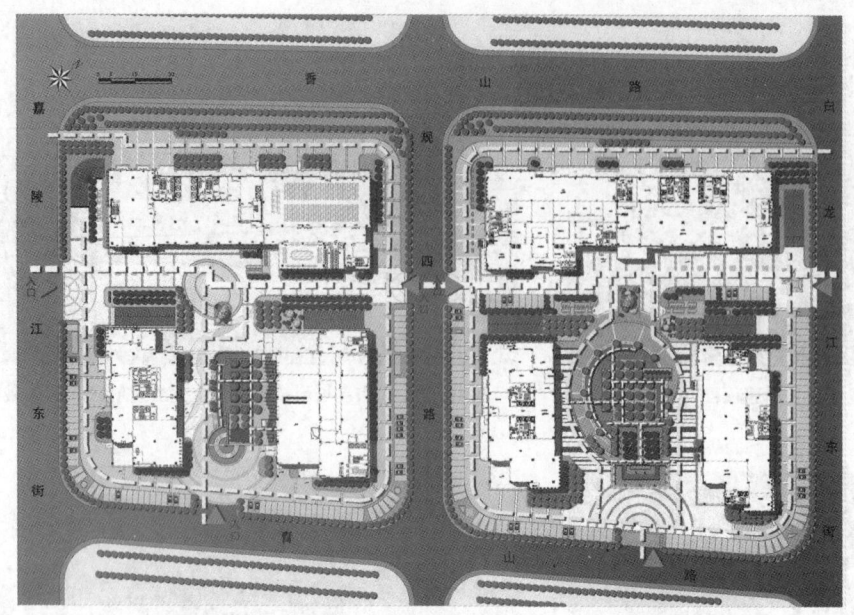

图 10.40　南京新城科技园现代企业加速项目交通分析平面

图 10.41　南京新城科技园现代企业加速项目 B 区入口水景

图 10.42　南京新城科技园现代企业加速项目 B 区入口鸟瞰

图 10.43　具有时代感的景廊

图 10.44　简洁的坐椅和树池

■ 讨论与思考
1. 单位附属绿地空间布局受哪些因素的制约？
2. 软件园绿地有何特点？
3. 工业企业绿地规划设计的原则，该绿地规划设计所包含的内容？
4. 高中校园绿地与大专院校绿地规划设计的区别，各自应该突出的重点又是什么？

■ 习题
1. 某学校建筑周围有一部分空地需要进行景观设计。（见附图）图中粗实线为设计范围线。设计范围包括三部分：入口广场、中庭和小游园。
  1) 规划设计要求
   (1) 设计内容应体现学校氛围；
   (2) 可适当添加亭子、坐凳等构筑物；
   (3) 要在这三块场地上设置一座体量适中的人物纪念雕塑，给出具体位置，并加以文字说明；
   (4) 满足不同的功能需要；
   (5) 处理好绿地道路和各建筑入口的衔接关系；
   (6) 处理好人流的疏散和聚集。
  2) 图纸内容
   (1) 总平面图 1：300；
   (2) 入口广场或小游园或中庭鸟瞰图；
   (3) 分析图若干 1：1 000；
   (4) 节点细部放大图一张，主要节点效果图，不少于2张；
   (5) 设计说明不少于300字。
  3) 其他要求
   1号绘图纸若干，表现方法不限。

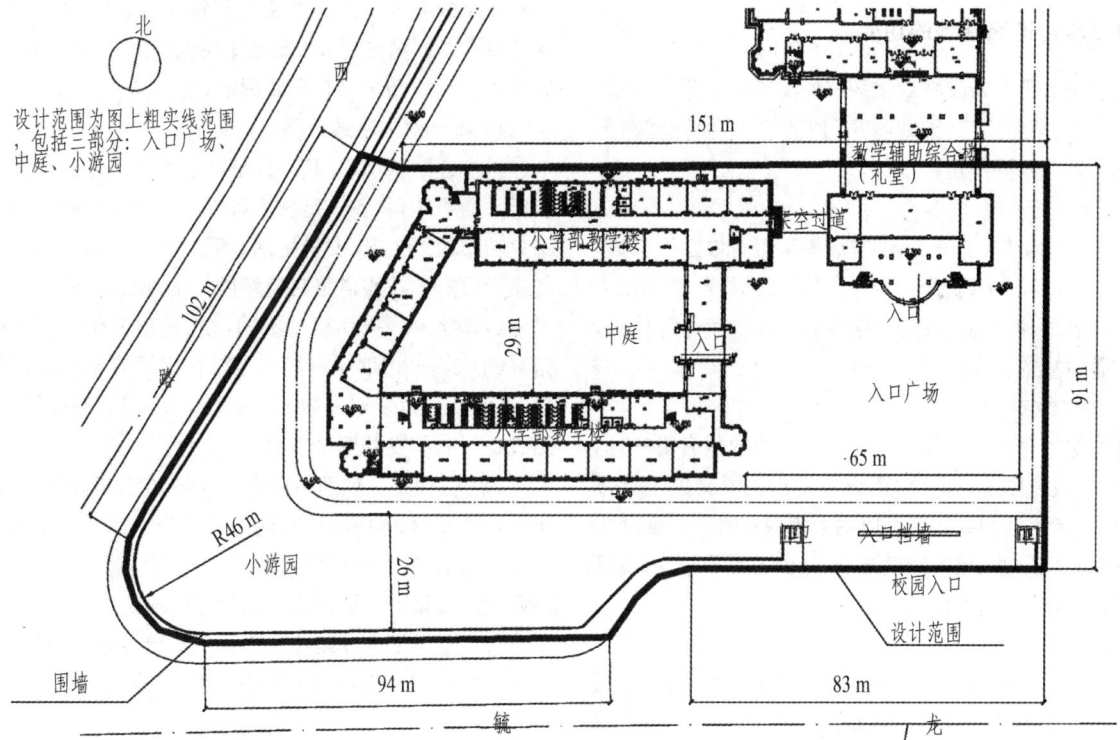

11 道路绿地

【导读】 道路绿地在不同方向上联系和沟通不同类型、不同等级的城市绿地,构成了城市绿地系统的骨架,所以在改善城市环境、丰富城市景观、保持生态平衡和防灾等方面都起到了重要作用,形成具有交通、生态、休闲、景观等综合效益的绿色体系。本章在讲述道路绿地功能、类型、构成的基础上,重点讲述道路绿地的设计方法和各类道路绿地的设计要点。

11.1 道路绿地概述

11.1.1 道路绿地的功能

道路绿地是城市园林绿化系统的重要组成部分,在改善城市环境、净化空气、防减噪声、调节气候、提升城市形象等方面具有重要作用。

1) 组织交通

道路的绿化带、交通岛、停车场等都可有效组织交通,保证行车速度和交通安全。另外,道路上的绿色植物使人感觉柔和舒适,能起到防眩光、缓解驾车视觉疲劳等作用,减少交通事故的发生。

2) 卫生防护

道路绿地可以吸收街道上机动车辆排放的有毒气体,净化空气、减少扬尘。另外,街道也是产生噪音的主要场所,具有一定宽度的绿化带可以明显地减弱噪声。道路绿地还可以降低风速、增大空气湿度、减少日光辐射热、降低路面温度、延长道路的使用寿命。

3) 美化环境

优美的道路景观是城市的一道靓丽风景线,美化了城市环境。有的道路景观在规划设计时,还结合当地的自然条件、人文历史、风土人情等因素,综合考虑、统筹布局,具有浓厚的地方特色,凸显了城市品位、提升了城市形象。

另外道路绿地与其他类型的城市绿地相结合,可为附近居民提供健身、散步、休息的场所,还有助于防灾避难和战备。

11.1.2 道路绿地的类型及构成

1. 道路的类型

根据道路在城市中的地位、交通特性和功能,有不同的分类和等级。城市对内交通道路是指城市建成区范围内的各种道路,它是城市的骨架,与城市基础设施的设置关系密切,对城市内居民的活动影响很大。城市对外交通是指城市本身与城市范围以外地区之间的交通,是城市存在和发展的必要条件。主要采用铁路、公路、水运和空运等运输方式。城市对外交通运输设施在城市中的布置,对城市发展和规划布局有重要影响。

1) 城市对内交通道路

城市道路(Urban Road)是指在城市范围内,供车辆及行人通行的,具备一定技术条件和设施的道路。城市道路是城市组织生产、安排生活、搞活经济、物质流通所必需的交通设施。按照道路在道路网中的地位、交通功能以及对沿线建筑物服务功能的不同,在《城市道路工程设计规范》(CJJ 37—2012)中将城市道路按道路在道路网中的地位、交通功能以及对沿线的服务功能等,分为快速路、主干路、次干路、和支路四个等级。

(1) 快速路 快速路应中央分隔、全部控制出入、控制出入口距及形式,应实现交通连续通行。单项设置应不少于两条车道,并应设有配套的交通安全与管理设施。快速路两侧不应设置大量车流、人流的公共建筑物的出入口。

(2) 主干路 应连接城市各主要分区,应以交通功能为主。主干路两侧不宜设置吸引大量车流、人流的公共建筑物的出入口。

(3) 次干路 应与主干路结合组成干路网,应以集散交通的功能为主,兼有服务功能。

(4) 支路 与次干路和居住区、工业区、交通设施等内部道路相连接,应解决局部地区交通,以服务功能为主。

2) 城市对外交通道路

城市对外交通道路是指高速公路、公路和铁路等。

(1) 高速公路 作为城市之间远距离高速交通服务,其行车速度在 80~120 km/h。行车全程均为立体交叉,其他车辆与行人不准使用。至少设有四车道(双向),中间有 2~6 m 分车带,外侧有停车道。

(2) 公路 主要是指连接城市与乡村的、主要供汽车行驶的、具备一定技术条件和设施的道路。公路按其重要程度和使用性质可划分为：国家级干线公路（简称国道）和省级干线公路（简称省道）、县级公路（简称县道）和乡级公路（简称乡道）。

① 国道（National Trunk Highway） 是在国家干线网中，具有全国性的政治、经济和国防意义，并经确定为国家级干线的公路。

② 省道（Provincial Trunk Highway） 是在省公路网中，具有全省性的政治、经济和国防意义，并经确定为省级干线的公路。

③ 县道（County Road） 具有全县性的政治、经济意义，并经确定为县级的公路。

④ 乡道（Township Road） 是指修建在乡村、农场，主要供行人及各种农业运输工具通行的道路。

另外，根据城市街道的景观特征并结合道路周边用地的性质，又可把城市道路划分为城市交通性街道、城市生活性街道（包括巷道和胡同等）、城市游览性道路、城市步行商业街道等。

2. 道路绿地的构成

道路绿地指道路及广场范围内可进行绿化的用地，由道路绿带、交通岛绿地、广场绿地和停车场绿地组成（图11.1）。

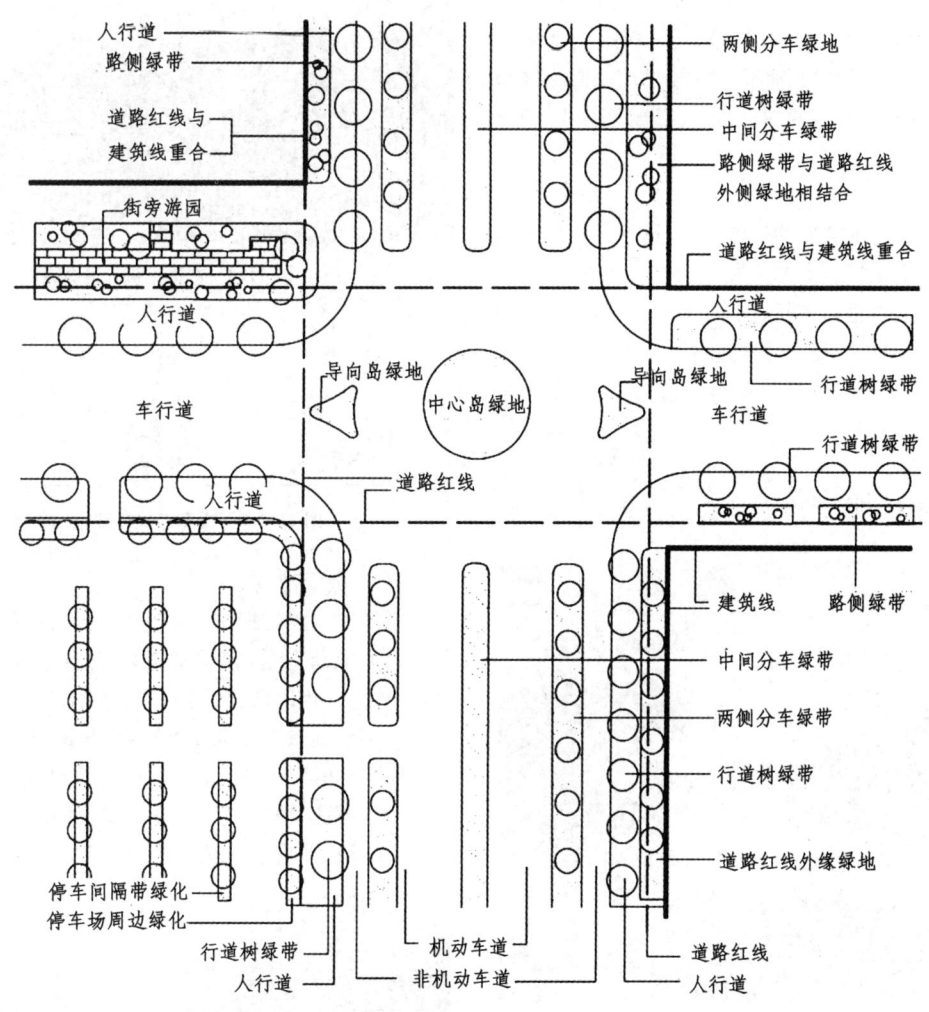

图 11.1 道路绿地名称示意图

1) 道路绿带

是指道路红线范围内的带状绿地。道路绿带分为分车绿带、行道树绿带和路侧绿带。

(1) 分车绿带 是车行道之间可以绿化的分隔带，位于上下行机动车道之间的为中间分车绿带；位于机动车道与非机动车道之间或为同方向机动车道之间的为两侧分车绿带。

(2) 行道树绿带 在人行道与车行道之间，以种植行道树为主的绿带。

(3) 路侧绿带 在道路侧方，是布设在人行道边缘至道路红线之间的绿带。

2) 交通岛绿地

是指可绿化的交通岛用地，可分为中心岛绿地、导向岛绿地、交叉路口和立体交叉绿岛。

(1) 中心岛绿地　是位于交叉路口上可绿化的中心岛用地。

(2) 导向岛绿地　位于交叉路口上可绿化的导向岛用地。

(3) 交叉路口和立体交叉绿岛　是互通式立体交叉干道与匝道围合的绿化用地。

3) 广场绿地

位于道路红线范围内的广场用地内的绿地。

4) 停车场绿地

停车场用地范围内的绿化用地。

3. 道路绿地的断面布置形式

道路绿地的断面布置形式取决于城市道路的断面形式,我国城市中现有道路可分为单幅路(一板式)、两幅路(两板式)、三幅路(三板式)、四幅路(四板式)等,道路绿地相应的出现了一板两带式、两板三带式、三板四带式、四板五带式及其他形式。

1) 一板两带式

这是道路绿化中最常用的一种形式,是不同方向的车辆在同一条车行道上双向行驶(图 11.2,图 11.3)。在车行道两侧人行道上种植行道树,其优点是简单整齐、用地比较经济、管理方便。但在车行道过宽时行道树的遮阳效果较差,同时机动车辆与非机动车辆混合行驶,不利于组织交通。

2) 两板三带式

道路的中央绿带把车行道分成上、下行驶的两条车行道,同向的机动车与非机动车仍混合行驶,并在道路两侧布置行道树,构成两板三带式绿带(图 11.4,图 11.5)。此种形式适于宽阔道路,绿带数量较多,生态效益较显著,对城市面貌有较好的效果。同时车辆分为上、下行,减少了行车事故发生。但由于同向的机动车与非机动车不能分开行驶,还不能完全解决互相干扰的矛盾。

图 11.4　两板三带式道路绿地

图 11.5　两板三带式道路绿地断面图

3) 三板四带式

用两条分隔带把车行道分成三块,中间为机动车道,两侧为非机动车道,连同车道两侧的行道树共为四条绿带,故称为三板四带式(图 11.6,图 11.7)。

此种形式虽然占地面积较大,却是城市道路绿化较理想的形式。其绿化量大,夏季蔽荫效果较好,组织交通方便、安全,解决了机动车和非机动车混合行驶,互相干扰的矛盾,尤其在非机动车辆多的情况下是较适合的。

图 11.2　一板两带式道路绿地图

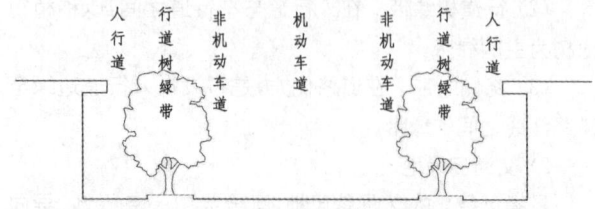

图 11.3　一板两带式道路绿地断面图

图 11.6　三板四带式道路绿地

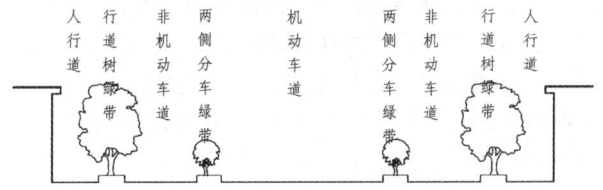

图 11.7 三板四带式道路绿地断面图

4) 四板五带式

利用三条分隔带将车道分成四条,加上两侧的行道树绿带共有五条绿化带(图 11.8、图 11.9)。这种道路分割可以使机动车和非机动车均分成上下行互不干扰,保证了行车速度和行车安全,但用地面积较大,其中绿带可考虑用栏杆代替,以节约城市用地。

图 11.8 四板五带式道路绿地图
(http//cobratate.com)

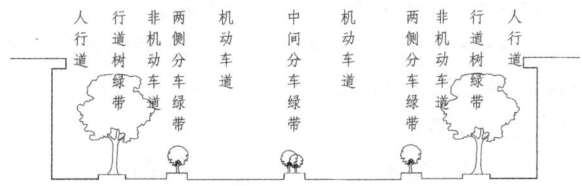

图 11.9 四板五带式道路绿地断面图

5) 其他形式

根据现状和地形的限制,按道路所处地理位置、环境条件等特点设置绿带,形成不规则、不对称的断面形式。如山坡旁道路、水边道路的绿化等。

道路的绿化断面形式虽多,但在设计中应从实际出发,因地制宜地选择合适的形式。

11.1.3 道路绿地的发展概况

道路绿地最初是以行道树种植的形式出现的。在近代我国把城市中"在道路用地中列植乔木"称作"行道树"。我国从周朝开始即有"列树"之名词,其后有道旁树、行树、宫树之称。日本曾引用中国的名词称并木、并树、街道树、行道树等;在欧美早期称 Street tree、Roadside tree、Alley tree,也是行道树的意思,到近代出现了 Avenue(大道、林荫路),Mall(路荫树、林荫散步道)。

1. 国外城市道路绿地的发展

据文献记载,世界上最古老的行道树种植于公元前 10 世纪的喜马拉雅山麓,在连接印度加尔各答和阿富汗的干道中央与左右,种植了三行树木,称为大树路(Grand Trunk)。传说亚历山大大帝曾率领大军由此进兵。此后,欧洲各国逐步开始在街道上进行简单的乔木种植,所选树种有意大利丝柏、松树、悬铃木、榆树、菩提树等。

大约公元前 8 世纪,在美索不达米亚由人工整地而成的丘陵上兴建宫殿,并以对称的规划布局配置松树与意大利丝柏。

希腊时代(公元前 5 世纪),在斯巴达的户外体育场,其两侧列植法国梧桐作为绿荫树。

罗马时代(公元前 7 世纪至公元 4 世纪),在神殿前广场(Forum)与运动竞技场(Stadium)前的散步道旁种植悬铃木。据载当时罗马城主要街道种植意大利丝柏。

中世纪(公元 5 世纪至 14 世纪)时期的欧洲,街道上主要选用当地的乡土树种,大都用意大利丝柏。

文艺复兴时期以后,欧洲一些国家街道绿化有了较大的发展。法国亨利二世依据 1552 年颁布的法律,命令国人在境内主要街道栽植行道树,因而在国道上有欧洲榆的记载。同一时期,德国有计划地在国内干道上栽植悬铃木之类的行道树。

1647 年,在柏林曾以特尔卡登为起点设计菩提树大道,在道路东侧配置了 4~6 列树木的林荫大道,对日后法国巴黎辟建园林大道有很大的影响。

1625 年,英国伦敦设置了公用的散步道(Public walk),兼作车道,长约 1 km,种植 4~6 排槭叶法国梧桐。这条林荫路是女王陪同国宾乘坐马车巡视时通行的街景、优雅的迎宾道。这条路开创了都市散步道栽植的新概念,即所谓林荫步道(Mall),它成为闻名于世的美国华盛顿市林荫步道(具有四排美国榆树的园林大道)之原型,是美国各大都市设计林荫道的典范,也是日本购物街(Shopping Mall)的起源。

日本江户时代(17 世纪至 19 世纪),以江户为中心所修建的五条街道,都栽植着松、杉等行道树,其中的一部分保存到今日,形成优美的街道景观。

18 世纪后半期,奥匈帝国国王约瑟夫二世在 1770 年颁布法令：在国道上种植苹果、樱桃、西洋梨、波斯胡桃等果树当行道树。因此，至今匈牙利、南斯拉夫、德国和捷克等国仍延续这种传统。

18世纪末至19世纪初，法国政府正式制定了有关道路须栽植行道树的法令，相继颁布的有枢密院令(1720年)、勒令(1781年)、国道及县道行道树的管辖法令(1825年)、行道树栽植法令(1851年)等。这些法令对于栽植位置、树种选择、树苗检查、树权砍伐与修剪的手续等事宜均加以规范。这是法国自16世纪亨利二世以来，在欧洲各国中道路行政，特别是栽植行道树的相关法令方面最先进的法令。

工业革命之后，人口向都市集中，市区急速扩张，都市规划发展，辟建干线，行道树栽植日渐盛行。

19世纪后半叶，欧洲各国拆除了中世纪的古城墙，填平壕沟，建成环状街道或辟局部为园林大道，以修饰景观为主要功能，有宽阔的游憩散步路，使城市面貌更加生动活泼。

1858年，由当时的塞纳县知事奥斯曼(Georges Eugene Haussmann)主持在巴黎修建了香榭丽舍大道，成为近代园林大道之经典，对欧美各国产生了极大的影响(图11.10)。

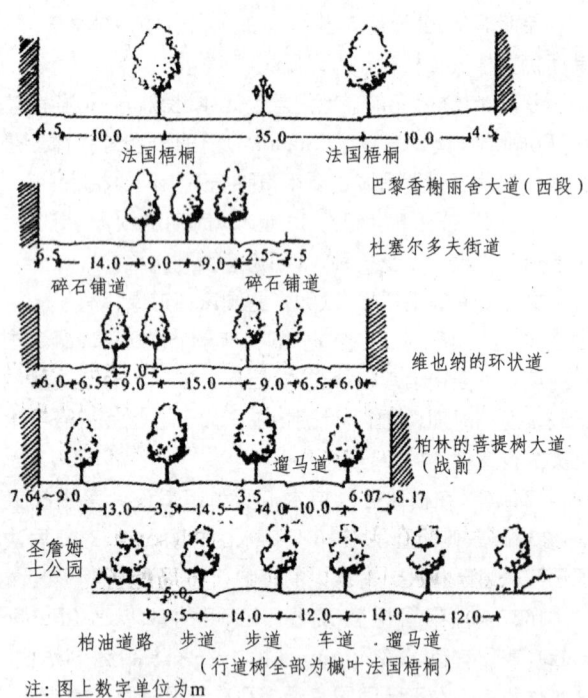

图11.10　近代欧洲园林大道图例
(王浩,1999)

18世纪末，由法国陆军技师朗方(Pierre Charles L'Enfant)完成华盛顿市规划，多处配置了法国式的林荫大道。

十月革命后的苏联，在街道绿化方面取得了较大的成就。通过街道绿化的实践，在理论和规定方面都有所建树，强调将行道树林荫道、防护林带联系起来组成"绿色走廊"。有关林荫道应具备的功能与最低规模也得以制订和完善。

现今，随着城市建设日新月异，作为城市建设组成部分的行道树种植更加普遍，行道树的布置形式和结构也发生了很大变化。许多西方国家的城市道路绿化讲究以自然的整体美为主要特征，以创造城市完整的、连续的绿色空间为主要目的，以卫生防护、组织交通、点缀街景和美化市容为主要功能，以简洁实用、体现城市特点为主要原则。特别是近几十年来很多城市进行了重新规划，道路绿化逐渐被提升到道路绿地景观设计的层面上，尤其随着城市园林建设的发展，道路绿地景观设计的理论也得到不断发展。

澳大利亚的堪培拉市是由美国建筑师进行的规划，曾在国际竞赛中获得头奖。这个规划中绿地总面积占城市总面积的58%，街道两旁种植行道树，道路中央的分车带宽十余米，全部铺种草皮；公园和私人花园一般不设围墙，使城市中的各种设施和园林融为一体。目前堪培拉市已成为一个非常美丽的城市，宽阔的道路上桉树成林，浓荫蔽日，环境优美。

在花园城市新加坡，新建的高层建筑只占地35%，其余土地用于绿化，在道路和建筑物之间留下15 m以上宽度的空地种树、栽花、种草。无论在街道两旁、道路分车带、交叉路口、行人过街桥或路灯支柱都是树木相间、缀满藤蔓。居民生活在舒适优美的环境中，虽在闹市但也可听到蝉鸣鸟叫之声。

美国在19世纪开始建设公园系统，形成了大批城市公园和保护区。在此基础上，到20世纪掀起了绿道(Greenway)规划，现在已经代替公园路成为美国公园系统的主要组成部分。绿道意义重大，可以解决生态廊道保护体系缺失的问题，满足城乡日益增长的亲近自然的需求。

2. 国内城市道路绿地的发展

我国城市道路绿地具有悠久的历史，在两千多年前的周秦时代就已沿道路种植行道树。

据《周礼》记载，公元前5世纪周朝由首都至洛阳的街道种有许多列树，来往的过客可以在树荫下休息。《汉书》记载："秦为驰道于天下，东穷燕齐，南极吴楚，江湖之上，滨海之观毕至。道广五十步，三丈而树，原筑其外，隐以金椎，树以青松"(图11.11)。修驰道是秦代的功绩之一，"驰道"宽82.95 m，中间天子走的道路宽7.29 m。在当时这样大规模地沿路种青松，在世界上也是罕见的。

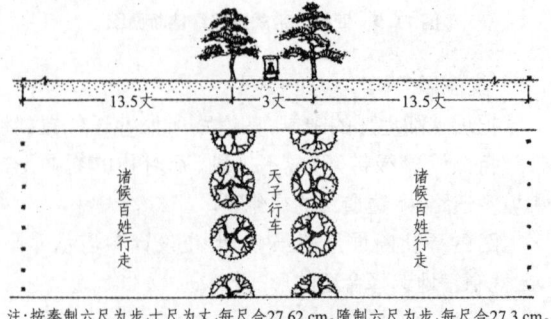

注：按秦制六尺为步，十尺为丈，每尺合27.62 cm。隋制六尺为步，每尺合27.3 cm。

图11.11　秦代驰道布置推想图
(王浩,1999)

西汉长安街道两侧种有成行的槐树，称"槐衙"。历史上古人对槐甚为推崇，被看作高贵的象征，同时还具有"中正"的品格，在各个朝代都广为种植。

东汉洛阳，除宫苑、官署外有闾里及24条街，街的两侧植栗、漆、梓、桐四种行道树。

西晋洛阳(今洛阳以东)宫门以及城中央大道"皆分为三，中央御道两边筑土墙，高四尺余……夹道种榆槐树，此三道四通五达也"。

南北朝建康(今南京)的布局是曲折而不规则的，但中央御道砥直，御道两侧是御沟，沟旁种柳，形成"垂柳荫御沟"的城市风景(图11.12)。

隋朝东都在周王城故址，正对宫城正门的大街(天津街)宽一百步，道旁植樱桃和石榴两行，自端门至建国门南北长九里，树木成行(图11.13)。

唐玄宗时期(8世纪中叶)定有路树制度。首都长安南北11街、东西14街，布局严谨。城内街道主要树种是槐树、垂柳、桃、李、榆(图11.14)。唐宋时代中国南方的行道树多用木棉。

北宋东京(今开封)是在后周都城基础上建成的。街道绿化形式比较丰富。在宫城正门南的御街，用水沟把路分成三道，并用桃、李、梨、杏等列于沟边，沟外设木栅以限行人。沟内植以荷蕖莲花(图11.15)。春季繁花似锦，夏季荷花飘香，秋季果实累累。同时路边还设有御廊，供行人遮阳挡雨，驻足小憩。

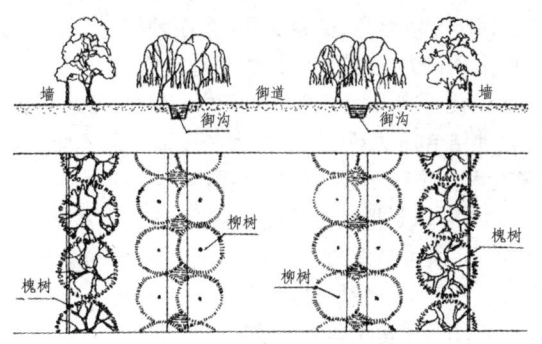

图11.12 南北朝建康中央御道推想图
(王浩,1999)

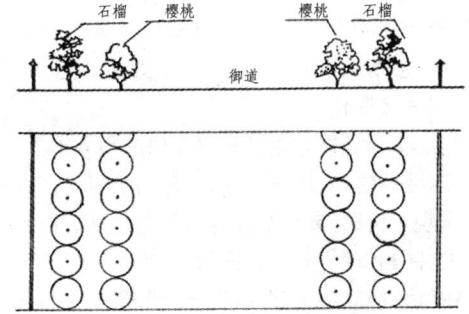

图11.13 隋东都天津街布置推想图
(王浩,1999)

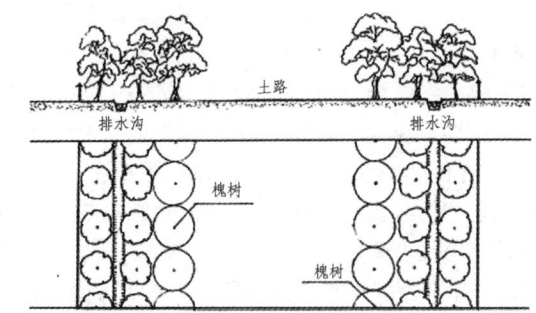

图11.14 唐长安朱雀门大街布置推想图
(王浩,1999)

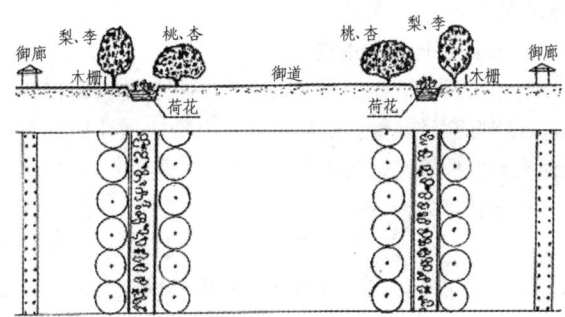

图11.15 北宋东京御街布置推想图
(王浩,1999)

清中叶以后，沿海城市迅速兴起，一些新建街道引种刺槐、悬铃木、意大利黑杨等树种作为行道树。我国古代城市道路绿化的内容、形式和管理制度对今天的城市道路绿地规划与设计仍有借鉴作用。

新中国成立以来，我国的城市建设发展很快，不少城市在街道绿化方面取得了很大成绩。尤其是近几年来，随着经济的发展，人们环保意识的提高、审美观念的变化，城市道路绿地的规划设计中也出现了新的理论和模式。道路绿地作为城市绿地系统的组成部分，要更加注重科学性和艺术性，全方位考虑对道路沿线土地、建筑、景观、生态环保的利用，把单条道路的景观建设与城市综合发展相结合，使道路绿化不仅美化城市环境，而且成为城市形象的重要体现者。如北京的朝阳路、王府井大街，上海的世纪大道、南京路商业街，深圳的深南大道、滨海大道，青岛的东海路、滨海景观大道等。

11.2 道路绿地规划设计要点

道路绿地的规划设计方法有一定的特殊性，不仅要考虑绿地本身功能上的要求，而且更要注重和行车安全的结合，以及在现代交通条件下的视觉特点，必须综合多方面的因素进行协调。

11.2.1 道路绿地规划设计的基本原则

1. 道路绿地应保证行车安全

道路绿地的设计必须满足交通行车安全，道路上的汽车、自行车和行人均可安全地使用道路。具体有以下两方面的要求：

1）应符合交通组织要求、视线安全要求

首先，要求在道路交叉口视距三角形范围内和弯道内侧的规定范围内的植被不应影响驾驶员的视线通透，保证行车视距。其次，在弯道外侧的灌木沿边缘应整齐连续栽植，预告道路线形变化，诱导驾驶员行车视线。

2）行车净空要求道路设计规定

在各种道路的一定宽度和高度范围内为车辆运行的空间，植被不得进入该空间。具体范围应根据道路交通设计部门提供的数据确定。

2. 道路绿地植物的选择

要选择适地适树的道路绿地植物，尤其是行道树的选择，关系到道路绿化的成败、绿化效果的快慢和绿化效应是否充分发挥等问题。要根据本地区气候、栽植地的小气候和地下环境条件，掌握各树种的生物学特性，选择适于在该地生长，并且适应道路环境条件、生长稳定、观赏价值高、抗性强、耐修剪、易管理的植物，保持较稳定的绿化成果。如南方常用榕树、樟树等作为行道树，而北方则常用毛白杨、国槐、泡桐等。

3. 道路绿地要与城市道路的性质和功能相适应

现代化的城市道路交通是一个复杂的系统。在城市总体规划中，确定道路的性质；在专项的城市绿地系统规划中，确定道路的景观特征。因每条道路不同的特性，街旁建筑、绿地、小品以及道路自身设计都必须符合不同道路的特性。

市区交通干道的绿化，应以提高车速，保证行车安全为主。重要的园林景观路绿化应该集中体现城市绿化的特点，体现城市的风貌与特色。商业街、步行街的绿化，应该突出商业街繁华的特点，在道路绿地中选择合适的位置为人们提供休息和活动的场所。与交通干道相比，居住区级道路在功能与尺度方面有所不同，主要是为居民创造优美、安静、舒适的生活环境。

4. 道路绿地要与其他街景元素结合

街景由多种景观元素构成，有道路铺装、公交站台、街灯、标志牌、雕塑小品、道路两侧的建筑物等硬质景观，有植物、水体等软质景观，有道路周边的山地、河湖、丘陵、森林等自然景观，有道路本身所蕴涵的历史人文等文化景观。在道路绿地景观规划设计中，要充分结合、利用多种街景元素，创造有特色的城市道路景观。

5. 道路绿地设计要符合使用者的行为规律和视觉特性

道路上活动的人群由于交通目的和交通手段不同，会产生不同的行为规律和视觉特性。观赏速度的变化带来人们对于城市景观要素尺度感的变化。在步行的条件下，观赏者的观赏速度较慢，在绿化植物的选择与造型上，在道路小品形态与色彩上应该精心设计；在车行的条件下，运动速度和观赏速度较快，观赏者对于沿路景观的认识只能是整体概貌和轮廓，景观设计主要强调整体性、大尺度的气势。因此，道路绿地景观的设计需要考虑现代交通条件下不同速度的道路使用者的视觉特性，选择主导的道路使用者的行为规律和视觉特性作为道路绿地设计的考虑重点。

6. 道路绿地应与市政公用设施规划相结合

道路沿线有许多市政附属设施和管理设施，如道路的照明、地下管线、停车场、加油站等。对沿街的厕所、报刊亭、电话亭等要设在合理的位置。另外，道路绿地的设计要与人行过街天桥、地下通道出入口、电杆、路灯、各类通风口、垃圾出入口等地上设施和地下管线、地下构筑物及地下沟渠等有机结合。

11.2.2 道路绿地规划设计的调研

与其他类型的绿地占地形式相比较，道路绿地呈线形贯穿城市，沿路情况复杂并且和交通关系密切。因此，调研的内容有一定的特殊性。

在接到设计任务后，首先要搜集相关的基础资料，包括气象、土壤、水体、地形、植被等方面自然条件的资料；该条道路地上市政设施和地下管网、地下构筑物的分布情况；道路本身所蕴涵的历史人文资料；从城市规划和城市绿地系统规划上了解该条道路的性质和景观特色定位；相关的道路设计规范、城市法规等设计规范资料。

其次，在现场调研时，结合现场地形图进行标注，重点调查道路的现状结构、交通状况，道路绿地与交通的关系，人们的活动行为，道路沿线周边用地的性质、建筑的类型及风格、沿途景观的优劣等，以便进行该道路绿地设计时，能有效地结合周边环境，使绿地在保证交通安全的前提下，充分利用道路沿线的优美景观。

最后，对以上相关资料进行整理，分析出基地现状的优势和不足及发展潜力，并结合设计委托方的意见，提出规划设计的目标及指导思想，为下一步设计的定位和布局以及方案的深化提供科学合理的依据。

11.2.3 道路绿地规划设计的风格定位

道路绿地景观的风格定位是指确定这条道路的景观性质，需要体现的景观风格和特色，应该具有的功能和形式。明确了道路的风格定位，才能更好地结合现状，合理地布局，将方案深化。

影响道路绿地规划设计风格定位的因素很多，如城市的性质、道路的性质、历史文化、生活习俗等等。在进行道路绿地景观定位时，要分析该条道路的现状、周边环境，提出合理的评价和规划思想。同时，也要结合城市总体规划和城市绿地系统规划一起考虑。一般来讲，在城市总体规划阶段，会进行专项的城市道路系统规划，明确城市各条道路的性质，确定是主干道、次干道还是支路。在城市绿地系统规划中,主要是明确城市各条道路的景观特征。有些城市还会做城市道路绿地系统专项规划,更加清楚系统地为每条道路定性,确定是城市综合性景观路、绿化景观路还是一般林荫路。对城市综合景观起重要作用的城市主干道及重要次干道规划为综合景观路,将城市对外交通主干道及城市快速路规划为绿化景观路,其余道路规划为林荫路。这些都为道路绿地景观的进一步准确详细的定位提供了参考依据。

江苏省宿迁市是一座以轻型工业为主导,现代休闲旅游服务业为特色的生态型园林化滨湖城市,具有"湖光水色、楚风汉韵、酒都花乡、生态名城"的景观特色。宿迁市人民大道北端是市政府所在地,在宿迁市城市总体规划(2003—2020)中定位为城市主干道;在宿迁绿地系统规划(2004—2020)中定位为城市综合景观路。

在道路绿地系统专项规划中,将市内重要的八条道路和道路节点相结合,通过道路绿化和节点景观的营造分别体现"宿迁精神""宿迁文化""宿迁未来""湖光山色""楚汉遗风""酒都醉人""花香宜人""楚歌留韵"的内涵。其中,"楚歌留韵"是人民大道要表达的主题,从而进一步详细明确了人民大道的风格定位。在进行人民大道的规划设计时,根据以上前期规划定位的思想指导,结合现状环境分析,最后的定位为:以生态景观为主,重视其自身的人文氛围,强调自然与人文并重,创造一条集功能、生态、景观三位一体的休闲、观赏性的综合景观交通道路。设计风格强调传统与现代相结合,在整体中保留传统文化的内容和精神,在形式及材料的处理上呈现出一定的现代感。通过现代的设计手法,表达出对传统文化的理解和感悟。

11.2.4 道路绿地规划设计的布局

在了解了现状环境,明确了道路景观的风格定位后,就要考虑如何进行方案的布局。

城市的道路绿地一般随着道路的走向呈线状分布。其中,在道路的交叉口、景观视线交融处、交通路线上的变化点等处会出现一些"点"状的绿地。道路旁的各类公园、大面积的绿地等周围的景观则呈现出"面"状景观,作为点状、线状景观的重要背景。因此,道路绿地的布局就形成了点线面相结合的景观序列,"点"状绿地作为连续景观的变化点,"线"状绿地表达景观的序列变化,"面"状绿地作为道路景观的背景环境。重在合理安排景观序列的表达,选择合适的点状绿地作为道路节点景观,以线串点、以线带面,形成景观、生态、文化的合理布局。

宿迁市人民大道在有了明确的风格定位后,布局结构上强调生态线和文化线(图11.16)。结合"楚歌留韵"的主题,整条道路由一条主线将四个节点:"楚风广场""花雅广场""酒颂广场""水清广场"串联起来,依次体现"楚""花""酒""水"的城市主题,结合楚文化中的"风""雅""颂",反映宿迁市的城市特色。每段道路以各节点为依托,道路两侧的绿地景观围绕"楚之道""花之道""酒之道""水之道"蕴意展开。整个景观序列布局合理,很好地烘托了主题。

镇江市的南徐路位于镇江市南郊,东起林隐路,西止镇句路。南徐路所经区域土质肥沃,植被丰富,地形地貌变化多样,有山地、农田、水塘、河流,可利用景观资源丰富。目前作为南郊的交通主干线,以后将成为镇江市南环路。南徐路的景观布局根据整条道路途经不同自然环境的特点,在景观序列的表达上充分结合和利用了自然景观,不仅尊重了原有地形和地貌,而且形成了视线变化丰富的景观序列。在两侧道路景观不佳的地段,其景观集中在道路本身的植物造景上,视线随之汇聚,为下一个路段开阔的景观做铺垫。两侧道路景观优美时,则充分打开视线,形成树林草地的开敞空间,景观收放有序、张弛自如。同时,选取道路的交叉口设计成六个景观迥异、各有特色,但整体协调的景观节点(图11.17)。六个节点虽均以植物造景为主要的设计手法,但却以不同的植物为主景元素,再配以恰当的园林小品,形成了一路多景的景观布局(图11.18)。

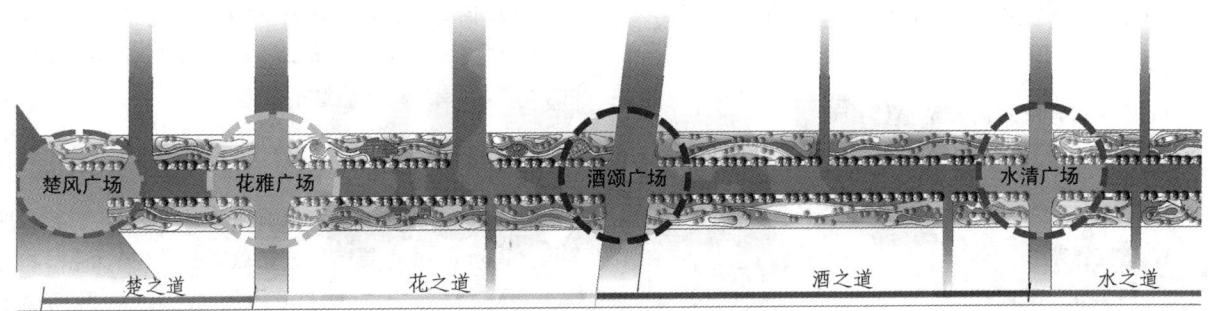

图11.16 宿迁市人民大道布局图
(王浩,2005)

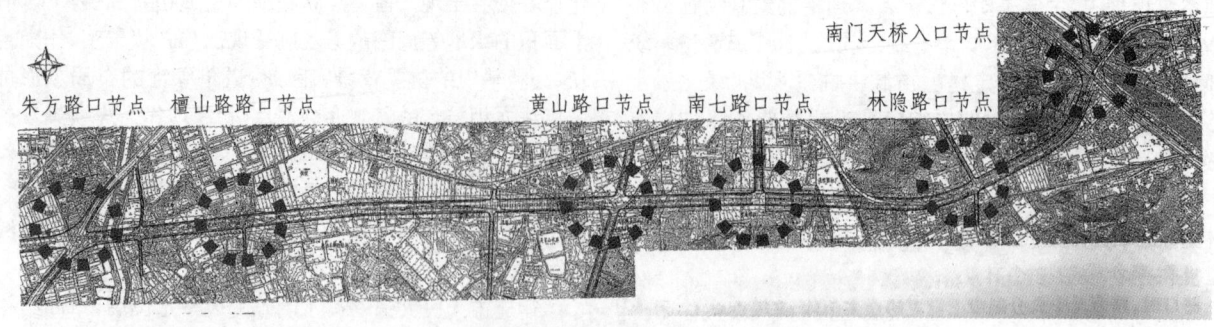

图 11.17　南徐路节点景观示意图
（王浩，2005）

南门天桥节点

南七路路口节点

林隐路路口节点

檀山路路口节点

黄山路路口节点

朱方路路口节点

图 11.18　南徐路节点
（王浩，2005）

11.3　各类型道路绿地规划设计

11.3.1　城市对内交通道路绿地

道路绿地由道路绿带、交通岛绿地、广场绿地和停车场绿地组成。

1. 道路绿带

1) 分车绿带的设计

在分车带上进行绿化形成分车绿带，也称隔离绿带，有道路中央分车绿带和两侧分车绿带两种形式（图 11.19、图 11.20）。

分车绿带起组织交通、防护和美化的作用，分车绿带的宽度因道路而异，设计的目的是为了将人流与车流分开，机动车辆与非机动车辆分开，保证不同速度的车辆能全速前进、安全行驶，并合理地处理好建筑、交通和绿化之间的关系，使街景统一而富于变化。分车绿带的设计要点如下：

（1）分车绿带的植物配置　应形式简洁，树形整齐，排列一致。一般在分车带上种植乔木时，要求分车带的宽度不小于 1.5 m。乔木要选择分枝点高的品种，以免影响行车，树干中心至机动车道路缘石外侧距离不宜小于 0.75 m。

（2）中间分车绿带　在距道路面高度 0.6 m 至 1.5 m 的范围内，须合理配置枝繁叶茂的常绿灌木植物，以阻挡对面车辆夜间行车的眩光。

图 11.19　中央分车绿带

a. 树池式种植方式

图 11.20　两侧分车绿带

b. 树带式种植方式

图 11.21　行道树种植方式

（3）两侧分车绿带　宽度大于或等于 1.5 m 的，应以种植乔木为主，并宜乔木、灌木、地被植物相结合。分车绿带宽度小于 1.5 m 的，应以种植灌木为主，并宜灌木、地被植物相结合。两侧分车绿带绿化要考虑到路边的街道景观。在道路两侧没有重要的建筑物或景观不佳地段，分车带上可种植较密的乔、灌木，形成绿墙，充分发挥隔离作用。当交通量较大，道路两侧分布大型建筑且街景较佳时，就要考虑在局部地段适当隔离的同时使视线通透。

（4）分车绿带端部　应采取通透式栽植，在路口及转角地应留出一定范围不种遮挡视线的植物，使司机和行人能有较好的视线，保证交通安全。

2）行道树绿带的设计

行道树绿带是位于人行道和车行道之间，以种植行道树为主的绿带。植物以乔木为主，可配置灌木和地被植物，主要是为行人及非机动车庇荫。

（1）行道树种植方式　行道树种植方式有多种，常用的有树带式、树池式两种（图 11.21）。

① 树带式：在人行道和车行道之间留出一条宽度不小于 1.5 m 的种植带，种植带的宽度视具体情况而定，可种植乔灌木，同绿篱、草坪搭配，留出铺装过道，以便人流通行或汽车停站。

② 树池式：通常用在交通量大、行人多而人行道又窄的路段。树池的形状有正方形（边长不小于 1.5 m）、长方形（短边长不小于 1.5 m）或圆形（直径不小于 1.5 m），行道树的栽植点为其几何中心。为了通常采取在树池内种植草坪、地被等植物，或者加盖镂空的格栅，放置鹅卵石等方式减少土壤裸露。

（2）行道树绿带的设计要点

① 行道树树种的选择：行道树应选择深根性、分枝点高、冠大荫浓、生长健壮、抗性强、无飞絮、适应道路环境条件且落果不会对行人造成危害的树种。灌木和草坪应选萌芽力强、耐修剪、病虫害少且易于管理的种类。

② 行道树的株距和定干高度要求：行道树定植株距，应以其树种壮年期冠幅为准。最小株距以不小于 4 m 为宜，树干中心至路缘石外侧距离不小于 0.75 m，保证行道

树树冠有一定的分布空间,能正常生长,同时也便于消防、急救、抢险等车辆在必要时穿行。

③ 行道树定干高度：应根据其功能要求、交通状况、道路性质、宽度,以及行道树与车行道距离、树木分枝角度而定。种植行道树其苗木胸径快长树不小于 5 cm,慢长树不宜小于 8 cm。分枝角度大者,干高不得小于 3.5 m;分枝角度较小者,不能小于 2 m,否则会影响交通。

④ 当行道树绿带只能种植行道树时,行道树之间采用透气性的路面材料铺装,利于渗水通气改善土壤条件,保证行道树生长,同时也不妨碍行人行走。

⑤ 在道路交叉口视距三角形范围内,行道树绿带应采用通透式配置,利于交通安全。

3) 路侧绿带的设计

路侧绿带是布置在人行道边缘至道路红线之间的绿带,是道路绿化的重要组成部分。

(1) 路侧绿带形式　路侧绿带常见的有三种,一种是因建筑红线与道路红线重合,路侧绿带毗邻建筑布设;第二种是建筑退让红线后留出人行道,路侧绿带位于两条人行道之间;第三种是建筑退让红线后在道路红线外侧留出绿地,路侧绿带与道路红线外侧绿地结合。

(2) 路侧绿带的设计要点

① 路侧绿带应根据相邻用地性质、防护和景观要求进行设计,并应保持在路段内的连续与完整的景观效果。

② 当路侧绿带宽度在 8 m 以上时,内部铺设游步道后,仍能留有一定宽度的绿化用地,而不影响绿带的绿化效果。因此,可以设计成开放式绿地,方便行人进入游览休息,提高绿地的利用率(图 11.22)。

③ 路侧绿带与沿路的用地性质或建筑物关系密切,有些建筑要求有绿化衬托;有些建筑要求有绿化防护;有些建筑需要在绿化带中留出入口。因此,路侧绿带设计要兼顾街景与沿街建筑需要,应在整体上保持绿带连续、完整、景观统一。

④ 濒临江、河、湖、海等水体的路侧绿地,应结合水面与岸线地形设计成滨水绿带。

⑤ 道路护坡绿化应结合工程措施栽植地被植物或攀缘植物,达到垂直绿化效果。

2. 交通岛绿地

交通岛绿地分为中心岛绿地、导向岛绿地、交叉路口和立体交叉绿地,通常在几条道路的相交处,起着引导行车方向、渠化交通的作用。交通岛的绿化应结合这一功能,通过在交通岛周边的合理种植,强化交通岛外缘的线形,引导驾驶员的行车视线,特别在雪天、雾天、雨天可弥补交通标线、标志的不足。

1) 交叉路口

主要指几条道路平交的路口处。为了保证行车安全,在进入道路的交叉口时,必须在路转角空出一定的距离,使司机在这段距离内能看到对面开来的车辆,并有充分的刹车和停车的时间而不致发生撞车。这种从发觉对方来车,并立即刹车而刚够停车的距离,就称为"安全视距"。视距的大小,随着道路允许的行驶速度、道路的坡度、路面质量情况而定,一般采用 30～35 m。

根据两相交道路所选用的停车视距,可在交叉口平面图上绘出一个三角形,称为"视距三角形"(图 11.23)。在此三角形内不能有建筑物、构筑物、树木等遮挡司机视线的地面物。布置植物时,其高度不得超过 0.70 m,宜选用低矮灌木、花草种植。

2) 中心岛绿地

中心岛位于交叉路口的中心位置,多呈圆形,主要是组织环形交通。凡驶入交叉口的车辆,一律绕岛作逆时针单向行驶。中心岛的半径,必须保证车辆能按一定速度以交织方式行驶。目前我国大中城市所采用的圆形交通岛一般直径为 40～60 m。受到环道上交织能力的限制,在交通量较大的主干道上,或具有大量非机动车交通或行人众多的交叉口上,不宜设置环形交通。

图 11.22　优美的路侧绿带

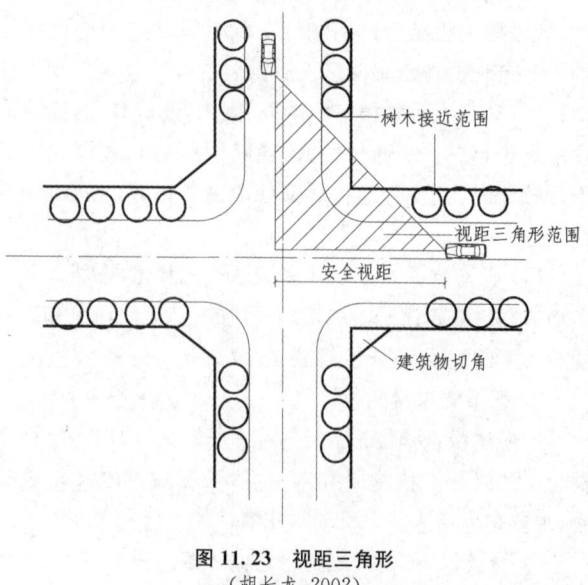

图 11.23　视距三角形
(胡长龙,2002)

中心岛绿化是道路绿化的一种特殊形式。由于其周边汇集了多处路口,原则上只具有观赏作用,不许游人进入。为了便于绕行车辆的驾驶员准确、快速识别各路口,中心岛内不宜过密种植乔木,应多栽植地被植物,保证各路口之间行车视线通透。绿化常常以草坪、花卉、低矮的花灌木组成图案。同时,考虑到中心岛中心是视线的焦点,可在其中放置雕塑、标志性小品、灯柱、大乔木、花坛等成为构图中心,但要协调好其体量与中心岛的尺度关系(图11.24)。

另外,也可结合中心岛所在地的实际情况,使中心岛成为人们可进入休息、观赏的交通环岛。位于美国纽约中央公园东南部入口、百老汇大街和第8大街交汇处的哥伦布交通环岛经过改造后,由简洁规整的植物景观、喷泉水景、地面铺装和照明设施构成,游人可在环岛内休憩、玩耍,实用性大大增强,变成了一个极具吸引力的市区公共空间(图11.25)。

图11.26　导向岛绿化

3) 导向岛绿地

导向岛是用以指引行车方向,约束车道,使车辆减速转弯,保证行车安全。导向岛绿地是指可绿化的导向岛用地,常布置成绿地、花坛等,绿化植物以地被植物为主,不可遮挡驾驶员视线。植物的选择和种植形式可适当强调主次车道(图11.26)。

4) 立体交叉绿化

立体交叉主要分为两大类,即简单立体交叉和复杂立体交叉。简单立体交叉是指纵横两条道路在交叉点相互不通,这种立体交叉一般不能形成专门的绿化地段,只作行道树的延续而已。复杂立体交叉又称互通式立体交叉,两个不同平面的车流可以通过匝道连通。

互通式立体交叉一般由主、次干道和匝道组成,匝道供车辆左、右转弯,把车流导向主、次干道上。为了保证车辆安全和保持规定的转弯半径,匝道和主次干道之间往往形成几块面积较大的空地,一般多作为绿化用地,称为绿岛。此外,从立体交叉的外围到建筑红线的整个地段,除根据城镇规划安排市政设施外,其中的绿地可称为外围绿地。绿岛和外围绿地构成互通式立体交叉绿地。立体交叉虽然避免了车流在同一平面上的十字交叉,但却避免不了汽车的顺行交叉(又称交织),因此绿化布置要使司机有足够的安全视距,在立交进出口、准备会车地段、立交匝道内侧有平曲线的地段不宜种植遮挡视线的树木。如种植绿篱和灌木时,其高度不能超过司机视高,以使其能通视前方的车辆。在弯道外侧,最好种植成行的乔木,视线要封闭,并预示道路方向和曲率,以便诱导司机行车方向,利于行车安全。

图11.24　中心岛绿化
(http//holidayiq.com)

绿岛是立体交叉中面积比较大的绿化地段。绿岛上常有一定的坡度,可自然式配置树丛、花灌木等,形成疏朗开阔的效果;也可用宿根花卉、地被植物等组成模纹图样。

考虑到视觉观赏速度较快,构图宜简洁大方(图

图11.25　美国纽约哥伦布交通环岛
(常鑫,2007)

图 11.27 立交桥绿化
(http//cobratate.com)

图 11.28 停车场绿化
(http//nationwideconsultingllc.com)

11.27)。如果绿岛面积较大,在不影响交通安全的前提下,可按街心花园的形式进行布置,设置园路、亭、水池、雕塑、花坛、坐椅等。

立体交叉外围绿化树种的选择和种植方式要和道路伸展方向、周围的建筑物、道路、路灯、地下设施及地下各种管线密切配合,才能取得较好的绿化效果。

另外,还应重视处理立体交叉道桥形成的阴影部分,应在阴影部分种植耐阴的植物;也可处理成硬质铺装,作为停车场和小型服务设施。

3. 广场绿地

这里的广场绿地与公园绿地中街旁广场绿地不同,是指位于道路红线范围内的、广场用地内的绿地。广场绿地有的结合交通组织形成交通广场,有的与道路红线外的绿地一起构成城市广场绿地景观。

广场绿地植物配置应结合广场的功能,营造良好的景观,并协调好与交通的关系。

4. 停车场绿地

停车场是城市集中露天停放车辆的场所,按车辆性质可分机动车和非机动车停车场;按使用对象可分为专用和公用停车场;按设置地点可分为路外和路上停车场;城市公共停车场是指在道路外独立地段为社会机动车和自行车设置的露天停车场地。它的位置和规模应符合城市规划布局和道路交通组织需要,设施设置应符合行业规范。

本节所探讨的停车场是指道路红线范围内的停车场。停车场的绿化可分为三种形式:周边式、树林式和建筑前的绿化兼停车场。在停车间隔带中种植乔木可以更好地为停车场庇荫,不妨碍车辆停放,有效地避免车辆曝晒。树种要具有深根性、分枝点高、冠大荫浓等特点,适合于停车场的栽植环境。其树下高度应符合停车位净高度的规定:小型汽车为 2.5 m;中型汽车为 3.5 m;载货汽车为 4.5 m。停车场的铺装大都采用嵌草铺装可起到改善环境、美化环境的作用(图 11.28)。

较小的停车场绿化适用于周边式,这种形式是四周种植落叶乔木、常绿乔木、花灌木、草地、绿篱或围以栏杆。

较大的停车场为了给车辆遮阳,可在场地内种植成行、成列的落叶乔木。除乔木的种植池外,场内地面可采用全铺装或草坪砖铺装。

建筑前的绿地可部分兼停车场,方便使用,这是目前运用最多的停车场形式。这种形式的绿化布置灵活,多结合基础栽植、庭前绿化和部分行道树设计。设计绿化既要衬托建筑,又要能对车辆起到一定的遮阳和隐蔽作用,故一般是种植乔木和高绿篱或灌木结合。

11.3.2 步行街道绿地

在市中心地区公共建筑、商业与文化生活服务设施集中的重要地段,设置专供人行、禁止或限制车辆通行的道路,称为步行街(图 11.29)。其形式可分为两类,一种是只对部分车辆实行限制,允许公交车辆通行,或是平时作为普通街道,在假期中作为步行街,被称为过渡性步行街或不完全步行街。这种步行街仍然沿用普通街道的布置

图 11.29 步行街景观
(http://hn.rednet.cn)

中心岛绿化是道路绿化的一种特殊形式。由于其周边汇集了多处路口，原则上只具有观赏作用，不许游人进入。为了便于绕行车辆的驾驶员准确、快速识别各路口，中心岛内不宜过密种植乔木，应多栽植地被植物，保证各路口之间行车视线通透。绿化常常以草坪、花卉、低矮的花灌木组成图案。同时，考虑到中心岛中心是视线的焦点，可在其中放置雕塑、标志性小品、灯柱、大乔木、花坛等成为构图中心，但要协调好其体量与中心岛的尺度关系（图11.24）。

另外，也可结合中心岛所在地的实际情况，使中心岛成为人们可进入休息、观赏的交通环岛。位于美国纽约中央公园东南部入口，百老汇大街和第8大街交汇处的哥伦布交通环岛经过改造后，由简洁规整的植物景观、喷泉水景、地面铺装和照明设施构成，游人可在环岛内休憩、玩乐，实用性大大增强，变成了一个极具吸引力的市区公共空间（图11.25）。

图11.26　导向岛绿化

3）导向岛绿地

导向岛是用以指引行车方向，约束车道，使车辆减速转弯，保证行车安全。导向岛绿地是指可绿化的导向岛用地，常布置成绿地、花坛等，绿化植物以地被植物为主，不可遮挡驾驶员视线。植物的选择和种植形式可适当强调主次车道（图11.26）。

4）立体交叉绿化

立体交叉主要分为两大类，即简单立体交叉和复杂立体交叉。简单立体交叉是指纵横两条道路在交叉点相互不通，这种立体交叉一般不能形成专门的绿化地段，只作行道树的延续而已。复杂立体交叉又称互通式立体交叉，两个不同平面的车流可以通过匝道连通。

互通式立体交叉一般由主、次干道和匝道组成，匝道供车辆左、右转弯，把车流导向主、次干道上。为了保证车辆安全和保持规定的转弯半径，匝道和主次干道之间往往形成几块面积较大的空地，一般多作为绿化用地，称为绿岛。此外，从立体交叉的外围到建筑红线的整个地段，除根据城镇规划安排市政设施外，其中的绿地可称为外围绿地。绿岛和外围绿地构成互通式立体交叉绿地。立体交叉虽然避免了车流在同一平面上的十字交叉，但却避免不了汽车的顺行交叉（又称交织），因此绿化布置要使司机有足够的安全视距，在立交进出道口、准备会车地段、立交匝道内侧有平曲线的地段不宜种植遮挡视线的树木。如种植绿篱和灌木时，其高度不能超过司机视高，以使其能通视前方的车辆。在弯道外侧，最好种植成行的乔木，视线要封闭，并预示道路方向和曲率，以便诱导司机行车方向，利于行车安全。

绿岛是立体交叉中面积比较大的绿化地段。绿岛上常有一定的坡度，可自然式配置树丛、花灌木等，形成疏朗开阔的效果；也可用宿根花卉、地被植物等组成模纹图样。

考虑到视觉观赏速度较快，构图宜简洁大方（图

图11.24　中心岛绿化
（http//holidayiq.com）

图11.25　美国纽约哥伦布交通环岛
（常鑫，2007）

图 11.27 立交桥绿化
(http//cobratate.com)

图 11.28 停车场绿化
(http//nationwideconsultingllc.com)

11.27)。如果绿岛面积较大,在不影响交通安全的前提下,可按街心花园的形式进行布置,设置园路、亭、水池、雕塑、花坛、坐椅等。

立体交叉外围绿化树种的选择和种植方式要和道路伸展方向、周围的建筑物、道路、路灯、地下设施及地下各种管线密切配合,才能取得较好的绿化效果。

另外,还应重视处理立体交叉道桥形成的阴影部分,应在阴影部分种植耐阴的植物;也可处理成硬质铺装,作为停车场和小型服务设施。

3. 广场绿地

这里的广场绿地与公园绿地中街旁广场绿地不同,是指位于道路红线范围内的、广场用地内的绿地。广场绿地有的结合交通组织形成交通广场,有的与道路红线外的绿地一起构成城市广场绿地景观。

广场绿地植物配置应结合广场的功能,营造良好的景观,并协调好与交通的关系。

4. 停车场绿地

停车场是城市集中露天停放车辆的场所,按车辆性质可分机动车和非机动车停车场;按使用对象可分为专用和公用停车场;按设置地点可分为路外和路上停车场;城市公共停车场是指在道路外独立地段为社会机动车和自行车设置的露天停车场地。它的位置和规模应符合城市规划布局和道路交通组织需要,设施设置应符合行业规范。

本节所探讨的停车场是指道路红线范围内的停车场。停车场的绿化可分为三种形式:周边式、树林式和建筑前的绿化兼停车场。在停车间隔带中种植乔木可以更好地为停车场庇荫,不妨碍车辆停放,有效地避免车辆曝晒。树种要具有深根性、分枝点高、冠大荫浓等特点,适合于停车场的栽植环境。其树下高度应符合停车位净高度的规定:小型汽车为 2.5 m;中型汽车为 3.5 m;载货汽车为 4.5 m。停车场的铺装大都采用嵌草铺装可起到改善环境、美化环境的作用(图 11.28)。

较小的停车场绿化适用于周边式,这种形式是四周种植落叶乔木、常绿乔木、花灌木、草地、绿篱或围以栏杆。

较大的停车场为了给车辆遮阳,可在场地内种植成行、成列的落叶乔木。除乔木的种植池外,场内地面可采用全铺装或草坪砖铺装。

建筑前的绿地可部分兼停车场,方便使用,这是目前运用最多的停车场形式。这种形式的绿化布置灵活,多结合基础栽植、庭前绿化和部分行道树设计。设计绿化既要衬托建筑,又要能对车辆起到一定的遮阳和隐蔽作用,故一般是种植乔木和高绿篱或灌木结合。

11.3.2 步行街道绿地

在市中心地区公共建筑、商业与文化生活服务设施集中的重要地段,设置专供人行、禁止或限制车辆通行的道路,称为步行街(图 11.29)。其形式可分为两类,一种是只对部分车辆实行限制,允许公交车辆通行,或是平时作为普通街道,在假期中作为步行街,被称为过渡性步行街或不完全步行街。这种步行街仍然沿用普通街道的布置

图 11.29 步行街景观
(http://hn.rednet.cn)

方式,但为了创造一个良好的休闲环境,应提供更多便利于行人的休息设施,如北京的王府井大街、前门大街,上海的南京路,沈阳的中街等。另一种是完全禁绝一切车辆的进入,称完全式步行街。由于消除了车辆的影响,可使人的活动更为自由和放松,而原先留做车道的位置可布置装饰类与休憩类小品,用花坛、喷泉、水池、椅凳、雕塑等要素予以装点,为街道增添优美和舒适的氛围,如沈阳的太原街、大连的天津街等。

自20世纪50~60年代以来,世界上许多国家对探讨步行街在城市中的作用和意义方面做出了巨大的努力,并进行了大量的实践。长期以来的实践证明,设步行街较为有效地缓解了机动车的废气、噪声污染问题以及人车争道的问题;在为市民提供更多的游憩、休闲空间,在优化城市环境、美化城市景观等方面具有积极的作用。在商业区设置步行街则有利于促进销售,而历史文化地段的步行街还可以有效地对街道的原有历史风貌进行必要的保护。

步行街包括以下三种类型:

(1) 商业步行街　这是我国目前最为常见的步行街类型,设置在城市中心或商业、文化较为集中的路段。由于根除了人车混杂的现象,人们对发生交通事故的担心得以消除,使行人的活动更为自由和放松。正是由于步行街所具有的安全性和舒适感,可以凝聚人气,对于促进商业活动也有积极的意义。

(2) 历史街区步行街　国外有些城市为保护某些街区的历史文化风貌,将交通限制的范围扩大到一定区域,成为步行专用区。随着城市的发展,方便出行是人们普遍关心的问题。我国许多城市,包括历史悠久的古城,解决交通的主要方法就是拆除沿街建筑以拓宽道路,导致改变甚至破坏原有的城市结构和风貌。如果改为禁止车辆进入,既可以在一定程度上缓解人车混杂的矛盾,同时也能避免损害城市的原有格局,达到保护历史环境的目的。当然,与步行专用区相配套的是在其周边建有方便、快捷的现代交通体系。

(3) 居住区步行街　在城市居民活动频繁的居住区也可以设置步行街,国外称之为居住区专用步道。居住区需要有一个整洁、宁静、安全的环境,而禁止机动车辆的通行就能使之得到最大限度的保证。然而在居住区设置步行街除了舒适、安全的目的之外,还要考虑便利性和利用率的问题。所以,当机动车流量不是太大时,是否有必要完全或分时段禁止车辆通行就应根据实际情况予以考虑。

步行街两侧均集中商业和服务性行业建筑,步行街不仅是人们购物的活动场所,也是人们交往、娱乐的空间。其设计过程就是创造一个以人为本、一切为"人"服务的城市空间的过程。步行街的设计在空间尺度和环境气氛上要亲切、和谐,人们在这里可感受到自我,完全放松和"随意"。可通过控制街道宽度和两侧建筑物高度,以及将空间划分为几部分、采取骑楼的形式、采取建筑物逐层后退的形式等,来改变空间的尺度和创造亲切宜人的街道环境。在步行街当中充分的灯光照明可以为夜间的活动提供方便,借助灯光还可以突出建筑、雕塑、喷泉、花木以及各种小品的艺术形象,从而为夜景增添情趣,所以对灯光的精心设计也是提高步行街品质的重要方面。此外,步行街上的各种设施,包括装饰类小品、服务类小品以及铺装材料、山石植物等等都要从人的行为模式及心理需求出发,经过周密规划和精心设计,使之从材料的选择到造型、风格、尺度、比例、色彩等方面的运用都能尽可能达到完美,使人倍感亲切。

与游憩林荫道不同,步行街需要更多的显现街道两侧的建筑形象,尤其是设置在商业、文化中心区域的步行街,还要将各种店面的橱窗展示在游人及行人的面前,所以步行街绿地种植要精心规划设计,与环境、建筑谐调一致,使功能性和艺术性呈现出较好的效果。在绿化树种的选择上,步行街与普通街道一样,应首先考虑植物的适应性,当地的适生品种应该占有较大的比重。为丰富景观的需要,经过驯化的外来新品种也应适量运用。其次,应当运用生态学方法进行植物的搭配,也就是模拟自然界的植被共生关系,设计出不同植物都能良好生长的人工群落,用以改善特定范围内的生态环境。一般在用地较为狭窄时,布置规则式花坛、花境比较适宜,使用生命力强且花期较长的草本花卉或耐修剪的花灌木,可以将游憩林荫道或步行街内装点得花团锦簇,但人工痕迹会较重。如果用地宽裕,则可考虑自然风景式布置,利用不同株形、不同花期和不同花色的乔木、灌木、林下植物自由搭配,让人们在其中的感觉更为放松。这样的景观处理看似随意,其实对设计者的要求会更高,因为在设计时不仅要把握各种植物的相互关系,以使建成之后给人以自然、优美的感受,还需要考虑各种植物在四季更迭中的季相变化乃至数年或更长的生长之后的姿态、形状。再次,要特别注意植物形态、色彩要和街道环境相结合,树形要整齐,乔木要冠大荫浓、挺拔雄伟,花灌木无刺、无异味,花艳、花期长。特别需考虑遮阳与日照的要求,在休息空间应种植高大的落叶乔木,夏季茂盛的树冠可遮阳,冬季树叶脱落又有充足的光照,为顾客提供不同季节舒适的环境。最后,地区不同,绿化布置上也有所区别,如夏季时间长、气温较高的地区,绿化布置时可多用冷色调植物;而在北方则可多用暖色调植物布置,以改善人们的心理感受。

同时,步行街的地面可铺设装饰性铺装,通过材质的变化和细节的处理增加街景的趣味和特色;还可以布置花坛、小品、雕塑等,以及供人们休息的坐椅、凉亭、电话间等,不仅能丰富景观,还能体现地方特色。例如,上海南京路商业步行通过建筑风格的延续和街道设施及小品风格的创新,在保留了城市独有的历史文化的基础上,显示了现代城市的景观特征。

总之,步行街绿化设计既要充分满足其功能需要,同时又要经过精心的规划设计达到较好的景观效果。

11.3.3 对外交通绿地

城市对外交通绿地为铁路、公路、管道运输、港口和机场等城市对外交通运输及其附属设施用地内的绿地。对外交通绿地常常穿过农田、山林等自然环境,对城市复杂的地上、地下管网和建筑物等的影响较小。

1. 高速公路绿地

高速公路是当今标准最高、等级最高的现代公路,其设计车速为80～120 km/h,几何线性设计要求较高,工程复杂。一般设有四条以上的行车道,车辆双向行驶的,以中央分隔带分隔;全线封闭,路旁设有防护栏,严禁产生横向的交通干扰。在与铁路或其他公路相交时,全部设置立体交叉设施并设有专用的自动化交通监控系统,以及必要的沿线服务设施。

由于受到高速公路特殊的断面形式、周边环境、立地条件、土方工程、行车要求等诸多条件的制约,对高速公路绿地景观规划设计也有着不同于一般道路的特殊要求。

1991年交通部发布的《国省干线 GBM 工程实施标准》中规定了高速公路绿地的组成:高速公路绿地是在可绿化的路段以绿色植物合理覆盖公路两侧边坡、分隔带及公路用地范围内的一切可绿化空地。在我国一般的高速公路断面形式如图所示(图11.30)。高速公路绿地的组成主要包括:中央分车带、路肩、边坡、隔离栏、林带,以及其附属设施,如管理站、互通区和服务区等的绿化。

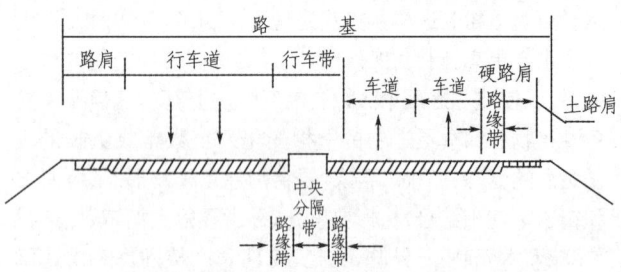

图11.30 高速公路典型断面图
(崔文波,2003)

1) 高速公路绿地的功能作用

高速公路绿地的作用高速公路绿地的作用除了能改善环境、增加道路景观外,更重要的是和行车安全结合。具体表现在以下几点:

(1) 诱导交通 在高速公路的不同路段和特定区域,如爬坡车道、变速车道、集散车道、辅助车道、进出口岔道以及接近服务区路段,可以利用不同植物的景观效果,辅助各种提示牌,诱导交通。

(2) 防眩光,引导视线 司机对前方高速公路路面变化的判断,除了依靠路面本身的形态、走向变化外,还借助于视野中侧向要素的变化,如中央分隔带植物轮廓线的变化,也能形成良好的视觉引导,有助于提高行车的安全性。

(3) 保持水土,稳定路基 在路堑、路堤等有大量土石方工程的地段,结合一些深根系的地被及爬藤植物,解决稳固路基的工程问题。

(4) 保护路面畅通 在风沙和积雪等灾害较为严重的地区,高速公路两侧的宽阔林带可以结合防护林的建设,阻挡风沙和飞雪,以免沙、雪堆积在路面上,影响高速公路的畅通。

2) 高速公路绿地规划设计原则

(1) 高速公路绿化应满足交通要求,保证行车安全,使司机视线畅通。通过绿化栽植以改善视觉环境,增加行车安全。方式有诱导栽植、过渡栽植、防眩栽植、遮蔽栽植、标示栽植、隔离栽植。

(2) 高速公路绿化植物应选择适应性强、耐修剪、耐干旱、耐瘠薄、耐粗放管理、观赏期长、养护措施简单的品种。

(3) 根据高速公路沿线区域的环境特征或行政区划,将高速公路分为若干景观设计路段,道路绿化与沿线不同路段的地域景观相协调,形成其特有的风格。

(4) 高速公路的互通式立交区、服务区应作景观绿化设计,与当地城市绿化风格及建筑风格协调一致,在功能绿化设计的基础上综合考虑绿化美学要求,力求有良好的景观效果。

3) 高速公路绿地各组成部分规划设计

(1) 中央分隔带绿化 中央分隔带是高速公路绿地景观中最重要的组成部分,设在两条对行的车道之间,主要有分隔对向行车车道,减轻夜间车灯眩光,引导司机视线,防止行车中任意转弯掉头等作用,设计合理的中央分隔带还能够减轻长途驾车产生的疲劳,减轻精神过度集中而产生的紧张感。中央分隔带一般宽1～3 m,土层浅,因此不宜种植乔木,而且乔木投射到路面上的树荫会影响驾驶人员的视觉,其断枝落叶也会影响快速交通。通常选用耐修剪的常绿灌木,底层辅以地被。基本形式有整形式、树篱式、图案式、平植式等。

① 整形式:是指用同一种形式的树木(如蜀桧等)按照相同的株距排列,下层根据景观需要配以不同的灌木及地被(图11.31),形式比较简单,应用普遍。这种形式的

图11.31 高速公路整形式中央分隔带绿化

缺点是：单一的形式容易给人乏味的感觉，不利于缓解驾驶疲劳。可以考虑在相隔一定距离，一般以5~8 km为宜，改变植物品种，间植高度、冠幅与之相当的花灌木，适当变化调节色彩和形式。

② 树篱式：是用枝叶密实的植物形成连续的树篱，下层用花灌木或色叶灌木形成满铺或色块（图11.32）。其优点是遮光效果好，对撞击隔离栏的车辆有很强的缓冲能力，可减轻车体与驾驶人员的损伤，如京珠高速公路广珠段部分就采用了这种形式。缺点与整形式相似，同样具有视觉上单调呆板的缺陷，而且对树木需求量大。

③ 图案式：是将灌木或绿篱修剪成几何图形，在平面和立面上适当变化，可形成优美的景观绿化效果。缺点是其遮光效果不佳。若处理不当，多变的形式会过于吸引司机的注意力，而且增加管理工作量（图11.33）。

④ 平植式：是当中央分隔带较窄时或在管理受限的路段，可以采用这种植物满铺密植，并修剪成形的形式。该形式常见于中央分隔带的开口处。京珠高速公路部分路段就采用了这种形式。

在具体的高速公路中央分隔带的设计中，可以结合道路线形及具体周边环境，综合运用这几种形式，将整形式的点状种植与树篱式、图案式、平植式种植组合，产生丰富多变的景观效果。

另外，高速公路中央分隔带的防眩设计很重要。目前在国内，对于植物间距的计算有许多方法，但总的原则都是根据车灯扩散角、所采用树木冠幅和单株间距三者之间的函数关系计算而得（图11.34）。

公式如下：
$$D = 2r/\sin\theta$$
式中：D——单株间距；$2r$——树木冠幅；θ——车灯扩散角。

一般的汽车灯扩散角为12°，则$2r$与D之间的关系可见表11.1。由表中可知，防眩植物的株距不应大于防眩植物冠幅的5倍。

这种种植方式对防眩植物的选择要求是常绿、树形整齐、生长缓慢、不需经常修剪的松柏类植物。

表11.1 株间距与冠幅

株间距 D/cm	树木冠幅 $2r$/cm	备注
200	40	
300	60	
400	80	
500	100	
600	120	高速公路标准的尺度

（新田伸三，1982）

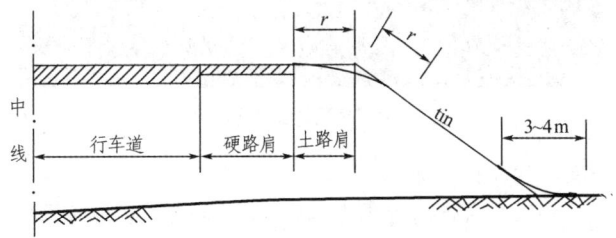

图11.35 高速公路路肩断面图

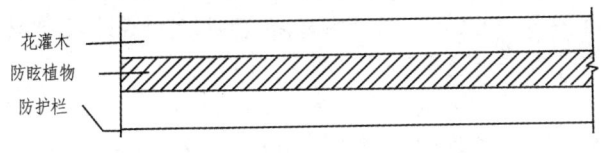

图11.32 高速公路树篱式中央分隔带绿化

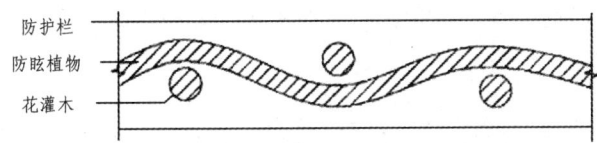

图11.33 高速公路图案式中央分隔带绿化图

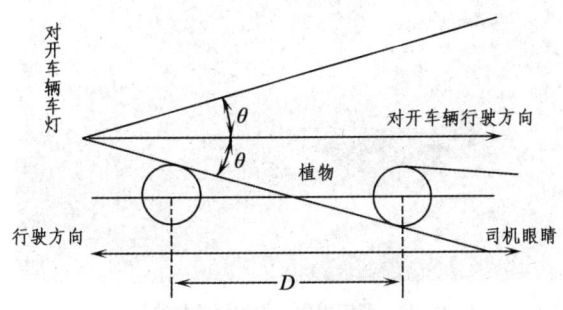

图11.34 前照灯的照射角和植树间距
（李铮生，等，2019）

（2）路肩绿化 高速公路要求有3.5 m以上的路肩，以供出故障的车停放（图11.35）。路肩上不宜栽种大型乔木植物，可结合其外侧的边坡绿化和安全地带，种植以低矮地被为主的植物。

（3）边坡绿化带 边坡主要指在路堑、路堤段填挖方的倾斜部分，它是高速公路重要的组成部分。在高速公路挖、填方施工中，边坡上原有地貌及植被遭到严重破坏，一旦受到雨水冲刷、浸蚀，就会造成水土流失、塌方甚至滑坡，破坏路面、堵塞交通。因此，边坡绿地在保护路基和坡面的稳定性、防止落石影响行车安全、减小水土流失、改善视觉环境等方面有着重要的意义。

① 路堑边坡景观绿化设计：道路经过高地，由自然地面向下开挖而成的路基称为路堑。

路堑边坡挖方为自然岩石时，绿化设计可分级处理。第一级边坡一般都用浆砌片石满铺，并可采用垂直绿化形式，种植爬藤植物，使其沿坡面蔓爬，以达到视觉上软化岩石坡面的目的，或在石面上预设一些草绳及铁丝网，然后在边坡下种植一些攀缘植物，绿化整个坡面并起固土护坡作用。第二级及其以上的岩石边坡，可采用生物防护新技术，如喷混植生、三维网植草或用安装刚性骨架回填土植

图 11.36　路堑边坡绿化示例一

图 11.37　路堑边坡绿化示例二

图 11.38　路堤边坡绿化

草等办法(图 11.36)。

一边坡由碎石、土混杂构成时，可用拱形、菱形等网格形或"人"字形浆砌片石骨架加三维网植草形成坡面绿化(图 11.37)。

边坡主要由壤土构成时，处理的主要目的是固土护坡。在边坡稳定的情况下，用机械喷草防护。在一些特殊景观用途的边坡可以草坪为底，用花灌木或硬质材料造景。

② 路堤边坡景观绿化设计：道路高于自然地面，用土或石填筑的路基称为路堤。路堤边坡所经地段多为农田、沼泽、丘陵及河湖溪流区，为平地上起路基、筑路面、挖边沟形成的高速公路路基两侧的边坡。一般视线看不见，可采取一般绿化处理。

高路堤边坡景观绿化可采用浆砌片石骨架并在骨架内喷播小灌木种子或草籽，达到生物防护目的。为防止病虫害蔓延，每隔 3～4 km，可适当变换树种。低路堤边坡景观绿化可采用三维网植草的防护方式进行绿化(图 11.38)。

在边坡植物的选择上，应选择根系深、适应性强、耐旱、耐贫瘠、耐粗放管理、根系发达、覆盖度好、易于成活且景观效果好的草本植物和当地野生的低矮灌木和藤本植物。利用草本植物的生长优势，在较短的时期内形成良好的护坡及景观效果，并逐步自然演变到稳定的灌草结合群落类型，如在华北地区则多选择易成活，保持水土的紫穗槐、美国地锦、爬山虎等。在多山地区的高速公路的边坡绿化中，则应以耐旱、耐贫瘠、生长快、颜色鲜艳、花期长、常绿等植物为主，如烟台新河高速公路边坡，选择结缕草、早熟禾、美国地锦、爬山虎等植物。而西北地区则更应选择当地耐旱、耐瘠薄的植物，如青海的平(安)西(宁)高速公路在土质的边坡上选用野生马莲、冰草与当地野生低矮灌木、野生枸杞、河棘混播来固土并形成其特色的草灌群落景观。

(4) 隔离栏绿地　隔离栏位于高速公路边沟外侧，作用是将高速公路与农田、村庄、城镇等隔离分开，并阻止人畜、非机动车辆或其他机动车辆进入高速公路界内。隔离栏绿地指从边沟外缘至隔离栏附近的狭窄地带。在公路运营初期，国内外的高速公路隔离栅多是用水泥柱加铁丝网或钢结构网构成。现在用绿色植物逐渐代替金属隔离，不但具有隔离效果，还能美化公路景观、增加植物覆盖度、改善小气候。对隔离植物的选择则要求，除了具备耐瘠薄、干旱、根系发达、成活率高、抗逆性强等特点外，还要具有带刺、枝叶密实等特点(图 11.39)。

(5) 防护林带　为了减少高速公路在穿越市区、学校、住宅区附近时产生的噪音和废气污染，在高速公路两侧要留出 20～30 m 的安全防护地带，种植防污染林带。在风沙较大和多雪地带，可在两侧栽植防风防护林带(图 11.40)。

图 11.39　爬满攀援植物的隔离栏绿化

图 11.40　高速公路一侧的防护林带

（6）互通立交区景观绿化设计　立体交叉是两条或多条路线在不同平面上相互交叉连接的人工构造物。互通式立体交叉是两条或多条道路在不同平面上互相交叉，并用匝道连接起来的人工构造物。互通立交绿地是指互通立交用地范围内用来绿化的所有用地。

互通区是高速公路上的重要节点，也是与其他道路交叉行驶时的出入口，它是公路景观设计中场地最大、立地条件最好、景观设置可塑性最强的部位，是景观构成的重要区域（图 11.41）。在进行绿化设计时，将互通立交绿地与高速公路以及周边绿地结合起来，尽量减少对周围自然生态的破坏，与周围环境相协调，体现地方特色。应注意以下要点：

① 立交绿化布置应服从立交的交通功能，使驾驶员有足够的安全视距，有利于行车视线的诱导。

② 立交绿化应根据所在的位置环境、自然景观、功能及其形式与结构的不同，采用合适的植物，形成不同的构图方式和配植方式。

③ 应考虑人在高速公路互通立交绿地上的快速景观视觉感受，以草坪为主要基面，注重构图的整体性和尺度感，给人以视线开敞、气魄宏大的效果。同时，植物色彩不宜过于丰富，以免分散驾驶员的注意力。

④ 可在适当的地方进行标志性设计，起到画龙点睛的作用。其中，交通安全因素是必须要考虑的因素。互通立交绿地景观应起到诱导交通、提高交通安全的作用。应

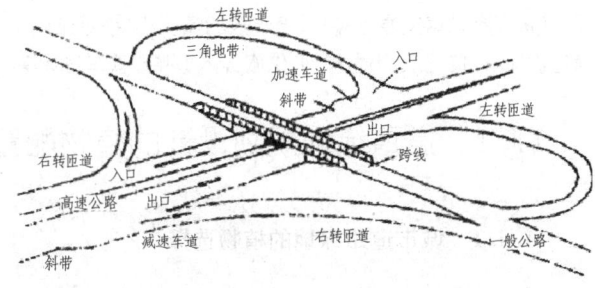

图 11.41　高速公路互通立交图示
（吴国雄、李方，2002）

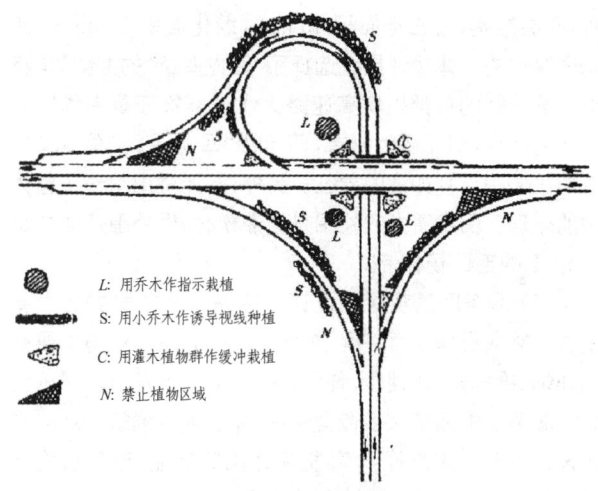

图 11.42　某互通立交栽植图示
（吴国雄、李方，2002）

根据互通立体交叉各组成部分的不同功能来进行绿化设计（图 11.42）。

指示栽植：采用高大乔木，设计在环形匝道和三角地带内，是为驾驶员指示位置的栽植。

缓冲栽植：采用灌木，设在桥台和分流的地方，用来缩小视野，间接引导驾驶员降低车速或在车辆因分流不及而失控时，缓和冲击、减轻事故损失的栽植。跨线桥墩台前的灌木丛绿化栽植，还可以缓减撞墩事故的损失。

诱导栽植：采用小乔木，设在匝道平曲线外侧，用来为驾驶员预告匝道线形的变化，引导驾驶员视线的栽植。匝道平曲线的内侧一般不宜栽植乔木和高灌木，以防阻碍驾驶员的视线。在保证视距要求的条件下，可以栽植矮灌木或花丛。

禁止栽植区：在互通式立体交叉的合流处，为了保证驾驶员的视线通畅、保证合流运行，不能栽植树林，但可以种植高度在 0.8 m 以下的草丛或花丛。

北京四元立交桥位于北京东北部，是首都机场高速公路、京顺公路和四环路三路交会的重要交通枢纽（图 11.43），是一座特大的苜蓿叶型加定向型的复合式立交

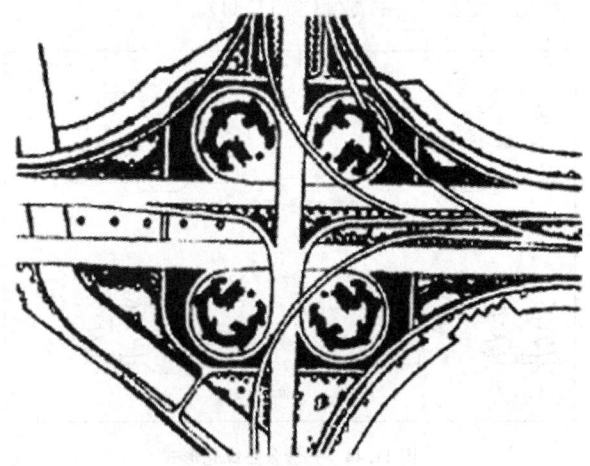

图 11.43　北京四元立交桥
（孙家驷、朱晓兵，2003）

桥,四层结构,总占地面积 40 hm²,绿化面积 24 hm²。四元桥绿化的主体设计最终选择了"四龙四凤"的图案,是将国门第一路的首都机场高速路比作一条象征着中华民族腾飞的巨龙,四元桥为龙首,四元桥"四龙四凤"图案又是中华民俗中吉祥如意的象征。另外,四元桥周围作了整体性的处理。围绕着龙的外围是纯油松林,桥外围迎道外是 30 m 宽的毛白杨林带。

(7) 服务区景观绿化设计　高速公路的服务区主要是供司乘人员作短暂停留、车辆加油的处所。设施主要有加油站、维修站、管理楼、餐厅、宾馆、停车场及一些娱乐设施。服务区的建筑大多造型新颖,体现地方建筑特色。绿化设计主要考虑改善环境、提供休闲等功能,通过植物造景、园林小品的景观设计,创造一个优美的环境,给司机与乘客提供一个放松休息的地方。服务区中心景观区可结合标志景观小品设施,运用植物造景来营造层次丰富、富有特色的景观。

停车场占地面积较大,可在满足停车、回车的基础上做绿化种植,用绿地分割不同的车辆停放区。加油站、维修站、管理楼等区域要保证视线的畅通。以草坪为主,适当种植乔木和花灌木,丰富景观。

餐厅、商店、宾馆等区域的景观绿化设计可分别结合建筑设施的功能、使用要求、造型和色彩等来考虑。适当突出主入口景观,周边做基础绿化种植,使建筑物与周围景观协调。

防护绿地及预留地区景观绿化设计以植物造景为主,选用合适的植物种植,起防护作用;也可在预留地区种植景观树种或经济林,形成富有特色的绿化区域。

2. 一般公路绿地

一般公路在此主要是指市郊、县、乡公路。为保证车辆行驶安全,在公路的两侧进行合理的绿化,可防止沙化和水土流失对道路的破坏,改善生态环境条件。

公路绿化应根据公路的等级、宽度等因素来确定树木的种植位置及绿带的宽度(图 11.44)。

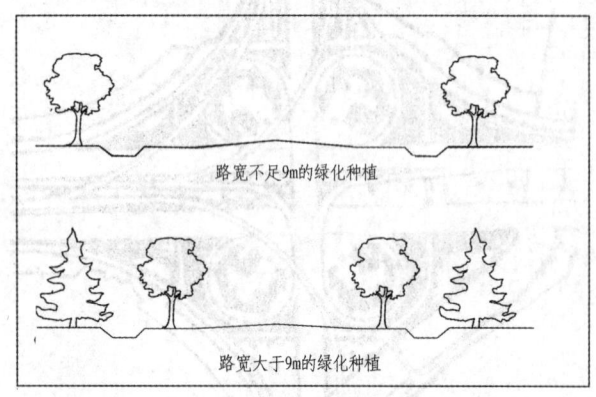

图 11.44　一般公路绿化形式

公路绿地规划设计要点:

① 路面宽度小于或等于 9 m 时,树木不能种在路肩上,应种在边沟之外,距边沟外缘不小于 0.5 m;路面宽度大于 9 m 时,可以种在路肩上,距边沟内沟不小于 0.5 m。

② 在交叉口处必须留足安全视距,弯道内侧只能种低矮灌木和地被。在桥梁、涵洞等构筑物附近 5 m 内不能种树。

③ 由于公路较长,为了有利于司机的视觉和心理状况,丰富景观变化,避免病虫害的大面积感染,一般在 2～3 km 或利用地形的转换变换树种,树种以乡土树种、病虫害少的树种为佳,布置方式可乔灌木结合。

④ 在公路干道通过村庄、小城镇时,则应结合乡镇、村庄的绿地系统进行规划建设,注意绿化乔木的连续性。如果公路两侧有较优美的林地、农田、果园、花园、水体、地形等景观时,则应充分利用这些自然条件,留出适宜的透视线,供司机、乘客欣赏。

⑤ 公路干道防护绿地的种植配置要注意乔灌木相结合、常绿树与落叶树相结合、速生树与慢长树相结合,实现公路绿地的可持续发展。尽可能与农田防护林、卫生防护林、护渠防护林以及果园等相结合,做到一林多用、少占耕地,结合生产创造效益。

3. 铁路绿地

铁路绿化是沿铁轨两侧进行的,目的是美化铁路沿线环境,减少噪音,保护铁轨枕木少受风、沙、雨、雷的侵袭,可保护路基。铁路绿化必须在保证火车安全的前提下进行,具体绿化要点如下:

① 在铁路两侧种植乔木,要离铁路轨道至少 10 m;种植灌木要离开铁路轨道 6 m 以上。

② 在公路与铁路平交的地方,距铁路以外的 50 m,距公路中心向外的 400 m 之内不可种遮挡视线的乔灌木。以平交点为中心构成 100 m×800 m 的安全视域,使汽车司机能及早发现过往的火车。

③ 铁路拐弯内径 150 m 以及距机车信号灯 1 200 m 内,不得种乔木,可种小灌木、草本地被。

④ 在通过市区或居住区的铁路左右应各有 30～50 m 以上的防护绿化带阻隔噪声,以减少噪声对居民的干扰。绿化带的形式以不透风式为好。

⑤ 在铁路沿线的边坡上不能种乔木,可采用草本或矮灌木护坡,防止水土冲刷,以保证行车安全。

⑥ 在不妨碍交通运输、人流疏散的情况下,铁路站台的绿化,可以布置花坛、小型绿地,供旅客休息并改善车站环境。

11.4　道路绿地规划设计的植物配置

11.4.1　城市道路绿地的植物选择

城市道路空间有限,人为干扰因素多,植物生长的自然环境差,因此做好植物的选择,保证其健壮生长是首要条件。只有植物生长良好,才能充分发挥道路绿化的生态功能、美化作用和社会功能。因此，在道路绿化的植物选择中应注意：

(1) 坚持乡土树种为主，外来树种为辅的原则 乡土树种能适应当地的土壤和气候，长势良好、健壮，且有地方特色，应作为城市道路绿地的主要树种。

(2) 选择表现好，抗逆性强的树种 道路绿化既要考虑使用那些生长健壮，树形、树叶、花色、气味及其长势均有较好表现的树种，以发挥道路绿化的美化作用；又要选择抗病虫害、耐瘠薄及对城市"三废"适应性强的树种，以最大化发挥城市绿化的生态效益。同时，还应注意选择无刺、无果、无毒、无臭味的树种。

(3) 行道树的选择 重视遮阳，生理及生态习性要符合要求；在树形外观上，应选择那些树干通直挺拔、树形端正、体形优美、树繁叶茂、冠大荫浓的树种；在生长习性上，也应考虑选择适应性强、大苗移植成活率高、生长迅速而健壮、根系分布较深、树龄长且材质优良的树种。

选择落叶树种作行道树时，应选择那些发芽早、展叶早、落叶晚而落叶期整齐的树种，以保障良好的生态功能和美化作用。同时也要避免路面的污染，减少环卫工人的清扫频率和强度。

另外，也要考虑行道树的树体应无刺，避免扎伤行人；花果无毒，避免人畜误食；落果少而安全，不致砸伤树下行人和污染行人衣物；无飞毛飞絮，避免造成空气混浊和诱发行人呼吸道疾病；树根无板根现象，以免树根不断膨大，挤损市政管沟或拱抬路面铺装，造成路面材料松动脱落及"翻浆"；避免树木根蘖侵占行人行走空间。

(4) 花灌木 应选择花繁叶茂、花期长、生长健壮和易于管理的树种；绿篱植物应具有萌芽力强、枝繁叶茂、耐修剪、易造型的特征；观叶灌木应选叶形观赏性强，叶色有变化，分枝多、叶片浓密的种类；地被植物要求匍匐性好，覆盖度高、管理粗放；草坪应选萌蘖力强、耐修剪、抗践踏、覆盖率高、绿色期长的草种。

(5) 植物选择 要合理考虑生态习性的搭配树种配置，要根据植物群落生态学原理，充分体现植物与植物之间的生态习性、生态空间等伴生现象。常绿树与落叶树相结合，速生树与慢生树相搭配，保障树木均能良好生长，且能兼顾近期与远期的绿化效果。

11.4.2 植物的种植与工程管线的关系

城市的许多地下管网和架空线路大多沿着道路走向设置，在进行道路绿化时，必须考虑植物的种植与工程管线的关系（表11.2、表11.3）。

表11.2 架空电力线与树木的最小垂直距离

电压/kV	1～10	35～110	154～220	330
最小垂直距离/m	1.5	3.0	3.5	4.5

[《城市道路绿化规划与设计规范》(CJJ 75—97)]

表11.3 树木与地下管线外缘最小水平距离

管线名称	距乔木中心最小水平距离/m	距灌木中心最小水平距离/m
电力电缆	1.0	1.0
电信电缆(直埋)	1.0	1.0
电信电缆(管道)	1.5	1.0
给水管道	1.5	—
雨水管道	1.5	—
污水管道	1.5	—
燃气管道	1.2	1.2
热力管道	1.5	1.5
排水盲沟	1.0	—

[《城市道路绿化规划与设计规范》(CJJ 75—97)]

11.5 案例分析

■ 案例一：胶南市西外环道路绿地

1) 项目背景

项目道路作为城市的外环路、近期的绿化规划，保证交通通畅应居于首位。因此，不易在路边布置过多的聚集性街头绿地和广场，沿路绿地内也不宜设置硬质铺装景观和游憩场地，以免汇聚人流影响交通。所以，此条道路功能定位、性质定位都很明确：以绿化为主，建立以过境交通为主要功能的城市外环林荫大道。

以展示北方沿海城市的独特魅力为基础，穿插生态景观的处理手法，将西外环路建设成为一条绿色生态大道，创造出一幅人与自然、科技相融合的协调画面，形成"花叶相映、层次丰富、尺度适宜、景观有序"的现代"绿色生态廊道"。

2) 设计原则

(1) 地方性原则 充分考虑胶南地域气候及地理条件，注重乡土文化、因地制宜、科学选取乡土树种。

(2) 生态多样性原则 配置上乔、灌、花、地被相结合，常绿与落叶相穿插，色相和季相巧妙搭配，形成复层结构植物群落。同时，引入高速公路中的缝合理论，增加楔形绿地的数量，尽可能增加道路两边生境的联系，更好地发挥道路生态廊道作用，构成一个和谐、稳定、健康的具生态效益的植被系统，创造出健康生动的绿色生态景观。

(3) 特色鲜明原则 设计从整体着眼，突出植物造景，宏观上确定基本构架及格调，选定基调树种，同时着力丰富细部景观，使细部特色分明。通过道路节点间的有机联系，使各个标段自成特色又相互衔接，达到整体和谐。绿地形式以直线为主，简洁流畅；植物成片配置，层次清晰、重点突出、色彩对比明显，景观丰富而有序。

3) 设计构思

(1) 设计主题 道路主题为"林海·绿韵"，将植物汇

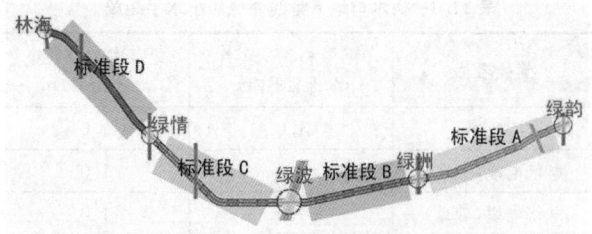

图 11.45 道路景观序列分析

成森林的海洋,通过绿色谱成生命的韵律,展现一条绿色的生态大道。

(2) 设计风格 简洁、明快、现代、大气

(3) 设计思路 根据现状,整个规划设计不宜过于复杂琐碎。结合道路行车的视觉心理特征,以种植设计的大图案和有韵律的变化为道路风格基调,以乔木为景观主体,配以成片的灌木和地被,同时配合视觉空间的收、放(抑扬),使整条道路景观效果强烈大气又富于变化。

整条生态大道分为四段五点:四个标准段,五个节点广场(图 11.45)。

① 道路标准段:整个道路分为四个标准段,以基调树种水杉和毛白杨为背景,通过雪松和其他乔灌构成图案,并结合用地周边情况形成标段的变化。以道路中段的风河为中心,由南北两端入口向中部逐渐过渡,形式上由松散而紧密,反映出一种由舒缓到强烈变化的节奏美感(图 11.46)。

a. 标准段 A:在保持毛白杨背景和雪松图案的基础上,以大片常绿的黑松和春花的海棠形成中间层次的变化,下层选用阔叶麦冬和铺地柏,同时借远山形成青山花海的景观(图 11.47、图 11.48)。

b. 标准段 B:周边为工业用地,结合工业园区的特色,在变化层次上更加丰富,色彩更加缤纷。以水杉、雪松为背景林,中间层次选用日本樱花和紫荆,下层选用阔叶麦冬、铺地柏、凤尾兰、丰花月季(图 11.49、图 11.50)。

c. 标准段 C:此段延续标准段 B 的布局,在植物配置上有所变化。以水杉、雪松为背景林,中间层次选用黑松、紫玉兰、石榴,下层选用阔叶麦冬、铺地柏、凤尾兰、金叶女贞(图 11.51、图 11.52)。

d. 标准段 D:此段可借远景,在布局上与标准段 A 相呼应,增加了背景林的力度,以体现北方郊区道路两边绿树成荫的特色。以毛白杨和雪松为背景林,中间层次选用木瓜和黄连木,下层选用阔叶麦冬、铺地柏(图 11.53、图 11.54)。

② 节点广场:由道路北入口至南入口,结合原有地形特征,节点广场依次表现"林海""绿情""绿波""绿洲""绿韵"五个小主题。以"林海"始,以"绿韵"终,再次强调突出道路主题,同时也体现了自然与人文相互交融的创作思想。

图 11.46 道路断面示意图

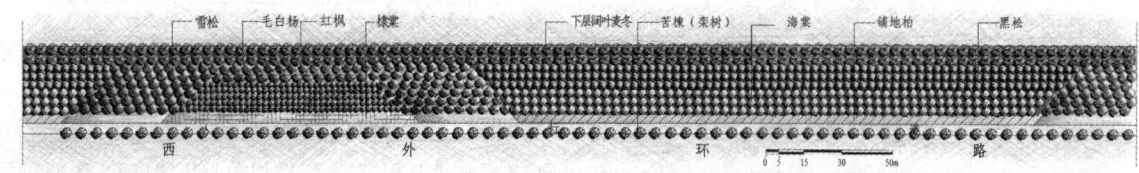

图 11.47 标准段 A 平面图

图 11.48 标准段 A 效果图

图 11.49 标准段 B 效果图

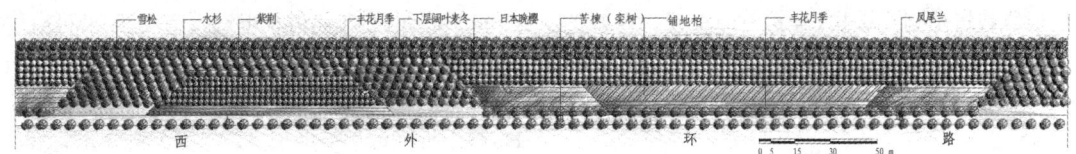

图 11.50 标准段 B 平面图

图 11.51 标准段 C 平面图

图 11.52 标准段 C 效果图

图 11.53 标准段 D 效果图

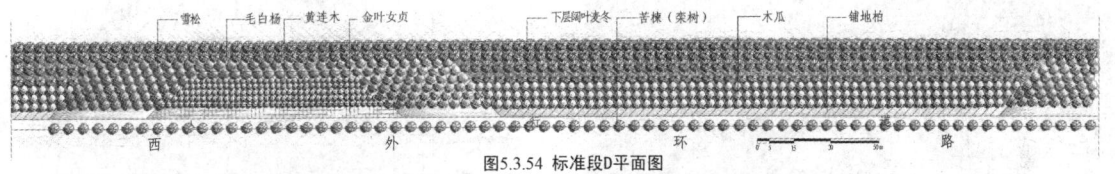

图 11.54 标准段 D 平面图

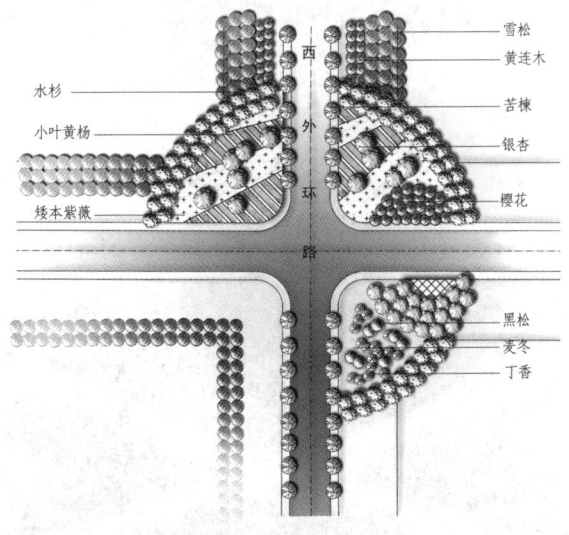

图 11.55 林海平面图

图 11.56 标准段效果图

a. 林海：此节点位于西外环道路的北入口处，意在用植物形成森林海洋的气氛，呼应本条绿色生态大道的特性。乔木采用水杉、银杏、樱花、黑松，中下层植物为丁香、矮本紫薇、小叶黄杨、麦冬，色彩变化丰富（图 11.55、图 11.56）。

b. 绿情：用植物树阵组成的几何形的构图，意在表现在现代工业文明的环境中创造出的一种绿色情致，配置以水杉作为背景树，常绿的麦冬和小叶黄杨作为地被满铺，观花的樱花树和常绿的黑松作为乔木穿插种植，形成几何形的图案美（图 11.57、图 11.58）。

c. 绿波：此节点位于西外环路和凤河的交汇处。水与绿相融合，汇成"绿波"景观。大片的水杉林和雪松为背景,河岸处成群栽植垂柳或碧桃,丰富沿河景观。色叶的黄连木丰富色彩变化,地被选用麦冬、矮本紫薇和小叶黄杨(图11.59、图11.60)。

d. 绿洲:此节点位于世纪大道和西外环路的交汇处,体现绿色的海洋之意。局部地面利用碎石铺成流水的纹样,在背景水杉林的衬托下,黑松、鹅掌楸、石榴自然式布置,林下地被选用铺地柏、矮本紫薇、红瑞木、小叶黄杨、麦冬(图11.61、图11.62)。

e. 绿韵:此节点位于西外环道路的南入口处,用绿色植物构图显现一种韵律之美,与北入口的"林海"节点相呼应,突出本条路"林海·绿韵"的生态大道主题。水杉为背

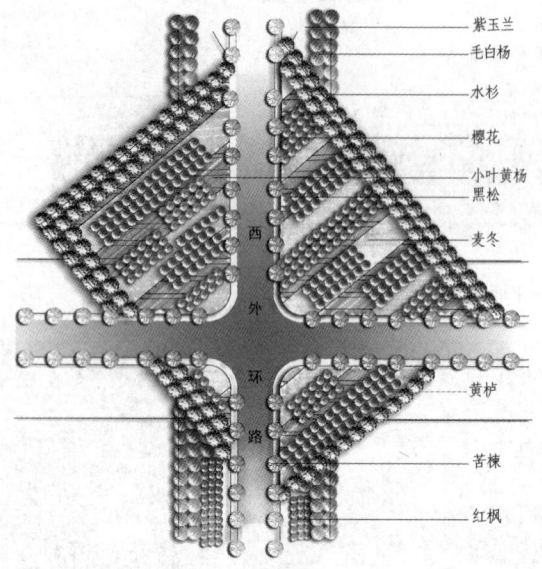

图11.57 绿情平面图

图11.60 绿波效果图

图11.58 绿情效果图

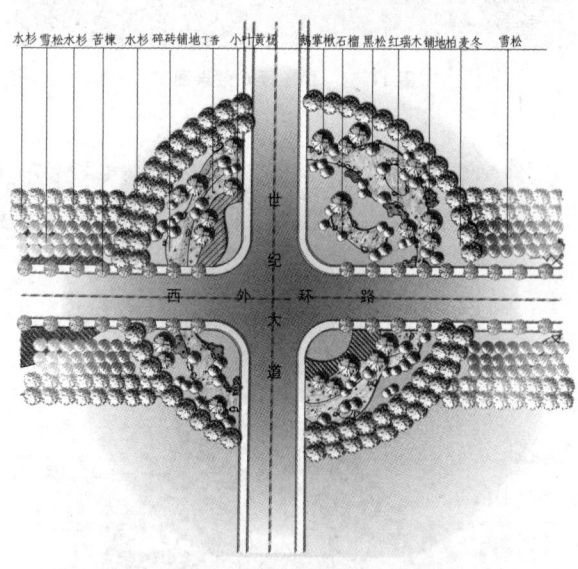

图11.61 绿洲平面图

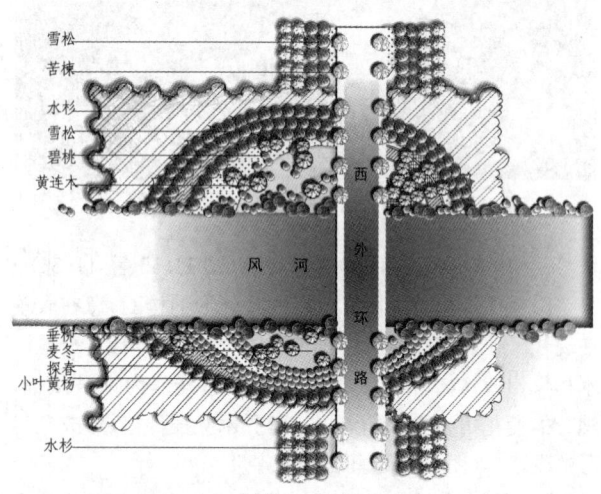

图11.59 绿波平面图

图11.62 绿洲效果图

景,紫玉兰、元宝枫、雪松点缀其中,地下层选用小叶黄杨、丰花月季、矮本紫薇(图11.63、图11.64)。

图11.63　绿韵效果图

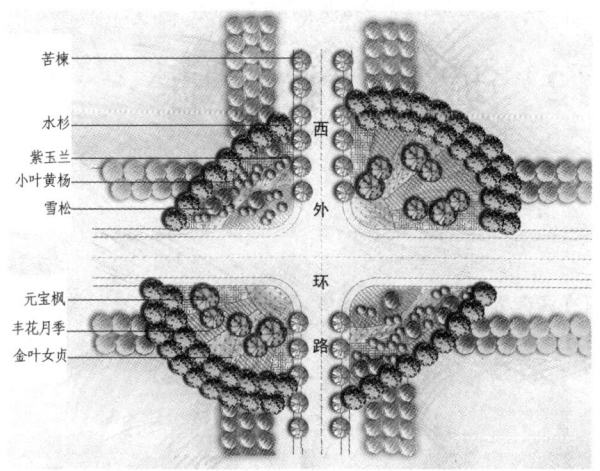

图11.64　绿韵平面图

(王浩、李晓颖,等,2002)

■ 讨论与思考

1. 城市道路绿地的组成部分有哪些?各组成部分设计要点是什么?
2. 城市道路绿地设计如何进行风格定位和景观的布局?
3. 城市道路绿地设计如何体现其城市特色?
4. 高速公路绿地的组成部分有哪些?在景观设计中如何与功能设计相结合?

■ 习题

1. 为美化城市景观,改善城市生活质量,某城市(地方自选)拟对市区新建的一条景观道路进行道路绿地设计,基地情况及方案规划设计具体要求如下:

1) 基地概况

该道路全长2 000 m,两侧以商业用地为主。道路的平面形式如图所示(见附图)。

2) 规划设计要求

   (1) 结合周边环境,功能合理,满足交通和休憩活动的需求;
   (2) 绿地景观设计结合城市和周边环境应具有一定的特色。

3) 图纸内容与要求

   (1) 总平面图1∶300,要求标注主要的景点、景观设施以及主要植物名称;
   (2) 重要节点的景观效果图,不少于6张;
   (3) 道路景观结构布局示意图、交通分析平面图、景观视线分析平面图,比例自定;
   (4) 主要建筑小品(不少于2个)的平、立、剖面大样,比例1∶50～1∶100;
   (5) 选取其中100 m长的一段道路绿地做绿化种植设计平面图,比例1∶100;
   (6) 规划设计说明(不少于300字)和相应的规划

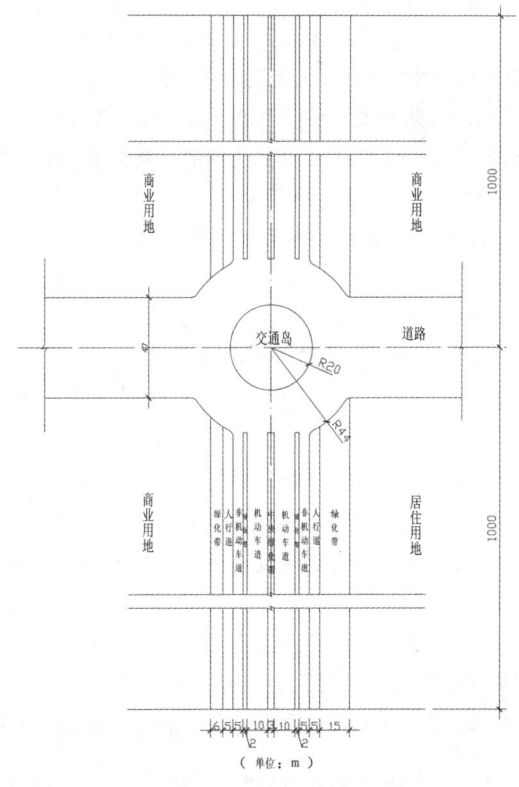

技术指标;

(7) 图纸要求:841 mm×594 mm绘图纸若干,表现手法不限。

12 城市防护绿地

【导读】 防护绿地是首要担当实现污染危害与生态效益平衡这一重任的城市绿地,其合理的布局结构可以在寸土寸金的城市当中实现更综合的功能,形成动态稳定的生态系统。本章在讲述防护绿地概念、分类、功能、形式的基础上,重点讲述防护绿地规划设计的要点。

12.1 城市防护绿地概论

12.1.1 防护绿地的概念

广义上,防护绿地指为保护一切公益项目而营造的防护林带,包括城市中具有防护功用的其他绿地,诸如公共、生产、庭院绿地等和城郊野外、城乡接合部及国土绿化中保持水土、治理沙漠、荒山植树,防护路基免受侵害,保护农田水利而在河岸、山谷、坡地栽植的防护林带,可以包括国家防护林体系林业生态工程规划建设。

狭义上,防护绿地是指为改善城市自然条件和卫生条件而设的防护林,是城市园林绿地的一种形式,属于城市总体规划中土地平衡用地范围之内的。建成区范围内的部分是城市绿地系统的重要组成部分,诸如城市防风林,工厂与居住区之间的卫生防护距离中的绿化地带,以及建成区内防止风沙、保护水源、隔离公墓、掩蔽防空及以城市公用设施防护为目的而营造的防护林。

建设部 2017 年颁布的《风景园林基本术语标准》(CJJ/T 91—2017)和《城市绿地分类标准》(CJJ/T 85—2017)中对"城市防护绿地"定义为:用地独立,具有卫生、隔离、安全、生态防护功能,游人不宜进入的绿地。主要包括卫生隔离防护绿地、道路及铁路防护绿地、高压走廊防护绿地、公共设施防护绿地等。"防护绿地"是为了满足城市对卫生、隔离、安全的要求而设置的,其功能是对自然灾害或城市公害起到一定的防护或减弱作用,因受安全性、健康性等因素的影响,防护绿地不宜兼作公园绿地使用。

12.1.2 防护绿地的分类

城市防护绿地的类型按《城市绿地分类标准》(CJJ/T 85—2017)包括:卫生隔离防护绿地、道路及铁路防护绿地、高压走廊防护绿地、公共设施防护绿地等。

1. 卫生隔离防护绿地

卫生隔离防护绿地是指在城市非工业区(包括居住区、商业区、医院、文教区、机关行政区等)与工业用地、道路(街道)、石油气站、煤厂、垃圾处理场、水源地等之间规划建设的,具有防护隔离的作用的绿带。由于城市的工业企业在生产中大量散发煤烟粉尘、金属粉末和有害气体,严重污染环境,危及居民身体健康,所以在工业企业与居民区之间营造卫生隔离林带是必不可少的。卫生隔离林带的过滤,能减少污物对大气的污染。林木枝叶可以吸收毒气,净化环境。

2. 道路及铁路防护绿地

道路及铁路防护绿地是位于道路红线之外的带状绿地,一般在城市快速干道或者城市外围道路两侧设置,包括建成区范围的公路、铁路两侧的绿地(图 12.1)。

图 12.1 道路防护绿地
(http://auto.sina.com.cn)

3. 高压走廊防护绿地

高压线路属于高度危险设施,从几万到几十万伏的电压产生较强的工频电场辐射。同一高压线下电场强度亦有规律性的变化。根据同一或不同高压线下的不同电场

图 12.2　高压走廊防护绿地
(http://news.ifeng.com)

辐射强度,布置一定宽度、不同树种搭配的防护绿地来过滤、吸收和阻隔电磁辐射,起到安全隔离作用(图 12.2)。

4. 公共设施防护绿地

公共设施是指针对由政府或其他社会组织提供的、给社会公众使用或享用的公共建筑或设备。针对行政、文化、教育、体育、卫生等机构和各类公共设施的特点进行相应的防护,在生态、社会、形象服务功能上为相邻片区提供过渡连接或者隔离的作用。

12.1.3　防护绿地的功能作用

目前,环境污染严重威胁着人类的生存与发展,防护绿地规划建设已成为环境保护的一项重要措施。防护绿地是利用树木特有的绿化机能:如净化空气和土壤、涵养水源的作用以及杀菌、降低噪声、改善小气候等生态功能,维护自然生态平衡,提高人类生活品质。同时,营造防护林体系,还能产生一定的生产效益和社会效益。在农田林网的保护下,可提高农产品收成,为发展工业、加工业、手工业提供原料和大量薪材、用材、饲料等产品,满足当地居民的基本需要。人们越来越认识到在城市中建设植物丰富的防护林,对维护生态平衡,减轻和避免自然灾害,保障工农业生产及人类生产安全起到非常重要的作用。

12.1.4　防护绿地的布局形式

城市防护绿地的布局是在整个建成区范围内合理布置防风林、引风林以及与气象因子息息相关的大气污染防护绿地。对于其他点、线污染源(如噪声污染、电磁辐射污染等)的防护,则需要进行具体的微观结构分析。

防护绿地的布局依据城镇的地形、地理位置、经济结构等条件,可规划成环状、网状、带状和放射环状等形式。

(1)环状防护绿地　环状防护绿地是以城市中心为圆心向外按同心圆布置的环状林带。这种环状林带层层包围市区,防护作用最大。

(2)网状防护绿地　这种绿地多布置在平原地区的旧城镇,由于街道骨架早已形成,大面积开辟防护绿地难度大,只能沿街道扩充绿地,形成相互交织的网状防护绿地。

(3)带状防护绿地　这种布局多因城镇河湖水系和旧城墙等因素的影响,绿地只好沿水系、城墙方向布置,形成了明显的带状防护绿地。如地处海滨和滨临河湖的城市,在湖畔、江边上设防风带,可防止强风侵袭和水土流失。

(4)放射环状防护绿地　这是应用普遍的一种防护绿地形式。把环状绿带和放射状道路绿地有机地结合起来,使绿地分布均匀,纵横交错,防护效果较好。

值得注意的是,对城镇起防护作用最大的绿地多在外围呈环状布置,有条件的城市还可以多设置几道环状防护绿带,其防护作用更为明显。如北京、天津、沈阳等一些城市结合环城道路规划,环城绿带都在三条以上,不但防护效果好,还有利于组织交通,起到分流作用。

12.1.5　防护绿地结构类型

防护绿地结构是影响城市防护效益发挥的关键因素,防护林带的结构与防风效果有直接关系。理想空间布局的防护绿地是由结构合理的林带和网络组成。

1. 林带结构

根据城市防护绿地的防护需要,通常把林带结构划分为紧密结构、疏透结构和通风结构三种形式。这三种结构形式不仅涉及垂直结构,同时还涉及林带宽、种植间距等水平结构。

(1)紧密结构　紧密结构林带在有叶期枝叶密集,几乎没有透光孔隙,中等力的气流遇到林带时,基本不能通过,大部分气流(含污染)从林带上部通过,在林下附近形成静风区,但气流速度会很快恢复,防风距离短。一般该种结构的林带是由主乔木、亚乔木、灌木等搭配组成。

搭配方式如下:大乔木+小乔木+灌+草;大乔木+小乔木+高灌木+矮灌木+匍匐性灌木+草。

(2)疏透结构　疏透结构的林带特点是透光孔隙在其纵断面上分布均匀,气流遇到林带时,分成两部分:一部分通过林带,在林带下形成小的旋涡;另一部分从林上通过,在林下附近形成弱气流区,对于防风而言,效果最好。该结构林带通常由乔木与灌木组成,或是侧枝发达的乔木组成的窄林带。

搭配方式如下:灌+草,适用于需要排放或需要引导扩散的污染源,进行初级阶段的治污;乔+草,其功能更强,可以在灌+草植物结构的后方的一段距离外布置,吸收引导来的污染;乔+灌+草、大乔木+小乔木+草,这两种结构林带在防护绿地当中运用最广。

(3)通风结构　通风结构林带明显分为上下两层,上层为林冠层,有较小而均匀的透光空隙或紧密而不透光;下层为树干层,有均匀的、大的透光孔隙。气流遇到林带,分成两部分,一部分从下层通过,另一部分从林上通过。下层穿过的气流有时会加强,但到背风面逐渐减弱,在较远的距离出现弱风区,对于防风而言防护距离较大。该结构林带通常由单一乔木组成,且林带较窄。

通常纯乔木林带,生态效益不佳,运用较少。

2. 垂直结构

(1) 成层性　加上草本,植物配置模式垂直结构表现为一层层片、两层层片、三层层片、四层层片结构等。

一层层片结构包括:草坪、乔木、灌木三种单层配置模式。

两层层片结构包括:乔+草搭配、灌+草搭配、乔+灌搭配、大乔木+小乔木搭配。

三层层片结构包括:乔+灌+草搭配、大乔木+小乔木+草搭配。

四层层片结构包括:大乔木+小乔木+灌+草搭配。

六层层片结构包括:大乔木+小乔木+高灌木+矮灌木+匍匐性灌木+草搭配,去掉树木任一层为五层层片垂直结构模式。

(2) 林带断面形状　防风林带营造时由于乔木、亚乔木、灌木、地被等的搭配方式不同而形成不同的横断面形状。常见的断面形状有矩形、三角形(背风面垂直三角形、迎风面垂直三角形、等边或不等边三角形)、对称或不对称屋脊形、梯形、凹槽形等(图12.3)。

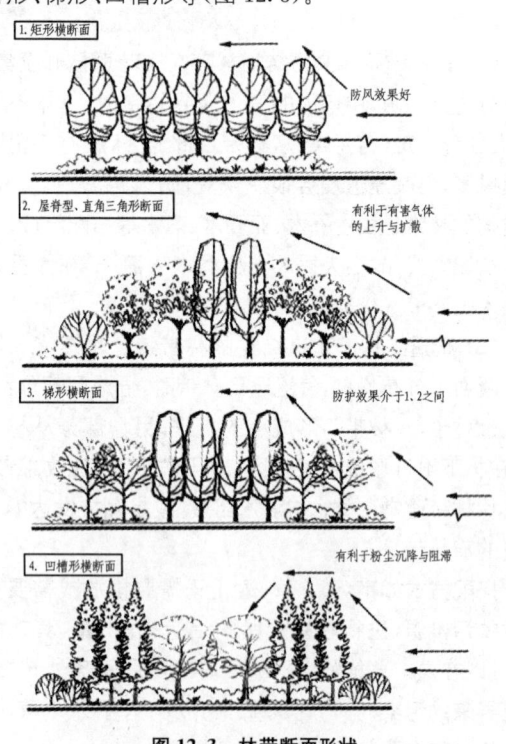

图 12.3　林带断面形状
(http://www.tsen.com.cn)

矩形断面防风效果好,屋脊形(三角形)断面利于气体的上升与扩散,凹槽形利于粉尘的沉降与阻滞。

3. 水平结构

(1) 隔株配置　是两种以上树种彼此隔株或隔数株的配置。此法因不同树种间种植间距相近,种间发生相互作用和影响较早,多用于乔灌搭配,树种间组合主要有矩形、"品"字形和随机形三种形式。

(2) 隔行配置　是两种以上树种彼此进行隔行配置,多用于耐阴和喜光树种隔行配置或乔灌木的隔行配置。

(3) 隔带配置　是一个树种连续种植2行以上构成一条绿带与另一树种构成的绿带依次配置的方法。隔带配置可以保证骨干或基调防护树种的优势。

(4) 团状混配　是把一种树种栽植成规则或不规则的块状,与另一树种的块植群交错配置。

12.1.6　国内外防护绿地发展概况

1. 国外防护绿地发展概况

早在100年前英国著名社会学家霍华德提出的田园城市理论,其中就有宽阔的森林、农田等组成的绿带包围着的城市,城市中有农田和菜园分隔,市内有中心公园、住宅花园和林荫道路。

苏联是最早营造防护林的国家之一,从1843年起就在俄罗斯和乌克兰干草原地区进行了防护林的营造工作。防护林的研究开始于1892年,苏联的道库恰耶夫(Vasili Vasilievich)通过对苏联南部荒原地区零星栽植的林带研究,提出在该地区大规模栽植林带,以改善这一地区的气候条件,减轻自然灾害的危害这一设想。1931年苏联成立了专门的研究机构(全苏农林土壤科学研究所),对林带的类型、密度、宽度、结构、带距等问题给出了一些结论。

美国自从Bates(1911)发表了防护林林带的效应后,才开始了对防护林的优缺点、树种选择、结构组成、管理等问题的研究。

丹麦防护林的营造是和1866年以来尤特兰岛广大沙荒地区的开垦相联系的,1911年开始进行了有关防护林对气候和土壤改良作用的初步观察。

此外,加拿大、英国、法国、德国、日本等国家也在防护林的营造和研究方面做了大量工作。在防护林科学研究方面,各国从本国立地条件和生产实际出发重点进行在本国有广泛应用前景的科学研究。如阿尔卑斯山区各国,从1950年开始主要进行了高山立地条件下造林技术、森林防止泥石流作用、林牧复合生态系统、现有防护林经营技术等方面的研究。在亚洲,日本主要进行了防护林在防沙、防止土壤侵蚀、防积雪、水源涵养作用,海岸防护林的防浪护岸作用以及治山工程等方面的研究。

2. 国内防护绿地发展概况

我国劳动人民在农田周围种树具有悠久的历史。据《国语》记载,早在公元前550年,为防御风沙灾害,就已习惯在耕地边缘、房前屋后种植树木。以后通过世世代代的生产和生活实践总结,进一步发展到把林木成行地种植在田边,以堵风口。至今在我国风沙严重地区,仍可见到早期农民自然营造的原始防护林带。但是我国大规模、有计划地发展防护林,还是始于新中国成立之后。从新中国成立至今,我国防护林的发展,大致分为三个阶段:

第一阶段始于20世纪50年代,以防止风沙的机械作用为目的。由国家统一规划,在我国东北西部和黄河故道等风沙严重地区,营造近4 000 km长的防风固沙林,其结构多以宽林带大网格为主。

第二阶段是从60年代初开始,以改善农田小气候、防御自然灾害为目的,把营造防护林作为农田基本建设,"山、水、林、田、路"综合治理的重要内容之一。以窄林带、小网格为主要结构模式,不仅速度快而且规模大,几乎遍布全国所有的农区。

第三阶段是自70年代末,林木开始进入农田,把多层次的防护林与林粮间作有机地结合,在农区形成一个"空间上有层次""时间上有序"的农林复合经营系统。

至今,我国防护林体系建设经过40多年的努力,在防护林结构、功能及树种选择等关键技术上均取得了理论与实践的进展。

12.2 城市防护绿地规划设计

12.2.1 防护绿地规划设计的原则

城市防护绿地作为城市绿地系统组成的重要部分,其规划设计必须遵循城市总体规划和绿地系统规划。在其指导下全面安排,合理布局。

(1) 满足防护绿地的防护要求　选择合适的植物种类合理布置,满足防护绿地卫生、隔离、安全防护及景观功能,在防护宽度上达到防护要求,实现经济、社会、环境效益的平衡。

(2) 结合城市特点,从实际出发　北方城市风沙大、冬季长,在城市四周设立防护林就十分必要。南方城市设立防护林带除有防风作用外,还能引入郊区凉爽清新的冷风,起到降温通风作用。编制规划一定要结合实际考虑城市特点、绿地类型、布置方式、定额高低、树种选择等进行

系统规划,并协调好与城市其他类型绿地之间的关系,使绿地的防护效果符合城市需要。

(3) 结合生产　由于防护绿地占地面积大,在不影响防护功能的前提下,可栽植用材树木,如杉木、红松、落叶松等果树、药用和油料植物,不但可达到防护目的,还能创造一定的经济价值。

(4) 远近目标相结合　在城市现有绿地的基础上合理安排,同时通过规划预留一些土地作为规划预留绿地。既有远景目标,又有近期安排。

12.2.2 各类防护绿地规划设计

1) 卫生隔离防护绿地的规划设计

城市卫生隔离带对城市通风、净化空气、生产氧气、健康人体、及时有效地防止疾病传播等其他方面起到重要的作用,比如:工厂区隔离绿带、居住区隔离绿带、城市水体隔离绿带。

(1) 工厂区隔离防护绿地　位于各类厂矿与城市非工业其他活动区之间,主要起到阻滞粉尘、净化空气、吸收有害气体、减弱工业噪音等综合防护作用。此类防护绿地一般采用多树种的群体配置,以乔灌草结构的配置方式为最佳,通常绿带宽度应不少于50 m。防护林带的布局在理论上应该是以污染源为中心,在各个方向上以及以该方向上污染的最大落地浓度距排气筒距离(10 m)为半径布置数条,林带分数维的数值相对较高。污染源周围的防护绿地应尽量封闭污染,采取封闭包围的方式吸收污染,避免污染的外流;如有扩散到防护林带以外的污染,可通过城市公园、附属、生产等绿地,在吸污的同时迅速稀释污染。总之,应根据工厂性质、污染物内容、城市用地规划情况、绿带大小及其功能来对工厂区隔离防护绿地的配置模式作出合理设计。

(2) 居住区隔离防护绿地　位于居住区与道路主干线、各类污染工业企业及其他污染源之间。与一般居民区绿化的配置不同,居住区隔离防护绿地更侧重于防护效能,防护绿地宽度应大于50 m。树种规划应重点选择净化力强、调节空气温湿度和降噪音效果好的树种,配置形式可采用群植或林植,采用乔灌草相结合的模式。

在卫生隔离防护绿地建设中,充分考虑特征污染物对环境的影响,选择抗污和吸污能力力强的植物按生态学原理进行配置,林带的总宽度可根据工业对空气污染程度和范围来定,最大限度防污及控污,形成良好的绿色生态循环体系。在污染区内不宜种植瓜、果、蔬菜、粮食和食用油类等作物,以免食用后引起慢性中毒(表12.1)。

表 12.1　卫生防护林带规划设计参考表

工业企业等级	卫生防护林地带总宽度/m	卫生防护林带内林带数量	防护林带宽度/m	防护林带距离/m
Ⅰ	1 000	3~4	20~50	200~400
Ⅱ	500	2~3	10~30	150~300
Ⅲ	300	1~2	10~30	150~300
Ⅳ	100	1~2	10~20	50
Ⅴ	50	1	10~20	

(李铮生,2019)

2) 道路及铁路防护绿地的规划设计

道路防护绿地具有多种生态功能，针对不同等级、不同车流量以及周围不同用地对交通污染的不同要求，需要考虑多种污染与绿地的相互作用，确定功能完善的绿地面积及结构形式。

道路及铁路防护绿地不但是城市的重要自然景观体系，而且是城市的绿色通风走廊，可以将城市郊区的自然气流引入城市内部，为城市在炎热的夏季创造良好的通风条件，而在冬季可降低风速发挥防风作用。道路防护绿带和环城林带两者复合，可产生叠加效益。

道路是产生交通噪音的主要来源，噪声对其两侧有害影响一般集中在 30 m 以内，沿路缘向外的 30~40 m 可作为绿色屏障的总宽度。林带走向与声源垂直，乔木和绿篱屏障隔行、隔带或带状混合紧密布置，株间成"品"字形交错配置，并在株间栽种灌木，避免缺株形成大通道的现象。同时，与草坪相结合，消减噪音，还具有较好的滞尘能力。

3) 高压走廊防护绿地的规划设计

高压架空送电线路和高压变电站是产生电磁辐射(主要为 50/60 Hz 低频)的主要污染源。目前我国 500 kV 变电站围墙外和高压输电线路投影点几十米以外的工频电场强度和磁感应强度一般都能满足标准要求，但在高压输电线路最大弧垂直处正下方有时电场强度超过标准限值，必须营造一定宽度的林带作为防护林。

不同高压走廊下的场强变化有所不同，在与输电线行走方向垂直相隔 5~10 m 处测得电场强度为最高。随着与输电线横向距离的增大，电场强度都有明显下降，而且输电线电压越高则电磁辐射强度随距离衰减越明显，在 10~50 m 为急剧衰减区。

高压走廊下方林带宽度是一个变值，高压走廊一侧带宽度 d 的计算方法：

$$d = \sqrt{L^2 - (h-r)^2} \quad 总林带宽度 = 2d + D$$

公式中：d——高压走廊一侧带宽度；
　　　　L——导线中心到电场强度最高处的距离；
　　　　h——导线对地面最小距离；
　　　　r——人体高度以上不受辐射的高度；
　　　　D——高压走廊垂直下方林带宽度。

根据《110~50 kV 架空输电线路设计技术规范》(GB 50545—2010)中规定的最大计算弧垂情况下导线对地面最小距离(表 12.2)以及导线与树木之间的净空距离(表 12.3)，前者与后者相减得到的差，确定最大计算弧垂情况下满足导线对地面最小距离要求的植物高度。

压走廊一侧植物个体或群体的高度随着离垂直于高压导线方向的距离的增大而增高。随着导线向拉线塔杆方向的对地距离的增大，林带宽度逐渐变窄，同时植物向更高的高度配置，林缘处植物高度不小于人体高度以上不受辐射的高度。

表 12.2　导线对地面最小距离　　单位:m

线路经过地区	标称电压/kV				
	110	220	330	500	750
居民区	7.0	7.5	8.5	14	19.5
非居民区	6.0	6.5	7.5	11 (10.5*)	15.5** (13.7***)
交通困难地区	5.0	5.5	6.5	8.5	11.0

注：* 的值用于导线三角排列的单回路。
　　** 的值对应导线水平排列单回路的农业耕作区。
　　*** 的值对应导线水平排列单回路的非农业耕作区。

表 12.3　导线与树木之间的净空距离

标称电压/kV	110	220	330	500	750
距离/m	3.5	4.0	5.0	7.0	8.5

高压线走廊绿地内可做以果园、花圃、草圃、苗圃、蔬菜等以绿色植物为主的观光园艺、休闲农业项目，切忌建造房屋等建筑物，也不能种植高大乔木，植物的高度应充分保障电力设施的安全防护。高压线走廊绿化应按规定架空线路，每边保持一定的延伸距离。

4) 公共设施防护绿地的规划设计

主要针对行政、文化、教育、体育、卫生等机构和各类公共设施的特点进行相应的防护。比如，文教区防护绿带、医院防护绿带、机关行政区防护绿带、商业区防护绿带、其他各类通讯、电力、燃气设施等防护绿带。

(1) 文教区隔离防护绿地　文教区包括各类大中专院校、中小学、幼儿园等。隔离防护绿地主要位于文教区与道路干线及其他工业企业等之间，主要目的是为文教活动创造一个安静、舒适、美观的绿色环境。规划选择的树种应具有常绿苍翠、枝叶浓郁、宽幅、抗风、滞尘和降噪音的特性，一般采用规则式或混合式配置，具体可根据文教机构的特点来配置确定树种数量、乔灌比例与树种的水平和垂直结构。

(2) 医院隔离防护绿地　位于医院与街道或道路干

线、商业闹市区、工业企业及其他污染噪音源之间,目的主要在于提供绿色生态屏障,为医院创造幽雅安静的环境氛围,有助于患者治疗、康复和精神慰藉。树种规划时,有目的地选择枝叶浓密、杀菌力强、降噪音效果佳、净化效能好、滞尘量大的树种。其绿带不应少于 15 m,可采用群植或林植的配置方式,营建防护绿带,增强生态康复功效。

(3) 机关行政区隔离防护绿地　位于机关行政区与各类道路干线、街道、闹市区及其他污染源之间。为行政事业单位各类办公管理人员提供静谧、舒适和幽雅的工作环境,有利于提高工作效率。机关行政区一般多数与各类道路主干线、商业闹市区相邻,其污染物主要是机动车废气(NO_x、硫化物)、粉尘和噪音,因此树种的规划以降噪音效果显著、净化能力强、绿化景观效果好的树种为主,绿带宽度不应低于 15 m,一般多采取"乔木+灌木+绿篱"的配置方式。

(4) 商业区隔离防护绿地　主要设置于商业活动区与街道、道路干线和其他污染源之间,结合商业区其他景点的绿化,选择滞尘能力强、净化能力好、调节空气温湿度效果佳、兼顾景观效果的树种,在商业区中形成一个空气清新、景观佳的运营环境。

■ 讨论与思考

1. 防护绿地的主要内容有哪几方面?
2. 影响防护绿地防护性能的因素有哪些?
3. 防护绿地的设计要点有哪些?防护性如何与景观性相结合?

参考文献

ADMIN,2014. 香港湿地公园风景图片大全[EB/OL]. [2014-10-16]. http//www. tubuchina. cn/fengjingmingsheng/2014/1016/373_26. html.

阿拉德 M,2004. 美国 911 国家纪念广场[EB/OL]. [2004-01-26]http://www. tujiajia. cn/zjp.

Anon,2010. 珠江三角洲绿道网总体规划纲要[J]. 建筑监督检测与造价,3(03):10-70.

布思 N K,1989. 风景园林设计要素[M]. 曹礼昆,曹德鲲,译. 北京:中国林业出版社.

曹新孙,1983. 农田防护林学[M]. 北京:中国林业出版社.

曹新孙,姜凤歧,朱廷耀,1980. 对"三北"农田防护林建设的几点意见[J]. 林业科技通讯,(03):16-19.

常鑫,2007. 美国纽约哥伦布环[J]. 城市环境设计,(2):56-61.

潮洛蒙,俞孔坚,2003. 城市湿地的合理开发与利用对策[J]. 规划师,19(7):75-77.

晁艳军,李瑾,2005. 城市道路绿化景观设计探析[J]. 城市道桥与防洪,(1):10-12.

陈超,1998. 园林苗圃基地在教学科研中的作用[J]. 华南热带农业大学学报,(2):44-47.

陈江妹,陈仇英,肖胜和,等,2011. 国内外城市湿地公园游憩价值开发典型案例分析[J]. 中国园艺文摘. (04).

陈雷,李浩年,南京市园林规划设计院,2001. 园林景观设计详细图集(2)[M]. 北京:中国建筑工业出版社.

成玉宁,2010. 现代景观设计理论与方法[M]. 南京:东南大学出版社.

COOK D,JENSHEL L,2011. 摄影大赛获奖作品[J]. 国家地理,(4).

崔文波,2003. 高速公路景观研究初探[D]. 南京:南京林业大学.

代静,2006. 21 世纪芝加哥千年公园[J]. 世界建筑,(7):82-85.

董晓华,2005. 园林规划设计[M]. 北京:高等教育出版社.

EBENEDICT M E,MCMAHON E T,2010. 绿色基础设施连接景观与社区[M]. 黄丽玲,朱强,杜秀文,译. 北京:中国建筑工业出版社.

封云,林磊,1996. 公园绿地规划设计[M]. 北京:中国林业出版社.

付莹,2013. 构建节约型园林促进人与自然和谐发展[J]. 才智,(25):280.

盖尔 J,2008. 交往与空间[M]. 何人可,译. 北京:中国建筑工业出版社.

高正辉,张金云,朱海燕,等,2003. 如何建立园林苗圃[J]. 安徽农学通报,(01):79-80.

高志义,1997. 中国防护林工程和防护林学发展[J]. 防护林科技,(2):22-26,41.

戈罗霍夫,1992. 世界公园[M]. 北京:中国科学技术出版社.

广州市城市规划勘测设计院,深圳市北林苑景观及建筑规划设计有限公司,2010,珠三角绿道网总体规划纲要[J]. 建筑监督检测与造价,3(03):10-70.

何山春,张善武,汪国胜,1995. 安徽湿地现状与保护[J]. 安徽师大学报(哲学社会科学版),(03):59-64.

贺庆棠,远藤泰造,1994. 中国黄土高原治山技术培训项目合作研究论文集[M]. 北京:中国林业出版社.

HIKIT,2014. 南京白马公园概念性规划设计文本[EB/OL]. [2014-04-14]http://www. build580. com/detail-sh-sn-10585. html.

胡长龙,2002. 园林规划设计[M]. 2 版. 北京:中国农业出版社.

胡坚,2012. 现代市政广场规划设计理念分析:以黄石市人民广场的改造与更新为例[J]. 现代园艺,(20):120-122.

怀特希德 R,2002. 室外景观照明[M]. 王爱英,李伟,译. 天津:天津大学出版社.

黄东兵,2003. 园林规划设计[M]. 北京:中国科学技术出版社.

贾建中,2001. 城市绿地规划设计[M]. 北京:中国林业出版.
姜凤岐,朱教君,曾德慧,等,2003. 防护林经营学[M]. 北京:中国林业出版社.
姜来成,2002. 论防护绿地的规划建设[J]. 防护林科技,(1):33-34.
蒋明康,周泽江,贺苏宁,1998. 中国湿地生物多样性的保护和持续利用[J]. 东北师大学报(自然科学版),(02):84-89.
康兴梁,2005. 动物园规划设计[D]. 北京:北京林业大学.
克利夫顿 J,2004. 住宅庭园装饰[M]. 张海峰,译. 贵阳:贵州科技出版社.
兰芳芳,2007. 街头小游园设计[J]. 甘肃科技,(08):201-202,133.
黎志涛,1999. 快速建筑设计方法入门[M]. 北京:中国建筑工业出版社.
李恭慰,鄷庆,2007. 光的魅力:建筑艺术照明设计范例[M]. 北京:中国建筑工业出版社.
李广毅,高国雄,尹忠东,1995. 国内外关于防护林体系结构研究动态综述[J]. 水土保持研究,(02):70-78.
李禄康,2001. 湿地与湿地公约[J]. 世界林业研究,14(1):17.
李敏,2002. 现代城市绿地系统规划[M]. 北京中国建筑工业出版社.
李文,金洋,2009. 城市街旁绿地设计探讨[J]. 安徽农业科学,37(21):268-270.
李铮生,金云峰,2019. 城市园林绿地规划设计原理[M]. 3版. 北京:中国建筑工业出版社.
李自刚,1991. 国内外防护林建设动态[M]. 重庆四川林业出版社.
廖绍棠,2013. 灾难的纪念.[EB/OL].[2013-06-21]http://news.ifeng.com/gundong/detail_2013_06/21/26648902_0.shtml.
林奇,2001. 城市形态[M]. 林庆怡,等,译. 北京:华夏出版社.
零壹城市事务所,2012. 西雅图中心的绽放未来纪念园/LYCS建筑事务所[EB/OL].[2012-03-29]http://www.yuanlin365.com/news/206213.shtml.
刘滨谊,鲍鲁泉,裘江,2001. 城市街头绿地的新发展及规划设计对策:以安庆市纱帽公园规划设计为例[J]. 规划师,(01):76-79.
刘抚英,2009. 后工业景观公园考察研究之德国北杜伊斯堡景观公园[EB/OL].[2010-10-27]http://blog.sina.com.cn/s/blog_53d63a3f0100g828.html.
刘斯萌,2010. 城市街旁绿地设计研究[D]. 北京:北京林业大学.
刘源,王浩,汪辉,2012. 城市综合公园"有机更新"初探——以青岛贮水山城市绿谷设计为例[J]. 林业科技开发,26(06):113-117.
卢济威,王海松,2007. 山地建筑设计[M]. 北京:中国建筑工业出版社.
卢仁,2000. 园林建筑[M]. 北京:中国林业出版社.
陆耀东,冯昌贤,陈红跃,等,2005. 珠三角城市森林的防护隔离带类型及其树种配置[J]. 中国城市林业,(01):34-38.
LUCAS W,2011. 永远不要让完美成为美好的敌人[J]. 景观设计学,(6):44-47.
罗朕,郑晓莹,2014. 坎伯兰公园景观设计研究[J]. 北京农业,(18):293.
骆文坚,2003. 我国绿化苗木业发展现状及市场前景分析[J]. 林业科技开发,17(4):58.
麦克哈格 I L,1992. 设计结合自然[M]. 芮经纬,译. 北京:中国建筑工业出版社.
孟兆祯,毛培琳,黄庆喜,等,1996. 园林工程[M]. 北京:中国林业出版社.
欧阳底梅,2003. 深圳市园林绿化苗木生产的现状问题及对策[J]. 中国园林,19(2):53-55.
潘海,1998. 论高速公路景观设计[J]. 重庆交通大学学报(自然科学版),17(3):48-53.
PHILLIPS L E,2003. 公园设计与管理[M]. 刘家辉,译. 北京:机械工业出版社.
蒲蔚然,刘骏,2002. 重庆渝中区现代园林花圃详细规划[J]. 中国园林,18(2):9-11.
切沃 F A,2002. 世界景观设计:城市街道与广场[M]. 甘沛,译. 南京:江苏科学技术出版社.
秦仁杰,刘朝晖,2002. 高速公路路域景观绿化美化设计[J]. 交通环保,(3):22-24.
秦小萍,魏民,2012. 中国绿道与美国Greenway的比较研究[J]. 中国园林,29(4):119-124.
青木司光,东京农业大学造园学科,1985. 造园用语辞典[M]. 东京:彰国社.
REID G W,美国风景园林设计师协会,2004. 园林景观设计从概念到形式[M]. 陈建业,赵寅,译. 北京:中国建筑工业出版社.
邵忠,2002. 江南园林假山.[M]. 北京:中国林业出版社.

深圳市麟德旅游规划顾问有限公司,2014."湿旅研究"麟德视角下的城市湿地公园(中):案例篇[EB/OL].[2014-12-06] http://www.cnluntak.com/index.php/view 665.html.
苏金乐,2003. 园林苗圃学[M]. 北京:中国农业出版社.
苏雪痕,1994. 植物造景[M]. 北京:中国林业出版社.
孙化蓉,2006. 城市防护绿地的布局与结构[D]. 南京:南京林业大学.
孙家驷,朱晓兵,2003. 道路设计资料集6:交叉设计[M]. 北京:人民交通出版社.
孙中党,赵勇,田国行,等,2003. 电解铝工程建设项目生态防护绿地研究——以伊川电解铝工程建设规划为例[J]. 河南科学,(06):812-816.
泰特,2005. 城市公园设计[M]. 周玉鹏,肖季川,朱青模,译. 北京:中国建筑工业出版社.
谭善隆,2012. 杭州西溪湿地公园规划与景观设计[J]. 城市环境设计,(Z1):296-299.
汤学虎,赵小艳,2008. 香港湿地公园的生态规划设计[J]. 华中建筑,26(3):119-123.
唐学山,李雄,曹礼昆,1997. 园林设计[M]. 北京:中国林业出版社.
田学哲,1999. 建筑初步[M]. 北京:中国建筑工业出版社.
同济大学,重庆建筑工程学院,武汉建筑材料工业学院,1981. 城市规划原理[M]. 北京:中国建筑工业出版社.
同济大学建筑城规学院,2005. 城市规划资料集(第7分册):城市居住区规划[M]. 北京:中国建筑工业出版社.
土木学会(日),2003. 道路景观设计[M]. 章俊华,等,译. 北京:中国建筑工业出版社.
瓦伦丁C,丁一巨,2010. 上海辰山植物园规划设计[J]. 中国园林,26(1):4-10.
汪辉,2018. 湿地公园生态适宜性分析与景观规划设计[M]. 南京:东南大学出版社.
汪辉,胡晓琴,2009. 浅析经济适用住房小区景观设计:以南京摄山星城小区一期项目为例[J]. 住宅科技,29(10):42-45.
汪辉,刘晓伟,薛峰,2012. 居住小区售楼处景观设计浅析:以南京名城世家小区售楼处花园为例[J]. 住宅科技,32(3):7-10.
汪辉,吕康芝,2008. 浅谈居住小区入口的景观设计[J]. 林业科技开发,22(5):113-117.
汪辉,吕康芝,2014. 居住区景观规划设计[M]. 南京:江苏科学技术出版社.
汪辉,欧阳秋,2013. 中国湿地公园研究进展及实践现状[J]. 中国园林,29(12):112-116.
汪辉,任懿璐,卢思琪,等,2016. 以生态智慧引导下的城市韧性应对洪涝灾害的威胁与发生[J]. 生态学报,36(16):4958-4960.
汪辉,汪松陵,2012. 园林规划设计[M]. 北京:化学工业出版社.
汪辉,徐蕴雪,卢思琪,等,2017. 恢复力、弹性或韧性?——社会—生态系统及其相关研究领域中"Resilience"一词翻译之辨析[J]. 国际城市规划,32(04):29-39.
汪辉,张艳,2013. 浅析新中式居住小区景观设计:以扬州湖畔御景园小区为例[J]. 广东园林,35(3):42-45.
王浩,1999. 城市道路绿地景观设计[M]. 南京:东南大学出版社.
王浩,2000. 城市休闲绿地图录[M]. 北京:中国林业出版社.
王浩,2003. 城市生态园林与绿地系统规划[M]. 北京:中国林业出版社.
王浩,2003. 道路绿地景观规划设计[M]. 南京:东南大学出版社.
王浩,2005. 城市道路绿地景观规划[M]. 南京:东南大学出版社.
王浩,2009. 园林规划设计[M]. 南京:东南大学出版社.
王浩,汪辉,王胜永,等,2008. 城市湿地公园[M]. 南京:东南大学出版社.
王莲清,2001. 道路广场园林绿地设计[M]. 北京:中国林业出版社.
王汝诚,1999. 园林规划设计[M]. 北京:中国建筑工业出版社.
王绍增,李敏,2001. 城市开敞空间规划的生态机理研究(上)[J]. 中国园林,(04):59.
王绍增,李敏,2001. 城市开敞空间规划的生态机理研究(下)[J]. 中国园林,(05):33-37.
王小德,孙晓萍,戴乐云,2000. 园林苗圃可持续发展的问题与对策[J]. 浙江林业科技,(03):86-88,92.
王晓俊,2000a. 风景园林设计[M]. 南京:江苏科学技术出版社.
王晓俊,2000b. 西方现代园林设计[M]. 南京:东南大学出版社.
王志新,1995. 加快国有林场苗圃经济发展的对策[J]. 中国林业,(06):33-35.

王治国,张云龙,刘徐师,等,2000.林业生态工程学:林草植被建设的理论与实践[M].北京:中国林业出版社.
韦爽真,2008.园林景观快题设计[M].北京:中国建筑工业出版社.
文友华,范俊芳,2003.城市道路绿地规划设计初探[J].湖南农业科学,(1):59-60.
义增,2005.城市广场设计[M].沈阳:辽宁美术出版社.
吴彪,2012.URBANUS都市实践:深圳笋岗片区中心广场篇[EB/OL].[2012-04-26]http://blog.sina.com.cn/s/blog_501991340102e1pm.html.
吴国雄,李方,2002.互通式立体交叉设计范例[M].北京:人民交通出版社.
吴洪涛,1998.道路景观的模糊综合评价[J].公路,43(11):31-34.
吴家骅,1999.景观形态学:景观美学比较研究[M].叶南,译.北京:中国建筑工业出版社.
吴良镛,2001.人居环境科学导论[M].北京:中国建筑工业出版社.
吴龙,2012.废弃空间改造经典案例:杜伊斯堡LANDSCHAFT公园景观设计[EB/OL].[2013-02-16]http://blog.sina.com.cn/s/blog_673c8b9e0100zkrd.html.
夏本安,2004.高速公路景观绿化设计研究[J].中外公路,24(2):99-102.
香港日瀚国际文化有限公司,2006.景观黑皮书2[M].香港:香港科文出版公司.
肖笃宁,李秀珍,高峻,2003.景观生态学[M].北京:科学出版社.
新田伸三,1982.栽植的理论和技术[M].赵正,译.北京:中国建筑工业出版社.
亚太景观,2011.香港湿地公园的生态理念[EB/OL].[2011-11-11]http://blog.sina.com.cn/s/blog_7ce308b50100ywpt.html.
杨赛丽,2006.城市园林绿地规划[M].北京:中国林业出版社.
杨满宏,1998.高等级公路的景观设计[J].国外公路,18(1):14.
杨培峰,2005.城乡生态规划理论与方法研究[M].北京:科学出版社.
杨锐,2009.景观都市主义的理论与实践探讨[J].中国园林,25(10):60-63.
叶振启,2000.园林设计[M].哈尔滨:东北林业大学出版社.
俞玖,1998.园林苗圃学[M].北京:中国林业出版社.
俞孔坚,2007.节约型城市园林绿地理论与实践[J].风景园林,(1):55-64.
虞莳君,丁绍刚,2006.生命景观从垃圾填埋场到清泉公园[J].风景园林,(6):26-31.
袁冬明,周能辉,朱德海,等,2003.苗圃式城市生态林带工程建设的可行性初探[J].浙江林业科技,(04):76-78.
曾思玲,2012.古希腊建筑[EB/OL].[2012-12-03]http://blog.sina.com.cn/s/blog_606ae9550101dpu9.html.
曾伟,2004.浅析城市街旁绿地细部的人性化设计[D].北京:北京林业大学.
翟俊,2012.《雨水收集与利用的景观途径》案例之美国波特兰唐纳溪水公园[EB/OL].[2013-02-13]http://blog.sina.com.cn/s/blog_659b3be901010saa.html.
詹雨升,2013.美好盐田:摄影家用镜头记录那座山那片海那些人[EB/OL].[2014-03-28]http://www.sznews.com/news/content/201303/28/content_7868449.html.
张静,2004.高速公路互通立交绿地景观规划设计研究[D].南京:南京林业大学.
张庆费,乔平,杨文悦,2008.伦敦绿地发展特征分析[J].中国园林,(10):55-58.
张少杰,吴泽民,2003.荷兰观赏苗木的生产[J].中国城市林业,1(3):61-65.
张宇,2015."我心中最美绿色"照片征集活动[EB/OL].[2016-02-12]http://www.bjyl.gov.cn/zwgk/gsgg/201502/t20150212_136462.html.
张园,于冰沁,车生泉,2014.绿色基础设施和低冲击开发的比较及融合[J].中国园林,30(3):49-53.
张志全,王艳红,杨立新,等,2002.园林构成要素实例解析:水体[M].沈阳:辽宁科学技术出版社.
赵兵,2003.园林工程学[M].南京:东南大学出版社.
赵慧蓉,2006.城市街旁绿地景观空间设计研究:以长沙市为例[D].长沙:中南林业科技大学.
赵建民,2001.园林规划设计[M].北京:中国农业出版社.
赵世伟,张佐双,2001.园林植物景观设计与营造[M].北京:中国城市出版社.
赵樾,2018.基于视域分析的广州市城市公园入口空间探究[D].广州:仲恺农业工程学院.
照明学会(日),2005.照明手册[M].李农,杨燕,译.北京:科学出版社.

郑宏,2000. 广场设计[M]. 北京:中国林业出版社.
郑天汉,2002. 国有苗圃经营管理体制改革研究[J]. 林业经济问题,22(4):213-216.
郑组武,1984. 城市道路与交通[M]. 北京:人民交通出版社.
中国城市规划设计研究院,1997. 城市道路绿化规划与设计规范 CJJ 75—97[S]. 北京:中国建筑工业出版社.
中国大百科全书总编辑委员会本卷编辑委员会,中国大百科全书出版社编辑部,1988. 中国大百科全书. 建筑·园林·城市规划卷[M]. 北京:中国大百科全书出版社.
中国建筑标准设计研究院,2006. 建筑场地园林景观设计深度及图样06SJ805[S]. 北京:中国计划出版社.
中华人民共和国国家经济贸易委员会,1999. 110—500 kV 架空送电线路设计技术规程:DL/T 5092—1999[S]. 北京:中国建筑工业出版社.
中华人民共和国建设部,1999. 城市电力规划规范 GB 50293—1999[S]. 北京:中国建筑工业出版社.
中华人民共和国建设部,北京市市政设计研究院,2016. 城市道路工程设计规范(2016 年版):CJJ 37—2012[S]. 北京:中国建筑工业出版社.
中华人民共和国住房和城乡建设部,2017. 城市绿地分类标准 CJJ/T 85—2017[S]. 北京:中国建筑工业出版社.
中华人民共和国住房和城乡建设部,2017. 风景园林基本术语标准 CJJ/T 912017[S]. 北京:中国建筑工业出版社.
中华人民共和国住房和城乡建设部,2018. 城市居住区规划设计标准 GB50180—2018[S]. 北京:中国建筑工业出版社.
中华人民共和国住房和城乡建设部,2019. 城市绿地规划标准 GB/T 51346—2019[S]. 北京:中国建筑工业出版社.
中华人民共和国住房和城乡建设部,中华人民共和国国家质量监督检验检疫总局,2017. 公园设计规范 GB51192—2016[S]. 北京:中国建筑工业出版社.
朱建宁,2009. 促进人与自然和谐发展的节约型园林[J]. 中国园林,25(2):78-82.
朱堂纯,2004. 儿童游乐设施[M]. 北京:中国建筑工业出版社.
朱小地,张果,孙志敏,等,2008. 北京奥林匹克公园中心区景观设计[J]. 建筑创作,(7):34-61.
祝燕,2005. 乌鲁木齐庭院绿地建设树种选择与结构配置的研究[D]. 乌鲁木齐:新疆农业大学.
ARAD M,2004. Reflecting absence[EB/OL]. [2013-06-02]https://www. gooood. cn/national 911 memorial by pwp. html.
BACONEN,1978. Design of cities[M]. New York:Thames and Hudson.
DFS Studio,2013. Sherbourne Common[EB/OL]. [2013-09-11]http://news. zhulong. com/read180052. html.
DREISEITL A,1998. Potsdamer Plaza, Berlin,Germany[EB/OL]. [2013-08-05]http://www. jgsj. net/news_Detail. aspx? n_id=1472.
HALPRIN L, 1970. udltorium Forecourt Plaza. [EB/OL]. [2005-04-11] http://down6. zhulong. com/tech/detailprof73521YL. html.
PENG S L,LU H F,ZHAO P,et al,2003. Wetlands in Guangdong Province:Functions and values, use and mitigation [J]Journal of Tropical Oceanography,(22):76-87.
WALDHEIM C,2006. The Landscape Urbanism Reader[M]. New York:Princeton Architecture Press